ボード・コンピュータ・シリーズ

定番Wi-Fi/Bluetoothマイコン
ハードウェアを拡張して外付けパー

カメラ/センサ/測定器

ESP&M5Stack 電子工作プログラム集

Interface編集部 編

CQ出版社

はじめに

プログラム&ハードウェアが多数，ESP32/M5Stackでアイデアを形に

　ESPシリーズは，数百円～千数百円と，お小遣いで買えるマイコンです．名刺の1/2以下のサイズながら，センサなどを制御するインターフェースや，Wi-Fi，Bluetoothといった無線通信機能を搭載します．

　さらに，マイコン・ボードと小型ディスプレイ，センサなどを一つのケースに収めたM5Stack，M5StickCも用意されており，電子工作からIoTシステム（例：トイレの混雑具合）まで，さまざまな分野で利用されています．

　本書はこのESPシリーズの基本的な使い方はもちろん，開発事例（ネットワーク・カメラ，赤外線学習リモコン，スマート・ウオッチ，温度やCO_2のセンサ端末），最適化テクニックなど，幅広い領域を解説しています．それぞれの章が独立した製作例やプログラム事例になっているので，パラパラとめくって興味の湧いた章から読み始め，できれば実際に試してみると理解が深まると思います．

　ESP32/M5Stack，カメラ，センサ，モータを組み合わせ，生活や仕事を楽しく便利にしてください．本書がお役に立てれば著者一同，うれしく思います．

下島　健彦

本書の関連データは，以下のページからダウンロードできます．
https://interface.cqpub.co.jp/2023esp/

※一部の関連データは，GitHubのページからダウンロードできます．

カメラ/センサ/測定器 ESP＆M5Stack電子工作プログラム集

CONTENTS

▶本書の各記事は，「Interface」に掲載された記事を再編集したものです.
初出誌は初出　覧(pp.292-293)に掲載してあります.

700円からWi-Fi付きで本格的

第1章 IoTマイコン ESP32の世界

宮田 賢一

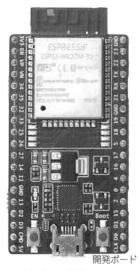
開発ボード

（a）定番マイコン「Arduino UNO」　　（b）定番コンピュータ「ラズベリー・パイ（Raspberry Pi）」　　（c）第3の定番マイコン「ESP32」

写真1　ちょうどいい第3の定番マイコン・ボードESP32を研究する

機能も価格もちょうど良い第3の定番「ESP32」

　小型で汎用的なマイコン＆コンピュータ・ボードの代表といえば，Arduinoやラズベリー・パイです（写真1）．

　これらの魅力は，

- 小型である
- I²CやSPIなど標準的なマイコン機能が使える
- オープンソースでソフトウェアが提供されている
- 入手しやすい価格帯である

ということです．この特徴から，一般の人にも浸透しました．

● 現在進行形で育ち中

　この分野に，中国の上海に拠点を置くEspressif Systems（Shanghai）社が2014年にESP8266，2016年にESP32を開発しました（写真2）．特にESP32については，

- 700円程度で入手可能
- 価格の割には高性能なCPU（240MHz，デュアルコア）を搭載
- Wi-FiとBluetoothが同時に使える（しかも日本の技適認証を取得済み）
- 非常に多くのソフトウェア・ライブラリがSoCやボード・メーカによって公開されている

といった特徴を持っていたことから，今やマイコン＆コンピュータ・ボード界の第3の柱として，多くのユーザが開発に取り組んでいます．

　その流れに乗って，ESP32搭載のバラエティに富んだマイコン・ボードが開発・販売されており，有志の開発者によってさまざまな開発環境の整備も現在進行形で進んでいます．

● ESP32が入った液晶付きキットM5Stackも登場

　M5StackはESP32をシステムの中心として，TFT

（a）表面

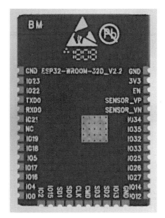
（b）裏面

写真2 小型でWi-Fi付きのESP32モジュールが700円程度で入手できる

写真3 ESP32が入ったカラー液晶付きキット M5Stackは便利で持ち運びやすい

カラー・ディスプレイ，スピーカ，バッテリ，micro SDカード・スロットを1つのパッケージに収めています．拡張モジュールを積み重ねられるようになっていて，好きな機能を追加することもできます．2018年に登場すると注目を集めました（**写真3**）．

本書は，国内で入手できるESP32搭載のマイコン・ボード，ソフトウェア・ライブラリ，プログラミング言語，開発環境に関する情報をできるだけ収集し，まとめています．

特徴

● その1：Wi-FiやBluetoothといった無線標準装備

ESP32モジュール内にWi-FiとBluetoothの両方のハードウェアを備えています．これらを備えた手頃な価格のマイコンは意外と少なく，ESP32が開発者の心を掴んだ最大の理由とも言えます．

センサ・データをインターネットのクラウド・サーバに送信したり，Bluetoothスピーカにしてスマホの音楽を再生したり，赤外線で家電をコントロールしたりといったIoTやスマート・ホーム向けアプリケーションの開発を，デバイスを後付けすることなくできます．

その他，ESP32の特徴をあげてみます．

● その2：今どきのマイコン・ボードとしてふつうのことはできる

ESP32はI²CやSPI，PWM，UARTなど，標準的なインターフェースを一通り備えています．それらを使うためのライブラリも公開されているので，好きなデバイスを接続してすぐに使えます．

ESP32はArduinoに対応しています．多数公開されているArduinoライブラリをそのまま使って開発ができます．

● その3：IoTも意識している①…低消費電力モード対応

ESP32は低消費電力モードの設定が可能です．さらに低消費電力モード時に動作する低クロック周波数のコプロセッサULP（Ultra Low Power）も内蔵していて，メイン・コアが停止していてもタイマや外部割り込みで自ら起動して専用メモリ内のプログラムを実行できます．長期間にわたって電池交換なしでセンサ・データを取得するようなアプリケーションへの応用が可能です．

● その4：IoTも意識している②…リアルタイムOS対応

ESP32の内部では本格的なリアルタイムOSであるFreeRTOSが動作しており，マルチタスク・プログラムの開発もライブラリ利用により比較的簡単に行えます．例えば電光掲示板にお知らせをずっと流しながら，ESP32をウェブ・サーバにしてお知らせ情報をインターネットからアップロードするという，シンプルなマイコンでは難しいプログラミングが可能です．

皆さんもESP32を使って，オリジナリティあふれる作品を作ってみませんか？

ESP32は「使える」マイコン

Wi-FiもBluetoothも使えて700円程度で入手可能なESP32は，バラエティ豊かな作例や，数々のディープな解析記事を見かけるようになりました．そのためマイコンが好きな方であればESP32の名前は聞いた

ことがあるかもしれません.

ESP32が「使える」マイコンであることを紹介します.

● 本格的なマイコン開発もOK

次のような場合にESP32はお勧めです.

- マイコン開発の経験はあるけど, 話題性のあるマイコンは技術者として押さえておきたい.
- 動作を正しく理解するために公式のリファレンス・ボードが欲しい.
- 標準的なデバッグ手法はほしい

ESP32はとかく安さが強調されがちですが, 実は本格的に「使える」マイコンです.

CoreMark値700[注1]を達成するデュアルコア・プロセッサの上で, FreeRTOSが動作します. FreeRTOSはAmazon傘下で開発が行われているリアルタイムOSで, STマイクロエレクトロニクスやNXPセミコンダクターズのマイコン・ボードでも公式にサポートされています. つまり複数のベンダのマイコン・ボード間でソフトウェアの流用がしやすいということです.

ライブラリという面では, ESP32用のライブラリはほぼ全てオープンソースとして公開されていることも重要です. それらは, ただ公開しているだけではなく高頻度でソースコードが更新されており, 最新技術へのキャッチアップが常に行われています. ただし, その分下位互換性を犠牲にしているところもあり, プロフェッショナルの視点で見ると少し注意が必要かもしれません.

その他にもたくさん便利な機能を備えているのですが, その詳細については次章以降を参照してください. 機能の充実を理解していただけると思います.

▶リファレンス・ボードESP-WROVER-KITについて

Espressif社はESP32の公式リファレンス・ボードを用意しています. ESP32の全ピンが引き出されているだけではなく, USBシリアル変換IC経由でESP32のJTAGにアクセスすることができるため, デバッグ用のハードウェアを別途用意しなくても, 使い慣れたOpenOCD + GNUデバッガ (GDB)[注2]によるデバッグが可能です.

● マイコンの入門やプロトタイピングもOK

次のような場合にESP32はお勧めです.

- とにかく作ってみたいIoTシステムがある
- マイコンを使った開発を入門したい
- スマートフォンと連携したりインターネットに接続できるシステムにしたい

ESP32はWi-FiとBluetooth通信機能を両方内蔵しているので, 外付け部品なしでスマホ連携やインターネット接続ができます. その開発のためにC, C＋＋, C#, MicroPython, JavaScript, Lua, mrubyなどのメジャーなプログラミング言語の開発環境を使うことができます. またHTTP（S）, MQTT, CoAPなどのIoT向けプロトコルのライブラリが標準で（プログラミング言語により対応レベルの差はあるが）使えます. さらに, M5StackやObnizといった, マイコンが初めての方にも使いやすい市販のESP32搭載ハードウェアを使えば, ハードウェアの知識がそれほどないときのマイコン入門やプロトタイピングにも便利です. 下記に代表的なボードを幾つかあげます.

▶プロトタイピングお勧めボード

M5Stackはカラー液晶ディスプレイ, スピーカ, センサ, ボタン, microSDカード・スロットなどがオールインワンになったものです. 機能拡張用のモジュールやサンプル・プログラムが豊富で, すぐにアイデアを実現できます. 開発言語はMicroPythonなどで, ブラウザ上のオンライン・エディタでプログラミングが可能です. またブロック・エディタにも対応しており, ハードウェアを扱うための細かい作法を知らなくてもマイコン・プログラミングができます.

Obnizはインターネット経由で接続したデバイスを制御できる, インターネット・リモコンのようなマイコン・ボードです. Obniz専用のクラウドに常時接続しており, PCやスマホなどからObnizが提供しているAPIを呼び出すだけで, GPIOによるデバイス制御が可能です. APIとしてはクライアント・サイドのJavaScriptやPython用のSDKの他, REST APIもサポートしているため, ほぼ任意の開発言語や実行環境で利用可能です.

● ハードが続々登場しているのが注目の理由

これまでに紹介したマイコン・ボードの他にも, ブレッドボードでの試作に適したもの, AIカメラとして使えるもの, ESP32以外を用いた既存の回路にWi-Fi/Bluetoothを追加するのに特化したものなど, いろいろなタイプのESP32ボードが市販されています.

またクラウド・ファンディング・サイトを見てみると, ESP32を使った製品が次々と現れ, 開発資金の獲得に成功しています. ESP32の世界を体験していただき, 新たなアイデアの実現に役立てていただければ幸いです.

注1：筆者による測定結果.
注2：Linuxで一般的に使われるデバッグ・ソフトウェア.

みやた・けんいち

当面はESP32-DevKit Cで行けそう

第2章 モデルごとの違い／競合製品との比較

宮田 賢一

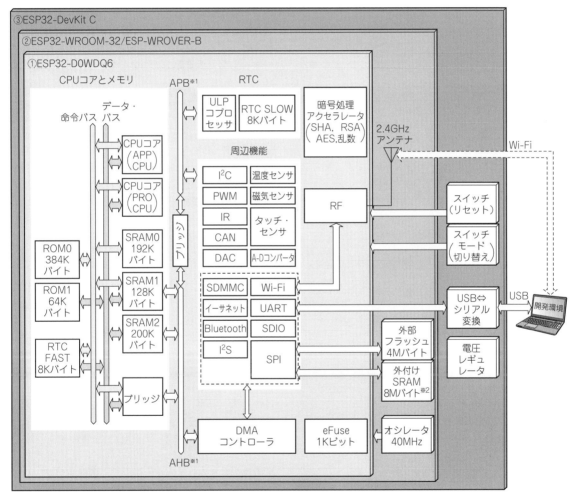

※1：AHBとAPBのバス接続構造は一般的なバス・アーキテクチャからの筆者による推測を含む
※2：外付けSRAM（疑似SRAM）はESP32-WROVER-Bのみ

図1　定番マイコンESP32とは

ESP32とは

ESP32という名称は，使われる場面によって指しているものが異なっていることが多々ありますので，最初に整理しておきます．次の3つの意味で使われます．

① SoC（System on a Chip）
② SoCを組み込んだモジュール
③ モジュールを搭載した開発ボード

これらの関係を**図1**にまとめます．

表1　ESP32 SoCの共通仕様

項　目	詳　細
コア・アーキテクチャ	Xtensa LX6
パイプライン段数	7
SRAM	512Kバイト＋ 16Kバイト（RTC）
ROM	448Kバイト
外部SPIフラッシュ・メモリ	最大16Mバイト
外部SPI RAM	最大8Mバイト
Wi-Fi	IEEE 802.11 b/g/n
Bluetooth	v4.2 BR/EDR, BLE
GPIO	34
タッチ・センサI/O	10
SPI	4
I²C	2
I²S	2
UART	3
SDIO host/slave	1ホスト・1スレーブ
ペリフェラル	CAN 2.0，赤外線インターフェース，モータPWM，LED PWM，ホール・センサ
セキュリティ	セキュア・ブート，フラッシュ暗号化，ハードウェア暗号化（AES, SHA-2, RSA, ECC, RNG）
省電力モード	対応

● ①SoCとしてのESP32

SoCとしてのESP32は，CPUコアとして，テンシリカ社（現ケイデンス・デザイン・システムズ社）が開発した組み込み向けコアであるXtensa LX6を最大2個搭載したものを指します．このCPUコアからAHBやAPBというバスを介して各種ペリフェラルが接続されます．

SoC内にはCPUコアの他に，低速・省電力なULP（Ultra Low Power）コプロセッサが組み込まれており，ULPと8KバイトのメモリからなるRTCブロックは，CPUコアがディープ・スリープ・モードのときでも動作し続けます．

他に物理的に1度しか書き込みができないeFuseと呼ばれるメモリ領域もあります．eFuseには通常書き換える必要のないMACアドレスのようなデータや暗号化のための鍵情報に加え，eFuse領域の値をソフトウェアから2度と読み出せなくするためのビット（1度セットすると物理的に戻せない）なども用意されています．これによってSoCとしてのセキュリティを確保しています．

SoCにはコア数や最大クロック数，内蔵フラッシュ・メモリの有無で幾つかのモデルがあります．表1はESP32 SoCの共通仕様，表2はESP32 SoCのモデルごとの違いです．現在市販されているほぼ全てのESP32マイコン・ボードでは，ESP32-D0WDQ6またはESP32-D0WDが採用されています．

ESP32 SoC単体でも海外の通販サイトで購入でき

表2　ESP32 SoCのモデルごとの仕様の違い

SoC名称	コア数	最大動作周波数［MHz］	内蔵フラッシュ・メモリ［バイト］	パッケージ
ESP32-D0WDQ6	2	240	なし	QFN 6×6
ESP32-D0WD	2	240	なし	QFN 5×5
ESP32-D2WD	2	160	2M	QFN 5×5
ESP32-S0WD	1	160	なし	QFN 5×5

ます．しかし無線通信機能を持つESP32を国内で使用する場合，技術基準適合証明，いわゆる技適の認証を受けなければなりません．SoCを組み込んだ装置の技適を個人で取得するのは，なかなかハードルが高いと思いますので，大量生産するマイコン・ボードを開発する方でない限り，通常は次に説明するESP32モジュールを入手することになるでしょう．

● ②モジュールとしてのESP32

ESP32モジュールは，ESP32 SoCにWi-FiとBluetooth用の2.4GHzのアンテナ，フラッシュ・メモリ，疑似SRAM［SRAMインターフェースを備えるDRAM，PSRAM（Pseudo SRAM）とも言う］，40MHzの発振器をパッケージ化したものです．そのため最低限ESP32モジュール単体に電源をつなげば動作します．

ESP32 SoCを組み込んだモジュールの仕様を表3に示します．この中で最も多く使われているのがESP32-WROOM-32のフラッシュ・メモリ4Mバイト版です．またESP32 SoC内蔵の512KバイトSRAMでは実行時メモリが不足するような大規模プログラムを作りたい場合は，PSRAMを追加したESP-WROVER-Bが使われることが多いです．

写真1はESP32モジュールの大きさを比較したものです．参考のため，ESP32の1つ前の世代のモジュールであるESP-WROOM-02D（ESP8266）も並べてみました．ESP32-WROOM-32とESP32-SOLO-1は切手とほぼ同じ大きさ，ESP32-WROVER-BはPSRAMを内蔵している分，縦に長めです．

写真2はESP32モジュールの内部の様子です．ESP32-WROOM-32Dの上部4辺をヤスリで削って金属の蓋を取り外してみたものです．各部品がコンパクトにまとまっています．なお，蓋を外すなど改造してしまうと技適は無効になることは断っておきます．

図2に，ESP32-WROOM-32のピン配置を示します．ESP32モジュール単体で工作するときの参考にしてください．

表4はESP32のメモリ・マップです．命令バスとデータ・バスでアクセスできる領域が用途ごとに細かく規定されています．またESP32モジュールに接続されるフラッシュ・メモリやPSRAMは，それぞれ外部フラッシュと外部SRAM領域に割り当てられます．

コラム　新ラインアップ ESP32-S3 と ESP32-C3
宮田　賢一

ESP32 シリーズに，新たに ESP32-S3 と ESP32-C3 という2つのラインアップが追加されました．

ESP-S3 は従来の ESP32 の進化形に位置づけられる SoC です．CPU クロックや内蔵 SRAM の容量は変えないまま，命令セットにベクトル演算命令が追加され，信号処理や機械学習への応用に効果を発揮します．また CPU コアがスリープ状態でも動作する ULP コプロセッサとして RISC-V コアが追加されました．ULP の開発環境は発展途上ですが，今後省電力向けの応用に期待できます．

ESP-C3 は CPU コアを一新し，32ビットの RISC-V を採用しました．GPIO や基本ペリフェラルの数は従来型 ESP32 と比べて抑えつつも，Wi-Fi と Bluetooth に両対応し，ESP32 の特徴はきちんと維持しています．また追加ハードウェア無しに USB-シリアル変換と JTAG デバッグをする回路を SoC に内蔵し，RISC-V を採用する点と合わせて，コスト・パフォーマンスを意識した SoC と言えます．

表3　各 ESP32 モジュールの仕様

モジュール名[1]	搭載SoC	フラッシュ・メモリ[2]	PSRAM	アンテナ	技適[3]
ESP32-WROOM-32	ESP32-D0WDQ6	4Mバイト (8Mバイト，16Mバイト)	–	ミアンダ型逆Fアンテナ	211-161007
ESP32-WROOM-32D	ESP32-D0WD		–	ミアンダ型逆Fアンテナ	211-171102
ESP32-WROOM-32U			–	U.FL/IPEX アンテナ・コネクタ	211-171103
ESP32-SOLO-1	ESP32-S0WD	4Mバイト	–	ミアンダ型逆Fアンテナ	211-180105
ESP32-WROVER	ESP32-D0WDQ6	4Mバイト (8Mバイト，16Mバイト)	8Mバイト	ミアンダ型逆Fアンテナ	211-180613
ESP32-WROVER-I				U.FL/IPEX アンテナ・コネクタ	211-180613
ESP32-WROVER-B	ESP32-D0WD			ミアンダ型逆Fアンテナ	211-180419
ESP32-WROVER-IB				U.FL/IPEX アンテナ・コネクタ	211-180419
ESP32-PICO-KIT	ESP32-PICO-D4[4]	4Mバイト	–	3Dアンテナ	211-181224

※1：ESP-xx は旧名称．新名称は ESP32-xx で統一されている
※2：ESP32-WROOM と ESP32-WROVER のフラッシュ・メモリは標準の4Mバイト・モデルのほか8Mバイト品と16Mバイト品を選択できる
※3：https://www.espressif.com/en/certificates を参照．モジュールとしての技適は取得していてもモジュールへの表示がない場合があるため購入にあたっては確認が必要
※4：正確には SoC ではなく SiP (System in Package) である．SoC とフラッシュ・メモリ，水晶発振器，フィルタ・キャパシタ，RFマッチング回路を1パッケージ化したもの

ESP-WROOM-02D　ESP32-WROOM-32D　ESP32-SOLO-1　ESP32-WROVER-B

写真1　モジュールの大きさ比較

● ③モジュールを搭載した開発ボード

ESP32 モジュールにさまざまなデバイスを加えた独自性のある開発ボードが多数販売されています．最もシンプルな構成が，USB-シリアル変換回路と，USB から給電するためのレギュレータ，スイッチを組み合わせたものとなります．開発環境のパソコンから USB で接続し，作成したプログラムを ESP32 に書き込んで使用します．

写真3は Espressif 社公式の ESP32 開発ボードである ESP32-DevKitC です．ESP32 モジュールと USB-シ

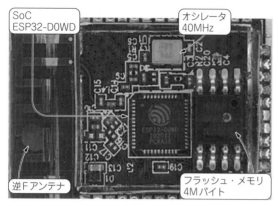

写真2 通常は見えないシールドの中

表4 ESP32のメモリ・マップ
※PRO CPUからのみアクセス可能

アドレス範囲	メモリ割り当て
データ・バス(バイト・アライン)	
0x3F40_0000〜0x3F7F_FFFF	外部フラッシュ(4Mバイト)
0x3F80_0000〜0x3FBF_FFFF	外部SRAM(4Mバイト)
0x3FC0_0000〜0x3FEF_FFFF	(未割り当て)
0x3FF0_0000〜0x3FF7_FFFF	周辺機能(512Kバイト)
0x3FF8_0000〜0x3FF8_1FFF	RTC FAST(8Kバイト)※
0x3FF8_2000〜0x3FF8_FFFF	(未割り当て)
0x3FF9_0000〜0x3FF9_FFFF	ROM1(64Kバイト)
0x3FFA_0000〜0x3FFA_DFFF	(未割り当て)
0x3FFA_E000〜0x3FFD_FFFF	SRAM2(200Kバイト)
0x3FFE_0000〜0x3FFF_FFFF	SRAM1(128Kバイト)
命令バス(ワード・アライン)	
0x4000_0000〜0x4006_FFFF	ROM0(384Kバイト)
0x4007_0000〜0x4009_FFFF	SRAM0(192Kバイト)
0x400A_0000〜0x400B_FFFF	SRAM1(128Kバイト)
0x400C_0000〜0x400C_1FFF	RTC FAST(8Kバイト)※
0x400C_2000〜0x40BF_FFFF	外部フラッシュ(11512Kバイト)
x40C0_0000〜0x4FFF_FFFF	(未割り当て)
命令バス/データ・バス	
0x5000_0000〜0x5000_1FFF	RTC SLOW(8Kバイト)

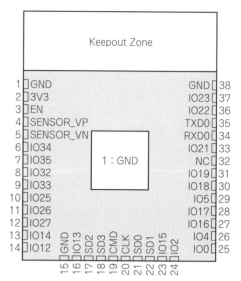

図2 ESP-WROOM-32のピン配置

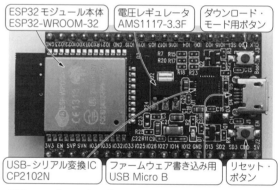

写真3 PCとUSBケーブルで接続すればすぐに始められるESP32-DevKitC

リアル変換回路がボードに組み込まれているので，PCとUSBケーブルでつなげばすぐに開発を始められます．またブレッドボードでの実験がしやすいように，2.54mmピッチのピン・ヘッダも備えています．

　開発ボードは各社から多くのラインアップが販売されていますので，章をあらためて紹介します．

通信＆メモリ

　ESP32ボード(ESP32-DevKitC)と，よく使われる他のマイコン・ボードを比較してみます(**表5**)．比較することで見えるESP32ボードの特徴は以下の通りです．

● Wi-FiとBluetoothが両方使える

　ESP32ボードの大きな特徴は，Wi-FiとBluetoothの両方を備えていることです．ESP32系のボードを除くと両方の機能が使えるボードはラズベリー・パイ(以下ラズパイ)しかありません．Wi-Fiが使いたいという要件だけでもESP32ボードを選ぶ価値はあるでしょう．

● メイン・メモリが多い

　ESP32ボードで意外と見逃せないのがメイン・メモリの大きさです．Linuxを動かすことを目的とする(つまりそれなりにメモリが必要である)ラズパイを除くと，表には挙げていないマイコン・ボードを含めても，同じくらいの価格帯で512Kバイトまでのメイン・メモリを持つものはなかなかありません．さらにESP32-WROVER-Bでは8MバイトのPSRAMがメイン・メモ

表5　有名どころのボードと比べるとマイコンとしては最高性能で価格も安い

マイコン・ボード	ESP32-DevKitC	Arduino Uno R3	Raspberry Pi Zero WH	Nucleo STM32F429ZI	Adafruit Feather nRF52840 Express
プロセッサ	ESP32-D0WDQ6	ATmega328p	BCM2835	STM32F429ZIT6	nRF52840
プロセッサ・メーカ名	Espressif	マイクロチップ・テクノロジー	ブロードコム	STマイクロエレクトロニクス	Nordic Semiconductor
CPUコア	Xtensa LX6	AVR	ARM1176JZF-S（ARM11）	Arm Cortex-M4	Arm Cortex-M4F
CPUクロック［Hz］	240M	16M	1G	180M	64M
コア数	2	1	1	1	1
RAM［バイト］	SRAM 520K	SRAM 2K	DDR2 512M（GPUと共用）	SRAM 256K	SRAM 256K
ストレージ［バイト］	内蔵フラッシュ・メモリ4M	内蔵フラッシュ・メモリ32K	microSDカード2G～32G	内蔵フラッシュ・メモリ2M	内蔵フラッシュ・メモリ1M
I²C	2	1	1	3	2
SPI	3	1	1	6	4
U（S）ART	3	1	1	4	2
A-Dコンバータ	12ビット×2	10ビット×8	–	12ビット×3	12ビット×6
D-Aコンバータ	8ビット×2	–	–	12ビット×2	–
I²S	2	–	1	2	1
GPIOピン	32	14	26	114	21
Bluetooth	Bluetooth 4.2 / BLE	–	Bluetooth 4.1 / BLE	–	Bluetooth 5 / BLE
Wi-Fi	2.4GHz 802.11 b/g/n	–	2.4GHz 802.11 b/g/n	–	–
主な動作環境	FreeRTOS	Arduino言語	Raspbian（Linux）	Mbed OS 5	CircuitPython
参考価格	1,480円（秋月電子通商）	2,940円（秋月電子通商）	1,814円（スイッチサイエンス）	4,050円（スイッチサイエンス）	3,369円（スイッチサイエンス）

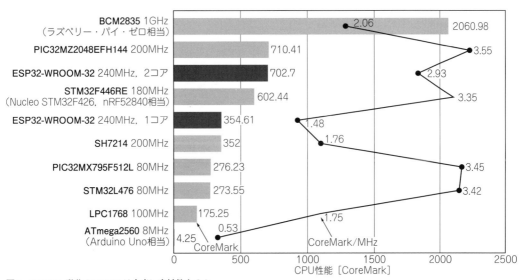

図3　240MHz動作のESP32は本当に高性能なのか
CoreMarkでのベンチマーク

リとして使えるため，実行時メモリを多く必要とするソフトウェアも動かしやすいという特徴があります．

● 機能から見てコスト・パフォーマンスが高い

　ラズパイはいわば本物のLinuxが動作するためソフトウェア資産は充実しているのですが，逆にI/O制御向けのハードウェア機能は必要最小限に収まっているようです．I/O制御を主体にプロジェクトを進めたいならESP32ボードが選択肢として残るでしょう．

　備える機能の観点では，この価格で購入できることは注目に値します．

表6　前バージョン ESP-WROOM-02 と定番 ESP32-WROOM-32 との比較

モデル	ESP-WROOM-02[※1]〜[※3]	ESP32-WROOM-32[※4], [※5]
SoC	ESP8266EX	ESP32-D0WDQ6
クロック周波数 [Hz]	最大160M（通常80M）	最大240M
SRAM [バイト]	160K（命令：64K，データ：96K）	520K（命令：192K，データ：328K）
フラッシュ・メモリ [バイト]	2M（標準）〜16M	4M（標準）〜16M
Wi-Fi	802.11 b/g/n	802.11 b/g/n
Bluetooth	–	v4.2 BR/EDR，BLE
動作電流 [mA]	170[※6]	160〜260[※7]
パッケージ・サイズ [mm]	18×20	18×25.5
GPIOピン	17	32
I²C	1	2
SPI	2	2
UART	2	3
ADC	10ビット×1	12ビット×2
DAC	–	8ビット×2
I²S	1	2
SDIO	1スレーブ	1ホスト，1スレーブ
省電力サポート	あり	あり
参考価格	400円（秋月電子通商）	550円（秋月電子通商）

※1：https://www.espressif.com/sites/default/files/documentation/0c-esp-wroom-02_datasheet_en.pdf
※2：https://www.espressif.com/sites/default/files/documentation/0a-esp8266ex_datasheet_en.pdf
※3：https://www.espressif.com/sites/default/files/documentation/save_esp8266ex_ram_with_progmem_en.pdf
※4：https://www.espressif.com/sites/default/files/documentation/esp32-wroom-32_datasheet_en.pdf
※5：https://www.espressif.com/sites/default/files/documentation/esp32_datasheet_en.pdf
※6：TX 802.11, CCK 11Mbps, Pout=+17dBm
※7：Wi-Fi Tx packet 13dBm〜21dBm

240MHz動作のCPUベンチマーク

　マイコン・ボードを比較したときに目立つのが，ESP32 SoCのCPUはデュアルコアで240MHzと高性能なように見えることです．そこで実際に演算性能は どうなのかを調べてみました．

　性能指標としてCoreMarkベンチマークの値を用いることとします[注1]．CoreMarkベンチマークは，以下のような組み込み機器でよく行われる処理を模したプログラムの実行時間を計測することで，組み込み向けのCPUやSoCの性能を数値化するものです．

- リスト処理（検索とソート）
- 行列操作
- ステート・マシン（入力ストリームに有効な数字が含まれるかどうかを判定）
- CRC（Cyclic Redundancy Check）計算

　このベンチマークをESP32 SoC向けに移植して実測し[注2]，他のマイコンは公式サイトに登録されているスコアを引用しました．比較対象のマイコンは表5のマイコン・ボード搭載のものと，ESP32 SoCの実測値に近いものから選びました．

　図3に実行結果をまとめたグラフを示します．棒グラフはCoreMark値を表します．一方折れ線グラフはCPUのクロック数当たりのCoreMark値（CoreMark/MHz）であり，CPUコアの命令実行効率を表すものです．CPUがパイプライン実行で命令を並列実行できたり，コア自体が複数ある場合にCoreMark/MHzの値が大きくなります．

　このグラフから，ESP32のシングル・コア性能は32ビットのPICマイコン（PIC32MXやPIC32MZ）やSH-2Aマイコンとほぼ同等であることが分かります．さらにESP32のコアを2個動作させたときのスコアはCortex-M4アーキテクチャであるSTM32F446REを超えており，CoreMark/MHzもやや負け程度です．デュアルコアをうまく活用できれば高性能を引き出すことのできるプロセッサです．

まだまだ現役…前バージョンESP8266

　ESP32 SoCの前身であるESP8266（SoC）は，ESP32に比べてコンパクトであることや省電力であることから，まだ現役として使われています．

　表6は，ESP8266 SoCを内蔵するモジュールESP-WROOM-02と，ESP32モジュールESP32-WROOM-32を比較したものです．ESP32モジュールに対する機能面での大きな違いは，ESP8266モジュールではBluetoothが使えないことです．また，メモリ・サイズや機能も全体的にESP8266モジュールの方が少なくなっています．逆に言えば，I²CやSPIを1つだけ使ってWi-Fiでデータを送信するというような小規模な使い方であればESP8266で足りることが多いと言えます．

　実装サイズや消費電力の削減を追求する場合にESP8266を選択するのが良いでしょう．

みやた・けんいち

注1：https://www.eembc.org/coremark/
注2："ESP32でCoreMarkを動かす"（筆者のサイト）http://asamomiji.jp/contents/coremark-benchmark-on-esp32

低価格マイコンの種類が増えた

第3章 RISC-Vが加わった各シリーズの特徴

田中 正幸

表1　ESPマイコンのシリーズ別搭載コアの違い

シリーズ	モデル	CPUコア	コア数	Wi-Fi	Bluetooth	USB
ESP8266	ESP8266	Tensilica L106	1	○	×	×
ESP32	ESP32	Xtensa LX6	2※	○	○	×
ESP32-S	ESP32-S2	Xtensa LX7	1	○	×	OTG
	ESP32-S3		2	○	○	シリアル/OTG
ESP32-C	ESP32-C3	RISC-V	1	○	○	シリアル
	ESP32-C2		1	○	○	×
	ESP32-C6		1	○	○	シリアル
	ESP32-C5		1	○	○	不明
ESP32-H	ESP32-H2		1	○	○	シリアル
ESP32-P	ESP32-P4		2	×	×	シリアル/OTG

第2章（2019年記事）以降に増えたぶん

※　ESP32にはSOLOというシングル・コア製品もある

Wi-FiとBluetoothを使えるマイコンとして人気のESP32（Espressif Systems）ですが，近年ESP32-C3やESP32-S3などいろいろなシリーズが発売されています．2023年2月現在発売されているものに加えて，今後発売が予定されているものについて紹介します．

シリーズ別の特徴

ESP8266を含めると6つのシリーズが展開されており，各シリーズに複数の製品があります（表1）．

USBの項目でOTGと書かれている製品はUSB On-The-Go対応で，USBキーボードなどを接続できます．シリアルと書かれてる製品はUSB-シリアル変換ICを利用することなく，PCとUSBを介したシリアル通信が可能です．

● ESP8266シリーズ

ESPの中で最初に登場したシリーズです．無線通信機能として2.4GHz帯のWi-Fiだけをサポートしています．厳密にはESP32シリーズではなく，その元になった製品です．スマート家電などの内部に組み込まれて利用されていることが多く，電子工作などではあまり利用されていません．

● ESP32シリーズ

無線通信機能として2.4GHz帯のWi-Fiの他にBluetoothにも対応しています．ESP8266シリーズで使いにくかったところを改善し，Bluetoothにも対応したことで人気になったシリーズです．発売から5年以上経過していますが，まだまだ現役で利用されています．

● ESP32-Sシリーズ

ESP32にUSB機能などを追加したシリーズでESP32の進化版です．CPUコアもESP32シリーズのXtensa LX6（ケイデンス・デザイン・システムズ）からXtensa LX7に変更されています．現在新製品が続々と発売されており，今後の主力になりそうなシリーズです．

ESP32-S2については実験的に作られたと思われる製品で，利用できるものはESP32-S3だけとなります．

● ESP32-Cシリーズ

CPUコアは独自開発のRISC-Vに変更されています．シングル・コアの低価格な製品群です．ESP8266シリーズからの置き換え用途が意識されており，ピン互換の製品も発表されています．

唯一販売されているESP32-C3が標準的な製品です．

表2　ESPマイコンのシリーズ別
ESP-IDF対応情報

シリーズ	ESP-IDF
ESP32	v4.1※1
ESP32-S2	v4.2
ESP32-C3	v4.3
ESP32-S3	v4.4
ESP32-C2	v5.0
ESP32-C6	v5.1
ESP32-H2	v4.4※2
ESP32-C5	未定
ESP32-P4	未定

※1　4以前から利用可能だがサポートが切れている
※2　ベータ版が公開されている

表3　コアごとのベンチマーク結果

	ESP32	ESP32-S3	ESP32-C3	ESP8266
CPUコア	Xtensa LX6	Xtensa LX7	RISC-V	Tensilica L106
CPUコア数	1/2	2	1	1
CPUクロック	240MHz	240MHz	160MHz	160MHz
CoreMark	504.85	613.86	407.22	不明
CoreMark/MHz	2.1	2.56	2.55	不明
CoreMark (2コア)	994.26	1181.6		
CoreMark/MHz (2コア)	4.14	4.92		
ULP	あり	あり※	—	—
FPU	あり	あり	なし	なし

※ULPはRISC-Vコア

ESP32-C3から機能を省略し，低価格化したものがESP32-C2であり，ESP8684とも呼ばれています．ESP32-C6はWi-Fi6に対応した製品ですが，2.4GHz帯だけの対応であり，5GHz帯での利用はできません．5GHz帯のWi-Fiにも対応したものがESP32-C5になります．

● ESP32-Hシリーズ

ESP32-Cシリーズをベースに，無線機能としてスマート・ホームなどでよく利用されるIEEE 802.15.4に対応させたシリーズです．Zigbeeなどの無線通信を利用できます．

現在スマート・ホーム向けの家電などは，無線通信のために各社の独自プロトコルを利用しており，相互接続が難しいという問題があります．ESP32-HシリーズはMatterという共通規格に対応しているので，複数の通信方法に対応したブリッジとしての機能にも期待されています．

ESP32-C6もIEEE 802.15.4に対応することになったのですみ分けが難しいのですが，ESP32-H2は最高動作周波数が低いので，低消費電力向けがESP32-H2で，高機能向けがESP32-C6となりそうです．

● ESP32-Pシリーズ

RISC-Vコアの製品の中で初めてデュアル・コアに対応したシリーズです．2023年1月に発表されたばかりであり，詳細はまだ公開されていません．CPUクロックも400MHzに高速化されており，機械学習などの高パフォーマンス用途での利用を想定しているようです．ただし，無線機能は搭載していませんので，他のシリーズと連携するためのライブラリなどが用意されています．

● 今後も新製品が登場しそう

ESPの開発にはESP-IDFと呼ばれるSDKを利用します．Arduinoフレームワークなど以外の開発環境を利用する場合にもESP-IDF SDKは内部で利用されています．公開されているSDKの情報[1]をもとに，各シリーズとESP-IDFの対応状況を表2に示します．順番は発表順になっています．日本国内での発売はESP32-S3までですが，海外ではESP32-C2が発売されています．ESP32-C6はサンプル版が発売されていますが，技適が取得されたモジュールなどは販売されていませんので利用には注意が必要です．ESP32-H2は一般販売されてはいませんが，開発中のボードはあるようですので，近いうちに販売されると思います．一方ESP32-C5以降についてはあまり情報も提供されていませんので，発売はまだまだ先になりそうです．

CPUコアの違いによる性能差

● CoreMarkのスコアで比べる

代表的な製品について，データシートに記載されたCoreMarkのスコアを表3にまとめます．CoreMarkは組み込み向けのベンチマークです．

Xtensa LX6とXtensa LX7は，ケイデンス・デザイン・システムズで設計されたカスタマイズ可能なCPUコアです．浮動小数点数演算性能などもカスタマイズ可能です．このため，他社で採用されているXtensaとは仕様が異なる可能性があります．LX6とLX7では1世代違いますが，内部の仕様は公開されていないようなので詳しい差は分かりません．ただしベンチマーク結果を見た限り2割弱性能が向上しています．Tensilica L106も同社が提供するさらに古いCPUコアです．

RISC-Vはオープン標準の命令セット・アーキテク

チャを採用したCPUコアです．現在発売されている RISC-VのCPUコア製品は全てシングル・コアで，クロックも160MHzと低いものになります．ただし，クロック当たりのベンチマークは，Xtensa LX6を超え Xtensa LX7とほぼ変わりません．

ただし，ESP32-C3は浮動小数点数演算器(FPU；Floating Point Unit)を搭載していません．CoreMark のベンチマークは整数演算だけです．従って浮動小数点数を利用した演算では数十倍以上遅くなるようです．

ESP8266を除く，ESP32系のシリーズはC言語を使う限りコンパイラが環境の差を吸収してくれますので，CPUコアの種類を意識しなくても開発ができます．ただし，コア数の違いや，クロック数による絶対的な性能差はあります．ライブラリなどもUSBなどの特定のシリーズだけ使える機能以外は共通して利用できます．

● コプロセッサ付きのSoCもある

ESP32とESP32-S3にはULP(Ultra Low Power)と呼ばれるコプロセッサも搭載されています．メイン・コアをスリープ状態にしてもコプロセッサでセンサの値を定期的に取得したり，LEDの点灯状態の制御などを行ったりできます．

ESP32シリーズに搭載されているULPは独自設計のもので，単純な命令だけを実行可能であり，アセンブリ言語でプログラミングする必要があります．

ESP32-S3のコプロセッサはRISC-V命令セットで設計されているものになり，C言語などで複雑な処理を実行できるようになりました．

チップ単体やモジュールとして入手できる

● マイコン・チップ単体のSoC

ESP32のコアや各種コントローラなどを搭載した半導体チップです．フラッシュ・メモリなどを内蔵したモデルが近年ラインアップされていますが，基本的にはSoCだけでは動作させられません．無線機能にかかわる回路も不足しています．SoCは非常に小さいチップです．はんだこてでの実装が難しくアンテナなども内蔵していないため技適が取得できませんので，個人では利用する機会はほとんどないはずです．

同じシリーズであればCPUのクロックやメイン・メモリ量などには差はありませんが，内蔵されているフラッシュ・メモリや外部拡張メモリなどに差があります．性能差はないのですが新しいSoCでは設計ミスなどのエラッタが修正されていたり，より省電力に対応していたりと細かい差があります．

シリーズ内の互換性は高いのですが，製品に組み込んでいる場合には同じ世代のSoCを使い続ける場合が多いようです．新規で利用を開始する場合には省電

写真1　拡張メモリPSRAMや無線機能用のアンテナも搭載されているESP32-WROVER-Bモジュール

力で安価な場合が多い新しい世代を利用することをお勧めします．

● 周辺回路も1チップにしたモジュール

モジュールは，SoCにフラッシュ・メモリや水晶振動子，無線機能にかかわる回路やアンテナなどを追加してワンチップ化したものです(写真1)．最低限必要な回路はほぼ内蔵されているため比較的簡単に利用できる製品です．技適を取得済みのモジュールはそのまま日本で利用が可能です．

モジュールはEspressif Systems以外のメーカからも販売されています．特にESP8266はAi-Thinkerから小型で使いやすいESP-01モジュールが販売されたことで普及しました．

● すぐに開発できるボード

開発ボードは，モジュールやSoCに加えて開発に必要な素子などを基板に搭載したものです．

SoCを直接利用したものはボードの小型化や高密度化の点で有利です．しかし，その場合は国内で使用するためには，ボードとして技適取得が必要です．モジュールには技適取得済みのものがあります．技適取得済みのモジュールを搭載しているボードは，ボードとしても技適の適用内として販売されているようです．

モジュールとSoCのいずれを利用したボードでも，技適を取得していないものもあるので注意して購入する必要があります．

表4 SoCに加えてフラッシュ・メモリや無線機能に必要な素子をまとめて搭載しているモジュール一覧

シリーズ	型式又は名称	アンテナ※2	参考価格[円]
ESP8266	ESP-WROOM-02U	外付け	400
	ESP-WROOM-02D※1	PCB	360
ESP32	ESP32-WROOM-32※1	PCB	550
	ESP32-WROOM-32U※1	外付け	300
	ESP32-WROOM-32D※1	PCB	
	ESP32-WROOM-32E	PCB	480
	ESP32-PICO-V3-ZERO	PCB	430
	ESP32-SOLO-1※1	PCB	300
	ESP32-WROVER※1	PCB	
	ESP32-WROVER-I※1	外付け	
	ESP32-WROVER-B※1	PCB	300
	ESP32-WROVER-IB※1	外付け	
	ESP32-WROVER-E	PCB	
	ESP32-WROVER-IE	外付け	
ESP32-S	ESP32-S3-WROOM-1	PCB	530
ESP32-C	ESP32-C3-MINI-1	PCB	
	ESP32-C3-WROOM-02	PCB	310

※1 非推奨品 (NRND)
※2 PCB:基板の配線パターンを使ったアンテナあり

各モジュールの特徴

　現在, さまざまな製品が発売されていますが, 日本では無線通信について技適の問題があるため, 日本国内で特別な対応をせずに利用できるかどうか注意が必要な場合があります.

　ここではEspressif Systemsが製造している技適取得済みモジュールを紹介します (表4).

　型名にUかIがつくものはアンテナが外付けのモデルになります. それ以外はモジュールにPCBアンテナ (基板の配線パターンを使ったアンテナ) が搭載されており, そのままで無線機能を利用できます. 無線感度的には外付けアンテナの方がよいのですが, 日本では技適の関係で利用できるアンテナが制限されるので, PCBアンテナ版を利用することになるでしょう.

● 非推奨品も結構ある

　ESP-WROOM-32とESP-WROOM-32Dのように型名が似ているものがありますが, 基本機能に変更はありません. Dと付いている方が新しい製品であり, 製造方法や内部で使われている部品が異なっているようです. また, ESP-WROOM-02や02Dは互換性のために製造は継続していますが古い製品であり, 最新のESP32-WROOM-32Eの使用が推奨されています. 同様の後継モジュールがあるものは非推奨品 (NRND) という扱いで, これから新規で利用することは推奨されていません.

● ESP8266シリーズ

　ESP8266シリーズはESP-WROOM-02Dを個人で利用する場合の選択肢となりますが, 使い方が少し特殊なところもあり, 価格差も少ないためより高性能なESP32の利用をお勧めします. また, ESP32-C3-WROOM-02はESP-WROOM-02Dとピン互換のモジュールであり価格も安いので置き換え用に提供されています.

● ESP32シリーズ搭載モジュール

　ESP32-SOLO-1以外はデュアル・コアのモジュールになっています. お勧めは最も標準的なESP-WROOM-32Eか, PSRAM (疑似SRAM) を搭載したESP32-WROVER-Eになります.

　今後は, ESP32-S3を搭載するモジュールやボードが増えていくでしょう.

　新しいシリーズではBluetoothがバージョン5以降への対応となっており, Bluetooth Low Energy (Bluetooth LE, BLE) ではないBluetooth Serial (SPP) などのClassic Bluetoothを利用したい場合にはESP32シリーズ搭載モジュールを利用する必要があります.

● ESP32-Sシリーズ搭載モジュール

　ESP32-S2とESP32-S3の2つがあります. 日本ではESP32-S3-WROOM-1しか技適が取得されていません. 今後の主力となりそうですが, 発売当初の製品は技適番号がモジュールに記載されていませんでした. そのため, 海外の販売店から購入した場合には日本で利用できない古いモジュールの可能性があります. 国内の信頼のおける販売店で購入するのが安全です.

● ESP32-Cシリーズ搭載モジュール

　現在のところはESP32-C3を搭載するモジュールしか技適を取得していません. 小型なため基板へ実装するのが難しいESP32-C3-MINI-1の他に, ESP32-C3-WROOM-02が日本で発売されました. これは外形がESP-WROOM-02Dと同じなので使いやすいと思います.

● ESP32-H/ESP32-Pシリーズ

　未発売のシリーズであり, まだ利用できません.

種類が多いESP搭載マイコン・ボード

■ ベンダ別の開発ボード紹介

　開発ボードは各社から発売されており, いろいろなものから選べます. Espressif Systemsから発売されて

表5　国内で入手しやすいESP32マイコン・ボード
※あまり入手性のよくないもの

シリーズ	公式DevKit	公式特殊ボード	M5Stack	Seeed Studio	その他
ESP8266	ESP8266-DevKitC-02D※	ESP8266-DevKitS	—	Wio Node	ESPr Developer
ESP32	ESP32-DevKitC-32E	ESP32-DevKitS	M5Stack BASIC		ESPr Developer 32
ESP32 (PSRAM)	ESP-WROVER-KIT	ESP-EYE	M5Stack Core2	—	
ESP32-S	ESP32-S3-DevKitC-1	ESP32-S3-BOX	AtomS3		—
ESP32-C	ESP32-C3-DevKitM-1※	—	M5Stamp C3	XIAO ESP32C3	

いる開発ボードと，他のベンダから発売されているものの中から筆者お勧めのボードを紹介します（**表5**）．

● Espressif Systems

公式の開発ボードとしてDevKitがあります．モジュールの評価用としての役割もあるようです．

DevKitは何種類か販売されており，USB端子からファームウエアの書き込みができる回路や電圧変換用のレギュレータ，各種GPIOを引き出したピン・ヘッダなどを搭載したボードがあります．その他にもマイクやカメラを搭載し，スマート家電や機械学習用に使えるボードも販売されています．

特殊なボードとしてDevKitSという名称のものがあります．これは，ボードに搭載されたばねを介してESP32モジュールを固定することでDevKitとして使えるものです．どちらかというとモジュールにファームウェアを転送する用途で使用するものです（**写真2**）．

その他に液晶ディスプレイ付きのESP-WROVER-KITや，ESP32-S3-BOX，カメラ付きのESP-EYEというボードもあります（**写真3**）．

DevKitの回路図は公開されており，このボードを参考にして作られたボードが各社から販売されています．ESPマイコンを搭載するボードをプリント基板から自作する場合にも非常に参考になります．

一部のボードは日本での入手性が悪いようです．

● M5Stack

モジュールはあまり利用されておらず，SoCを直接基板に実装することで小さい製品を作成するのが得意な会社です．ほとんどの製品が箱（筐体）に収められており，液晶ディスプレイを搭載しているボードが多いので，マイコンの入門用にボードやキットを探すには最適なメーカと言えます．

Espressif Systemsから資本が入っており，新しいシリーズの発売も非常に早いです．

マイコン・ボードに対して，センサなどをケーブル1本で簡単に接続できるユニットと呼ばれる外部拡張デバイスなども安価にラインアップされておりESP32のマイコン・ボードでは1番お勧めします．

写真2　モジュールを取り付けるとDevKit相当になるボード ESP32-DevKitS-R

写真3　ボード上にカメラを搭載しているESP-EYEボード
技適マークは箱に表示されている

● Seeed Studio

SAMD51マイコンを搭載しているWio Terminalなど，ESP32以外のマイコン・ボードが多い会社です．非常に小型なXIAOシリーズには，ESP32-C3を搭載した製品もあります．

センサなどをケーブル1本でマイコン・ボードに接続するGroveと呼ばれる規格に対応した製品がラインアップされています．

● その他

スイッチサイエンスや秋月電子通商など国内の販売店からもDevKitに似た開発ボードが販売されています．

■ 用途別 開発ボードの選び方

ボードの選択基準や，用途を簡単に解説します．ESP32の開発ボードは新製品が多数発売されるので，紹介したもの以外にもさまざまなものが販売されている可能性があります．技適を取得していないボードやモジュールも大手通販サイトなどで販売されている場合があるので気をつけてください．

● 基礎的な動作確認ならDevKit

DevKitがお勧めです．なるべくピンが多く出ている方が使いやすいと思います．公式のDevKitはUSB端子がMicro-Bです．最近はType-Cのコネクタが増えたので，USBの変換コネクタなどを利用するのも良いと思います．最新のESP32-S3か，安価でよく使われているESP32シリーズのモジュールを搭載したものがお勧めです．

DevKitは他のボードで動かないときの動作確認などのためにも1つは持っておくと便利です．

● いろいろやりたいならM5Stack

M5Stack社の画面付きボードがお勧めです．ケースに入っており開発で使うのに便利な構成になっています．多くの製品が販売されていますが，ESP32マイコン・ボードの中では万能的なM5Stack Core2か，ESP32-S3を搭載したAtomS3などがお勧めです．

● RISC-Vを使いたい場合

Arduinoフレームワークを使ってプログラミングする上では，Xtensa LX6（またはLX7）とRISC-Vとであまり差を意識することはありません．Xtensaのコアに比べると，C/C++言語以外を利用する場合には，RISC-Vの方がサポートが充実している場合があります．

▶ DevKit

RISC-Vコアとなると ESP32-C3を利用することになりますが，対応するDevKitは日本ではあまり流通していません．

ESP32-C3はUSB-シリアル変換機能を内蔵していますが，ピンの動作を変更することができるので，他の用途に変更してしまうと次回の書き込みが失敗するようになります．ボタンを押しながらPCに接続することで書き込みができるダウンロード・モードで起動できるのですが，従来通り外付けのUSB-シリアル変換チップを利用して安定して書き込みができるボードもあります．

▶ DevKit以外

ESP32-C3内蔵のUSB-シリアル変換機能を利用しているボードだとM5Stamp C3U（M5Stack）か，XIAO ESP32C3（Seeed Studio）が入手しやすいと思います．

M5Stamp C3（M5Stack）という製品は，外付けのUSB-シリアル変換チップを利用しています．M5Stamp C3とC3Uは名前が似ていますが利用できる機能が若干違いますので気をつけてください．

● JTAGデバッグがしたい場合

デバッグ用のJTAGボードを用意し，ESP32の特定のピンに接続することでブレーク・ポイントなどを利用したデバッグが可能でした．しかし，特定のピンを他の用途で使っていたり，JTAGボードの入手性が悪かったりして，あまり利用されていませんでした．

ESP32-S3とESP32-C3には，内蔵のUSB-シリアル変換とともにJTAG接続の機能もあります．そのためUSBケーブル1本で書き込みとJTAGを利用したデバッグが可能です．

ボードとしては，画面を搭載しているAtomS3か，小さいM5Stamp C3U（M5Stack）またはXIAO ESP32C3（Seeed Studio）がお勧めです．

● USB機能の開発がしたい場合

ESP32-S3には，PCに接続するとUSBマウスやキーボードとして認識されるUSBデバイス機能と，外部のUSBキーボードなどを利用できるUSBホスト機能があります．ESP32-S3の開発ボードで入手性が良いのはDevKitとAtomS3（M5Stack）です．DevKitはファームウェアの書き込みには外付けのUSB-シリアル変換チップを利用します．もう1つのUSBコネクタがESP32-S3の内蔵USB用ピンに接続されています．そのため書き込みとUSB開発を同時に行うことができますが，電源が接続されていないUSBデバイス向けの結線になっており，USBホスト機能を利用する場合には別途AタイプのUSBコネクタなどを結線して利用する必要があります．

AtomS3はUSBデバイスも，USBホストもType-Cのコネクタにそのまま接続できます．ただし，開発作業を考えるとPCと接続してファームウェアを転送し，その後に外付けのUSBキーボードに接続し直すなど非常に面倒な作業が必要になります．USBデバイスを利用するのは両方とも問題ありませんが，USBホスト機能を利用するときにはひと手間かかります．

● 安い自作ボードを作りたい場合

自作ボードを安く作りたい場合にはESP32-C3-WROOM-02モジュールがお勧めです．ESP32-C3を搭載したモジュールなので，外付けのUSB-シリアル変換チップなしで開発可能です．

デュアル・コアの性能が必要な場合には，M5Stamp Pico（M5Stack）があります．ただし，ファームウェアの書き込みには別売りの書き込み機が必要です．

◆参考文献◆
(1) ESP-IDF Release and SoC Compatibility.
https://github.com/espressif/esp-idf#esp-idf-release-and-soc-compatibility

たなか・まさゆき

すぐに使える回路図とプログラム

第1章 IoTセンサをつなげるハードウェア&ソフトウェア

小池 誠

　ここでは，実際に農業などのアウトドア用途にも使えそうな厳選9種類のIoTセンサの使い方を紹介します．マイコンには，ラズベリー・パイやArduinoとはひと味違う，Wi-Fi付きで低価格な新定番IoT向けモジュールESP32を使います．センサをつなげることでどんな可能性があるかも探っていきます．

● 実験の構成

　実験の構成を**図0-1**に示します．

　ソフトウェアの開発環境は，**表0-1**に示す2種類を試してみました．

　「Arduino core for ESP32 WiFi chip」は，Arduino IDEを使って開発できるようになるため，Arduino経験者やC++開発経験者にはとっつきやすい環境だと思います．また，USB接続するだけでArduino IDEからプログラムの書き込みができる点もポイントです．MicroPythonは，Pythonを使ったモダンなコーディングができる他，REPLを使って取りあえず動かしてみるといった用途に向いています．Pythonプログラムの実行&書き込みなどは，Adafruit Micro Python Tool（ampy）[注1]を使用すると便利です．

　なお，誌面の都合上，MicroPythonのプログラムのみ掲載し，Arduinoのプログラムはダウンロード・データで用意しました．

● 紹介する筆者厳選センサ

　今回動かしてみたセンサの一覧を**表0-2**に示します．ESP32の動作電圧は2.3～3.6V（推奨3.3V）のため，使用センサもそれに合わせて選定する必要があります．特に，開発環境がArduinoと似ているからといって，Arduino用センサ・モジュールを選ぶと5Vが要求されている場合があるので注意が必要です．

注1：https://github.com/adafruit/ampy

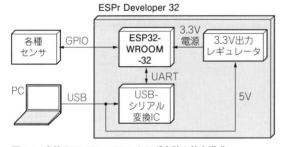

図0-1 本稿のESP32 IoTセンシング実験の基本構成

表0-2 農業などのアウトドア用途にも使えそうで入手しやすいIoTセンサ厳選10種

No.	種 類	型 番	メーカ
1	温湿度・気圧センサ	BME280	Boshc Sensortec
2	CO_2センサ	CCS811	ams
3	土壌湿度センサ	SEN0114	DFROBOT
4	距離センサ	VL53L0X	ST マイクロエレクトロニクス
5	人感センサ	EKMC1601111	パナソニック
6	地磁気センサ	HMC5883L	Honeywell
7	加速度センサ	ADXL345	アナログ・デバイセズ
8	UVセンサ	VEML6070	Vishay
9	圧力センサ	FSR406	Interlink Electronics

表0-1 IoTセンシング実験のベースに使うESP32開発環境

環境名	開発言語	使用バージョン	URL
Arduino core for ESP32 WiFi chip	C，C++	ver.2.0.5	https://github.com/espressif/arduino-esp32
MicroPython (Firmware for ESP32 boards)	Python	esp32-20220618-v1.19.1.bin	https://micropython.org/download

1 温湿度・気圧センサ

プログラム名
`micropython\bme280.py`

BME280（Bosch Sensortec）は，気温／湿度／気圧センサが1つになったMEMSセンサです（**写真1-1**）．センサ自体は2.5mm×2.5mmと米粒程の大きさですが，SPIとI²Cの2つのインターフェースへの対応や，消費電流を抑えるための動作モード切り替えを搭載するなど，とても高機能なセンサです．しかし，85℃を超える温度は計測できないことや，他の高精度なセンサと比べると若干精度が劣るのが欠点です．気温，湿度，気圧の測定レンジと精度，分解能は**表1-1**の通りです．また，主なセンサ仕様は**表1-2**の通りです．

● 応用例

気温，湿度，気圧を一気に取得できるこのセンサは，部屋の環境モニタとしてぴったりです．ESP32でインターネットにつなげて，データをクラウドに常時アップすることで，いつでもどこでも部屋の状況を確認できます．例えば夏場などペットを部屋に残して外出するときも安心ですね．

● 回路

回路を**図1-1**に示します．今回はこのセンサを搭載した「BME280使用　温湿度・気圧センサモジュールキット」（AE-BME280，秋月電子通商）を使用します．

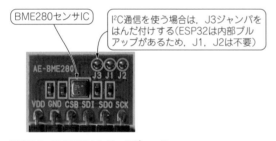

写真1-1　BME280センサ・モジュール

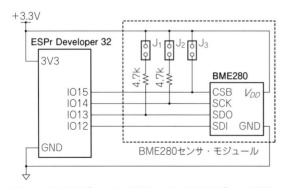

図1-1　ESP32モジュール×温度センサBME280モジュール実験の回路

BME280センサ・モジュールは，SPIとI²Cのどちらでも接続することができます．今回は，SPIを使って接続する方法を紹介します．SPIを使う場合ジャンパJ1〜J3のはんだ付けは不要です．なお，I²Cを使用する場合は，J3のみはんだ付けしてください．

● プログラム

ノーマル・モードで動作させるプログラムを**リスト1-1**（次頁）に示します．
センサの制御フローを**図1-2**に示します．

▶SPI初期化

初めにSPI通信の初期化を行います．ESP32には

表1-1　温度センサBME280の測定レンジと測定精度と分解能

	測定レンジ	測定精度	分解能
気温	−40〜+85℃	±1℃	0.001℃
湿度	0〜100%	±3%	0.008%
気圧	300〜1100hPa	±1hPa	0.18Pa

表1-2　温度センサBME280の主な仕様

項目	値など
動作電圧	1.71〜3.6V
動作電流	3.6μA（気温，湿度，気圧測定時）
	0.1μA（スリープ時）
インターフェース	SPI（3線式・4線式対応，最大10MHz）
	I²C（最大3.4MHz）
サイズ	10mm×16mm×2mm（モジュール）
	2.5mm×2.5mm×0.93mm（センサ単体）

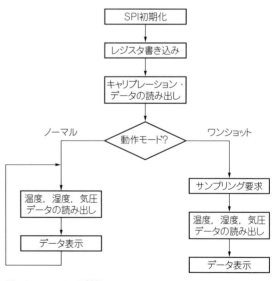

図1-2　BME280の制御フロー
動作モードによって使い方が異なることに注意

リスト1-1　気温，湿度，気圧を表示するプログラム（MicroPython）

```python
#-*- coding:utf-8 -*-
from machine import Pin
from machine import SPI
import struct
import time

#-- Pin Assignment --
PIN_SCLK = 14
PIN_CS   = 15
PIN_MISO = 12
PIN_MOSI = 13


class BME280:
  def __init__(self):
    #キャリブレーション値
    self._dig_T = 0
    self._dig_P = 0
    self._dig_H = 0
    self._dig_H4 = 0
    self._dig_H5 = 0
    self._dig_H6 = 0
    self._t_fine = 0

    #SPI通信の初期化 --- ①
    self._cs = Pin(PIN_CS, Pin.OUT)
    self._spi = SPI(1, baudrate=10000000,
                        polarity=0, phase=0,
                    sck=Pin(PIN_SCLK), mosi=Pin
                        (PIN_MOSI), miso=Pin(PIN_MISO))

    #レジスタに設定値を書き込む --- ②
    self._spi_write(0xF2, 0x01)
    self._spi_write(0xF4, 0x27)
    self._spi_write(0xF5, 0xa0)
    self.readTrim()

  def _spi_write(self, addr, data):
    addr &= 0x7F
    self._cs.value(0)
    self._spi.write(addr.to_bytes(1, 'big'))
    self._spi.write(data.to_bytes(1, 'big'))
    self._cs.value(1)

  def _spi_read(self, addr, size):
    addr |= 0x80
    data = bytearray(size)
    self._cs.value(0)
    self._spi.write(addr.to_bytes(1, 'big'))
    self._spi.write_readinto(data, data)
    self._cs.value(1)
    return data

  def readTrim(self):
    """ キャリブレーション・データの読み出し --- ③
    """
    data = self._spi_read(0x88, 24)
    data += self._spi_read(0xA1,  1)
    data += self._spi_read(0xE1,  7)

    self._dig_T = struct.unpack('<Hhh', data[0:6])
    self._dig_P = struct.unpack
                    ('<Hhhhhhhhh', data[6:24])
    self._dig_H = struct.unpack('<Bhb', data[24:28])

    t0,t1,t2,t3 = struct.unpack('BBBb', data[28:32])
    self._dig_H4 = (t0 << 4) | (t1 & 0x0F)
    self._dig_h5 = (t2 << 4) | ((t1 >> 4) & 0x0F)
    self._dig_h6 = t3

  def readTemperature(self):
    """ 気温データを取得する(℃)
    """
    data = self._spi_read(0xFA, 3)
    data = struct.unpack('BBB', data)

    raw = (data[0] << 12) | (data[1] << 4) | (data[2]
                                               >> 4)
    var1 = (((raw >> 3) - (self._dig_T[0] << 1)) *
                            self._dig_T[1]) >> 11
    var2 = ((((raw >> 4) - self._dig_T[0]) *
                ((raw >> 4) - self._dig_T[0]) >> 12)
                            * self._dig_T[2]) >> 14

    self._t_fine = var1 + var2
    return ((self._t_fine * 5 + 128) >> 8) / 100.0

  def readPressure(self):
    """ 気圧データを取得する(hPa)
    """
    data = self._spi_read(0xF7, 3)
    data = struct.unpack('BBB', data)

    raw = (data[0] << 12) | (data[1] << 4) | (data[2]
                                               >> 4)
    var1 = (self._t_fine >> 1) - 64000
    var2 = (((var1 >> 2) * (var1 >> 2)) >> 11) *
                                self._dig_P[5]
    var2 = var2 + ((var1 * self._dig_P[4]) << 1)
    var2 = (var2 >> 2) + (self._dig_P[3] << 16)
    var1 = (((self._dig_P[2] * (((var1 >> 2) *
        (var1 >> 2)) >> 13)) >> 3) + ((self._dig_P[1]
                            * var1) >> 1)) >> 18
    var1 = ((32768 + var1) * self._dig_P[0]) >> 15
    if var1 == 0:
      return 0
    pres = ((1048576 - raw) - (var2 >> 12)) * 3125
    if pres < 0x80000000:
      pres = int((pres << 1) / var1)
    else:
      pres = int((pres / var1) * 2)
    var1 = (self._dig_P[8] * (((pres >> 3) *
                        (pres >> 3)) >> 13)) >> 12
    var2 = ((pres >> 2) * self._dig_P[7]) >> 13
    pres = pres + ((var1 + var2 + self._dig_P[6])
                                           >> 4)
    return pres / 100.0

  def readHumidity(self):
    """ 湿度データの取得(%)
    """
    data = self._spi_read(0xFD, 2)
    data = struct.unpack('BB', data)

    raw = (data[0] << 8) | data[1]
    v_x1 = self._t_fine - 76800
    v_x1 = (((((raw << 14) - (self._dig_H4 << 20)
        - (self._dig_H5 * v_x1)) + 16384) >> 15) *
            ((((((v_x1 * self._dig_H5) >> 10) *
            (((v_x1 * self._dig_H[2]) >> 11) + 32768))
                        >> 10) + 2097152) *
            self._dig_H[1] + 8192) >> 14))
    v_x1 = v_x1 - (((((v_x1 >> 15) * (v_x1 >> 15))
                    >> 7) * self._dig_H[0]) >> 4)
    v_x1 = 0 if v_x1 < 0 else v_x1
    v_x1 = 419430300 if v_x1 > 419430400 else v_x1
    return (v_x1 >> 12) / 1024.0


sensor = BME280()

while True:
  temp = sensor.readTemperature()
  pres = sensor.readPressure()
  rh   = sensor.readHumidity()

  print("TEMP(deg):%f"%(temp))
  print("RH   ( %% ):%f"%(rh))
  print("PRES(hPa):%f"%(pres))
  time.sleep(1)
```

表1-3　設定が必要な内部レジスタと今回の設定

アドレス	ビット位置	名　前	内　容	設定値
0xF5	7～5	t_sb	ノーマル・モードのセンサ・サンプリング後，次のサンプリングを開始するまでの待ち時間（tstandby）．0.5～1000msの設定が可能	"b101"=1000ms
	4～2	filter	IIRフィルタの時定数．フィルタをかけるとセンサ値の変化が緩やかになる．［なし，2，4，8，16］で設定が可能	"b000"=なし
	0	spi3w_en	SPIを3線式で使用するか	"0"=4線
0xF4	7～5	osrs_t	気温センサのサンプリング回数．回数を増やせばより正確になるが，その分時間がかかる．［0，1，2，4，8，16］の中から設定が可能．0にした場合は，サンプリングが停止しセンサ出力値が0x80000固定となる	"b001"＝1回
	4～2	osrs_p	気圧センサのサンプリング回数 ※気温と同じ	"b001"＝1回
	1～0	mode	センサの動作モード． "00"＝スリープ，"01/10"＝ワンショット・モード，"11"＝ノーマル・モード	"b11"＝ノーマル・モード
0xF2	2～0	osrs_h	湿度のサンプリング回数 ※気温と同じ	"b001"＝1回

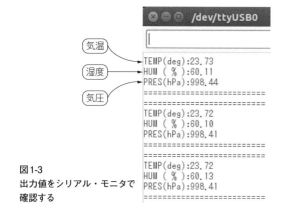

図1-3
出力値をシリアル・モニタで
確認する

SPIリソースが3つ内蔵されています．これらは，SPI，VSPI，HSPIと呼びますが，ESP32-WROOM-32では既にSPIが内蔵フラッシュ・メモリとの接続に使用されているため，実質使用できるのはVSPI，HSPIの2つになります．

今回は，HSPIを標準端子割り付け（14，12，13，15）で使用しています．SPI通信の初期化では，通信速度，SPI動作モード，MSBファーストかLSBファーストかを設定します（**リスト1-1**の①）．こういった設定内容については，一般的には製品データシートの「通信タイミング」といった項に記載されています．

▶レジスタに設定を書き込む

次に，BME280の動作設定などをSPI通信を使ってセンサ内部のレジスタに書き込みます（**リスト1-1**の②）．内部レジスタの詳細なメモリ・マップはデータシートを参照していただくとして，設定が必要な項目を幾つか**表1-3**に示します．

▶キャリブレーション・データの読み出し

BME280で特徴的なのが，このキャリブレーション・データの存在です．センサの製造工程でセンサ個

体ごとの調整値が不揮発性メモリに書き込まれています．この調整値を読み出し，センサのサンプリング結果と併せて計算することで，正しいセンサ値を算出するという仕様になっています．キャリブレーション・データは，レジスタ・アドレス0x88～0x9F，0xA1，0xE1～0xE7から読み出せます（**リスト1-1**の③）．

▶動作モード

BME280では，2つの動作モード（スリープを含めれば3つ）が存在します．**表1-3**のmodeレジスタで選択することができ，それぞれデータ更新のタイミングが異なります．

- ノーマル・モード：定期的にサンプリングを行いバッファ（アドレス：0xF7～0xFE）を更新します．
- ワンショット・モード：通常はスリープしておりサンプリング要求を受信したタイミングで一度サンプリングを行いバッファを更新します．その後はまたスリープ状態に戻ります．

▶気温，湿度，気圧データの読み出し

各サンプリング値は，それぞれ下記アドレスから読み出すことができます．

- 気温：0xFA～0xFC（20ビット長）
- 湿度：0xFD～0xFE（16ビット長）
- 気圧：0xF7～0xF9（20ビット長）

この読み出したサンプリング値とキャリブレーション・データを使って，気温，湿度，気圧データを算出します．計算方法は，データシートの指示通りに行います．

▶データの表示

今回は，Arduino IDE付属のシリアル・モニタを使って表示しています．Arduino IDEのメニューからシリアル・モニタを起動し，通信速度を115200bpsに設定します．BME280センサ・モジュールが問題なく動作すれば，**図1-3**のような表示が確認できます．

2 CO₂（二酸化炭素）センサ

プログラム名
`micropython\ccs811.py`

写真2-1 CO₂センサCSS811 エアークオリティセンサモジュール

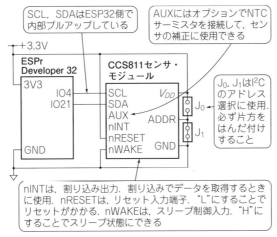

図2-1 ESP32からCO₂センサCCS811モジュールを使うための回路

図2-2 CCS811の制御フロー
ポーリングでデータを読み出す

表2-1 CO₂センサCCS811の主な仕様

項 目	値など
eCO_2測定範囲	400〜8192ppm
TVOC測定範囲	0〜1187ppb
動作電圧	1.8V〜3.6V
動作電流	最大30mA（動作時）
	19μA（スリープ時）
インターフェース	I²C（最大400kHz）
サイズ	約15.3mm×10.2mm×2.8mm（モジュール）
	2.7mm×4.0mm×1.1mm（センサ単体）

　CCS811（ams）は，二酸化炭素相当物（eCO₂）および揮発性有機化合物（TVOC）を感知するセンサで，室内の空気品質を測定するという用途向けに開発されたものです（**写真2-1**）．センサの主な仕様を**表2-1**に示します．eCO₂の単位ppm（parts per milion）は，主に微量物質の濃度を表す単位で，1%=1万ppmになります．TVOCの単位ppb（parts per billion）は1%=1000万ppbです．

● 応用例

　CCS811を使えば，空気中のCO₂濃度を測定することができます．例えば，勉強部屋にこのセンサを設置しておいて，CO₂濃度が濃くなったら換気アラームを鳴らすといった使い方ができそうです．また，CO₂濃度から電車やお店の混み具合なども推定できそうです．

● 回路

　回路を**図2-1**に示します．今回はこのセンサを搭載した「CCS811 エアークオリティセンサモジュール」（ストロベリーリナックス）を使用します．SCL，SDAはESP32側で内部プルアップしています．J0，J1のはんだジャンパは，I²Cのスレーブ・アドレス選択に使用します．V_{DD}に接続すると0x5B（7ビット・アドレス），GNDに接続すると0x5Aになります．必ず片方ははんだ付けしてください．ESP32からセンサのリセットやスリープ移行などの制御を行わない場合は，nRESET入力端子とnWAKE入力端子はそれぞれV_{DD}とGNDへ接続してください．nINT（割り込み出力）も今回は使用しないため未接続としています．

● プログラム

　このセンサを動作させるプログラムを**リスト2-1**に示します．

　CCS811にはデータ読み出し方法として，ポーリング方式と割り込み方式を選べます．ポーリング方式は，ホスト側から定期的にデータ読み出し要求を送る方法です．割り込み方式は，CCS811で設定した割り込みしきい値（レジスタ・アドレス0x10）を超えたタイミングでnINT端子が"L"に落ちるため，その変化をホスト側で検知し読み出し要求を送る方法です．今回はポーリング方式を使った制御フローを**図2-2**に示します．

▶ I²C初期化

　まずは，I²Cの初期化です（**リスト2-1の①**）．今回は，SCLの端子をGPIO4に割り付けるため，I²C初期

リスト2-1　二酸化炭素を測定するプログラム（MicroPython）

```python
#-*- coding:utf-8 -*-
from machine import Pin
from machine import I2C
import struct
import time

#-- Slave Address --
CCS811_ADDR = 0x5B

#-- Register Address --
CCS811_REG_STATUS          = 0x00
CCS811_REG_MEAS_MODE       = 0x01
CCS811_REG_ALG_RESULT_DATA = 0x02
CCS811_REG_RAW_DATA        = 0x03
CCS811_REG_ENV_DATA        = 0x05
CCS811_REG_NTC             = 0x06
CCS811_REG_THRESHOLDS      = 0x10
CCS811_REG_BASELINE        = 0x11
CCS811_REG_HW_ID           = 0x20
CCS811_REG_HW_VERSION      = 0x21
CCS811_REG_FW_BOOT_VERSION = 0x23
CCS811_REG_FW_APP_VERSION  = 0x24
CCS811_REG_ERROR_ID        = 0xE0
CCS811_REG_APP_START       = 0xF4
CCS811_REG_SW_RESET        = 0xFF

#-- Drive Mode Bit --
CCS811_MODE_IDLE           = 0x00
CCS811_MODE_1SEC           = 0x10
CCS811_MODE_10SEC          = 0x20
CCS811_MODE_60SEC          = 0x30
CCS811_MODE_250MS          = 0x80

#-- Pin Assignment --
PIN_SCL = 4
PIN_SDA = 21


class CCS811:
    def __init__(self, scl_pin, sda_pin):
        #I2C初期化・・・①
        scl = Pin(scl_pin, Pin.IN, Pin.PULL_UP)
        sda = Pin(sda_pin, Pin.IN, Pin.PULL_UP)
        self._i2c = I2C(scl=scl, sda=sda)

        #HW_IDの読み出し
        print("HW_ID :%x"%(
                self._readReg(CCS811_REG_HW_ID)))
        print("HW_VER:%x"%(
                self._readReg(CCS811_REG_HW_VERSION)))

        #ステータスの読み出し・・・②
        print("Status:%x"%(
                self._readReg(CCS811_REG_STATUS)))

        #アプリをスタートする・・・③
        print("==APP START==")
        self._i2c.writeto(CCS811_ADDR,
                struct.pack('B', CCS811_REG_APP_START))

        #ステータスの読み出し2・・・④
        print("Status:%x"%(
                self._readReg(CCS811_REG_STATUS)))

        #動作モード書き込み・・・⑤
        self._writeReg(CCS811_REG_MEAS_MODE,
                            CCS811_MODE_1SEC)

    #データ読み出し・・・⑥
    def readCO2TVOC(self):
        self._i2c.writeto(CCS811_ADDR,
            struct.pack('B', CCS811_REG_ALG_RESULT_DATA))
        rcv = self._i2c.readfrom(CCS811_ADDR, 4)
        data = struct.unpack('>HH', rcv)
        return data[0], data[1]

    def _readReg(self, addr):
        self._i2c.writeto(CCS811_ADDR,
                            struct.pack('B', addr))
        rcv = self._i2c.readfrom(CCS811_ADDR, 1)
        return struct.unpack('B',rcv)

    def _writeReg(self, addr, data):
        self._i2c.writeto(CCS811_ADDR,
                            struct.pack('BB', addr, data))

sensor = CCS811(PIN_SCL, PIN_SDA)

while True:
    eco2, tvoc = sensor.readCO2TVOC()
    print("====================")
    print("eCO2:", eco2)
    print("TVOC:", tvoc)
    time.sleep(2)
```

化関数の引き数にSDAとSCLのピン番号を渡しています．

▶ HW_ID読み出し

CCS811は，内部レジスタにHW_ID（0x20）とHW_VERSION（0x21）を持っています．製品のアプリケーション・ノートでは，リセット後これらを読み出しHW_IDが0x81であることを確認することが推奨されています（省略しても動作には問題ない）．

▶ ステータス読み出し1

内部レジスタのSTATUS（0x00）を読み出します（リスト2-1の②）．STATUSレジスタの各ビットは，図2-3のようになっており，ここではAPP_VALIDビットが"1"であることを確認します．基本的にセンサが壊れていなければ"1"になりますので，今回はエラー・ハンドリングは省略しています．

▶ APP_START

APP_STARTレジスタ（0xF4）に書き込み要求を送

7	6	5	4	3	2	1	0
FW_MODE	—		APP_VALID	DATA_READY	—		ERROR

図2-3　ステータス・レジスタ（0x00）

ることで，CCS811内部のアプリケーション・プログラムが開始されます（リスト2-1の③）．ここではレジスタ・アドレス0xF4の書き込みのみを行います．

▶ ステータス読み出し2

ステータス読み出し1と同様です．ここでは，読み出したSTATUSレジスタのFW_MODEビットが"1"になっていることを確認します．

▶ 動作モード書き込み

最後に内部レジスタMEAS_MODE（0x01）へ動作モードを書き込みます（リスト2-1の⑤）．動作モードは表2-2の5つがあり，今回は常時センシングするMode1を設定しています．

バイト0	バイト1	バイト2	バイト3	バイト4	バイト5	バイト6〜7
eCO₂ High Byte	eCO₂ Low Byte	TVOC High Byte	TVOC Low Byte	STATUS	ERROR_ID	See RAW_DATA

図2-4　ALG_RESULT_DATA (0x02)

表2-2　動作モード一覧

モード	解　説	値(0x01の 6〜4ビット)
Mode0	Idle (リセット後のデフォルト値)	'b000'
Mode1	常時 (1秒ごと) にセンシングを行う	'b001'
Mode2	10秒ごとにセンシングを行う. 少し省エネ	'b010'
Mode3	60秒ごとにセンシングを行う. 省エネモード	'b011'
Mode4	高速モード. 250msでセンシングを行うが, 更新はRAW_DATA (ADC後の生値) のみ	'b100'

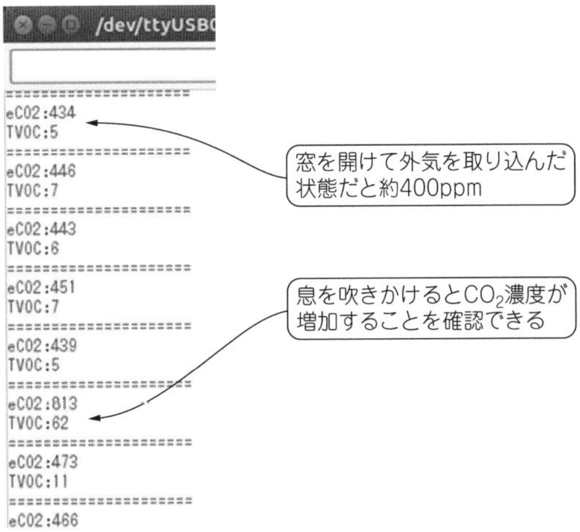

図2-5　CO₂, TVOC濃度をシリアル・モニタで確認

▶データ読み出し

eCO₂, TVOCデータは, 内部レジスタのALG_RESULT_DATA (0x02) から読み出します (リスト2-1の⑥). 図2-4に示すように8バイト・データになっているため, 読み出す際はマルチバイト・リードで8バイト分 (センサ値のみなら4バイト分) を読み出す必要があります.

▶データ表示

取得したデータをシリアル・モニタに表示してみました (図2-5). 息を吹きかけると一瞬CO₂濃度が増加することが確認できます. なお, このセンサは出荷後最初の動作からセンサが安定するまで24 〜 48時間かかります. また, 電源投入から20分間はセンサが安定するまで待つ必要があるので, 使用時には注意が必要です.

3 土壌湿度センサ

プログラム名
```
micropython\sen0114.py
```

土壌湿度センサSEN0114 (DFROBOT) は, 土中の湿り具合を測るためのセンサです (写真3-1). 仕組みは単純で, 2本の電極を土壌に挿し, 電圧をかけます. 電極間の土が乾燥していれば電気抵抗が高くほとんど電流は流れませんが, 土に含まれる水分が多くなるにつれて抵抗値は低くなり, 電流が流れるようになります. この抵抗値の変化を検出することで, 土壌の湿り具合を測定します. 表3-1に主な仕様を示します.

● 応用例

土壌湿度センサを使えば, 庭の花壇や家庭菜園の土の乾き具合を常にモニタできます. これにより, 水やりを忘れたり, やり過ぎてしまったりを防ぐでしょう. さらに一歩進んで, 電子弁をESP32で制御することで自動水やりシステムやインターネットを介した水やり装置なども作れます.

● 回路

回路を図3-1に示します. 今回はこのセンサを搭載した「Arduino用　土壌湿度センサー」(秋月電子通商)

を使用します. センサ出力Outはアナログ出力のため, ESP32のアナログ入力可能な端子に接続する必要があります. MicroPythonを使用する場合は, アナログ入力可能な端子はGPIO32 〜 GPIO39という制約があるためGPIO34を使用しています.

● プログラム

このセンサを動作させるプログラムをリスト3-1に示します.

SEN0114の制御フローを図3-2に示します. センサのアナログ出力をA-Dコンバータを使って数値化しています. センサの出力はばらつきが大きいため, 数値を判断するときにはローパス・フィルタなどでノイズを除去した方がよいでしょう. また, メーカ公表の測定範囲はArudinoの5V, 10ビットA-Dコンバータ (0 〜 1023) の場合であり, ESP32は3.3Vの12ビットA-Dコンバータ (0 〜 4095) のため, A-Dコンバータの判定基準を適合する必要があります. 筆者が試したところ水道水にセンサを漬けた状態で約2500という値でした.

写真3-1　土壌湿度センサ

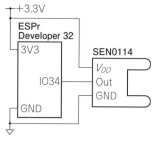

図3-1　ESP32から土壌湿度センサ
SEN0114を使うための回路

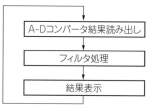

図3-2　SEN0114の制御フロー

写真3-2　植木鉢の土壌湿度を計測する

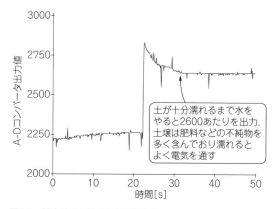

図3-3　植木鉢の土壌湿度の計測結果

土が十分濡れるまで水を
やると2600あたりを出力.
土壌は肥料などの不純物を
多く含んでおり濡れると
よく電気を通す

表3-1　土壌湿度センサSEN0114の主な仕様

項　目	値など
測定範囲 （5V，10ビットA-Dコンバータの場合）	乾燥した土（0〜300）
	湿った土（300〜700）
	水中（700〜950）
動作電圧	3.3Vまたは5.0V
動作電流	35mA
インターフェース	アナログ出力（0〜4.2V）
サイズ	60mm×20mm×5mm

リスト3-1　土壌湿度を表示するプログラム（MicroPython）

```
#-*- coding:utf-8 -*-
from machine import Pin
from machine import ADC
import time

#-- Pin assignment --
#microPyhonではADCはGPIO32〜39しか使用できない
PIN_SEN0114_OUT = 34

#-- Smoothing Coefficient --
ALPHA = 0.9

#-- Threshold --
DRY   = 700
HUMID = 2000

class SEN0114:
  def __init__(self, pin_no):
    self._adc = ADC(Pin(pin_no, Pin.IN))
    self._adc.atten(ADC.ATTN_11DB)
                          #アッテネータを11dBにする
    self._value = 0

  def read(self):
    #ADC結果を取得し平滑化フィルタにかける　・・・①
    val = self._adc.read()
    self._value = ALPHA * val + (1 - ALPHA) *
                      self._value #平滑化処理　・・・②
    return self._value

sensor = SEN0114(PIN_SEN0114_OUT)

while True:
  print(sensor.read())
  time.sleep(1)
```

また，電極に金メッキが施されているとはいえ，センサの仕組み上，長期間使用していると電極が腐食する場合があります．長期間使用する場合は，静電容量式の土壌湿度センサSEN0193を選択肢に入れてもよいでしょう（とは言え，SEN0193も回路部はむき出しのため防水対策が必要だが…）．

▶ A-Dコンバータの結果の読み出し＆フィルタ処理

A-Dコンバータの結果は，machine.ADC.read関数（Arduino IDEでは，analogRead関数）を使うことで取得できます（リスト3-1の①）．取得した値は，簡易的なフィルタ処理を通して平滑化しています（リスト3-1の②）．

▶ 結果表示

実際にセンサを植木鉢の土に挿し（写真3-2），Arduino IDEのシリアル・プロッタで確認した結果を図3-3に示します．

4 距離センサ

プログラム名
`arduino\vl53l0x.ino`

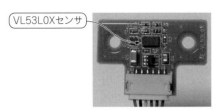

写真4-1 距離センサVL53L0Xモジュール

表4-1 距離センサVL53L0Xの主な仕様

項 目	値など
最大測定距離	2m（ロングレンジ・モード）
	80cm（屋外）
測定誤差	White Target：3〜4%，6〜7%（屋外）
	Grey Target：6〜7%，9〜12%（屋外）
動作電圧	2.6〜3.5V
動作電流	19mA（レンジ測定時）
	5〜6μA（スタンバイ時）
インターフェース	I2C（最大400kHz）
サイズ	30.0mm × 20.0mm × 4.0mm（センサ・モジュール）
	4.4mm × 2.4mm × 1.0 mm（センサ単体）

VL53L0X（STマイクロエレクトロニクス）は，940nm赤外線レーザを用いたToF（Time-of-Flight）方式の測距センサです（**写真4-1**）．測定可能距離は20mm〜2mで，測定誤差が3〜4%と小さく，高精度に距離を測定できます．超音波方式と比較すると若干測定可能距離が短くなりますが，とにかく極小で高精度，かつ，超音波では測定しづらいカーテンなどの柔らかい素材でも測定可能です．しかし，赤外線を反射しない素材や色は，測定可能距離が縮まり精度も下がるため，使用時には注意が必要です．主な仕様を**表4-1**に示します．

● 応用例

レーザ測距センサを使うと，物体の有無や物体までの距離をリアルタイムに計測できるようになります．もし，お店をやっているなら入り口の天井にセンサを下向きに設置することで，自動的に来客数をカウントができますし，身長からある程度の年齢層を推測することでマーケティングにも利用できます．

● 回路

回路を**図4-1**に示します．今回はこのセンサを搭載した「VL53L0X使用　レーザー測距センサモジュール」（AE-53L0X，秋月電子通商）を使用します．VL53L0XはI2Cの他に，XSHUT端子（シャットダウン入

力）とGPIO1端子（割り込み出力）を持っていますが，今回は使用しないため未接続としています．

● プログラム

VL53L0Xで測定した距離を表示するプログラムを**リスト4-1**に示します．MicroPython用プログラムは，データシートが公開されていないため，ここではArduinoのプログラムのみ作成，掲載します．

VL53L0XのインターフェースはI2Cですが，制御に必要なレジスタ・アドレスなどの情報がデータシートに記載されていません．VL53L0Xは，メーカがC言語で書かれたAPIを公開しており，基本的にはそれを使って開発を行います．ただ，ダウンロードするためにはユーザ登録が必要であるなど少し手間なので，今回はPololu社がGitHubに公開している，VL53L0XをArduinoで使うためのライブラリを使いたいと思います．ライブラリのインストールは下記URLを参照してください．

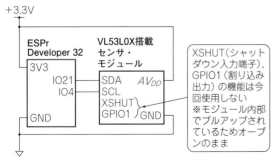

図4-1 ESP32から距離センサVL53L0Xモジュールを使うための回路

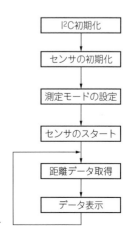

図4-2
XL53L0Xセンサの制御フロー

リスト4-1　測定した距離を表示するプログラム（Arduino）

```
#include <Wire.h>
#include <VL53L0X.h>

/*-- Pin assign --*/
#define VL53L0X_SCL  4
#define VL53L0X_SDA  21

/* RANGE PROFILE
 *  0 : Default mode   1 : High accuracy
 *  2 : Long range     3 : High speed
 */
#define RANGE_PROFILE 0


VL53L0X sensor;

void setup() {
  Serial.begin(115200);

  //I2Cの初期化
  Wire.begin(VL53L0X_SDA, VL53L0X_SCL);

  //センサの初期化
  sensor.init();
  sensor.setTimeout(500);

  //測定モードの選択（マクロで静的に切り替え）  ・・・①
#if RANGE_PROFILE == 1
  Serial.println("High Accuracy Mode");
  sensor.setMeasurementTimingBudget(200000);
#elif RANGE_PROFILE == 2
  Serial.println("Long range Mode");
  sensor.setSignalRateLimit(0.1);
  sensor.setVcselPulsePeriod
                (VL53L0X::VcselPeriodPreRange, 18);
  sensor.setVcselPulsePeriod
                (VL53L0X::VcselPeriodFinalRange, 14);
#elif RANGE_PROFILE == 3
  Serial.println("High Accuracy Mode");
  sensor.setMeasurementTimingBudget(20000);
#else
  Serial.println("Default Mode");
#endif

  //連続測定を開始する  ・・・②
  sensor.startContinuous();
}

void loop() {
  uint16_t distance;

  //センサから距離を取得する  ・・・③
  distance = sensor.readRangeContinuousMillimeters();
  Serial.print("Distance : "); Serial.
println(distance);

  if (sensor.timeoutOccurred()) {
    Serial.println("Timeout");
  }

}
```

https://github.com/pololu/vl53l0x-arduino

　センサの制御フローを図4-2に示します．

▶測定モードの設定

　レーザ出力の設定により，表4-2に示す4つの測定モードの設定をできるようにしています（リスト4-1の①）．

▶センサのスタート

　VL53L0Xは，ワンショット測定と連続測定を行うことができます．ワンショット測定はホストから要求が来たときに一度だけ測定を行う省エネ測定です．連続測定は，ホストからストップ要求が来るまで定期的に測定を行います（表4-3）．今回は，連続測定を使用しています（リスト4-1の②）．

▶距離データの取得

　距離データはミリ・メートル単位で取得できますが，あまりに近すぎたり遠すぎたりすると，不確かな値になるようです（リスト4-1の③）．

表4-2　測定モード一覧

モード	測定時間	最大測定可能距離	備　考
通常	33ms	1.2m	通常モード
高精度	200ms	1.2m	測定時間を長く取って精度を上げるモード
ロングレンジ	33ms	2m	レーザ出力パルスを調整して長い距離を測定するモード
ハイスピード	20ms	1.2m	精度を犠牲に測定時間を最小にするモード

表4-3　測定方法一覧

測定方法		対応する関数
ワンショット測定	測定	`sensor.readRangeSingleMillimeters()`
連続測定	開始	`sensor.startContinuous(uint32_t period_ms=0)` ※引き数は測定間隔
	測定	`sensor.readRangeContinuousMillimeters()`
	停止	`sensor.stopContinuous()`

5　人感センサ

プログラム名
`micropython\ekmc.py`

写真5-1
焦電型赤外線センサ EKMC1601111

表5-1　人感センサEKMC1601111の主な仕様

項　目	値など
検出距離	最大5m
検出条件	・背景との温度差は4℃以上 ・移動スピードは1.0m/s ・サイズは人体(700mm×255mm)を想定
動作電圧	3.0〜6.0V
動作電流	170μA(平均)〜300μA(最大)
インターフェース	ディジタル出力
サイズ	ϕ9.5mm×14.4mm

　EKMC1601111(パナソニック,以下EKMC)は,焦電赤外線センサです(**写真5-1**).焦電型赤外線センサとは,いわゆる人感センサと呼ばれるもので,検出範囲内で人(温度を持ったもの)が動く際に起こる赤外線の変化量を検出します.EKMCは,レンズと検出回路が一体となったコンパクトなセンサですが,半径5mもの検出範囲を持っています.主な仕様を**表5-1**に示します.

● 応用例

　焦電型赤外線センサを使うと,人がいることや動きがあることを検知できるようになります.一般的には,トイレなどに設置されている自動照明などに広く使用されていますが,さまざまな応用が考えられそうです.例えば,ESP32と組み合わせることで,遠く離れて暮らす高齢者家族の安否確認装置が簡単に作れそうです.インターネットを介して常に安否が確認でき,カメラと違ってプライバシへの配慮もバッチリです.

● 回路

　回路を**図5-1**に示します.EKMCとの接続には,プルダウン抵抗R_1が必要です.EKMCが人物の動きを

検出している間,出力Outputが"H"になります.今回は,動作確認用としてESP32にLEDを取り付けてみました.EKMCが人物を検出すると数秒間LEDを点灯させるという,トイレなどでよく見る動作を実装してみます.

● プログラム

　EKMCを使いLEDを点消灯させるプログラムを**リスト5-1**に示します.

　EKMCの出力は,人物の動きを検知しているとき"H"になるというセンサで,オシロスコープで確認すると頻繁にON/OFFしていることが確認できます(**写真5-2**の①).センサからの入力をそのまま使ってLEDを点灯させては,LEDがちらついてしまいます.そこで,市販されている製品のような動作(**写真5-2**の②)を実現するために,**図5-2**に示す状態遷移図を考えてみました.状態遷移図の「人物検出」は,センサ入力(GPIO4)のONエッジ割り込みで実装します.「タイムアップ」は,タイマ割り込みを使って実装します.

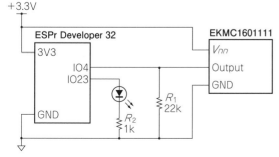

図5-1　ESP32から人感センサEKMC1601111を使うための回路

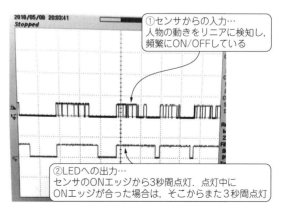

①センサからの入力…
人物の動きをリニアに検知し,頻繁にON/OFFしている

②LEDへの出力…
センサのONエッジから3秒間点灯.点灯中にONエッジが合った場合は,そこからまた3秒間点灯

写真5-2　センサからの入力とLED出力のタイミング

リスト5-1　EKMCでLEDを点消灯させるプログラム(MicroPython)

```
#-*- coding:utf-8 -*-
from machine import Pin
from machine import Timer
from machine import disable_irq, enable_irq
import time

#-- Pin Assignment --
EKMC_INPUT = 4
EKMC_LED   = 23

class EKMC:
  ST_LED_OFF = 0
  ST_LED_ON  = 1

  def __init__(self, in_pin, led_pin):
    self._state = self.ST_LED_OFF
    #GPIO4の割り込み設定(ONエッジで割り込み発生)・・・①
    self._in = Pin(in_pin, Pin.IN)
    self._in.irq(trigger=Pin.IRQ_RISING,
                       handler=self._onDetected)

    self._led = Pin(led_pin, Pin.OUT)
    self._led.value(0)

    self._timer = Timer(0)

  def _onDetected(self, pin):
    """端子割り込み処理・・・③
    """
    state = disable_irq()
    if self._state == self.ST_LED_OFF:
      #タイムアップで割り込み発生・・・②
      self._timer.init(period=3000, mode=Timer.
                   ONE_SHOT, callback=self._onTimer)
      self._led.value(1)
      self._state = self.ST_LED_ON
```

```
      print("startTimer")
    elif self._state == self.ST_LED_ON:
      self._timer.deinit()
      self._timer.init(period=3000, mode=Timer.
                   ONE_SHOT, callback=self._onTimer)
      print("restartTimer")
    else:
      pass
    enable_irq(state)

  def _onTimer(self, timer):
    """ タイマ割り込み処理・・・④
    """
    print("onTimer")
    state = disable_irq()
    if self._state == self.ST_LED_ON:
      self._timer.deinit()
      self._led.value(0)
      self._state = self.ST_LED_OFF
    enable_irq(state)

  def release(self):
    """ 終了時の処理
    """
    self._in.irq(handler=None)
    self._timer.deinit()
    self._led.value(0)

sensor = EKMC(EKMC_INPUT, EKMC_LED)

try:
  while True:
    pass
except KeyboardInterrupt:
  pass
finally:
  sensor.release()
```

▶端子割り込み設定

　センサからの入力端子GPIO4のONエッジ(= RISING)で割り込み関数onDetectedがコールされるように設定を行います(リスト5-1の①).

▶タイマ割り込み設定

　タイマ・インスタンスを生成し,タイムアップで割り込み関数onTimerがコールされるように設定を行います(リスト5-1の②).なお,Arduino IDEで開発する場合は,タイマ生成時にプリスケーラを80分周に設定しています.ESP32の通常システム・クロックは80MHzなので,80MHz/80=1MHz($1\mu s$)でタイマ・カウントされることになります.よって,3秒をカウントするためにはカウントが3000000になったときに割り込みを発生させてやればよいことになります.

▶端子割り込み処理

　端子割り込み処理内では,現在の状態を見て処理を切り替えています(リスト5-1の③).なお,Arduino IDEで開発する場合は,割り込み処理内で参照されるstate変数にはvolatile修飾子が必要なことに注意してください.状態がLED_OFFの場合は,machine.Timer.init関数でタイマをスタートさせ,LED出力(GPIO23)を"H"にしています.状態

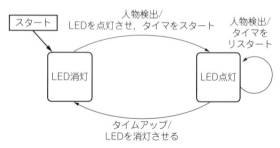

図5-2　状態遷移

がLED_ONの場合(つまり,LED点灯中に再度センサ検知した場合)は,machine.Timer.deinit関数でカウント中のタイマを無効にした後,再度init関数でタイマを0からスタートさせています.

　Arduino IDEで開発する場合は,timeAlarmEnable関数でタイマをスタートさせ,timeWrite関数でカウントを0に書き換えることでタイマのリスタートを行います.

▶タイマ割り込み処理

　タイマ割り込み処理内では,LED出力を"L"にし,状態をLED_OFFに遷移させています(リスト5-1の④).

6 地磁気センサ

プログラム名
`micropython\hmc5883.py`

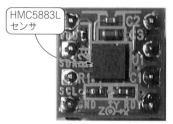

写真6-1　地磁気センサHMC5883L モジュール

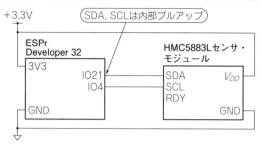

図6-1　ESP32から地磁気センサHMC5883Lを使うための回路

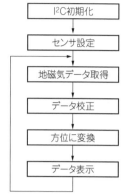

図6-2　HMC5883Lの制御フロー

表6-1　地磁気センサHMC5883Lの主な仕様

項　目	値など
測定範囲	最大 −8 〜 +8ガウス
分解能 （12ビットA-Dコンバータ，1LSB辺り）	0.73 〜 4.35ミリ・ガウス （ゲイン設定による）
動作電圧	2.16 〜 3.6V
動作電流	100μA（測定時）
	2μA（アイドル時）
インターフェース	I²C（最大400kHz）
サイズ	10.0mm × 10.0mm × 2.0mm （センサ・モジュール）
	3.0mm × 3.0mm × 0.9mm（センサ単体）

　HMC5883L（Honeywell）は，*X/Y/Z*の3軸の地磁気を計測できるセンサです（**写真6-1**）．2ビットA-Dコンバータを搭載しており方位を1〜2°の分解能で計測可能です．主な仕様を**表6-1**に示します．地球の地磁気が南から北に向いていることを利用して，方位を検出します．微弱な磁気にも反応するため，センサ近くに磁気ノイズ源などがある場合は，精度良く測ることが困難な場合もあります．

● 応用例

　3軸地磁気センサを使えるようになると，センサを搭載した物体がどの方角を向いているのかを検出することが可能になります．例えば，加速度センサやジャイロ・センサと組み合わせてロボットの姿勢制御などに活用されています．このセンサをカメラの三脚に搭載すれば，星座の方向を教えてくれる星座ナビのような装置が作れそうです．

● 回路

　回路を**図6-1**に示します．今回はこのセンサを搭載した「デジタルコンパスモジュール」（AE-HMC5883L，秋月電子通商）を使用します．HMC5883LのRDY出力端子は，センサ内部でA-D変換が完了し，地磁気データが内部レジスタに格納されたタイミングで"L"に落ちます．今回は，RDY出力を使用せず，ホスト側から決まった周期でポーリングする方法でデータを読み出しています．

● プログラム

　地磁気センサを使って方位を表示するプログラムを**リスト6-1**に示します．
　センサの制御フローを**図6-2**に示します．

▶I²C初期化

　I²Cの初期化を行います（**リスト6-1**の①）．SCLをGPIO4に割り付けるため，I²C初期化関数の引き数で端子割り付けを指定します．

▶センサ設定

　センサ動作の設定をするため，内部レジスタへの書き込みを行います（**リスト6-1**の②）．レジスタ・アドレス0x00では，データ出力の周期とサンプリング回数を設定します．今回は，8回サンプリングした平均値を1秒間に15回出力する設定にしました（**図6-3**）．
　次に，内部レジスタ0x01ではセンサの出力ゲインを設定します．通常，地球の地磁気は0.24 〜 0.66ガウスほどであるため，デフォルト設定のままにしています（**図6-4**）．
　最後に，内部レジスタ0x02でオペレーション・モードの設定を行います．選択できるモードは連続モードと単発モードです（**図6-5**）．連続モードは，内部レジスタ0x00で設定した出力周期ごとにデータの出力を行います．単発モードは，一度データ出力を行った後は自動的にアイドル状態へ移行し，ホスト側からデータ読み出しが行われたタイミングで，次のサンプリング

リスト6-1　HMC5883Lで方位を表示するプログラム（MicroPython）

```
#-*- coding:utf-8 -*-
from machine import Pin
from machine import I2C
import struct
import math
import time

#-- Slave Address --
HMC5883L_ADDR = 0x1E

#-- Pin Assignment --
HMC5883L_SCL = 4
HMC5883L_SDA = 21

#-- Register Address --
HMC5883L_REG_CRA    = 0x00
HMC5883L_REG_CRB    = 0x01
HMC5883L_REG_MODE   = 0x02
HMC5883L_REG_X_MSB  = 0x03
HMC5883L_REG_X_LSB  = 0x04
HMC5883L_REG_Y_MSB  = 0x05
HMC5883L_REG_Y_LSB  = 0x06
HMC5883L_REG_Z_MSB  = 0x07
HMC5883L_REG_Z_LSB  = 0x08
HMC5883L_REG_STATUS = 0x09

#-- Calibration Value --
CALIB_X = -118
CALIB_Y = -28
CALIB_Z = 58

class HMC5883L:
  def __init__(self, scl_pin, sda_pin):
    #I2C初期化 ・・・①
    scl = Pin(scl_pin, Pin.IN, Pin.PULL_UP)
    sda = Pin(sda_pin, Pin.IN, Pin.PULL_UP)
    self._i2c = I2C(scl=scl, sda=sda)
    #内部レジスタの設定・・・②
    self._writeReg(HMC5883L_REG_CRA, 0x30)
                                    #8-average, 15Hz
    self._writeReg(HMC5883L_REG_CRB, 0x20)
                                    #Gain 1.3Ga
    self._writeReg(HMC5883L_REG_MODE, 0x00)
                                    #continuous-Mode

  def _writeReg(self, addr, data):
    self._i2c.writeto(HMC5883L_ADDR, struct.
                              pack('BB', addr, data))

  def readSensor(self):
    """ 地磁気データの取得・・・③
    """
    self._i2c.writeto(HMC5883L_ADDR, struct.
                      pack('B', HMC5883L_REG_X_MSB))
    rcv = self._i2c.readfrom(HMC5883L_ADDR, 6)
    data = struct.unpack('>hhh', rcv)
    #オフセットの適用・・・④
    x = data[0] - CALIB_X
    z = data[1] - CALIB_Y
    y = data[2] - CALIB_Z
    return (x, y, z)

def calcOrientation(x, y):
  """ 2軸(x,y)からセンサの向きを算出・・・⑤
  """
  degree = math.atan2(y, x) * 180.0 / math.pi
  if degree < 0:
    degree = 360 + degree
  return degree

sensor = HMC5883L(HMC5883L_SCL, HMC5883L_SDA)
while True:
  x, y, z = sensor.readSensor()
  print(calcOrientation(x, y))
  time.sleep(0.1)
```

を開始します．今回は，連続モードを使用しています．

▶地磁気データ取得

　地磁気データは，内部レジスタ0x03から2バイトごとにX軸，Z軸，Y軸の順で格納されています．従って，読み出しは最初に読み出し先の先頭アドレス0x03の書き込みを行った後，6バイト連続して読み出します（リスト6-1の③）．

▶データ校正

　地磁気は，計測する地域によって強さや向きが異なるため，事前にキャリブレーションが必要です．スマートフォンのコンパス機能が狂ったときに8の字を書くように動かすと直りますよね．あれと同じことを行う必要があります．センサを持って8の字に動かしたときのX，Y，Z軸のデータ出力を図6-6に示すように3次元分布図にプロットしてみました．センサの近くに磁気ノイズ源などなければ，センサ・データは，ちょうど球状に分布します．しかし，球の中心と座標軸の中心(0，0，0)とにズレが生じています．この誤

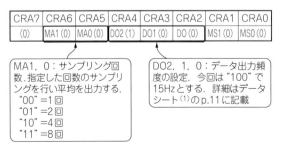

CRA7	CRA6	CRA5	CRA4	CRA3	CRA2	CRA1	CRA0
(0)	MA1(0)	MA0(0)	DO2(1)	DO1(0)	DO(0)	MS1(0)	MS0(0)

MA1，0：サンプリング回数．指定した回数のサンプリングを行い平均を出力する．"00"=1回 "01"=2回 "10"=4回 "11"=8回

DO2，1，0：データ出力頻度の設定．今回は"100"で15Hzとする．詳細はデータシート[1]のp.11に記載

図6-3　内部レジスタ0x00の設定

CRB7	CRB6	CRB5	CRB4	CRB3	CRB2	CRB1	CRB0
GN2(0)	GN1(0)	GN0(1)	(0)	(0)	(0)	(0)	(0)

GN2，1，0：ゲインの設定．今回はデフォルトのままとする．詳細のデータシート[1]のp.12に記載

図6-4　内部レジスタ0x01の設定

MR7	MR6	MR5	MR4	MR3	MR2	MR1	MR0
HS(0)	(0)	(0)	(0)	(0)	(0)	MD1(0)	MD0(0)

MR1，0：データ出力モードの選択．"00"=連続モード "01"=単発モード

図6-5　内部レジスタ0x02の設定

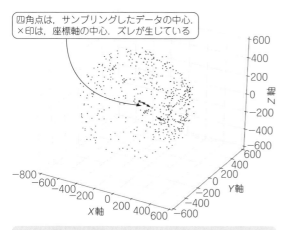

四角点は，サンプリングしたデータの中心．
×印は，座標軸の中心．ズレが生じている

X, Y, Z軸の地磁気のセンサ値を3次元にプロットすると，一般的には球状に分布する．しかし，座標の中心(0, 0, 0)と，データが描く球の中心とでは誤差（オフセット）が存在する．このオフセットを求め，実際のサンプリング値から差し引くことで，精度よく方位を算出できるようになる

図6-6　センサ・データをプロットしてオフセットを求める

差を修正してあげることで，精度良く方位を算出できるようになります．座標を修正するための値をオフセットと呼び，今回は簡易的に下記式で求めることにしました（精度を求めるのであれば，外れ値を除いたりサンプリングを規定回数行ったりともっと統計的な手法で球の中心を推定すべき）．

X軸のオフセット$=(X$軸データの最大値$+X$軸データの最小値$)/2$

※ Y軸，Z軸ともに同じ

今回，この式で求めたオフセットは

X軸：-118，Y軸：-28，Z軸：$+58$

となりました．毎回センサが出力するデータから，このオフセットを引くことでデータの校正を行います（リスト6-1の④）．

▶方位に変換

センサから取得した地磁気データから，センサの向きを算出します．本来，3軸地磁気センサは，加速度センサを使い鉛直方向に対するセンサの姿勢とXYZ軸の地磁気を使って精密な方位を算出しますが，今回は加速度センサなしの場合を説明します．鉛直方向が分からない場合は，センサが水平に置かれていると仮定して，XY軸のみで方位を算出します．北を0度とした場合のセンサの角度は，下記式で求めることができます（リスト6-1の⑤）．

角度$\theta[\mathrm{rad}]=\tan^{-1}(Y$軸の磁束密度$/X$軸の磁束密度$)$

なお，補足として地磁気から求めた北の方向は磁北といって，地図上の北（真北と言う）とは少しだけズレています．このズレを偏角といい，日本だと地域により$4\sim9°$ずれています[注2]．

注2：国土地理院のウェブ・ページに詳しく載っている．
http://www.gsi.go.jp/buturisokuchi/
menu03_magnetic_chart.html

7　加速度センサ

プログラム名
micropython\adxl345.py

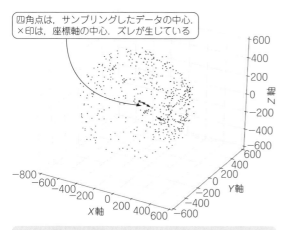

写真7-1
軸加速度センサ
ADXL345モジュール

ADXL345（アナログ・デバイセズ）は，小型，低消費電力の3軸加速度センサです（**写真7-1**）．主な仕様を**表7-1**に示します．最大で±16Gの範囲を測定可能です．また，FIFO型内蔵バッファも搭載されており，センサ内にデータを一時的に溜めておくことで，ホストとの通信を最小限に抑えることができます．また，タップ／ダブルタップ検出や自由落下検出など内蔵アルゴリズムに基づいた複数のセンシング機能が搭載さ

表7-1　3軸加速度センサADXL345の主な仕様

項　目	値など
測定範囲	最大±16G（X, Y, Z軸）
分解能	10〜13ビット（±16G時）
動作電圧	2.0〜3.6V
動作電流	23μA（動作時Typ.）
	0.1μA（スタンバイ・モード）
インターフェース	I²C（100kHz/400kHz）
	SPI（3線式・4線式対応，最大5MHz）
サイズ	18.8mm×14.8mm×1.2mm（モジュール）
	3.0mm×5.0mm×1.0mm（センサ単体）

れています．出力インターフェースもSPIとI²Cの両方に対応しているなど，とにかく高機能なセンサです．

● 応用例

加速度センサは，物体の移動や傾きといった状態を検出することが可能です．例えば，枕とベッドに搭載することで，寝返り回数や寝ている間の体の動きなど

リスト7-1　3軸加速度を表示するプログラム（MicroPython）

```python
#-*- coding:utf-8 -*-
from machine import Pin
from machine import I2C
import struct
import time


#-- Slave Address --
ADXL345_ADDR = 0x53

#-- Register Address --
ADXL345_REG_POWER_CTL    = 0x2D
ADXL345_REG_DATA_FORMAT  = 0x31
ADXL345_REG_DATAX0       = 0x32
ADXL345_REG_DATAX1       = 0x33
ADXL345_REG_DATAY0       = 0x34
ADXL345_REG_DATAY1       = 0x35
ADXL345_REG_DATAZ0       = 0x36
ADXL345_REG_DATAZ1       = 0x37
ADXL345_REG_FIFO_CTL     = 0x38

#-- Pin Assignment --
ADXL345_SCL = 4
ADXL345_SDA = 21

class AXDL345:
  def __init__(self, scl_pin, sda_pin):
    #I2C初期化・・・①
    scl = Pin(scl_pin, Pin.IN, Pin.PULL_UP)
    sda = Pin(sda_pin, Pin.IN, Pin.PULL_UP)
    self._i2c = I2C(scl=scl, sda=sda)

    #レジスタ設定・・・②
    self._writeReg(ADXL345_REG_DATA_FORMAT, 0x0A)
                        #最大±8g, FULL_RES
    self._writeReg(ADXL345_REG_FIFO_CTL,    0x80)
                            #FIFOストリームモード
    self._writeReg(ADXL345_REG_POWER_CTL,   0x08)
                                    #測定モード

  def readAcceleration(self):
    self._i2c.writeto(ADXL345_ADDR, struct.pack
              ('B', ADXL345_REG_DATAX0)) #・・・③
    rcv = self._i2c.readfrom(ADXL345_ADDR, 6)
    data = struct.unpack('<hhh', rcv)
    ax = data[0] * 0.004 #・・・④
    ay = data[1] * 0.004
    az = data[2] * 0.004
    return (ax, ay, az)

  def _writeReg(self, addr, data):
    self._i2c.writeto(ADXL345_ADDR, struct.
                    pack('BB', addr, data))


sensor = AXDL345(ADXL345_SCL, ADXL345_SDA)

while True:
  print(sensor.readAcceleration())
  time.sleep(0.1)
```

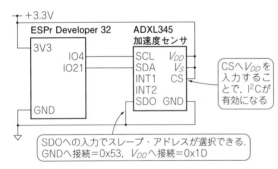

図7-1　ESP32から加速度センサ ADXL345 を使うための回路

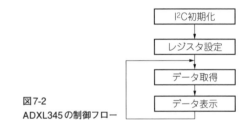

図7-2
ADXL345の制御フロー

から熟睡度を判断するといった用途に使えます．また，ゴルフ・クラブやテニス・ラケットに搭載して，フォームの改善に役立てることができるかもしれません．低消費電力かつコンパクトなESP32なら簡単に搭載できそうですね．

● 回路

　回路を図7-1に示します．今回はこのセンサを搭載した「3軸加速度センサモジュール」（秋月電子通商）を使用します．ADXL345は，CS端子への入力でSPIとI2Cのどちらを使用するかを選択します．CS端子をプルアップすることでI2C，プルダウンすることでSPIになります．今回はI2Cを使用しています．I2Cを選択した場合は，SDO端子をプルアップ，またはプルダウンすることでスレーブ・アドレスを選択できま

す．今回はプルダウンし，0x53に設定してあります．INT1端子，INT2端子は割り込み出力です．今回は使用していませんが，タップ検出や自由落下検出などで割り込みが発生したことをホスト側へ通知するために使用します．

● プログラム

　3軸加速度を表示するプログラムをリスト7-1に，センサの制御フローを図7-2に示します．

▶ I2C初期化

　SDA，SCLとして使用する端子番号を渡して初期化を行います（リスト7-1の①）．

▶ レジスタ設定

　ADXL345はさまざまな機能が搭載されているため，機能を設定するためのレジスタが多いのですが，今回はX，Y，Z軸の加速度をFIFOのストリーム・モードを使って読み出すための設定についてプログラム例を示します（リスト7-1の②）．

レジスタへの書き込みは，データシート[2]で指示されている通り，スレーブ・アドレス，レジスタ・アドレス，書き込みデータの順に行う必要があります．

▶データ取得

X, *Y*, *Z*軸それぞれの加速度データは，レジスタ0x32 〜 0x37に2の補数で格納されています．内部レジスタからのデータ読み出しも，データシートに指示があるように，対象のレジスタ・アドレスを一度書き込んだ後，読み出しを行うという手順を踏む必要があります（**リスト7-1**の③）．また，加速度データの読み出しは，読み出し中に書き換わることがないよう0x32から0x37までを連続で読み出すことが推奨されています．

▶データ表示

Arduino IDE付属のシリアル・モニタを使って表示しています．DATA_FORMATレジスタ（0x31）の設定により，取得したデータは0.004G/LSBであることがデータシートから確認できます．従って，取得値に0.004を掛けて単位を標準重力Gに変換して表示しています（**リスト7-1**の④）．

8　紫外線（UV）センサ

プログラム名
`micropython\veml6070.py`

VEML6070（Vishay）は，紫外線センサです（**写真8-1**）．主な仕様を**表8-1**に示します．UVスペクトル感知範囲は320 〜 410nmで，ピーク感度波長は355nmとなっており，ちょうどUV-A波を感知することができます．センサ感度もソフトウェアから4段階に調整可能です．また，紫外線の変化を端子出力できるため，割り込み処理のトリガとしても利用できます．紫外線の強さはよく「UVインデックス」として表されますが，センサ値とUVインデックスの対応は**表8-2**で確認できます．

● 応用例

日差しが厳しくなる季節，やっぱり日焼けが気になりますよね．このUVセンサ・ボードとESP32を使うことで，ウェアラブルな日焼けアラームが作れます．強い紫外線を感知したらBLEでスマホに通知なんて使い方ができそうです．

● 回路

回路を**図8-1**に示します．今回はこのセンサを搭載した「Adafruit VEML6070 UV Index Sensor Breakout」（スイッチサイエンス）を使用します．SCL，SDA，ACK端子は全てプルアップが必要ですが，今回はESP32の内部プルアップで対応しています．また，ESP32のI²Cの標準端子割り付けはSCL=IO22端子，SDA = IO21端子ですが，今回は配線の取り回しを楽にするため，GPIOマトリクス機能を使ってSCLをIO4端子に割り付けています．

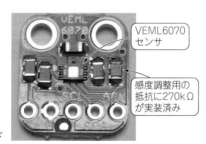

写真8-1
紫外線センサ
VEML6070ボード

表8-1　紫外線センサVEML6070の主な仕様

項　　目	値など
UVスペクトル感知範囲	320 〜 410nm（ピーク355nm）
動作電圧	2.7 〜 5.5V
動作電流	100μA（標準）
	1μA（スリープ時）
インターフェース	I²C（10 〜 400kHz）
サイズ	14.0mm × 13.0mm × 3.0mm（モジュール）
	2.35mm × 1.8mm × 1.0mm（センサ単体）

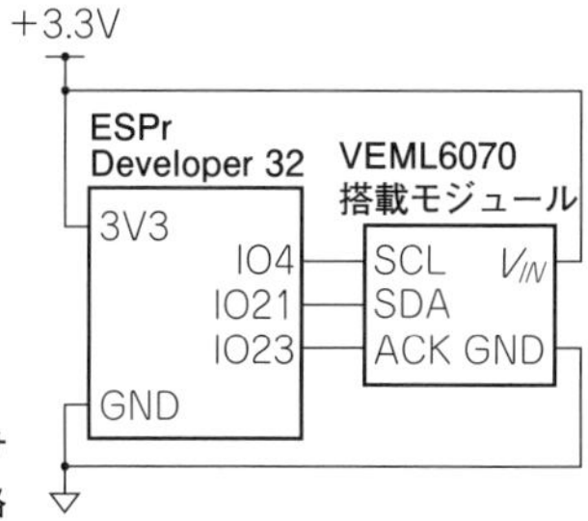

図8-1
ESP32から紫外線センサ
VEML6070を使うための回路

表8-2　VEML6070のセンサ値とUVインデックスとの対応
R_{SET} ＝ 270kΩ，IT ＝ 1Tの場合

センサ値	UVインデックス
2055以上	Extreme
1494 〜 2054	Very High
1121 〜 1494	High
561 〜 1120	Moderate
0 〜 560	Low

● プログラム

UV値を表示するプログラムを**リスト8-1**に示します．センサの制御フローを**図8-2**に示します．

▶I²C初期化

まずは，I²Cの初期化を行います（**リスト8-1**の①）．SCLをGPIO4に変更するため，I²Cの初期化関数の引き数に，SDAとSCLの端子番号を渡しています．

▶割り込みフラグ（ARA）のクリア

VEML6070には，センサ値の変化が設定したしきい値（ACK_THD）を超えた場合にホストへ通知するアラート機能（SMBusのアラート・プロトコル）に対応しています．VEML6070は，センサ変化がしきい値を超えたとき，ACK出力を"L"（0V）に落としアラート応答アドレス（ARA：0x0C）へUVセンサ値の

レジスタ・アドレスを書き込みます．ホスト側（今回はESP32）はACK出力の変化を検知したらARAを読み出すことで，どのスレーブにイベントが発生したのかを検知することができます．そして，そのアドレスを読み出すことで，変化したデータを取得できるという仕組みです．つまり，I²Cのホスト-スレーブ間で割り込み処理のような動きを実現することができ，ARAは割り込みフラグのような働きをしています．リセット時には，まずこのARAをクリアする必要があります．クリア方法は，ARAを読み出すことです．

ただし，MicroPythonを使用する場合は，モジュールがSMBusのアラート・プロトコルに対応していないため，ARAを使用できません．従って，MicroPythonではセンサ値の読み出しのみを実装しています（**リスト8-1**の②）．

▶レジスタの初期化

VEML6070の動作設定を行う内部レジスタ（コマンド・レジスタ）は，**図8-3**のようになっています．ACKビットは，ACK機能の有効／無効，ACK_THDビットはACK機能のしきい値（102steps/145steps），ITビットはセンサ感度を設定します．SDビットは，

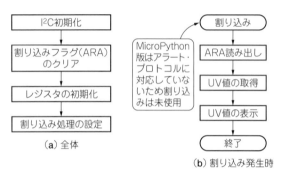

図8-2　VEML6070の制御フロー

ビット7	ビット6	ビット5	ビット4	ビット3	ビット2	ビット1	ビット0
0	0	ACK	THD	IT1	IT0	1	SD

図8-3　VEML6070のコマンド・レジスタ

リスト8-1　UV値を表示するプログラム（MicroPython）

```
#-*- coding:utf-8 -*-
""" MicroPythonはSMBusアラート・プロトコルを
    サポートしていないようで，ARAアドレスが
    使用できません．
    今回はセンサ値の読み出し処理のみ実装しています．
"""
from machine import Pin
from machine import I2C
import struct
import time

#-- Slave Address --
VEML6070_ADDR_H   = 0x39
VEML6070_ADDR_L   = 0x38

#-- VEML6070 CMD Register Bit --
VEML6070_CMD_SD        = 0x01
VEML6070_CMD_IT_HALF_T = 0x00
VEML6070_CMD_IT_1_T    = 0x04
VEML6070_CMD_IT_2_T    = 0x08
VEML6070_CMD_IT_4_T    = 0x0C
VEML6070_CMD_ACK       = 0x20
VEML6070_CMD_ACK_THD   = 0x10
VEML6070_CMD_INIT      = 0x06
VEML6070_CMD_IT_MASK   = 0xF3

#-- Pin Assignment --
VEML6070_SCL = 4
VEML6070_SDA = 21


class VEML6070:
    def __init__(self, scl_pin, sda_pin):
        #I2Cの引き数に端子番号を渡す・・・①
        scl = Pin(scl_pin, Pin.IN, Pin.PULL_UP)
        sda = Pin(sda_pin, Pin.IN, Pin.PULL_UP)
        self._i2c = I2C(scl=scl, sda=sda)

        #コマンドレジスタに設定を書き込む
        self._cmd = VEML6070_CMD_INIT
        self._writeReg(self._cmd)

    def readUVS(self):
        """ UVセンサ値を取得する・・・⑥
        """
        rcv = self._i2c.readfrom(VEML6070_ADDR_H, 1)
        uvs = struct.unpack('B', rcv)[0]
        uvs <<= 8
        rcv = self._i2c.readfrom(VEML6070_ADDR_L, 1)
        uvs += struct.unpack('B', rcv)[0]
        return uvs

    def _writeReg(self, cmd):
        self._i2c.writeto(VEML6070_ADDR_L,
                          struct.pack('B', cmd))
        time.sleep(0.2)


sensor = VEML6070(VEML6070_SCL, VEML6070_SDA)

while True:
    print(sensor.readUVS())
    time.sleep(1)
```

スリープに移行するために使用し，ここに"1"を書き込むことでサンプリングが停止します．

また，データシートを確認するとVEML6070は2つのスレーブ・アドレス0x38，0x39（7ビット・アドレス）を持っていることが確認できます．データシート[3]のインターフェース仕様からの抜粋を**図8-4**に示しますが，VEML6070はレジスタ・アドレスがなく，スレーブ・アドレスのみで通信を行います．スレーブ・アドレス0x38に書き込むことで，このコマンド・レジスタに書き込むことができ，同じスレーブ・アドレス0x38を読み出すとUVセンサ値の上位8ビットが取得できるという仕様になっていることに注意してください．スレーブ・アドレス0x39を読み出すとUVセンサ値の下位8ビットを取得することができます．

スレーブ・アドレス0x38，0x39へ読み出し要求を送ることでデータが読み出せる
※読み出しレジスタ・アドレスを書き込む必要はない

読み出し

| S | スレーブ・アドレス | Rd | A | センサ・データ（1バイト） | A | P |

書き込み

| S | スレーブ・アドレス | Wr | A | コマンド（1バイト） | A | P |

S＝スタート・ビット
P＝ストップ・ビット
A＝アクノリッジ

スレーブ・アドレス0x38に書き込むことで内部レジスタに書き込める
※レジスタ・アドレスの指定は不要

図8-4　VEML6070のインターフェース仕様

▶割り込み処理の設定

ESP32側の割り込み設定です．GPIO23（ACK）が"L"に落ちることを検知して，割り込みを発生させます．割り込み処理中で，ARAをクリアしUVセンサ値の読み出しを行います．最後に，VEML6070のACK機能を有効にします．コマンド・レジスタのACKビットに"1"を書き込むことで有効になります．

▶UVセンサ値の取得

センサからUVセンサ値を読み出します．UVセンサ値はレジスタ・アドレス0x38，0x39を読み出すことで取得できます（**リスト8-1**の⑥）．

▶UVセンサ値の表示

シリアル・モニタを使って確認できます．実際に測ってみた結果，曇りの日では6，晴れた日は1299というように，はっきりと数値で紫外線の強さを確認することができました（**写真8-2**）．

（**a**）曇り，UVセンサ値＝6　　（**b**）晴れ，UVセンサ値＝1299

写真8-2　実際にUVを測ってみた
ITレジスタの設定は1Tとした

9 圧力センサ

プログラム名
micropython\fsr406.py

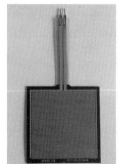

写真9-1
圧力センサ FSR406

表9-1　圧力センサ FSR406 の主な仕様

項　目	値など
感圧範囲	$0.1kg/cm^3 \sim 10kg/cm^3$
精度（抵抗値再現性）	$\pm 5\% \sim \pm 25\%$
最大電流	$1mA/cm^2$
インターフェース	アナログ出力
サイズ	$43.7mm \times 43.7mm$

FSR406（Interlink Electronics，**写真9-1**）は，高分子厚膜フィルム・デバイスの1つで，加えられた圧力の増加にともなって抵抗値が減少します．何も圧力をかけていないときは，シート上部の電極と下部のカーボン・シートが接触しないため通電せず，圧力をかけることで電極とカーボン・シートの接触面積が増加し，それに合わせて抵抗値が変化するという仕組みです．主な仕様を**表9-1**に示します．

● 応用例

圧力センサは，指で押されたことや物が乗っていることなどを検知したり，押されている力や重さといった力量の変化を検知したりすることができます．例えば，ぬいぐるみの中に仕込んで，触ると反応するような機能を付けることができます．また，洗剤の箱の下に仕込んでおけば，洗剤が少なくなったら自動的に知らせて（もしくは注文して）くれるような装置が作れます．

● 回路

回路を**図9-1**に示します．今回は，手持ちのタンブラに飲み物が入っているか判断できるような回路を考えてみました．タンブラは空のとき0.2kgで，飲み物が満タンに入っていると1.0kgほどの重さになります．FSR406の上には，より重さが伝わるようにゴム状の板（衝撃吸収パッド）を挟み，その上に板を置いて，その上にタンブラを置くようにしました（**写真9-2**）．

まず，FSR406のデータシートで，センサ抵抗値の特性を確認します．**図9-2**から，0.2kg ～ 1.0kgでは抵抗値は約4kΩ～1.2kΩで変化することが分かります．そこで，FSR406の抵抗値がこの範囲で変化した場合に，モニタリングする電圧V_{out}の変化が分かりやすい（＝大きい）抵抗R_mを選定してあげればよいことになります．**図9-3**に，5種類の抵抗R_mを選んだ場合の出力電圧V_{out}（机上計算）をプロットしてみました．今回の場合であれば，0.2kg ～ 1.0kgの間で変化量が大きい1k ～ 3.3kΩ辺りが目安になります．その中から実際の回路で試して良さそうな抵抗値3.3kΩを選び，GPIO34をプルダウンします．なお，MicroPythonを使用する場合は，アナログ入力可能な端子はGPIO32 ～ GPIO39という制約に注意が必要です．

● プログラム

FSR406を使ってタンブラの状態を表示するプログラムを**リスト9-1**に示します．

FSR406からの入力はアナログ値になるので，A-D変換が必要ですが，「Arduino core for EPS32」を使う場合もMicroPythonの場合も，簡単にA-D変換を行えるようになっています．センサの制御フローを

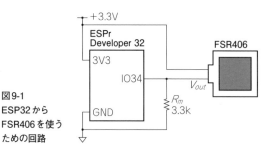

図9-1
ESP32から
FSR406を使う
ための回路

写真9-2　タンブラの飲み物の量を測る

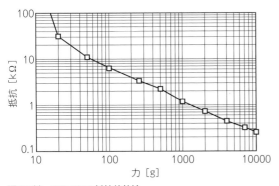

図9-2 [4]　FSR406の抵抗値特性

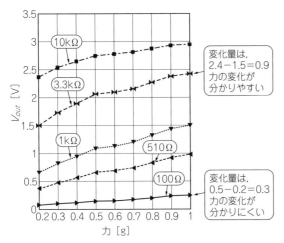

図9-3　R_mによる出力電圧V_{out}の変化

リスト9-1　タンブラの状態を表示するプログラム（MicroPython）

```
#-*- coding:utf-8 -*-
from machine import Pin
from machine import ADC
import time

#-- Pin Assignment --
#microPyhonではADCはGPIO32～39しか使用できない
FSR406_VOUT = 34

#-- Threshold --
TUMBLER_EMPTY = 2000
TUMBLER_20    = 2700
TUMBLER_50    = 3000
TUMBLER_70    = 3200
TUMBLER_100   = 3400


class FSR406:
  def __init__(self, vout_pin):
    self._adc = ADC(Pin(vout_pin, Pin.IN))
    self._adc.atten(ADC.ATTN_11DB)
                      #アッテネータを11DBにする

  def read(self):
    return self._adc.read()  #ADC結果を取得する・・・①

sensor = FSR406(FSR406_VOUT)
while True:
  vout = sensor.read()
  #取得した結果によりタンブラーの状態を出力する・・・②
  print("Vout:", vout)
  if vout >= TUMBLER_100:
    print("Tumbler Full")
  elif vout >= TUMBLER_70:
    print("Tumbler 70%")
  elif vout >= TUMBLER_50:
    print("Tumbler 50%")
  elif vout >= TUMBLER_20:
    print("Tumbler 20%")
  elif vout >= TUMBLER_EMPTY:
    print("Tumbler Empty")
  else:
    print("No Tumbler")

  time.sleep(1)
```

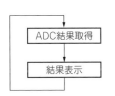

図9-4　FSR406の制御
フロー

/dev/ttyUSB0

```
Vout:3655
TUMBLER FULL
===============================
Vout:3455
TUMBLER FULL
===============================
Vout:3223
TUMBLER 70%
===============================
Vout:3149
TUMBLER 50%
===============================
Vout:2806
TUMBLER 20%
```

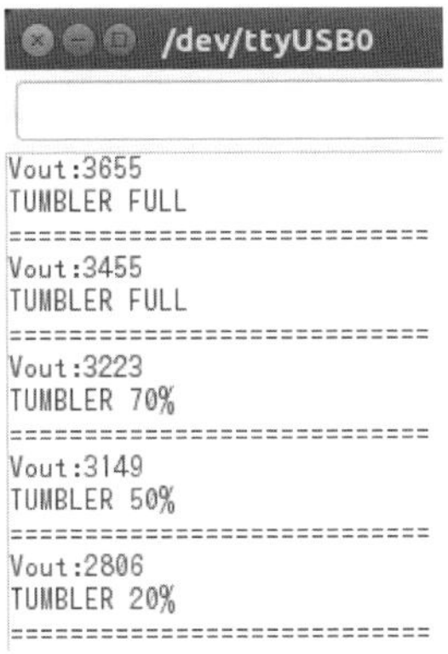

図9-5　タンブラの状態を表示

図9-4に示します.

▶A-D変換結果取得

　指定した端子のA-D変換結果を取得します（リスト9-1の①）. 標準設定ではA-D変換の分解能は12ビットになっていますので, 入力電圧により0～4098の値が取得できます.

▶結果表示

　取得したA-D変換の結果により, タンブラの状態を表示するようなプログラムにしてみました（リスト9-1の②）. 動かしてみると図9-5のような表示が確認できます.

◆参考・引用＊文献◆

(1) 3-Axis Digital Compass IC HMC5883L.
　　https://strawberry-linux.com/pub/
　　HMC5883L.pdf
(2) ADXL345.
　　https://www.sparkfun.com/datasheets/
　　Sensors/Accelerometer/ADXL345.pdf
(3) UVA Light Sensor with I²C Interface.
　　https://www.vishay.com/docs/84277/
　　veml6070.pdf
(4) FSR 400 Series Data Sheet.
　　https://cdn-shop.adafruit.com/
　　datasheets/FSR400Series_PD.pdf

こいけ・まこと

低価格なのに高性能なESPマイコンだからできる

第1章 マイコンでネットワーク・カメラを作る

森岡 澄夫

　本章では，マイコンをネットワーク・カメラに仕立てる上で必要となる基礎知識や構築方法を，3つの実験を通して紹介します．単に画像を取得するだけならば，市販のネットワーク・カメラもありますが，マイコンを使うメリットはさまざまな処理のカスタマイズが可能になることです．

マイコンで作る理由

● マイコンの動作速度が上がった

　つい数年前まで，低価格マイコンで行えるセンシングの内容は，温度／気圧／明度などデータ量が少なく，測定頻度も低い情報に限られていました．その理由は，マイコンの性能が低く（数十MHz動作，RAMも数十Kバイト），データ送出の方法や速度も限られていたからです．

　最近，低価格マイコンが高い処理性能を持つようになりました（**図1**）．ESP32は，240MHz動作で，RAMも512Kバイトあります．2〜3千円で買えるCortex-M4コアのマイコン・ボードも，100MHz超動作でRAMは100Kバイト超の品が散見されます．

● ネットワーク接続機能が標準搭載されている

　2010年以降，多くのマイコンが標準でEthernetコ

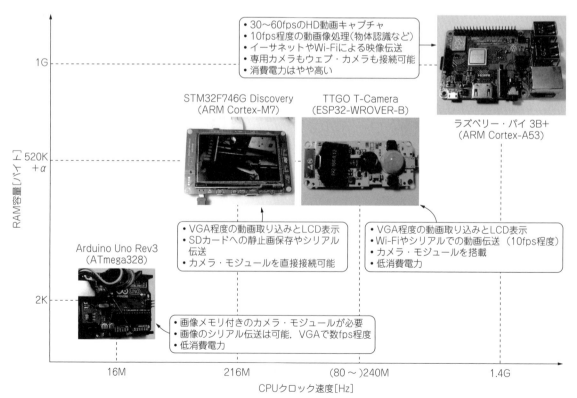

図1　今どきのマイコン・ボードは高性能でカメラもつなぎやすい

ントローラを搭載し，TCP/IPプロトコル・スタックも無償で提供されるようになり，ネットワーク接続への敷居が一気に低くなりました．さらに近年ではWi-FiやBluetooth通信にも対応しています．

● ライブラリが充実している

Arduinoやmbedなど，コミュニティが提供するソフトウェア・ライブラリが整えられてきました．そのため動画像の取得や加工が容易になりました．さらに，インターネットに接続するためのプロトコル（MQTTやHTTP）も提供されるようになってきました．

* * *

便利になった反面，ライブラリ化によって画像処理がブラック・ボックスとなり，カスタマイズがしにくくなっている面もあります．従って本稿では，カメラ・モジュールの操作やデータ転送の基本処理など，ライブラリの内部にも立ち入った解説をします．

必要なもの①…マイコン

● キーパラメータ…演算能力＆メモリ量

マイコンで扱える動画のサイズやフレーム・レートは，CPU速度と搭載するメモリの容量によっておおむね決まります．表1に非圧縮画像のデータ量を示します．例えばフルHD画像を30フレーム/sの速度で取得，加工，伝送したければ，約6.2Mバイト×30 ＝184Mバイトのデータを1秒で転送/演算する能力が求められます．1バイト分の処理を1クロックで行ったとしても，単純計算でクロックが184MHz以上ないと追いつきません．

メモリ量については，できれば数フレーム分が欲しいところです．絶対に必要なわけではありませんが，1フレーム分のメモリすらなければ，画像中の狭い一部分だけを注目すれば済む簡単な処理（フィルタリングなど）しかできません．圧縮したり，文字列を書き入れたり，イベント（物体が動いたことの検知など）によって撮影をしたり，といった処理は難しくなってしまいます．

● 定番マイコンの位置づけ

具体的な目安として，代表的なマイコンのクロック速度やメモリ容量と，行える動画像の処理内容を図1に示します．ここにあるボードは数千円程度の安価で容易に入手できるものばかりです．

Arduino Unoのようにメモリが数Kバイトしかないと，それ単体でデータ処理を行うことは難しく，カメラからネットワークへデータを受け渡しする単純作業しかできません．

ESP32やSTM32など最近のチップを搭載したマイコン・ボードは，Arduino Unoよりも1けた高速でメモリ量もMバイト・オーダなので，VGAサイズ程度の動画取り込みや転送ならば数十fps（フレーム/s）で行えます．

ラズベリー・パイになるとフルHD動画も扱えますが，消費電力は大きくなります．

必要なもの②…カメラ

● 高性能で入手しやすい

最近では，スマートフォンで使われているイメージセンサと同等品を搭載したカメラ・モジュールが安価に入手できます（図2）注1．カメラ・モジュールは，

- イメージセンサ
- 各種レンズ
- 電圧レギュレータ
- 発振器

などがまとめて搭載された基板のことです．マイコン・ボードとの接続はピン端子（通常2.54mmピッチ）

注1：個人で入手できるカメラ・モジュールには，オムニビジョン・テクノロジーズのイメージセンサがよく使われています．ラズベリー・パイ専用カメラであるPiCameraのVer.2はソニー製イメージセンサが搭載されています．ただし，レジスタ・マップが個人には公開されていないため不便です．

表1　非圧縮画像の解像度とデータ・サイズとの関係

解像度	サイズ [バイト]
QQVGA（160×120）カラー（RGB888）	57,600
QQVGAグレー・スケール（256階調）	19,200
QVGA（320×240）カラー	230,400
QVGAグレー・スケール	76,800
VGA（640×480）カラー	921,600
VGAグレー・スケール	307,200
Full HD（1920×1080）カラー	6,415,200
Full HDグレー・スケール	2,138,400

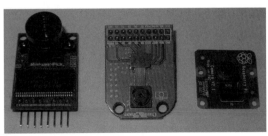

(a) ArduCAM-Mini-2MP-Plus（バッファ・メモリあり）　(b) ArduCAM 2M（バッファ・メモリなし）　(c) PiCamera V2.1（バッファ・メモリなし）

図2　画像バッファ・メモリを搭載するカメラ・モジュールはマイコンでも使いやすい

表2　カメラ・モジュールはマイコンから使いやすい

タイプ	カメラ・モジュール	ウェブ・カメラ
特徴	・マイコンへの接続は行いやすい ・YUV，RGBなどといった非圧縮の画素データが出力される ・多くのモジュールはJPEG圧縮出力もできる	・ラズベリー・パイやPCでは容易に利用可能だがマイコンではほぼ使えない ・USB 2.0接続である場合が多い ・多くはmotion JPEGやH.264などの圧縮出力もできる

やフレキ・ケーブル・コネクタを介して行います.

画素数としては2M～8Mピクセルの品が多く出回っており（Full HDで約2Mピクセル），静止画撮影にも十分なクオリティです．大半のカメラ・モジュールは非圧縮画像だけでなく，JPEG圧縮した画像（つまりMotion JPEG動画）も出力可能です．

カメラ・モジュールには，画像バッファ・メモリを搭載している品もあります．Arduinoのようにマイコン・ボードのメモリが少ない場合，メモリ搭載品を使えば処理設計が容易になります．

▶ **USB接続のウェブ・カメラはマイコンには合わない**

カメラといえば市販のウェブ・カメラを利用することをすぐに思いつきますが，大半がUSB接続です．このためPCやラズベリー・パイでは容易に扱えますが，マイコンにつないで制御させるのは困難です．カメラ・モジュールとウェブ・カメラの比較を**表2**に示します．

ラズベリー・パイについては，専用カメラ・モジュール（PiCamera）とウェブ・カメラの両方が接続可能です[2]．ただし，ウェブ・カメラ接続時はPiCameraほどのフレーム・レートは得られません．

必要なもの③…
ネットワーク通信インターフェース

● Wi-Fi対応マイコンが増えている

マイコンが受け取った動画像をネットワークなどの外界へ送り出すためのインターフェースを用意しま

す．データ帯域（単位時間当たりに送出できるデータ量）は，取得する動画像のデータ量よりも広くなければなりません．最近はWi-Fi搭載のマイコン・ボードが増えてきたので，広帯域が使えます．

● 複数個のマイコンでもOK

最近のマイコン・ボードに顕著な特徴として，**図3**のように複数のマイコン・ボードで取得したデータ（動画像やその他のセンサ・データ）を，中継役となる1つのマイコンやPCにいったん集約し，そこから外界へ送り出す形態を取ることができます．つい数年前は，複数個のマイコンを使うのはまだ珍しいことでしたが，IoTやエッジ・コンピューティングなどの概念が浸透してきたものと考えられます．

このため，画像伝送のネットワーク・インターフェースとしても，従来からある有線イーサネットの他に，Wi-FiやZigbeeなどの無線が候補となります．これらの無線の飛距離は短いですが，上記のように近傍のマイコンやPCへ送る目的には使えます．ただし，BLE（Bluetooth Low Energy）やLoRaなどは帯域が必要量よりも2～3桁少ないので，画像伝送には使えません．

その他の検討項目

ネットワーク・カメラは，上記3つを接続したものです（**図4**）．接続経路のどこかに伝送帯域やプロセッサ速度が低い箇所があると，そこで全体の速度が律速されてしまいます．動画像のサイズやフレーム・レートについて目標を立てた上で，次の項目を検討します．

● 1，カメラ出力のデータ・フォーマット

カメラ・モジュールから取得する画像を，ネットワーク上に非圧縮で送るか圧縮（JPEG）で送るかを考えます．常に圧縮しておけばよいとも限りません．マイコンで画像加工をしたり高度な圧縮（H.264にする

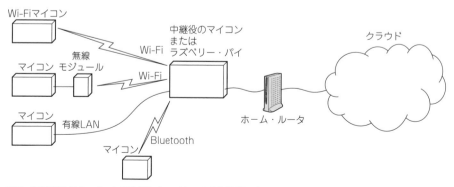

図3　無線機能付きマイコンの登場によってカメラを複数設置することも可能になってきた

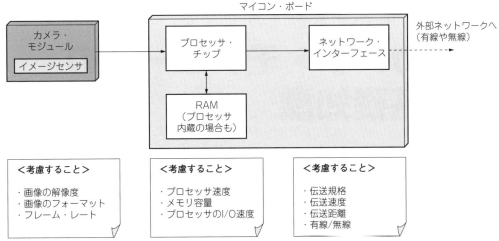

図4　マイコン・ネットワーク・カメラを構成するときの検討ポイント

など）をしたりする場合には，いったん非圧縮データに戻さないといけないので，余計なプロセッサ能力が必要になるからです．

● 2，データ伝送の並列化や画像バッファ構成

　ある画像フレームの処理をマイコンで行ったり，ネットワークへ送ったりしている間に，カメラから次の画像フレームを同時に受け取る，といった並列化方法を検討する場合があります．後述しますがDMA転送なども利用します．ラズベリー・パイなどでは，マルチコアによる処理並列化を検討します[3]．また，画像に何らかの加工や圧縮を行う場合，使用プロセッサでどれだけの速度が出るかを調査／検討します．

● 3，ネットワーク・インターフェースと送出データ・フォーマット

　ネットワークや，その先にあるクラウド・サーバや

PCに対して，どのようなデータ・フォーマットでデータを出力するかを検討します．インターフェースについては，有線か無線かが判断のしどころになります．

　無線の場合，使う環境に依存して飛距離や伝送速度が変わってくるので，どのような規格を用いるかを検討します．

◆参考文献◆
(1) 特集　徹底研究！ 指先サイズ スーパーカメラ，インターフェース，2014年11月号，CQ出版社．
(2) 森岡 澄夫；複数カメラでラズパイ全方位撮影，インターフェース，2018年7月号，pp.16-27，CQ出版社．
(3) 森岡 澄夫；リアルタイム画像処理のための高速化テク，インターフェース，2015年12月号，pp.143-149，CQ出版社．

もりおか・すみお

HSYNC，VSYNCに同期してディジタルRGBやYUVを
出力してくれる優れもの

第2章 カメラ・モジュールの基礎知識

エンヤ ヒロカズ

基本構成

マイコンに画像データを供給してくれるカメラ・モジュール（**写真1**）の内部構成は至ってシンプルです．

- レンズ
- マイコンと接続するためのコネクタまたはピン・ヘッダ
- イメージセンサ
- これらを搭載するための基板

で構成されます．カメラ・モジュールは，1万台などと量産品を作るメーカのためではなく，個人がイメージセンサを扱えるようにするために存在します．

カメラ・モジュールを理解するということは，イメージセンサの仕組み，機能を理解することにほかなりません．

Key device…イメージセンサ

イメージセンサは，光を電気信号に変換するデバイスです．微細なフォトダイオードが2次元状に配置されており，レンズで集光された光を変換します．内部構成を図1に示します．

大きく分けると，光電変換からディジタル化処理までを行うイメージセンサ・ブロックと，得られた生画像を処理して人の目に映える画像を作り出す信号処理（DSP）ブロックに分かれます．

DSPは映像信号処理に特化しているのでISP（Image Signal Processor）と呼ばれる場合が多いです．これが搭載されたイメージセンサがあります．本書で取り上げるOV7670，OV2640はISPが搭載されています．

ちなみにラズベリー・パイの専用カメラPiCameraに代表されるように，最近のイメージセンサはISPが搭載されていないケースもあります．この場合はラズベリー・パイやスマホのSoC側に，ISPが取り込まれている場合が多いです．

図2にCMOSイメージセンサの画素付近の構造を示します．以下の要素で構成されています．

● 機能ブロック1：フォトダイオード・アレイ

フォトダイオードがアレイ状に接続されています．また出力には画素ごとに信号を増幅するためのアンプが配置されています．**図2**に示します．各画素で光電変換された信号は増幅後，水平H，垂直V選択スイッチを経由して外部に読み出されます．

● 機能ブロック2：読み出し回路

多くのCMOSイメージセンサは列単位で信号を読み出します．H選択スイッチで読み出す列を決めて，

（a）外観

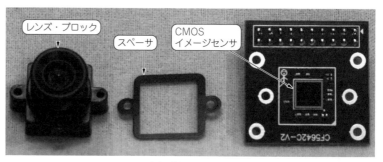

（b）分解したところ

写真1　カメラ・モジュールはイメージセンサとレンズで構成されている
OV5642

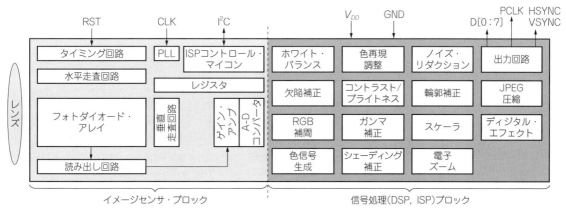

図1　イメージセンサの内部構成

1列分の信号を読み出し回路に出力します．読み出し回路では，増幅やノイズ除去が行われた後，H選択スイッチで1画素ずつ信号が読み出されます．また，画素加算用回路も内蔵しています

● 機能ブロック3：水平/垂直走査回路

水平，垂直方向の走査回路です．内部はシフト・レジスタで入力クロックに応じて順次出力がシフトしていきます．出力によって画素部分，読み出し回路部分のスイッチのON/OFFを行い，信号を読み出す画素を選択します．

● 機能ブロック4：ゲイン・アンプ

ゲイン・アンプは入力された信号を増幅します．十分に明るい所ではゲインは1倍ですが，夜間など暗い

ときや，高速シャッタを切って露光量が低いときには読み出した信号を増幅します．

● 機能ブロック5：A-Dコンバータ

ゲイン・アンプで増幅したアナログ信号はA-Dコンバータでディジタル信号に変換します．多くのイメージセンサは10ビット以上の分解能を持つA-Dコンバータを内蔵しています．後段のISP（DSP）ブロックで加算，乗算を行うために，処理マージンとして2ビット程度必要です．最終的な出力は8ビットになります．また信号処理を行わないセンサ出力そのままのRAW出力は10ビットで出す必要があります．

A-D変換後のディジタル信号に対しても乗算器があり，ディジタル・ゲインをかけられるようになっています（図3）．

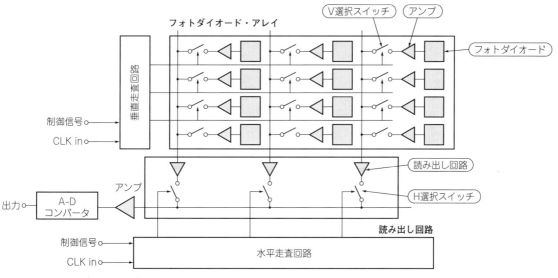

図2　CMOSイメージセンサの画素付近の構造

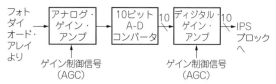

図3　A-Dコンバータ前後にゲイン・アンプがある

● 機能ブロック6：PLL

　CMOSイメージセンサは，動作させるために外部からのクロックが必要です．この外部クロックが，内部で生成する画素読み出しクロックと周波数が異なったままですと，周波数に比例してフレーム・レートなどが変わってしまいます．

　そこで多くのイメージセンサでは，入力クロックをPLLで逓倍，分周して，実際の動作周波数を変えられるようになっています．

● 機能ブロック7：タイミング回路

　内部で必要なタイミングを生成します．水平H，垂直V走査回路の駆動信号や，画素の読み出しクロック，ノイズ除去用のサンプル＆ホールド回路の信号などを作ります．

● 機能ブロック8：レジスタ，マイコン

　CMOSイメージセンサには，さまざまな機能が搭載されています．それらをコントロールするために，レジスタと呼ばれるメモリが用意されています．ユーザは外部からI²Cを使ってレジスタにアクセスし，所望のアドレスに所望のデータを書き込みます．すると，イメージセンサ内蔵マイコンがその内容を読み出し，イメージセンサの各ブロックのハードウェアの制御をします．一部のアドレスは直接I/Oがマッピングされており，書き込むとそのままハードウェアに反映されます．

　ISPを内蔵したイメージセンサは，AE（自動露光）やAWB（自動ホワイト・バランス）を内部で独立して

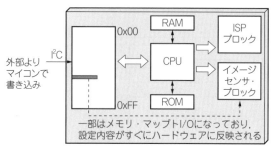

図4　I²Cでイメージセンサのレジスタを設定することで内蔵映像処理プロセッサISPを活用した機能を実現できる

コントロールする目的で，オンチップでマイコンを内蔵しています．通常ファームウェアはメーカ側で開発されますので，ユーザは意識する必要はありませんし，アクセスできないようになっています．I²C経由でレジスタにアクセスし値を設定するのが唯一のコントロール手段になります．電源投入時の初期状態では，このレジスタは適切な値になっていないので，初期化する必要があります．初期値はイメージセンサ・メーカの配布している仕様書やアプリケーション・ノート，esp32-camera（後述）のようなカメラ・ライブラリの初期化関数などから知ることができます．電源投入，リセット解除後にレジスタを初期化することで，初めて映像信号が出力されます（図4）．

信号処理ブロック（ISP）の機能

　ISPは多くの機能を持っています．多くの機能は自動で調整されたり，最適値が初期設定で行われるため，ユーザは特に意識する必要はありません．しかし画質調整を行いたい場合などは，下記の信号処理ブロックを調整することになります．

● その1：ホワイト・バランス

　ホワイト・バランスは白いものを撮影したときに，画像として白くなるようにする処理です．具体的には，RGB各色ごとにゲインを変えることによってカラー・バランスを変えます．これは画素信号そのままの出力（RAW）に対して行います（図5）．

● その2：欠陥補正

　CMOSイメージセンサは微細なプロセスで作られているために，プロセス上の問題で画素に欠陥が生じることがあります．これはそのまま処理をすると，点となって見えてしまいますので，周囲の正常な画素から補間してやります．欠陥は出力が0の黒欠陥，最大値の白欠陥がありますが，どちらも周囲の画素とのレベルの違いを比較することによって動作中にリアルタ

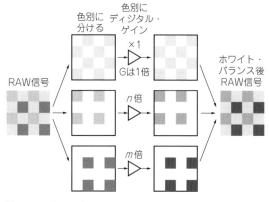

図5　ホワイト・バランス

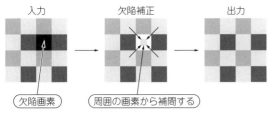

図6　欠陥補正

イムで検出して補正をかけます（図6）.

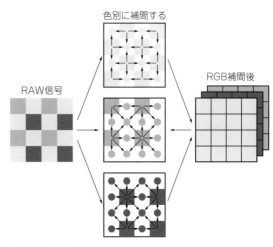

図7　RGB補間

● その3：RGB補間

CMOSイメージセンサのRAW出力は各画素ごとにRGBのうち1色しかありません. そこで, 周囲の同色画素から補間してやることによって各画素RGBの色情報を得ることができます（図7）.

● その4：色信号生成

RGB信号から色差信号（YCbCr信号）を生成します. 色差信号を作る理由は情報量を減らすためです. 色信号は人間が見る場合, 輝度信号に比べて解像度が落ちるために, 解像度を落としています. データ量もRGBの場合の2/3で済むために広く利用されています. また, 以降の色再現調整のときに, 色差信号を用いた方が処理が簡単になります.

● その5：ガンマ補正

通常, われわれの見ているディスプレイは階調特性がリニアではありません, そこでイメージセンサ側でその逆特性に補正をかけることによって正しく階調が再現できるようになります.

● その6：コントラスト＆ブライトネス

画像の明るさをコントロールします. コントラストとブライトネスは動作が異なります. 図8に入出力特性を示します. コントラストは傾きが変わっています. 傾きが急になるとコントラストが高く, 緩やかになると低くなります.

ブライトネスはy切片が変わります. y切片がプラスに増加するとブライトネスが高くなり, 逆にマイナスになるとブライトネスが低くなります. コントラストとブライトネスは言い換えると, ゲインとオフセットを変えていることになります.

● その7：シェーディング補正

シェーディングはレンズの周辺の光量落ちによって取得画像の周囲が暗くなる現象です. そこで, 画像の周辺だけゲインを上げてやることにより, 周囲の暗さを補正します.

● その8：ノイズ・リダクション

ゲインを上げたときなどにノイズが発生する場合があります. このノイズを除去します. とは言ってもフィルタの一種ですので, ノイズを強力に除去した場合は画像の解像度が落ちてしまいますので, トレードオフになります.

● その9：輪郭補正

シャープネスやアパコンとも呼ばれている機能です. 画像のエッジ部分を先鋭にします. 原理的には画像を微分して加算してやることにより, シャッキリとした画像になります.

● その10：スケーラ

画像を縮小します. 縮小はVGA→QVGAのように定形でできるものもありますし, 任意のサイズに変更できるものもあります.

● その11：電子ズーム

電子ズームは画像の一部を切り出して出力します.

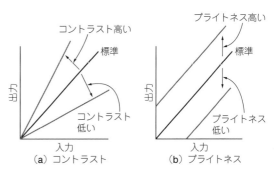

図8　コントラストとブライトネスは違う補正技術

コラム **フレーム・バッファを持つカメラ・モジュールがある**　　　　エンヤ ヒロカズ

イメージセンサ自体にはフレーム・バッファはありません．後段のマイコンは適切なタイミング（イメージセンサ主導のタイミング）でデータを取り込む必要があります．

Arduinoのようなマイコンでもカメラ・モジュール

が利用できるように，イメージセンサの出力にフレーム・バッファ（大容量FIFO）を用意してくれているカメラ・モジュールが販売されています．このようなカメラ・モジュールを用いると，低速なプロセッサでも画像データを取り扱うことが可能になります．

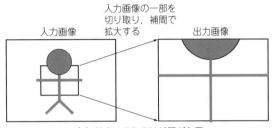

（a）拡大するときは補間が必要

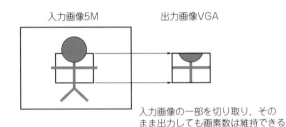

入力画像の一部を切り取り，そのまま出力しても画素数は維持できる

（b）そのまま切り出すときは画素数は維持できる

図9　電子ズーム

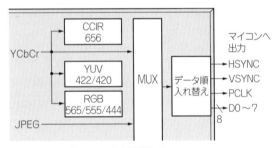

図10　イメージセンサの出力回路周辺

出力画像サイズが入力と同じ場合は，切り出すことにより画素数が減ってしまうので，切り出し後に補間をして，画素数を戻します（図9）．その際に画質劣化が発生します．しかし，入力画サイズに比べて出力画サイズが小さい場合は，切り出してそのまま出力しても画素数は維持できます．この場合は画質劣化は起きません．

● その12：ディジタル・エフェクト

ディジタル・エフェクトは単純なエフェクトがカメラ上で実現できます．ネガポジやモノクロなど，回路規模が小さく，チップ上に実装しても大きな影響が出ないものが選ばれていることが多いようです．

出力回路

● RGBやYUVなどいろいろ

ISPで処理された映像信号は，さまざまなビデオ形

式で出力可能です．YUV（422/420）/YCbCr422，RGB 565/555/444，CCIR656，JPEG，RAW RGBなどです．これらの信号フォーマットに合わせて信号の順序を入れ替えたり，ビット数を調整したり，YUV-RGB変換を行ったりします．

図10にブロック図を示します．色信号作製で作られたYCbCr信号からYUV/RGBの各種信号を作っています．JPEGはJPEGエンコーダから，RAWはイメージセンサのA-Dコンバータ出力から信号を得ます．これらの出力を切り替えた後，データの順番をフォーマットに合わせて入れ替えて出力にします．また画像データは8ビットのパラレル・バス（D0 ～ 7）で伝送されます．これ以外にデータ・ラッチ用のピクセル・クロック（PCLK）と，水平垂直の同期信号（HSYNC，VSYNC）が2つで合計11本の接続になります．

● JPEG圧縮

JPEG圧縮回路を内蔵したイメージセンサが増えています．JPEG圧縮を使うとデータ量を減らせるため，後段のマイコンで取り扱いやすくなります．またTTGO T-Cameraのような，Wi-Fiでデータを送るカメラの場合は，データ量が少ないと転送時間が短くなりますし，転送先のPCでの表示についてはJPEGデコードをパワフルなプロセッサで行えるためです．

えんや・ひろかず

マイコンとカメラがセットになった

2000円ESP32カメラ「TTGO T-Camera」を使う

岩貞 智

ESP32＋カメラの世界

　Wi-FiとBluetoothが利用できて700円から購入できる大人気マイコンESP32ですが，多くの場合，プロトタイプ開発や自作する用途によって，センサなどといった周辺部品と組み合わせる必要があります．特に画像センサ（カメラ・モジュール）は，周辺部品の中でも，最近のAIでの画像認識ブームもあってか人気です．

　ESP32などといったマイコンでカメラを作るのは，ラズベリー・パイなどとは異なり，CSI（Camera Serial Interface）やUSBも装備されておらず，簡単にはいかないと思います．そのような状況ですが，ESP32とカメラ・モジュールとを組み合わせたボードが幾つか発売されています．これらを使用することで，簡単にESP32ベースのIoTカメラを開発できます．ここではESP32＋カメラ・モジュールの可能性を探っていきたいと思います．

ESP32カメラの特徴

　ESP32＋カメラ・モジュールの特徴は，本来のESP32の特徴である，
　・安価　・省電力　・小型　・ネット接続可
にプラスして，画像を取得し表示できるようになることです．

● 無線によるインターネット網への接続が容易

　Wi-FiとBluetooth通信機能を搭載するESP32を利用すれば，カメラ・モジュールが取得した画像データをすぐに外部のネットワークに送信できます．送信された画像を開発者やユーザがすぐに閲覧，確認できます．本章で紹介するESP32ボードは，標準でカメラ・モジュールを搭載していることから，公式のリポジトリでの実装例も充実しており，すぐにアイデアを試すことができます．

● 定番コンピュータ：ラズベリー・パイ＋カメラ・モジュールと比較してコストに優れる

　ラズベリー・パイは一見，本体価格が安く設定されているように見えますが，動作させるまでに必要な周辺機器が意外と多く，トータルで見ると高くつきます．例えば今回のようにカメラ・モジュールを利用したアプリケーションを作成したいと考えて，定番のPiCameraを利用しようと思うと，それだけで4000円以上の追加費用がかかります．

　マイコンとカメラ・モジュールがセットになり，2000円前後で買えてしまうESP32ボードは，PiCamera1つ分で2つ買えてしまうくらい安価です．

● 小型

　ESP32自体も十分小型ですが，ESP32と組み合わされるカメラ・モジュールも小さいため，Wi-Fi，Bluetoothを利用できつつ，とてもコンパクトに収まります．中にはフリスクのケース（58×32mm）に収まるボードもあります．

● 既にデバイスに組み込まれているので配線不要

　カメラ・モジュールとマイコンとを接続する際には，複数の配線が必要です．ブレッドボードなどで配線するとゴチャッとなりやすく，初心者にはハードルが高いです．ですが，後述するESP32ボードは，既にカメラ・モジュールがマイコンに接続されているため，開封後，すぐに利用できます．

マイコンで作れる利点

　マイコンで作るネットワーク・カメラから広がる世界を妄想してみます．

● 複数設置できる

　1万円あれば5台購入できますから，自宅の周辺のあらゆる場所に設置できます．

表1　現時点で入手可能なESP32搭載カメラ・モジュール

名称	SoC	搭載RAM[*1]	イメージセンサ[*2]	値段［円］	その他
M5Camera	ESP32	4Mバイト PSRAM	OV2640	2,035	UART（CP2104 USB TTL），USB-Cケーブル付き．EOLとなっており，Timer Camera Xなどが後継製品となる
TTGO T-Camera	ESP32	8Mバイト PSRAM	OV2640	3,899	LCD（128×64），PIR（AS312），UART（CP2104 USB TTL），チャージ・ソケット（IP5306 I²C）
ESP32-CAM	ESP32	4Mバイト PSRAM	OV2640	1,699	技適未取得
Unit CAM	ESP32	–	OV2640	1,815	–
PoE CAM	ESP32	8Mバイト PSRAM	OV2640	6,545	–
Timer Camera X	ESP32	8Mバイト PSRAM	OV3660	2,959	–
Timer Camera F	ESP32	8Mバイト PSRAM	OV3660	3,267	–
ESP-EYE	ESP32	8Mバイト PSRAM	OV2640	2,980	–

＊1：疑似SRAMを使用
＊2：全てオムニビジョン製

● 壊れても惜しくない

屋外に設置して植物の日々の成長記録を付けられます．濡れたり落下させて壊れても，さほど痛くないです．

● コンパクトで邪魔にならない

消しゴムほどの大きさですから，冷蔵庫の中や下駄箱の中，ポストの中にも設置できます．紹介するTTGO T-Cameraで約68×28mm，M5Cameraで約48×24mmです．

● 手軽に見守り

外出先からペットや玄関の様子を確認できます．

● 動体検知

来客や不審者を簡単に検知できます．これまでは人感センサと言えば，赤外線センサを使うことが多かっ

写真1　ESP32マイコンとカメラ・モジュールを搭載するM5Camera
M5Stack社が販売している．ESP32と，2Mピクセル・イメージセンサ OV2640が標準装備されている

たのですが，風や熱で誤動作するなどの課題がありました．組み合わせて使うと誤動作を減らせそうです．

向いていないところ

● 連続撮影

動画像の取得とネットワークへの配信を同時に行うことは，CPUへの負荷が高いため，性能がそこまで高くないESP32には向きません．2秒撮影→5秒休み→2秒撮影などとインターバル時間を設けて，定期的に画像を取得するような使い方や，特定のイベント発生時のみ動作するような使い方をする必要があります．

● 本格的な画像処理

取得した画像に対して，凝った画像処理を施すには，若干，パワー不足を否めません．また，ウェブ・サーバとして動作させる際にも，複数のクライアントからのリクエストをさばけるわけでもありません．性能を引き出すにはリソースを適切に利用したり，工夫したりが求められます．

ESP32カメラ・ボードの現状

現在，ESP32とカメラ・モジュールを合わせて搭載しているボードとしては，入手性を加味すると3つあります（**表1**）．ただし，ESP32-CAMは「技適未取得」のようですので，実質，選択肢は2つとなります．いずれもPSRAM（疑似SRAM）搭載でRAM容量を強化しています．イメージセンサにはOV2640（オムニビジョン）を使っています．

● M5Camera

M5Camera（**写真1**）は，M5Stack社が販売しているESP32と，2Mピクセル・イメージセンサ OV2640が標準搭載されています．カメラ・レンズを魚眼にした

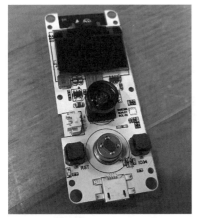

写真2　ESP32搭載 TTGO T-Camera
ESP32に小型のLCDディスプレイ，ボタンが2つ，
さらに人感センサ付き

（a）表

（b）裏

写真3　ESP32搭載 ESP32-CAM
写真1で紹介したM5Cameraとほぼ同じだが，USB-シリアル変換機能が搭載されていない

M5Camera Fという製品もあります．

　M5Cameraという名称からも，カメラ利用を目的に据えた製品で，ESP32でカメラ画像を取得したいとなると，一番初めに選択肢となる品かと思います．Groveインターフェースによる拡張性の余地と，レゴ互換のケース付き[注1]で安全で簡単に取り付けや設置ができます．

　見た目もケースに入っているためかわいく，2,000円以下で入手可能とあって，カメラを利用したちょっとした機能を実現するにはもってこいの品となります．

● TTGO T-Camera

　TTGO T-Camera（写真2）は，ESP32に小型のLCDディスプレイ，ボタンが2つ，さらに人感センサ付きで2000円ちょいです．紹介する中ではTTGO T-CameraだけがESP32-WROVER-Bを使っており，PSRAMは8Mバイト使用できます．

　ESP32-WROVER-BはESP32-WROVERのチップ変更版となります．M5CameraがESP32-WROVERであり，TTGO T-CameraがESP32-WROVER-Bです．性能としてはほとんど違いがありません．

　また，人感センサが付いているのが特徴で，監視カメラや見守りなどの用途にすぐに使えます．128×64画素のOLEDが付いているので，デバッグの際にわざわざシリアルでPCにつながなくてよいという点もメリットです．

注1：正確にはレゴ互換の取り付け穴がついたケース．ケースのサイズは48×24mm．特徴としてはレゴブロックの凸部分を穴に接続することができ，レゴブロックを使用したケースの拡張やカメラの固定などを簡単に行える．

注2：SCCBの実態はI²C．

● ESP32-CAM

　ESP32-CAM（写真3）の基本構成はM5Cameraとほぼ同じですが，USB-シリアル変換機能が搭載されていません．フラッシュ・メモリの書き換えのために自力でシリアル変換パーツを買って接続する必要があります．本機は技適が取得されていないため，日本では使用不可です．

● そのほかの製品

　現在入手可能な製品としてUnit CAMやPoE CAM，イメージセンサとしてOV3660を使ったTimer Camera X，Timer Camera Fがあります．

イメージセンサ OV2640

　多くのデバイスに搭載されているイメージセンサOV2640（オムニビジョン）ですが，最大2MピクセルのUXGA（1600×1200）の解像度で撮影可能です．OV2640はSCCB（シリアル・カメラ制御バス[注2]）を介して制御し，JPEGなど基本的な画像フォーマット画像を出力できます．

　UXGA解像度のときは，最大15フレーム/s（fps），CIF（352×288画素）解像度のときは60fpsで動作でき，画質，フォーマットおよび出力データなどはユーザ設定によって制御できます．

　カメラの画像処理機能としても，露出制御，ガンマ，ホワイト・バランス，彩度，色相制御，ホワイト・ピクセル・キャンセリング，ノイズ・キャンセリングなどの画像処理機能も搭載しています．JPEG圧縮エンジンも含まれており，取得画像データをネット上へ送信する際にも，帯域をムダにしません

いわさだ・さとし

2000円で10fpsを実現

第4章 小型ネットワーク映像カメラの製作

森岡 澄夫

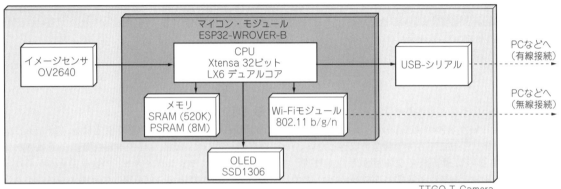

図1　TTGO T-Cameraボードで撮影した動画像をWi-Fiまたはシリアル通信でPCに転送しリアルタイムに表示する

ネットワーク情報を表示

128×64画素 OLED

200万画素カメラ・モジュールOV2640

赤外線人感センサ（今回は使わない）

（a）2,000円で入手できるTTGO T-Camera

写真1　リアルタイムに映像をネットワーク転送する小型カメラを作る

（b）ネットワーク越しに取得した映像

使うマイコンとカメラ・モジュール

● Wi-Fi付きマイコンESP32を搭載したTTGO T-Cameraボードで

　ここでは，取得した画像データをネットワークに送出するまでの流れを紹介します．

　本章では，ESP32-WROVER-Bとカメラ・モジュールを搭載したTTGO T-Cameraボード注1を使います

表1　TTGO T-Cameraの構成

項　目	型　名	備　考
マイコン	ESP32-WROVER-B	–
OLED（表示器）	SSD1306	–
メモリ	マイコン・モジュールに内蔵	SRAM 520Kバイト，PSRAM 8Mバイト
カメラ・モジュール	OV2640	魚眼レンズ・バージョンも売られている
無線チップ	マイコン・モジュールに内蔵	Wi-Fi 802.11 b/g/n
USB-UART ブリッジ	CP2104	–
焦電型赤外線センサ	AS312	本章では未使用
温度／湿度／気圧センサ	BME280	本章では未使用
動作電圧	3.3〜5V	USB供給も可

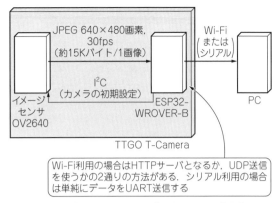

図2　カメラ画像をネットワークに送り出しPC上で表示するまで

（図1，写真1，表1）．カメラ・モジュールには，イメージセンサOV2640が搭載されており，この実験ではJPEGを出力させます．

TTGO T-Cameraのソフトウェア開発には，Arduino IDEが使えます．追加すべきライブラリ注2があるので，同サイトの指示に従って環境をセットアップしておきます．

処理の流れ

TTGO T-Cameraボードで撮影した動画像をWi-FiでPCに伝送し，リアルタイムに表示します．

● 画像データの取得

データの流れを図2に示します．TTGO T-Cameraボードでは，技術要素はESP32内部にまとまっています．ESP32では，I^2CをCamera Slave Receiving Modeにすることで注3注4，DCMIに相当する機能を使うことができます．DMAによってメモリ・バッファへ自動転送できる点や，SCCBによってカメラ設定を

注1：TTGO T-Cameraの概要．
　　　https://github.com/lewisxhe/esp32-camera-series
注2：TTGO T-Cameraのソース・コンパイルのためにインストールするカメラ・ライブラリ．
　　　https://github.com/espressif/esp32-camera
注3：ESP32 technical reference manual 11.5.2章．
　　　https://www.openhacks.com/uploads productos/esp32_technical_reference_manual_en_qg.pdf
注4：ESP32のI2Sの説明．
　　　https://docs.espressif.com/projects/esp-idf/en/latest/api-reference/peripherals/i2s.html

行う点も同じです．これらの処理はライブラリesp32-camera注2の中に隠ぺいされています．

● ネットワークへの送出

いったんメモリ上に画像データが蓄えられたら，ネットワークへの接続を行った上で，HTTPサーバ経由，またはUDPパケットで画像をネットワークへ送り出します．マイコンによってライブラリ関数の違いはありますが，基本的な処理内容はLinux/Windowsでのプログラミングと同じです．VGAサイズで10fps以上の速度は出ています．

ネットワーク映像カメラのプログラム

● 目的に応じた方法を選ぶ

Wi-Fiによる画像転送を行う場合，PC上で10fps以上のMotion JPEG動画を見ることができます．動画像を見る方法としては，先に触れた通り，

(1) TTGO T-Camera上でHTTPサーバを立ち上げてPCのブラウザで表示する方法
(2) TTGO T-CameraからUDPパケットを送信してPCの専用自作ソフトで表示する方法

の2通りを紹介します．単に動画像を見るだけであれば前者で十分ですが，後者は動画像認識や画像加工など，他の処理と組み合わせたソフトウェアを自作したい場合に使います．

● 方法1：ESP32カメラをHTTPサーバにしてPCのブラウザで画像表示

カメラ・ライブラリ注2にある実装ヒントをもとに，ソースコードの基本構成と処理内容を記述したものをリスト1と図3に示します．これをもとに，動作するプログラムの形に整理したものがリスト2です．

リスト1　HTTPサーバとして画像伝送する際のコード構成

```
//HTTP接続リクエストが来た時のハンドラ
esp_err_t jpg_stream_httpd_handler(…)
{
    while(1){
        カメラからフレーム画像を取得
        画像を伝送
    }
}

void setup()
{
    カメラ初期化
    Wi-Fi初期化
    HTTPサーバ立ち上げ(ハンドラも登録)
}

void loop()
{
    (処理なし)
}
```

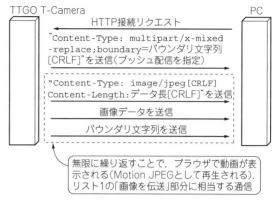

図3　TTGO T-CameraボードをHTTPサーバとする場合のデータの流れ

▶実装したソースコードを見てみる

　イメージセンサやWi-Fiの初期化後，HTTPサーバを立ち上げて接続リクエストを待ちます．リクエストが来たら，"Content-Type:multipart/x-mixed-replace"を応答として返し，**図3**に示すようにJPEG画像とバウンダリ(区切り)文字列を流し続けます．

　クライアントであるブラウザの方では，画像が送られてくるたびに自動的に表示をオーバライトしますが，これが動画像として見えます．MJPEG over HTTPとも呼ばれる方式です．なお，Internet Explorerはこのプロトコルをサポートしていないので，ブラウザにはChromeやFirefoxなどを使ってください．

　リスト2(次ページ)に示したソースコードは，この送信処理を関数`jpg_stream_httpd_handler()`で素直に書いています．このようなウェブ・サーバ機能は，Arduinoやラズベリー・パイでも同じように実現できます[1][2][3]．

● 方法2：カメラからUDP転送して自作PCソフトで画像表示

　先述の通り，PC側で動画を加工処理したいのであれば，HTTPプロトコル上でデータを伝送するのではなく，UDP/TCP上で伝送する方が便利です．UDP，TCPのどちらでもよいですが，ここでは接続確立までの手順が簡単でブロードキャストもできるUDPを使って製作してみます．

　リスト3にコードの基本構成を示します．**リスト4**は処理を実際に実装したTTGO T-Camera側のソースコードです．Wi-Fi-UDPクラスのメソッド`beginPacket()`，`write()`，`endPacket()`を使うことによってUDPパケットを1つ送ることができます．これを使い，カメラ画像が1フレーム得られるたびに，データをUDPパケットとして送出します．

リスト3　UDPパケット送信による画像伝送のコード構成

```
void send_cam_packet(…)
{
    カメラからフレーム画像を取得
    UDPパケットを生成しブロードキャスト
}

void setup()
{
    カメラ初期化
    Wi-Fi初期化
    UDPポート初期化
}

void loop()
{
    send_cam_packet();
}
```

画像データが大きい場合は，UDPパケットのサイズ上限を超えないように分割しています．

　PC受信側で使う動画像表示ソフトウェアは，実験1で示した**リスト4**(次々ページ)のコードのうち，UART(COMポート)からデータを受信する箇所をUDPパケット受信に差し替えたものです．差分となる部分をリスト5に示します．

▶用途によってプロトコルを選ぶ

　UDP通信ではパケットが確実に到達することや，パケットが送信順と同順で受信できることを保証していません．このため，受信したデータをそのままデコード/表示しようとしても失敗する可能性があります．従って，業務用途ではTCP/IP通信を使いエラー・チェックも入れてください．家庭内LAN内などで実験的に使う範ちゅうでは，UDPでもまず問題ありません．

リスト2　HTTPサーバを使った動画伝送のプログラム**ttgo_wifi_httpd/esp32_cam2/esp32_cam2.ino**

```
#define WIFI_SSID    "************"  ← SSIDを入れる
#define WIFI_PASSWD  "************"  ← パスワードを入れる

#include <Wire.h>
#include <WiFi.h>
#include "esp_camera.h"
#include "esp_wifi.h"
#include "esp_http_server.h"
#include "esp_timer.h"

#define PWDN_GPIO_NUM     26
#define RESET_GPIO_NUM    -1
#define XCLK_GPIO_NUM     32
#define SIOD_GPIO_NUM     13
#define SIOC_GPIO_NUM     12

// カメラの接続端子
#define Y7_GPIO_NUM       39
#define Y6_GPIO_NUM       36
    途中略
#define I2C_SDA           21
#define I2C_SCL           22

#define SSD130_MODLE_TYPE    GEOMETRY_128_64

// OLED
#include "SSD1306.h"
#include "OLEDDisplayUi.h"
#define SSD1306_ADDRESS 0x3c
SSD1306 oled(SSD1306_ADDRESS, I2C_SDA, I2C_SCL,
                           SSD130_MODLE_TYPE);

#define PART_BOUNDARY "my_boundary_string"
static const char* _STREAM_CONTENT_TYPE = "multipart/
         x-mixed-replace;boundary=" PART_BOUNDARY;
static const char* _STREAM_BOUNDARY = "\r\n--"
                           PART_BOUNDARY "\r\n";
static const char* _STREAM_PART = "Content-Type:
        image/jpeg\r\nContent-Length: %u\r\n\r\n";

String ip;

// HTTPリクエストのハンドラ
esp_err_t jpg_stream_httpd_handler(httpd_req_t *req)
{
    esp_err_t     res;
    camera_fb_t   *fb;
    uint8_t       *_jpg_buf;
    size_t        _jpg_buf_len;
    char          *tmp_buf[64];

    // HTTPリクエストのタイプを調べる
    if ((res = httpd_resp_set_type(req,
               _STREAM_CONTENT_TYPE)) != ESP_OK)
        return res;

    // カメラ画像を取得し，送信する
    while (1) {
        if ((fb = esp_camera_fb_get()) == NULL)
            return ESP_FAIL;
        else {
            if (fb->format != PIXFORMAT_JPEG) {
                if (!frame2jpg(fb, 80, &_jpg_buf,
                               &_jpg_buf_len)) {
                    esp_camera_fb_return(fb);
                    return ESP_FAIL;
                }
            }
            else {
                _jpg_buf_len    = fb->len;
                _jpg_buf        = fb->buf;
            }
        }
        size_t hlen = snprintf((char *)tmp_buf, 64,
                     _STREAM_PART, _jpg_buf_len);
        if ((res = httpd_resp_send_chunk(req, (const
               char *)tmp_buf, hlen)) != ESP_OK)
            return res;
        if ((res = httpd_resp_send_chunk(req, (const
          char *)_jpg_buf, _jpg_buf_len)) != ESP_OK)
            return res;
        if ((res = httpd_resp_send_chunk(req,
          _STREAM_BOUNDARY, strlen(_STREAM_BOUNDARY)))
                                          != ESP_OK)
            return res;
```

```
        if (fb->format != PIXFORMAT_JPEG)
            free(_jpg_buf);
        esp_camera_fb_return(fb);
    }  // while
    return res;
}

// HTTPサーバ初期化
static esp_err_t http_server_init()
{
    httpd_handle_t  server;
    httpd_uri_t jpeg_stream_uri = {
        .uri        = "/",
        .method     = HTTP_GET,
        .handler    = jpg_stream_httpd_handler,
                                  // ハンドラ関数
        .user_ctx   = NULL
    };
    httpd_config_t  http_options  =
                        HTTPD_DEFAULT_CONFIG();
    ESP_ERROR_CHECK(httpd_start(&server,
                        &http_options));
    ESP_ERROR_CHECK(httpd_register_uri_handler(server,
                        &jpeg_stream_uri));
    return ESP_OK;
}

void setup()
{
    Wire.begin(I2C_SDA, I2C_SCL);

    // カメラ初期化(I2Sを設定するための情報を与える)
    camera_config_t     config;

    config.pin_d0           = Y0_GPIO_NUM;
    config.pin_d1           = Y1_GPIO_NUM;
途中略
    config.pin_sscb_sda     = SIOD_GPIO_NUM;
    config.pin_sscb_scl     = SIOC_GPIO_NUM;
    config.pin_pwdn         = PWDN_GPIO_NUM;
    config.pin_reset        = RESET_GPIO_NUM;

    config.xclk_freq_hz     = 20000000;
    config.ledc_channel     = LEDC_CHANNEL_0;
    config.ledc_timer       = LEDC_TIMER_0;

    config.pixel_format     = PIXFORMAT_JPEG;
                // YUV422/GRAYSCALE/RGB565/JPEGから選択
    if (psramFound()) {
        config.frame_size    = FRAMESIZE_UXGA;
        config.jpeg_quality  = 10;
        config.fb_count      = 2;
    } else {
        config.frame_size    = FRAMESIZE_SVGA;
        config.jpeg_quality  = 12;
        config.fb_count      = 1;
    }

    esp_camera_init(&config);      // 初期化

    // Wi-Fiへ接続
    WiFi.begin(WIFI_SSID, WIFI_PASSWD);
    while (WiFi.status() != WL_CONNECTED) {
        delay(500);
    }
    ip  = WiFi.localIP().toString();

    // 取得IPをOLEDへ表示
    int x = oled.getWidth() / 2;
    int y = oled.getHeight() / 2;
    oled.init();
    oled.setFont(ArialMT_Plain_16);
    oled.setTextAlignment(TEXT_ALIGN_CENTER);
    delay(50);
    oled.drawString(x, y - 20, ip);
    oled.display();

    // HTTPサーバ立ち上げ
    http_server_init();
}

void loop()
{
}
```

リスト4　UDP通信を用いた動画伝送のプログラム ttgo_wifi_udp/esp32_cam2/esp32_cam2.ino

```
途中略

#define UDP_PORT      9000
#define UDP_MAXLEN    32768

WiFiUDP udp;

void send_cam_packet()
{
    camera_fb_t      *fb = NULL;
    size_t           _jpg_buf_len;
    uint8_t          *_jpg_buf;

    int      ctr, remain;
    uint8_t *buf_ptr;

    // 画像取得
    if ((fb = esp_camera_fb_get()) == NULL)
        return;

    if (fb->format != PIXFORMAT_JPEG) {
        if (!frame2jpg(fb, 80, &_jpg_buf,
                            &_jpg_buf_len)) {
            esp_camera_fb_return(fb);
            return;
        }
    }
    else {
        _jpg_buf_len    = fb->len;
        _jpg_buf        = fb->buf;
    }

    // UDPパケットに分割して送信する
    remain  = _jpg_buf_len;
```

```
    ctr        = 0;
    buf_ptr = (uint8_t *)_jpg_buf;

    while (remain > 0) {
        udp.beginPacket("192.168.0.255", UDP_PORT);
        if (remain > UDP_MAXLEN) {
            udp.write(buf_ptr + ctr, UDP_MAXLEN);
            ctr += UDP_MAXLEN;
            remain -= UDP_MAXLEN;
        }
        else {
            udp.write(buf_ptr + ctr, remain);
            ctr += remain;
            remain = 0;
        }
        udp.endPacket();
    }

    if (fb->format != PIXFORMAT_JPEG)
        free(_jpg_buf);
    esp_camera_fb_return(fb);
}

void setup()
{
    途中略
    udp.begin(UDP_PORT);
}

void loop()
{
    send_cam_packet();
}
```

リスト5　映像表示ソフトウェアを UDP パケット受信に変更する windows_viewer_udp/simple_viewer.cpp

```
途中略
#include <winsock2.h>
#pragma comment(lib, "ws2_32.lib")

SOCKET  sock;
#define BUF_LEN 32768
char    sock_buf[BUF_LEN + 100];

void setup_udp(void)
{
    WSAData wsaData;
    WSAStartup(MAKEWORD(2, 0), &wsaData);
    sock    = socket(AF_INET, SOCK_DGRAM, 0);
                                    // IPv4, UDP

    struct sockaddr_in  addr;
    addr.sin_family = AF_INET;
    addr.sin_port   = htons(9000);
    addr.sin_addr.S_un.S_addr   = INADDR_ANY;

    bind(sock, (struct sockaddr *)&addr, sizeof(addr));

    u_long  val = 1;
    ioctlsocket(sock, FIONBIO, &val);
                                    // nonblocking mode
}

int receive_udp(char *buf)
{
    int ret = 0;
    while (1) {
        ret = recv(sock, buf, BUF_LEN, 0);
```

```
        if (ret > 0) {
            *(buf + ret)    = '\0';
            break;
        }
    }
    return (ret);
}

int main(int argc, char *argv[])
{
    途中略
    setup_udp();

    while(1) {
        int sock_num;
        int sock_ctr;
        sock_num    = receive_udp(sock_buf);
        if (sock_num < 0)
            continue;
        for (sock_ctr = 0; sock_ctr < sock_num;
                                    sock_ctr++) {
            rbuf[rcv_ptr]   = sock_buf[sock_ctr];
                                // 1文字受信に相当

            途中略(シリアル通信の場合と同様)
        }
    }
    return (0);
}
```

◆参考文献◆

(1) Arduino Ethernet library.
https://www.arduino.cc/en/Guide/Arduino
EthernetShield
(2) mjpg-streamer.
https://github.com/jacksonliam/mjpg-
streamer

(3) 森岡 澄夫；ラズパイ式走るリモート探査カメラ・第5回，インターフェース，2016年3月号，pp.128-137，CQ出版社．

もりおか・すみお

TTGO T-Cameraで作る

Slackチャット投稿カメラの製作

岩貞 智

● 作るもの

人感センサを利用して，人を検出した際に画像を撮影し，画像とともに通知するネットワーク・カメラを作成します．ラズベリー・パイと比較して，高度な画像処理や制御はできませんが，とても安価に見守り機器を作れます（**写真1**，**図1**）．

● 開発環境

開発環境としてはArduino IDEを使用します．ただし，筆者はArduino IDEを利用するにはエディタ機能が物足りないため，VS CodeのArduinoのプラグイン「Visual Studio Code Extension for Arduino」を使っています．VS Codeの高品質なエディタ機能を利用しつつ，Arduinoへの書き込みコマンドなども備えているため，Arduino標準のエディタに不満があるユーザや，既にVS Codeを利用していてArduino IDEを今さら覚えるのはという方は，利用してみるとよいと思います．

● 装置の構成

開発のベースとなる基板には，ESP32，イメージセンサOV2640（オムニビジョン），人感センサAS312，OLEDディスプレイが付いて2000円ちょいで購入できるTTGO T-Cameraを使用しました．TTGO T-Cameraの内部ブロックを**図2**に示します．このTTGO T-Cameraを使用することで，他のセンサなどの追加購入は一切なしで構築できます．

ソフトウェアの構成を**図3**に示します．人感センサを常時動作させつつ，センサに反応があった場合に，イメージセンサから画像を取得して，画像データを外部サービスに通知してお知らせします．

筆者の場合，会社の受付に設置し，来客の検知に使うことを想定しました．今回，外部サービスとして

カメラ・モジュール

人感センサ

（a）今回用いる2000円ESP32カメラTTGO T-Camera

（b）Slack投稿写真

写真1 2000円で今どきなSlack（チャット）に画像をUPできるカメラを作る

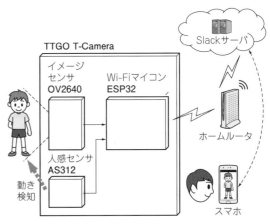

図1 2000円Slack投稿カメラのハードウェア構成

は，社内コミュニケーション・ツールであるSlackを
利用します．

社内コミュニケーション・ツール Slack の利用

● 便利に使えるAPIが整っている

　Slack は米国発のビジネス・チャット・ツールで，
ITベンチャなどの新興企業から火が付き，圧倒的な
ユーザを得ています．その魅力の1つとして，外部の
サービスとの連携が得意なサービスとしても知られて
います．テキストや画像などの通知を始め，チャッ
ト・ボットなどの高度な機能までSlack APIと呼ばれ
るWeb APIの仕組みが整っています．

　ここではWeb APIの中のファイル・アップロード
機能を使って，ESP32で取得した画像ファイルを
Slack上へ直接アップロードします．

　それでは通知先のSlackの設定をしていきたいと思
います．

● botの設定

①Slack の API設定のため https://api.slack.
com/ へアクセスします．

②［Start Building］ボタンを選択し，「Create a Slack
App」でApp Name，ワークスペース，チャネル設
定を行います．新たに自分専用のワークスペースを
作ることができるので，既にSlackを利用していて
既存のワークスペースを利用するのが面倒な場合
は，新しく作ってから同じ手順を行ってください．

③App Name で投稿する bot名，Development Slack
Workspace でSlackのワークスペースを指定します．

④設定が終わればAppの設定を行います．「Basic

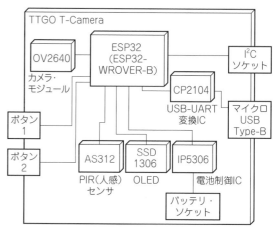

図2　人感センサ付きカメラ TTGO T-Camera の内部ブロック

Information」の「Add features and functionality」に
て，Bot User設定で「Display Name」を設定します．

⑤「Add features and functionality」で「Bots」を選択
して有効化します．

⑥その後，「Permissions」にて「Bot User OAuth Access
Token」を取得して控えておきます．後にWeb API
を送信する際にも使用します（図4）．

　ここまで来たら一度，手元のPCで以下のような
curlコマンドをターミナル上で入力して，チャネル
に投稿できているかを確認しておきます．

```
$ curl -X POST -F file=@'写真のパスを指
定' -F channels='#投稿設定したチャネル名'
-F token='トークン' 'https://slack.com/
api/files.upload'⏎
```

　無事投稿したいチャネルに投稿できていればSlack
側の設定は終わりです．

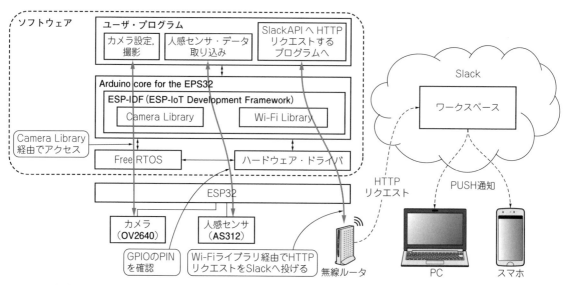

図3　Slack投稿カメラのソフトウェア構成

表1　Slackでのファイル・アップロード時のパラメータ設定

項　目	設定パラメータ	説　明
Method URL	`https://slack.com/api/files.upload`	写真投稿時に指定すべきURL
Preferred HTTP method	`POST`	写真を投稿するためHTTPメソッド
Accepted content types	`multipart/form-data, application/x-www-form-urlencoded`	API送信時に指定するContent Type
Rate limiting	`Tier2`	Slackが規定するAPIの実行上限 （Tier2での上限は1分間に20リクエストまで）

表2　投稿時に指定可能なパラメータ

引　数	例	説　明
`token` これは必須	`xxxx-xxxxx` `xxxx-xxxx`	必要なスコープを持つ認証トークン
`channels`	`#general`	ファイルが共有されるチャネル名
`content`	…	POST変数を介したファイルの内容．省略する場合は`file`を指定する必要がある
`file`	…	`multipart/form-data`ファイルの内容．省略する場合は`content`を指定する必要がある
`filename`	`foo.txt`	ファイルのファイル名
`filetype`	`jpeg`	ファイル・タイプ識別子
`initial_comment`	`Best!`	指定ファイルを紹介するテキスト
`thread_ts`	`1234567890` `.123456`	別のメッセージのts値を指定して，このファイルを返信としてアップロードする
`title`	`My File`	ファイルのタイトル

● 写真アップロード時のパラメータ設定

　Slackでのファイル・アップロードの際には，以下のフォーマットや投稿時のパラメータが設定できます（**表1**）．

　Method URLは写真投稿時に指定すべきURLです．この場合，`https`通信が必要です．ホスト名は`slack.com`，ヘッダに指定するURLは`/api/fukes.upload`となります．

　写真を投稿するためHTTPメソッドはPOSTになります．

　API送信時に指定するContent Typeは`multipart/form-data, application/x-www-form-urlencoded`のどちらかとなります．今回は画像投稿になるため，画像をバイナリごと送付することになります．そのためURLエンコードが必要な`application/x-www-form-urlencoded`ではなく，`multipart/form-data`を使用することになります．

　Rate limitingはSlackが規定するAPIの実行上限です．Tier2は1分間に20リクエストまでという上限になります．

　表2は投稿時に指定可能なパラメータです．

ネットワーク・カメラ側の準備

　TTGO T-Cameraの基本機能を使用した実装例は

図4　Web APIを送信する際にも使用するので「Permissions」にて「Bot User OAuth Access Token」を取得して控えておく

GitHub[注1]に公開されているため，それをベースにします．処理の流れとしては，デバイスの初期化処理を行った後，人感センサのチェックを行い，反応があれば画像を取得し，取得した画像データをSlackへ投稿します．

● 必要ライブラリの取得

　TTGO T-Cameraには人感センサのほか，ディスプレイとボタンも付いています．利用するには外部ライブラリをインストールする必要があります．以下を事前にインストールしておいてください．インストールはArduinoのライブラリ管理から検索します．

- `ESP8266_and_ESP32_Oled_Driver_for_SSD1306_display`
- `OneButton`

● 人感センサからの入力端子を確保

　人感センサとしてAS312が使われています．今回使っているTTGO T-Camera（NoBME280-Version）においては，GPIO33ピンに配置されていますから，初期化時にピン入力を有効にしておきます．

```
#define AS312_PIN              33
void setup()
{
    ⋮
    pinMode(AS312_PIN, INPUT);
    ⋮
}
```

　実際の検知は，上記で初期化したピンの状態を確認

注1：`https://github.com/lewisxhe/esp32-camera-series`

リスト1　TTGO T-Cameraにおけるピン設定リスト

```
#define PWDN_GPIO_NUM      26
#define RESET_GPIO_NUM     -1
#define XCLK_GPIO_NUM      32
#define SIOD_GPIO_NUM      13
#define SIOC_GPIO_NUM      12
#define VSYNC_GPIO_NUM     27
#define HREF_GPIO_NUM      25
#define PCLK_GPIO_NUM      19
#define Y9_GPIO_NUM        39
#define Y8_GPIO_NUM        36
#define Y7_GPIO_NUM        23
#define Y6_GPIO_NUM        18
#define Y5_GPIO_NUM        15
#define Y4_GPIO_NUM        4
#define Y3_GPIO_NUM        14
#define Y2_GPIO_NUM        5

static void camera_init_config()
{
    // Camera Init
    camera_config_t config;
    config.ledc_channel = LEDC_CHANNEL_0;
    config.ledc_timer = LEDC_TIMER_0;
    config.pin_d0 = Y2_GPIO_NUM;
    config.pin_d1 = Y3_GPIO_NUM;
    config.pin_d2 = Y4_GPIO_NUM;
    config.pin_d3 = Y5_GPIO_NUM;
    config.pin_d4 = Y6_GPIO_NUM;
    config.pin_d5 = Y7_GPIO_NUM;
    config.pin_d6 = Y8_GPIO_NUM;
    config.pin_d7 = Y9_GPIO_NUM;
    config.pin_xclk = XCLK_GPIO_NUM;
    config.pin_pclk = PCLK_GPIO_NUM;
    config.pin_vsync = VSYNC_GPIO_NUM;
    config.pin_href = HREF_GPIO_NUM;
    config.pin_sscb_sda = SIOD_GPIO_NUM;
    config.pin_sscb_scl = SIOC_GPIO_NUM;
    config.pin_pwdn = PWDN_GPIO_NUM;
    config.pin_reset = RESET_GPIO_NUM;
    config.xclk_freq_hz = 20000000;
    config.pixel_format = PIXFORMAT_JPEG;
    config.frame_size = FRAMESIZE_QVGA;
    config.jpeg_quality = 10;
    config.fb_count = 2;

    // 初期化
    esp_err_t err = esp_camera_init(&config);
    if (err != ESP_OK) {
        Serial.printf("Camera init Fail");
        oled.clear();
        oled.drawString(oled.getWidth() / 2,
            oled.getHeight() / 2, "Camera init Fail");
        oled.display();
        while (1);
    }
}
```

し，digitalRead()が正で返ってきていれば検知とみなし処理します．これをmainループ内で定期的にチェックします．今回はディスプレイ描画のために定期的にフレームを更新しているため，この描画処置時にチェックするようにしています．

```
if (digitalRead(AS312_PIN)) {
    ┊ 検知時の処理
}
```

● カメラ・モジュールの初期化と取得

　カメラ・モジュールの初期化時に，イメージセンサのレジスタ設定を行う必要があります．今回のTTGO T-Cameraにおけるイメージセンサ設定はリスト1になります．ESP32とカメラ・モジュールが搭載されているボードでは，イメージセンサの設定は一意に決まっていますので，ボード開発者が開示するドキュメントを参考にしてください．

　設定などが間違っていた場合，esp_camera_init()でエラーとなります．起動しない場合はシリアル通信のエラーを確認してみてください．

　1度起動してカメラの画像を確認すると分かるのですが，TTGO T-Cameraの場合，カメラが下向きに取り付けられているため，そのまま画像を取得すると上下逆になって撮影されてしまいます．そのため撮影前に以下のように垂直方向に反転させるようにイメージセンサの設定を取得し，変更しておきます．

```
sensor_t *s =
            esp_camera_sensor_get();
s->set_vflip(s, 1);  //TTGOの場合
```

レンズが上下反転しているため垂直方向にフリップさせておく

　画像データの取得は，esp_camera_fb_get()でフレーム・バッファのポインタを取得します．fb->bufにJPEGデータ，fb->lenにJPEGのサイズが設定されていますので，これをSlackへ送信するデータとして使用します．取得時に上書きされないようにフレーム・バッファ上のデータはロックされていますので，送信後はesp_camera_fb_return(fb)を呼び，返却するようにしましょう（リスト2）．

● HTTPクライアントを利用して取得した写真をPOSTする

　ESP32上でHTTPクライアントを利用するには，HTTPクライアント・ライブラリを利用するのが便利です．Arduinoで使用されているものも合わせると，いろいろなライブラリがありますが，今回はespressif社から公開されているHTTPClientを使用します．筆者自身も幾つか使用しましたが，利用するにあたって一番容易に使用でき安定感がありました．HTTPClientはarduino-esp32リポジトリ内にあるライブラリですので，追加のインストールなどは不要で使用できます．

● SSL通信

　HTTPClientはhttpライブラリをインスタンス化し，begin()で接続先の初期設定を行い，get()，post()メソッドでHTTPのメソッドを呼び出すことで，HTTPリクエストを投げることができます．通常はこの手順で簡単にHTTPリクエストを発行で

リスト2　画像データを取得してからフレーム・バッファ上のJPEG写真をSlackへ送信

```
static esp_err_t capture_handler()
{
    camera_fb_t *fb = NULL;
    esp_err_t res = ESP_OK;

    fb = esp_camera_fb_get();

    // フレーム・バッファ上のJPEG写真をslackへ送信

    esp_camera_fb_return(fb);

    return res;
}
```

リスト4　HTTPリクエストの送信プログラムでURL設定（URLエンコードも含む）と投稿する写真を含んだボディの作成を行う

```
// url作成
String url = "/api/files.upload";
url += "?token=" + (String)SLACK_TOKEN;
url += "&filename=esp32%2ejpg";
url += "&filetype=jpg";
url += "&initial_comment=detected!";
url += "&esp32%2ejpg";
url += "&channels=%23" + (String)SLACK_CHANNEL;
```

リスト3　書き出した証明書のテキストをそのまま文字列としてコードに貼り付けてからHTTPClientのbegin()メソッドの引数に設定する

```
const char* rootCACertificate = \
"-----BEGIN CERTIFICATE-----\n" \
"MIIDrzCCApegAwIBAgIQCDvgVpBCRrGhdWrJWZHHSjANBgkqhk
                              iG9w0BAQUFADBh\n" \
"MQswCQYDVQQGEwJVUzEVMBMGA1UEChMMRGlnaUN1cnQgSW5jMR
                              kwFwYDVQQLExB3\n" \
// … 複数行続く …
"YSEY1QSteDwsOoBrp+uvFRTp2InBuThs4pFsiv9kuXclVzDAGy
                              Sj4dzp30d8tbQk\n" \
"CAUw7C29C79Fv1C5qfPrmAESrciIxpg0X40KPMbp1ZWVbd4=\
                              n" \
"-----END CERTIFICATE-----\n" \
;
```

きるのですが，近年のHTTP通信のセキュリティ強化のためSSLによる暗号化通信が必要となっており，Slackへの投稿もHTTPSリクエストが必須となっています．そのためルート証明書の設定が必要です．

▶ルート証明書の取得

　ルート証明書の取得は，開発しているPCのブラウザから行います．筆者は開発PCがMacで，ブラウザはChromeを利用していますので，その手順を紹介します．ブラウザ上でのURLが記載されている左側にかぎ型のアイコンが表示されているのでこれをクリックします．すると「この接続は保護されています」という記載とともに，証明書のアイコンがでますのでこれをクリックします．すると，証明書の一覧が表示されるので，この中のルート証明書の発行元を控えておきます．

　Chromeの設定メニューから詳細設定に入り，証明書の管理を選択します．するとMacではキーチェーンアクセスという鍵管理のアプリケーションが立ち上がりますので，ここで先ほど控えた証明書の名前を検索します．該当のものが見つかれば，右クリックで書き出しを選択しPEM形式で書き出します．書き出した証明書はテキスト・ファイルで中身を確認できます．

```
-----BEGIN CERTIFICATE-----
       ⋮
-----END CERTIFICATE-----
```

このテキストをそのまま文字列としてコードに貼り付けてHTTPClientのbegin()メソッドの引数に設定します．こうすることで，通信時にライブラリ内で証明書

を利用したHTTPS通信を行ってくれます（リスト3）．

▶証明書取得時の余談

　筆者のPC上ではセキュリティ・ソフトウェアのAvastが動作しており，本来表示される認証局の発行元が全てAvastとなってしまう現象が発生しました．この状態で証明書を利用して通信してもうまくいかず，かなりの時間を消費しました．原因はAvastによってSSLにおけるチェックを行うためなのらしいのですが，正しい証明書を確認したいため「ウェブ・シールドのセキュリティ保護された接続をスキャンする」という項目のチェックを外しました．同様の手順を踏んだのに証明書関連のエラーが発生する方は正しい証明書を書き出せているのかも疑ってみてください．

● HTTPリクエストの送信

　証明書の用意ができたら，Slackへの写真投稿のためのURLの設定と，投稿する写真を含んだボディの作成を行います．URLの設定は，SlackのAPIで紹介したパラメータを設定します．ここでの注意点はURLエンコードの必要がある点です．特にSlackのチャネルは#（シャープ・マーク）を先頭に置いた名称となりますが，URLエンコードしないとエラーになるため，チャネル指定時にはURLエンコードするようにします（リスト4）．

　BODY作成時は少し大きめのメモリが必要となりそうなため，PSRAMからメモリを取得しています．contentTypeは「multipart/form-data」を選択して送信しています．POSTメソッド呼び出し後，ステータス・コード200が返却され，Slackへ投稿されれば無事送信完了です．ステータス・コード200は返却されるけど，Slackは無反応という場合はHTTPリクエストで送信する内容がなにか間違っている可能性が高いです．その場合はデバッグ・ログで送信内容を確認してみてください．

いわさだ・さとし

63

実用上のノウハウ集

Appendix1 ESP32カメラを ネットワークにつなぐコツ

岩貞 智

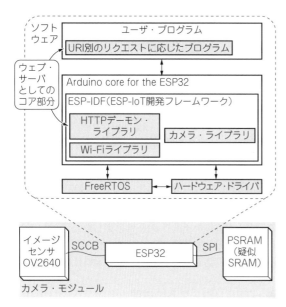

図1　ESP32カメラに入っているウェブ・サーバのモジュール構成

ESP32＋カメラ・モジュールを搭載したボードを利用したネットワーク・カメラにおいて，ESP32上にウェブ・サーバを構築することで，インターネット越しに見守りや監視などを行うことができます．

特筆すべきはESP32とカメラ・モジュールが搭載された何らかのボードを買うと，大抵の場合，ウェブ・サーバ機能がプリインストールされていることです．そのためデバイス購入後の起動一発目から遊ぶことができます．コードなど細かいところを気にせずスルーしがちですが，今後の応用に向けて，1つ1つ押さえていきたいと思います．

ウェブ・サーバの構成を図1に示します．

ESP32からカメラ・モジュールを 使うときのコツ

ESP32には，イメージセンサ OV2640とOV3660に対応したデバイス・ドライバとライブラリが用意されています．さらに，キャプチャしたデータをBMPやJPEGへ変換するユーティリティ・ツールも提供され

ています．そのためハードウェアへの制御は不要で，簡単なピン設定とカメラへの設定を行うことで利用できます．ただし，利用時には以下に示すように幾つかの注意点があります．

● その1：RAM（PSRAM）の有効化を忘れずに

JPEGでCIF（352×288画素）程度以下の解像度を使用する場合を除き，ドライバにはPSRAM（疑似SRAM）をインストールしてアクティブにする必要があります．これはあまり多くない内部メモリではなくフレーム・バッファにPSRAMを利用しているためです．

● その2：JPEG圧縮された画像を使う

PSRAMへの書き込みが高速ではないため（1～2Mbps），YUVまたはRGBを使用すると，大きな処理負荷がかかります．その結果，画像データを失ってしまう可能性があるとのことです．これは，処理負荷が高いWi-Fiを有効にした場合，特に当てはまります．RGBデータを必要とする場合は，JPEG画像をキャプチャした後，ユーティリティ関数を使ってRGBに変換することを勧められています[注1]．

● その3：フレーム・レートを上げるには

2つ以上のフレーム・バッファを設定する場合，各フレームはアプリケーションがアクセスできるキューにプッシュされます．CPU/メモリに多くの負荷をかけますが，フレーム・レートを2倍にできます．なお，JPEGのみの使用を推奨されています．

▶使い方例

簡単に使用できるように設計されています．esp_camera_init()でカメラの基本的な設定を行い，esp_camera_fb_get()でフレーム・バッファを取得します．使い終わったらesp_camera_fb_return()でフレーム・バッファを返却します（リスト1）．

注1：これら利用時の注意点はESP32開発元のEspressif社公式のGitHubリポジトリであるhttps://github.com/espressif/esp32-cameraのImportant to Rememberに記載されている．

リスト1　カメラ・モジュールの動作プログラム

```
#include "esp_camera.h"

/* 初期化 */
camera_config_t camera_config = {
    /* ピン設定とカメラの設定を行う */
};
esp_camera_init(&camera_config);

/* カメラ画像取得 */
camera_fb_t *fb = esp_camera_fb_get();

/* フレーム・バッファ情報を使って画像を使用 */
process_image(fb->width, fb->height, fb->format,
                             fb->buf, fb->len);

/* 終了後フレーム・バッファを返却する */
esp_camera_fb_return(fb);
```

Wi-Fiを使うコツ

● 開発環境

　今回はArduino IDE環境を利用して開発しています．Arduino IDE環境では，Arduino core for the ESP32がESP-IDFをラップしている形になります．開発環境としてはESP-IDFを直接利用する方法もあります．

● ネットワーク接続に使うWi-Fiライブラリ

　ESP32からネットワークへ接続するには，Wi-Fiライブラリを使用します．こちらも下回りの煩雑な処理[注2]を行うことなく，簡単に利用可能なライブラリが提供されています．

　ウェブ・サーバとしてESP32を動作させるには，Wi-Fiライブラリを使って，自らアクセス・ポイントとなるAP（アクセス・ポイント）モードを利用するか，既にあるアクセス・ポイントへアクセスするSTA（ステーション）モードを利用します．

● 自分が親機になって他とつながるAPモード

　APモードは，ESP32自らがアクセス・ポイントとなるモードです．APモードへ設定し起動することで，

リスト2　APモードの動作プログラム

```
#include <WiFi.h>

WiFiServer server(80);

void setup()
{
    const char *ssid = "yourAP";

    /* APモードで起動 */
    WiFi.softAP(ssid);
    server.begin();
}
```

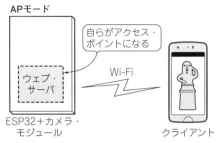

APモード

自らがアクセス・ポイントになる

ウェブ・サーバ

Wi-Fi

ESP32＋カメラ・モジュール　　　　クライアント

図2　APモードのイメージ

Wi-Fiのアクセス・ポイントとなり，PCやスマホなどのWi-Fi接続の選択画面から選択できるようになります（**図2**）．PCからはESP32と直接データ通信ができます．既存のネットワーク環境に依存せず，独立したネットワーク空間上でやり取りを行うことができるため，セキュリティの観点で外部ネットワークに出したくない場合などに利用できます．

▶利用方法例

　APモードでは，APとするSSIDを設定します．パスワードが必要な場合はSSIDと合わせて`softAP()`メソッドへパスワードを第2引き数として渡すことで設定できます（**リスト2**）．

● アクセス・ポイントにつなぐSTAモード

　STAモードは，既存のネットワーク・アクセス・ポイントに，ESP32が接続するモードです．PCやスマホなどで家庭内や社内のWi-Fiへアクセスするのと同じ（**図3**）で，既存で利用されているネットワークにアクセスして利用する場合はこちらのモードを利用します．開発中には頻繁にESP32のリセットを行いますが，APモードだとそのたびにWi-Fiの接続設定からやり直す必要があり，面倒です．STAモードはAP

注2：煩雑な処理：ロー・レベルのネットワーク設定や処理などを行う必要がないということ．例えばサーバの起動やクライアントの要求，それに伴うリソース管理や再送処理，セッション管理などが不要となる．

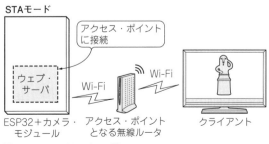

STAモード

アクセス・ポイントに接続

ウェブ・サーバ

Wi-Fi　　Wi-Fi

ESP32＋カメラ・モジュール　アクセス・ポイントとなる無線ルータ　　クライアント

図3　STAモードのイメージ

リスト3　STAモードの動作プログラム

```
#include <WiFi.h>

void setup()
{
    const char* ssid     = "your-ssid";
    const char* password = "your-password";

    /* 既存のAPへアクセス */
    WiFi.begin(ssid, password);

    /* 接続できるまで待つ */
    while (WiFi.status() != WL_CONNECTED) {
        delay(500);
    }
}
```

モードと違い，同一ネットワーク上にあるため，アクセス・ポイントにアクセスし直す煩わしさがないメリットがあります．

▶利用方法例

STAモードでは接続したいSSIDとパスワードを設定しbeginメソッドへ渡すだけで接続可能です（**リスト3**）．

注3：ウェブ・サーバとHTTPサーバは同じ意味で使っている．HTTPのリクエストを受けて，HTMLやJavaScriptやCSSなどのファイル，JSONデータなどを返すものをウェブ・サーバと呼ぶ．HTTPを利用してデータのやり取りを行うため，HTTPサーバとも呼ぶ．

注4：URIはURLを包含するもので，ほぼ同一の意味で使用されており，慣用表現ではURL，公式表記はURIとRFC 3305で規定されている．

たいてい用意されている ウェブ・サーバについて

カメラ・モジュールの起動，Wi-Fiの起動ができたら，最後はHTTPサーバ[注3]を立ち上げて画像を配信するだけです．HTTPサーバもライブラリとして用意されていますので，これを利用します．使用方法はHTTPリクエストごとに対応するURI[注4]とメソッド，ハンドリングするコールバック関数を設定し，HTTPサーバを起動します．起動はhttpd_start()関数でHTTPD（HTTPデーモン）を起動し，以後，内部にスレッドを作成し，常駐し続けますので，HTTPリクエストがあるたびに動作します．

今回使用するHTTPサーバは，URI単位で機能を提供できる作りになっており，RESTfulな今どきのウェブ・サーバの作りに合わせたライブラリとなっています．そのため直感的にウェブ・サーバに機能を追加していくことができます（**リスト4**）．

＊　　　＊　　　＊

ESP32とカメラ・モジュールを搭載したボードにおいて，標準搭載されているウェブ・サーバ機能をベースにした知識をまとめました．カメラ・モジュールへのアクセス方法とWi-Fiの利用方法，HTTPDでのウェブ・サーバ周りの実践的な使い方を学べたと思います．

特にネットワークを利用した機能を提供したり，利用したりするにはHTTP周りの知識と利用法は必須となってきますので，押さえておくと今後の開発の役に立ちます．

いわさだ・さとし

リスト4　使用するHTTPサーバは直感的に機能を追加できる

```
//
// HTTPD用のコンテキスト変数
// HTTPDのAPI開始時に保持し以後使い回す
//
httpd_handle_t camera_httpd = NULL;


//
// URIとセットで登録したハンドラ関数になります
// 引数にリクエスト情報を受け取り処理を行い，returnで
//                                     レスポンスを返します
//
static esp_err_t capture_handler(httpd_req_t *req){
    //...
    return response;
}


//
// HTTPD開始時の処理
//
esp_err_t http_start() {

    // HTTPDの設定情報です
    // HTTPD_DEFAULT_CONFIG() デフォルトの設定を行えます
    httpd_config_t config = HTTPD_DEFAULT_CONFIG();

    // REST APIの設定
    // .uri ：URIの設定です
    //      http://xxx.xxx.xxx.xxx/<URI>
    // .method ：HTTPメソッドの種類を設定します
    // .handler ：URIが呼び出された時に呼びだすハンドラを設定します
    // .user_ctx ：ユーザ・コンテキスト・データを設定を
    //                         行いたい時はこちらを設定します
    httpd_uri_t capture_uri = {
        .uri      = "/capture",
        .method   = HTTP_GET,
        .handler  = capture_handler,
        .user_ctx = NULL
    };


    // HTTPデーモンをconfigの設定を元に起動させます．
    // 起動後のインスタンス情報が第一引数で取得できるため以後
    //                                 これを使います
    httpd_start(&camera_httpd, &config);

    // APIの登録です
    // ここで登録したURIをREST APIとして待受します
    httpd_register_uri_handler(camera_httpd,
                                 &capture_uri);
}
```

表示処理と外部入力をリアルタイムで

第1章

FreeRTOSを使った電光掲示板の製作

石岡 之也

写真1　製作した電光掲示板…ESP32で制御している

　ここではESP32マイコンに標準搭載されているOSを利用して電光掲示板を製作します（**写真1**）.

　ESP32にはIoT向けマイコン用OSとしては定番になるかもと注目されているFreeRTOSが載っており，今回これを活用してみます.

IoTマイコンOSが求められる理由

　マイコンで使われる組み込み用の基本ソフトウェアにリアルタイムOS（RTOS；Real Time Operating System）があります. LinuxコンピュータやPCなどとは違うマイコンが得意な分野にリアルタイム計測・制御があり，RTOSはそれを実現するための便利な機能を備えたOSです. これを利用することで，処理時間を守るというリアルタイム性を保ちながら，複数のプログラムを同時に動かしたり，割り込み処理を行ったりすることが容易になります.

　例えば，今回電光掲示板に使用するマトリクスLEDは一度に点灯できるのは横方向の1ラインのみです. 面全体を表示したように見せるには短時間のうちにラインを切り替えての表示を繰り返し続ける必要があります. RTOSのマルチタスク機能を用いることで並行して処理させたいメッセージの移動や変更，ボタンなどの外部入力への実装を実現します.

　また，ESP32のWi-FiやTCP/IPも表面には出てきませんが，マルチタスクなどRTOSの機能を使って実装されています. 電光掲示板側のプログラム（ユーザが作成するプログラム）から動作状況の監視や処理の切り換えを意識することなく使うことができます.

今回作るIoT電光掲示板の機能あれこれ

● 機能1：Wi-Fi

　ESP32は標準でWi-Fi機能が付いているのが特徴です. そこで，Wi-Fiを使ってネットワークにアクセスして何かを電光掲示板に表示させることにしました.

　ブラウザで表示するインターネット上のページはHTMLやXMLなどで記述されています. 文字などを装飾，レイアウトする制御文字が多数含まれているため，受信したデータをそのまま表示させると余分な制御文字まで表示されます. また多様な制御文字の表示は難しいので，有用な表示となる文章を容易に取り出せるウェブ・ページを選ぶ必要があります.

● 機能2：ニュース・ページの取得

　表示するページはYahoo!のRSSで，ニュースや天気予報の最新情報が通知されるページです.

　ここからリンクされる情報全てを表示するのは困難ですが，「トピック」の各ジャンルまでであればページのデータ・サイズも小さく，また情報もニュースの見出しが\<title\>と\</title\>の間に置かれているので，抽出も容易に行えます.

● 機能3：フォント表示

　次に電光掲示板上に文字を表示させるには，フォントが必要となります.

　PCなどと違いESP32のようなマイコンでTrueTypeフォントなどのベクトル・フォントを扱うのは難しいことからドット・フォントというサイズ固定のフォントを用います.

　フォントは筆者が以前から電子工作で使っていた全角文字が16×16ドットのjiskan16.bdf，半角文字が8×16ドットの8x16rk.bdfを用いることにしました. ライセンス条項の添付により利用可能なドット・フォントをFONT2X形式へ変換したデータです.

　ただし，このフォントはシフトJISコードで取り出せるよう構成されているのですが，多くのウェブ・

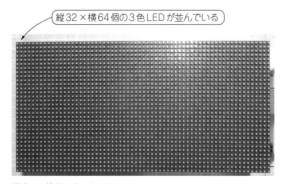

縦32×横64個の3色LEDが並んでいる

写真2 使用したマトリクスLED

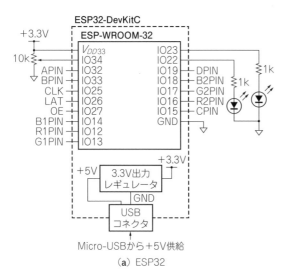

（a）ESP32

Micro-USBから+5V供給

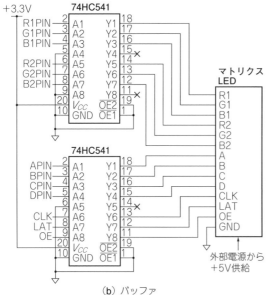

（b）バッファ

図1 電光掲示板の回路

ページはUTF-8という文字コードで作られるので表示するページによっては文字コードの変換が必要です。

インターネット上のどのページを表示するのが容易か，文字コードの変換はどうするかという問題は，先人の知恵として以下のブログを参考にさせてもらいました。

https://www.mgo-tec.com/blog-entry-esp32-oled-ssd1331-yahoo-news-weather-watch-gadget.html

このブログではUTF-8からシフトJISへの変換を行っていて，変換用のテーブルは著作権表記すれば自由に使ってよいとの記述があり，使用させてもらいました。

● 機能4：マトリクスLEDの制御

今回用いたマトリクスLEDは縦32ドット，横64ドット，各ドットRGB3色のLEDで構成されています（写真2）。

なお，マトリクスLED内部の制御としては縦16ドット，横64ドットのモジュールが上下に2つ結合したようになっています。

横方向の64ドットが一連のシフト・レジスタになっており，右端から点灯/消灯の1/0を入力し，クロック信号を0→1→0と与えることで1ドットずつ左にシフトしながら各ドットの点灯/消灯が設定されていきます。

結果として最初にセットするのは一番左端のドットの情報となります。

このシフト・レジスタがRGBの3色分あります。また，縦16ドットごとの2系統分（R1/G1/B1，R2/G2/B2）あります。

1ライン64ドット分の情報が入力できたら，次は縦16ドットのどのラインに反映させるかをA/B/C/Dピンで決めます。

マトリクスLED全面になんらかの模様を表示したければ，1ラインごとの出力を短時間に16ライン繰り返すことで人の目には残像として，全面のLEDの点灯/消灯により模様が描かれたように見えます。

各ラインへの切り替えを止めてしまうと1ライン分しか表示されなくなるため，表示を始めたら常に16ラインの切り替えを繰り返し行う必要があります。

回路

電光掲示板の回路を図1に，部品一覧を表1に記します。電光掲示板の制御には，ESP-WROOM-32と一緒にUSB⇔シリアル変換ICや3.3V出力レギュレータを搭載した開発ボードESP32-DevKitCを使用します。

ESP32-DevKitCのGPIO端子が3.3Vに対してマトリクスLEDの端子は5Vであるのと，基板とマトリクスLEDがフラット・ケーブルでの接続となり距離が少し長くなることからバッファ（74HC541）を入れています。

表1　電光掲示板の部品

部品名	個数	入手先	価格
ESP32-DevKitC-32E	1	秋月電子通商	1,600円
LEDマトリクスパネル P4 RGB 64×32 [8078]	1	akiba LED ピカリ館	6,800円
74HC541（8ライン・バッファIC）	2	秋月電子通商	50円（1個）
LED	2	秋月電子通商	20円（1個）
抵抗器（1kΩ）	2	秋月電子通商	100円（100本1パック）
可変抵抗器（10kΩ）	1	aitendo	50円
スイッチングACアダプター（USB ACアダプター）MicroB オス 5V3A	1	秋月電子通商	700円
ユニバーサル基板	1	秋月電子通商	150円
両端コネクタ付き16Pフラット・ケーブル	1	akiba LED ピカリ館	マトリクスLED付属品
16ピン・ボックス・ヘッダ	1	千石電商	105円
20ピンICソケット	2	秋月電子通商	111円（10個1パック）
分割ピン・ソケット1×42（1×19，2本に分割して使用）	1	秋月電子通商	80円

※その他に手持ちのMicro-USBケーブル，DCジャック，DCプラグを使用

ESP32-DevKitCへのプログラミング時にはUSBでPCと接続してESP32-DevKitCへの電源も供給されることから，ACアダプタはEXT5Vピンにはつないでいません．

PCと接続せずに使用する場合には，Micro-USBからも電源を供給するようにしてください．

構成プログラム

リスト1（次ページ）にESP32に書き込むプログラムを示します．

今回は，イベント・グループを2つ，セマフォを1つ，タスクを2つ，タイマを2つ生成し，また，初期状態から存在するsetup()/loop()タスクを使い電光掲示板を実現しました．

イベント・グループはタスクへの処理要求や他のタスクの処理完了待ちに使用しています．

セマフォは電光掲示板の表示内容のメモリ領域をアクセスする際の排他制御（複数のタスクや処理が同時に同じメモリ領域へアクセスして動作が不安定になるのを抑える機能）に使用しています．

各タスクは以下の機能で使用しています．

- LED_MAIタスク：Wi-Fi経由で指定URLからデータを取得して表示用の文章の抽出，表示メッセージの作成を行う
- LED_SLIDタスク：可変抵抗の値を読み込み，表示メッセージのスライド時間を制御する
- setup()/loop()のタスク：マトリクスLEDの1面分の表示の更新

タイマは以下の機能で使用しています．

- TIM_MSGタイマ：60sごとのメッセージ内容の更新要求送信用
- TIM_BTNタイマ：10msごとのボタンの状態確認用

● 動作フロー

電光掲示板の動作や機能は以下のようになっています．

1. setup()関数でピン機能を設定し，イベント・グループを2つ，セマフォを1つ，タスクを2つ，タイマを2つ生成して利用可能な状態にします（リスト1の600～704行目）．
2. 「データアクセス準備中」表示メッセージを作成します（リスト1の538～541行目）．
3. LED_MAIタスクの最初でWi-Fiの初期化とアクセス・ポイントとの接続を行います（リスト1の543行目）．
4. LED_MAIタスクがメッセージ用のイベント・グループにより表示内容更新待ちに入ります（リスト1の548～549行目）．
5. LED_SLIDタスクのメイン・ループ内でanalogRead()を使って可変抵抗の値を読み込み，この値に従ってvTaskDelay()により待ちに入ります（リスト1の353～360行目）．この待ち時間の変化が表示メッセージの流れる速さの変化になります．
6. loop()関数でメッセージ領域アクセス権のセマフォを獲得し，1面分のマトリクスLEDの表示を更新します（リスト1の723～826行目）．更新後，セマフォを解放します（リスト1の828～829行目）．loop()関数はセマフォが獲得できている間，時間待ちせずに連続して1面分の更新を繰り返します．
7. LED_SLIDタスクで表示メッセージの終端を確認したらイベント・グループにより表示内容更新要求をLED_MAIタスクへ送信します（リスト1の367～369行目）．送信後，スライド用のイベント・グループにより待ちに入ります（リスト1の371～372行目）．

リスト1　電光掲示板のプログラム matled64-3/matled64-3.ino（抜粋）

```
007: #include <freertos/FreeRTOS.h>
008: #include <freertos/task.h>
                /* RTOS task related API prototypes. */
009: #include <freertos/timers.h>
010: #include <freertos/event_groups.h>
011: #include <freertos/semphr.h>
   ⋮
342: /*****************************************
343:  *  LED_SLIDタスクの入り口関数
344:  *****************************************/
345: void  led_slide( void *param )
346: {
347:   static int  sw = 0;
348:   int  vol;
349:
350:   Serial.println( "call slideTask()" );
351:
352:   while( 1 ) {
353:     /* ボリューム値(AD変換値)の読み出し */
354:     vol = analogRead( VOLPIN );
355:     if( vol < 100 ) {
356:       vol = 100;
357:     }
358:     /* ボリューム値に応じてLED_SLIDタスクを一時停止(遅延させる) */
359:     /* 今回は (ボリューム値/64) ミリ秒遅延 */
360:     vTaskDelay( vol>>6 );
361:
362:     /* ボリューム値が2000未満ならスライド実行   */
363:     /* ボリューム値が2000以上ならスライドを停止 */
364:     if( vol < 2000 ) {
365:       led_pos++ ;
366:       if( led_pos >= led_msg_len ) {
367:         /* 表示データが終端に達したので表示メッセージ更新要求
                                                を送信*/
368:         xEventGroupSetBits( ehandMsg, 0x02 );
369:         led_pos = 0 ;
370:
371:         /* 表示メッセージのスライド開始許可待ち */
372:         xEventGroupWaitBits( ehandSld, 0x01,
                    pdTRUE, pdFALSE, portMAX_DELAY );
373:       }
374:     }
375:
376:     /* スライドの速度をLED1の点滅で表現 */
377:     sw++;
378:     if( sw & 0x02 ) {
379:       digitalWrite(LED1PIN, HIGH);  /* LED on */
380:     } else {
381:       digitalWrite(LED1PIN, LOW);   /* LED off */
382:     }
383:   }
384: }
   ⋮
526: /*****************************************
527:  *  LED_MAIタスクの入り口関数
528:  *****************************************/
529: void  led_main( void *param )
530: {
531:   EventBits_t  ret;
532:
533:   Serial.println( "call mainTask()" );
534:
535:   led_pos = 0;
536:   led_color = 0;
537:
538:   /* 起動時の表示メッセージから表示データを作成 */
539:   led_msg_len = make_message( (unsigned char *)
                     msg_init, strlen(msg_init) );
540:   Serial.printf( "data byte  = %d\n",
                             strlen(msg_init) );
541:   Serial.printf( "data width = %d\n",
                                 led_msg_len );
542:
543:   wifi_init();
544:   /* Wi-Fiの初期化完了で LED2を点灯 */
545:   digitalWrite(LED2PIN, HIGH);  /* LED2 on */
546:
547:   while( 1 ) {
548:     /* イベントグループによるメッセージ更新要求待ち */
549:     ret = xEventGroupWaitBits( ehandMsg, 0x03,
                    pdTRUE, pdFALSE, portMAX_DELAY );
550:
551:     /* 表示データ配列へのアクセス許可のためのセマフォの獲得待ち */
552:     xSemaphoreTake( shandMsg, portMAX_DELAY );
553:
554:     /* TIM_MSGタイマのリセット */
555:     xTimerReset( thand_timeMsg, 0 );
556:
557:     Serial.printf( "xEventGroupWaitBits()
                               ret=0x%02x\n", ret );
558:     digitalWrite(LED2PIN, LOW);   /* LED off */
559:     wifi_access();
560:     led_color++ ;
561:     digitalWrite(LED2PIN, HIGH);  /* LED on */
562:     xEventGroupSetBits( ehandSld, 0x01 );
563:     xSemaphoreGive( shandMsg );
564:   }
565: }
566:
567:
568: /*****************************************
569:  *  TIM_MSGタイマのハンドラ関数
570:  *****************************************/
571: void  timer_message( void *param )
572: {
573:   /* タイマによる表示メッセージ更新要求を送信 */
574:   xEventGroupSetBitsFromISR( ehandMsg, 0x01, NULL
                                               );
575: }
576:
577:
578: /*****************************************
579:  *  TIM_BTNタイマのハンドラ関数
580:  *****************************************/
581: void  timer_button( void *param )
582: {
583:   static int  flag = 0;
584:
585:   if( flag == 0 && digitalRead( BTNPIN ) == LOW ) {
586:     /* ボタンが押されたので表示メッセージ更新要求を送信 */
587:     xEventGroupSetBitsFromISR( ehandMsg, 0x02, NULL
                                               );
588:     flag = 1;
589:   }
590:
591:   if( flag == 1 ) {
592:     if( digitalRead( BTNPIN ) == HIGH ) {
593:       /* ボタンが離されたら flagを初期化 */
594:       flag = 0;
595:     }
596:   }
```

8. LED_MAIタスクがメッセージ用イベント・グループによる表示内容更新要求を受信したらメッセージ領域アクセス権のセマフォを獲得し，LED2の点灯とWi-Fi経由でウェブ・ページの取得と表示メッセージの作成を行います（リスト1の557～559行目）．その後表示カラー情報の更新とLED2の消灯を行い，スライド用のイベント・グループによりLED_SLIDタスクへのスライド再開要求を送信します（リスト1の562行目）．最後にメッセージ領域アクセス権のセマ

```
597: }
598:
599:
600: /************************************************
601:  *  Arduinoの setup関数
602:  ************************************************/
603: void setup( void )
604: {
 ⋮
612:    /* I/Oピンの設定とLEDの消灯 */
613:    pinMode(BTNPIN,   INPUT );
614:    pinMode(LED1PIN, OUTPUT );
615:    pinMode(LED2PIN, OUTPUT );
616:    digitalWrite(LED1PIN, LOW );   /* LED1 off */
617:    digitalWrite(LED2PIN, LOW );   /* LED2 off */
618:
619:    /* マトリクスLEDのピンの設定 */
620:    pinMode( R1PIN,   OUTPUT );
 ⋮
635:    digitalWrite( LATPIN, LOW );
636:
637:    /* マトリクスLEDの消灯 */
638:    for( row=0 ; row<16; row++ ) {
639:      digitalWrite( OEPIN, LOW );
 ⋮
661:      digitalWrite( LATPIN, LOW );
662:    }
663:
664:    /* イベントグループの生成 */
665:    ehandMsg = xEventGroupCreate();
666:    ehandSld = xEventGroupCreate();
667:
668:    /* セマフォの生成 */
669:    shandMsg = xSemaphoreCreateBinary();
670:    xSemaphoreGive( shandMsg );
671:
672:    /* タスクの生成 */
673:    xTaskCreatePinnedToCore( led_main,
674:                             "LED_MAIN",
675:                             0x2000,
676:                             NULL,
677:                             10,
678:                             &thand_mainTask,
679:                             0 );
680:
681:    xTaskCreatePinnedToCore( led_slide,
682:                             "LED_SLID",
683:                             0x2000,
684:                             NULL,
685:                             configMAX_PRIORITIES,
686:                             &thand_slideTask,
687:                             0 );
688:
689:    /* タイマの生成 */
690:    thand_timeMsg = xTimerCreate( "TIM_MSG",
691:                                  60*1000,
692:                                  pdTRUE,
      /* pdTURE:repeat, pdFALSE:one-shot */
693:                                  NULL,
694:                                  timer_message );
695:
696:    thand_timeBtn = xTimerCreate( "TIM_BTN",
697:                                  10,
698:                                  pdTRUE,
699:                                  NULL,
700:                                  timer_button );
```

```
701:    /* タイマの開始 */
702:    xTimerStart( thand_timeMsg, 0 );
703:    xTimerStart( thand_timeBtn, 0 );
704: }
705:
706:
707: /************************************************
708:  *  Arduinoの loop関数
709:  ************************************************/
710: void loop( void )
711: {
 ⋮
723:    /* 表示データ配列へのアクセス許可のためのセマフォの獲得待ち */
724:    xSemaphoreTake( shandMsg, portMAX_DELAY );
 ⋮
771:    l_led_pos = led_pos;
772:    for( i=0 ; i<16 ; i++ ) {
773:      row = DEF_OUTDATA_NUM * i;
774:
775:      for( col=l_led_pos ; col<l_led_pos+DEF_DISP_
                                    WIDTH ; col++ ) {
 ⋮
791:        /***** 下端 16ラインの表示処理 *****/
792:        if( buff2[ row + col ] ) {
793:          digitalWrite( R2PIN, r2 );
794:          digitalWrite( G2PIN, g2 );
795:          digitalWrite( B2PIN, b2 );
796:        } else {
797:          digitalWrite( R2PIN, 0 );
798:          digitalWrite( G2PIN, 0 );
799:          digitalWrite( B2PIN, 0 );
800:        }
801:        /* クロックの0/1を生成 */
802:        digitalWrite( CLKPIN, HIGH );
803:        digitalWrite( CLKPIN, LOW );
804:      }
805:
806:      /* アクセスするライン用I/Oの変数をセット */
807:      ba = bb = bc = bd = 0;
808:      if( i & 0x1 ) ba = 1;
809:      if( i & 0x2 ) bb = 1;
810:      if( i & 0x4 ) bc = 1;
811:      if( i & 0x8 ) bd = 1;
812:
813:      /* LATピン、OEピンの制御 */
814:      digitalWrite( OEPIN, HIGH );
815:      digitalWrite( LATPIN, HIGH );
816:
817:      /* アクセスするライン用I/Oのピンの 0/1 をセット */
818:      digitalWrite( APIN, ba );
819:      digitalWrite( BPIN, bb );
820:      digitalWrite( CPIN, bc );
821:      digitalWrite( DPIN, bd );
822:
823:      /* LATピン、OEピンの制御 */
824:      digitalWrite( OEPIN, LOW );
825:      digitalWrite( LATPIN, LOW );
826:    }
827:
828:    /* 表示データ配列へのアクセス許可セマフォの解放 */
829:    xSemaphoreGive( shandMsg );
830: }
```

フォを解放して4へ戻ります（**リスト1**の563行目）.

9. LED_SLID タスクがスライド用のイベント・グループによるスライド再開要求を受信したらLED1の点灯/消灯を制御して**5**へ戻ります

（**リスト1**の376 ～ 382行目）.

● ウェブ・ページ以外にも応用できる

　今回の電光掲示板のウェブ・ページの解析では<title>と</title>にのみ注目してその間にあ

リスト2　不完全なHTMLでも文字を抽出できる

```
<HTML>
<META content="text/html; charset=utf-8">
<TITLE>メッセージ表示サンプル1</TITLE>
<TITLE>メッセージ表示サンプル2</TITLE>
<TITLE>メッセージ表示サンプル3</TITLE>
<TITLE>メッセージ表示サンプル4</TITLE>
<TITLE>メッセージ表示サンプル5</TITLE>
</META>
</HTML>
```

る文章を抽出しているだけなので，**リスト2**のような不完全なHTMLでも扱うことができます．

　例えばラズベリー・パイのような自分で容易に設定できるLinuxマシンにHTTPサーバのApacheパッケージを追加し，**リスト2**のようなファイルをHTTPサーバから配信できるようにすることで，電光掲示板のURLでこのファイルを指定しておけば任意のメッセージを電光掲示板へ表示させることができます．

　また，Linux上のプログラムやスクリプトなどで**リスト2**のようなファイルを生成することで，ESP32単体では作成やアクセスの困難なページの情報を使い，メッセージを表示させることもできると思います．

　今回は電光掲示板を例にESP32とFreeRTOSを使ってみましたが，マルチタスクやタスク間通信，時間管理，さらにESP32が持つWi-Fiや各種インターフェースにより新規にプログラムを作ったり，そこから機能追加したりなどがかなり容易に行えると思います．

ESP32には標準搭載…注目のIoT向けマイコンOS「FreeRTOS」

● ESP32で使われているRTOS

　ESP32をArduino IDEで使っているとユーザからはsetup()関数とloop()関数しか見えないため，

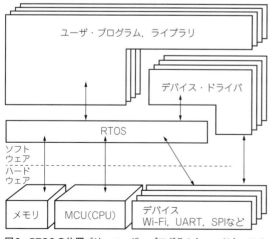

図2　RTOSの位置づけ…ユーザ・プログラムとハードウェアの間を取り持っている

「RTOSなんて必要なの？」と思うかもしれません．しかし，ESP32の主機能であるWi-FiやBluetooth，またライブラリとしてファイル・システムやイーサネットなどが提供されており，これらはsetup()関数やloop()関数内で状態を意識せずに利用できます．これはESP32内で動作するRTOSがsetup()関数やloop()関数とは別のタスクに処理を実行させているからです．

　ESP32で使われているRTOSですが，EPS32のデータシート[1]にFreeRTOSであることが書かれています．Arduino IDE用に提供されているArduino core for the ESP32に含まれる以下のヘッダ・ファイルもFreeRTOS用であることからも分かります．

```
¥hardware¥espressif¥esp32¥tools¥sdk
¥include¥freertos¥freertos¥FreeRT
OS.h
```

● Amazonも提供！ 注目のFreeRTOS

　FreeRTOSは2003年にリリースされ，ソースコードが公開されているRTOSです．

　日本ではほとんど注目されていませんでしたが，海外では組み込み製品で使用されているようです．ESP32も使用している製品の1つです．

　また，多くのマイコン・ベンダがサンプル・プログラムとともにFreeRTOSを提供していました．

　日本ではほとんど注目されていなかったFreeRTOSですが，2017年11月にアマゾンがマイコン・ベースのエッジ・デバイス用にFreeRTOSカーネルを使ったAmazon FreeRTOSを提供するとの発表を行い，注目されるようになりました．

　またライセンスも今までのGPL V2からMITへ変更になりソースコードの公開義務がなくなったことから，製品での利用のハードルが下がることになります．

● RTOSの主な仕事

　ESP32におけるRTOSの位置づけを**図2**に示します．

　RTOSはマイコンや装置が持つタイマ（時間）やメモリ，割り込み，プログラムの実行，デバイスなどの管理を行います．

▶タイマ（時間）

　システム内の基準となる時間を管理します．一般的に電源ONからの相対時間で単位は1msや10msが使われることが多く，RTOSのコンフィグレーションで装置に合った単位へ設定変更することも可能です．

▶メモリ

　空きRAM領域を管理し，任意サイズのメモリの獲得や解放する機能を提供します．また，メモリ残量が不足して要求されたサイズが得られない場合に，他の処理で解放され十分な空きメモリができるまで待つ機

能も提供します.

▶割り込み

タイマやデバイスなどが発する割り込みに対し,許可,禁止,ユーザ・プログラムの登録,解除を管理し,割り込みハンドラ実行時に登録されたユーザ・プログラムを実行する機能などを提供します.

▶プログラムの実行

タスクと呼ばれる複数のプログラムの実行順や切り替え,タスク間の同期や通信,イベント待ちなどの管理を行います.

▶デバイス

一般的にデバイスの管理や制御もOSの管理対象ですが,RTOSの場合,マイコンや装置により使用できるデバイスが大きく異なること,さらにメモリ容量の制限や処理負荷を不用意に重くしないため,デバッグ用にUARTの入出力を提供する以外は標準的にデバイスをサポートしていることはあまりありません.装置開発者が前述の割り込み機能を利用して必要なドライバ・プログラムを開発するというのが一般的です.

● RTOSの3つのメリット

▶メリット1…マイコンの初期化を意識する必要がない

RTOSが提供された場合,マイコンの電源投入からRTOSの初期化までのマイコンの初期化やプログラム起動の準備などのブート処理も併せて提供されます.これによりユーザはマイコンのことをあまり知らずに自分のプログラムを作成し,実行することができます.

▶メリット2…複数のプログラムを同時に動かせる

RTOSでは「タスク」と呼ぶプログラムのかたまりが1つの実行単位となります.RTOSを利用すると複数の「タスク」を見かけ上,同時に実行することができます.ここで「見かけ上」と書いたのは,1つもしくはコアの数より多くのタスクを本当に同時に実行することはできませんが,RTOSはタスクの優先度や待ち時間などを利用して短い時間で実行するタスクを切り替えることで,あたかも複数のタスクが同時に動作しているように見せてくれるという意味です.

これにより異なる複数の機能を装置に搭載しようとしたときに,複数のタスクで実装すると各機能をあまり意識することなくプログラムを作成し,実行することができます.

ただし,RTOSを使ったシステムの場合,タスクが利用しているメモリやデバイスに,他のタスクもアクセスすることが可能なことが多いことと,1つの装置では各タスクが連携して装置として動作することから,完全に他のタスクを意識せずに作成,実行することはできないと考えます.

▶メリット3…割り込み処理の実行が容易

プログラムの動作中に割り込みが発生すると,それま

リスト3　生成されているタスクの個数を返すプログラム

```
#include <freertos/FreeRTOS.h>
void setup()
{
  Serial.begin(115200);
  Serial.printf( "uxTaskGetNumberOfTasks()=%d\n",
                 uxTaskGetNumberOfTasks() ) ;
}
void loop()
{
}
```

で動作していたCPUの状態を保存してから割り込み処理を呼び出します.割り込み処理が終わると先に保存していたCPUの状態を復元して割り込み発生前のプログラムへ戻るという処理を作成しなければなりません.

これらの動作や保存すべきCPUの状態はCPUごとに異なるため,CPUの割り込み機能を理解して実装する必要があります.

RTOSではCPUの状態の保存や復元はRTOS側が行うため,ユーザは実行したい割り込み処理の関数/サブルーチンをRTOSへ登録しておくだけで,割り込み発生時に登録した割り込み処理を実行することができます.

● ESP32でFreeRTOSを使ってできること

Arduino IDEでリスト3のプログラムを入力し,シリアル・モニタを開いて実行してみてください.筆者の環境では,

`uxTaskGetNumberOfTasks()=7`

が出力されます.これはuxTaskGetNumberOfTasks()実行時に生成されているタスクの個数を返すAPIです.

Arduino IDEでsetup()関数はユーザが最初にプログラムを動作させることができる関数です.ここまでですでに7個のタスクが生成され,バックグラウンドで処理が実行されている,もしくは要求を待っています.

ESP32でWi-FiやBluetoothなどを使うための準備段階ですでにFreeRTOSの機能を使っています.

このようにFreeRTOSの恩恵を受けることによって容易にEPS32を使えるようになっています.ユーザ・プログラムからもFreeRTOSのAPIを使うことでさらなる恩恵を受けることができます.

ユーザが使用できるFreeRTOSの代表的なAPIを表2に示します.

この他にも多くのAPIがあります.以下のディレクトリ内のヘッダ・ファイルに関数の宣言がありますので,興味があれば参照してください.

`¥hardware¥espressif¥esp32¥tools¥sdk`
`¥include¥freertos¥freertos`

ただしArduino IDEに含まれているFreeRTOSは,

表2　FreeRTOS の代表的な API

分　類	関　数	説　明
タスク (task.h)	xTaskCreatePinnedToCore()	タスク生成
	vTaskDelete()	タスク削除
	vTaskDelay()	タスク実行遅延
	uxTaskGetNumberOfTasks()	タスク数取得
	pcTaskGetTaskName()	タスク名取得
	xTaskGetCurrentTaskHandle()	タスク・ハンドラ取得
タイマ (timers.h)	xTimerCreate()	ソフトウェア・タイマ生成
	xTimerDelete()	ソフトウェア・タイマ削除
	pvTimerGetTimerID()	ソフトウェア・タイマ ID 取得
	xTimerCreateTimerTask()	タイマ・タスク生成
	xTimerStart()	ソフトウェア・タイマの開始
	xTimerStop()	ソフトウェア・タイマの停止
	xTimerReset()	ソフトウェア・タイマのリセット
	pcTimerGetTimerName()	ソフトウェア・タイマ名取得
メッセージ・キュー (queue.h)	xQueueCreate()	メッセージ・キューの生成
	vQueueDelete()	メッセージ・キューの削除
	xQueueSend()	メッセージ・キューへの送信
	xQueueReceive()	メッセージ・キューからの受信
	uxQueueMessagesWaiting()	メッセージ受信待ち
セマフォ (semphr.h)	xSemaphoreCreateCounting()	カウンタ・セマフォ生成
	xSemaphoreCreateBinary()	バイナリ・セマフォ生成
	xSemaphoreCreateMutex()	ミューテックス生成
	vSemaphoreDelete()	セマフォ削除
	xSemaphoreTake()	セマフォ獲得
	xSemaphoreGive()	セマフォ返却
イベント・グループ（イベント・フラグ） (event_groups.h)	xEventGroupCreate()	イベント・グループ生成
	vEventGroupDelete()	イベント・グループ削除
	xEventGroupClearBits()	イベント・グループのビット・パターンのクリア
	xEventGroupSetBits()	イベント・グループのビット・パターンのセット
	xEventGroupGetBits()	イベント・グループのビット・パターンのゲット
	xEventGroupSync()	イベント・グループのイベント待ち
リング・バッファ (ringbuf.h)	xRingbufferCreate()	リング・バッファ生成
	vRingbufferDelete()	リング・バッファ削除
	xRingbufferSend()	リング・バッファへ送信
	xRingbufferReceive()	リング・バッファから受信
CPU 依存 API (xtensa_api.h)	xt_set_interrupt_handler()	割り込みハンドラの登録
	xt_ints_on()	割り込みの許可
	xt_ints_off()	割り込みの禁止
	xt_set_intset()	割り込みセット（ソフトウェア割り込み）
	xt_set_intclear()	割り込みクリア

以下のファイルの設定でコンフィグレーションされているようなので，ファイル内のマクロの設定を確認しながら使える API を確認してください．

```
¥hardware¥espressif¥esp32¥tools¥sdk
¥include¥freertos¥freertos¥FreeRTOS
Config.h
```

◆参考・引用＊文献◆

(1) ESP32 Datasheet.
https://espressif.com/sites/default/files/
documentation/esp32_datasheet_en.pdf

いしおか・ゆきや

無線接続のメリットを最大限活かす

第2章 360°マッピング用レーザ・レーダの製作

こだま まさと

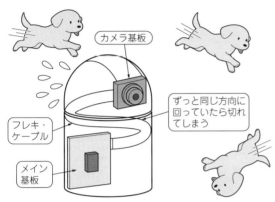

図1　これからますます注目度が高まると思われる360°グルグル回す装置は有線だとケーブルの処理が大変

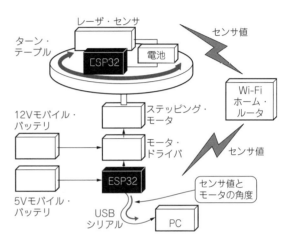

図3　Wi-Fiが使えるIoTマイコンESP32を2個使ってワイヤレス360°超回転ヘッダを作る

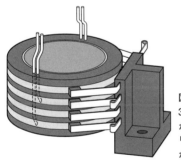

図2　360°回してもケーブルが絡む心配のないスリップ・リングもあるがかなり高価

本章でやること

● これから注目度が高まる360°カメラ&レーダはケーブルの処理が大変

　監視カメラやレーダ装置においては，正面だけでなく，水平360°の画像が欲しくなります．ところが，カメラが360°回転し，そのまま2周目に突入すると，

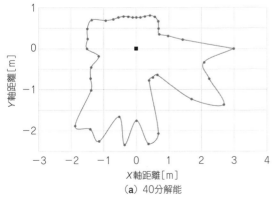

（a）40分解能

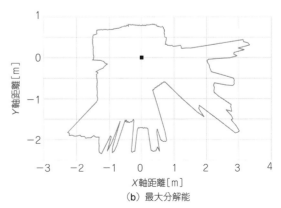

（b）最大分解能

図4　今回は360°レーザ・レーダを作って部屋をマッピングしてみる

表1　ヘッドとボディの通信を無線化した360°クルクル装置の部品

名　称	型　番	個　数	入手先	参考価格 [円]
Wi-Fiマイコン・ボード	ESP32-DevKitC	2	秋月電子通商	2,960
レーザ・センサ	LIDAR-Lite v3	1	ロボショップ	16,305
ステッピング・モータ＋モータ・ドライバ	Quimat NEMA17 ステッピングモーター＋ドライバーコントローラー	1	Amazon	2,999
5Vモバイル・バッテリ	Power Bank　モバイルバッテリー	1	あきばおー	1,000
12Vモバイル・バッテリ	ジャンプスターター	1	堀江商事（現在休止中）	4,200
ホーム・ルータ（参考）	PR-500MI	1	NTT東日本レンタル	－
3端子レギュレータ	NJM2845DL1	1	秋月電子通商	50
基板用スライド・スイッチ	SS-12D00-G5	1	秋月電子通商	50
電解コンデンサ	470 μF	1	秋月電子通商	10
電解コンデンサ	220 μF	1	秋月電子通商	10

（a）正面

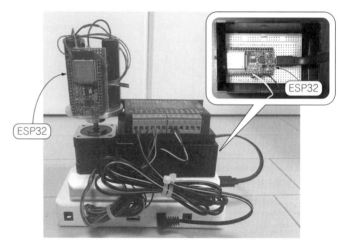

（b）裏面

写真1　製作した360°以上回転可能なレーザ・レーダ

本体側とのケーブルがねじれてしまい，すぐに断線してしまいます（図1）．これまではカメラが360°回転したら，いったん0°に戻してから，再度，追従するなどしていました．カメラやレーダを360°以上回すためにコネクタを工夫しているケースもあります（図2）．ただし，数万円以上と高価です．

● 解決案…Wi-Fiが使える1500円IoTマイコンESP32でワイヤレス化に挑戦

このような問題を解決するために，1,500円で購入できる無線モジュール搭載の開発ボードESP32-DevKitC（以降，ESP32）を2個使い，レーダを360°以上回せるようにした事例を紹介します（図3）．図4に作ったレーザ・レーダで測定した距離から生成した「対物マップ」を示します．地上高10cmで測定しました．

市販のレーザ・センサをターン・テーブルに乗せて，そのテーブルをくるくる回すことで，360°のセンシングを実現します．一般的なレーザ・レーダの場合，レーザを固定し，その光を鏡に当て，鏡を回転させることでビームを360°方向に発射しています．今回はハードウェア作成が手作業のため，真っすぐきれいに回転する鏡を作ることや，それに向けてレーザも真っすぐ当てるようにすることが困難であると予想できます．そこで今回はレーザ自身を回すことで，工作によるブレを少なくしようと考えました．

部品表を表1に示します．数十万円の装置ほどの性能は出ないのですが，原理的に近いものを数万円で作れます（写真1）．

実現への課題1…ターン・テーブルの角度を調整するモータの選択

このような360°以上クルクル回せるターン・テーブル装置を作る上で技術的な課題としてまず，「角度を調整できるモータを選ぶ」ことがあります．

● 候補1…RCサーボモータ

RCサーボモータはDCブラシ付きモータ，モータ・ドライバ，角度エンコーダが一体になった品です．ラジコンや歩行ロボットなどによく使われています．入手性もよく価格も手ごろです．ある一定時間（数ms）のパルスを入力することで，モータの回転角を決めます．

とても便利なのですが，可動範囲が180°までの品がほとんどであるため，今回は利用できません．

● 候補2…DCブラシ付きモータ

いわゆるマブチモータです．模型店やおもちゃ売り場でも，多くの種類が販売されています．モータ単品ではどこを向いているのか分からないため，エンコーダを付ける必要があります．エンコーダの値を確認し，モータの回転速度を制御して，さらにそれに同期して距離センサのデータを取得するとなると，制御ソフトウェアが大変そうです．

● 候補3…DCブラシレス・モータ

ベクトル制御による省電力，高トルク制御が可能ですが，制御用のマイコンが必要で，ソフトウェア作りも大変です．

● 候補4…ステッピング・モータ

入力パルスに同期して回転軸を動かしていくモータです．1パルスの入力に対しメカ構造で決まった角度だけ動きます．1パルスに対して，どれだけ動くかが決まっているため，モータがどこを向いているのかを把握するセンサが要りません．

弱点としては他のモータに比べてエネルギー効率が悪く，トルクを出すためには他のモータに比べて大きなモータが必要です．別途，制御用のモータ・ドライバが必要になってしまい，システムとしては価格が上がってしまいます．

*　　　*　　　*

今回は「ステッピング・モータ＋モータ・ドライバ」という構成にします．安くて性能の良さそうなものがAmazonで入手できることが分かったからです．今回はセンサを360°回すだけなので，トルクは必要ありません．トルクの計算はせず，サイズと価格だけで決めました．本来であればワーク（モータが動かす対象）の重さを考えて，消費電力や可能な入力電圧からモータの出力を検討すべきです．

実現への課題2…上側ESP32と下側ESP32の通信速度

ターン・テーブルの上側と下側を結ぶ通信部の検討を行います．

● 上側／下側無線モジュールの役割

Wi-FiモジュールESP32の役割を確認します．

- テーブル上側のESP32はレーザ・センサからの値を取得し下側ESP32へ送信
- テーブル下側のESP32はターン・テーブルの角度制御とセンサ値の受信
- テーブル下側のESP32はPCへセンサ値／モータ角度値を送信（PCとは有線で接続）

下側ESP32では，センサ・データ取得とモータ角度制御を，通信で同期をとりながら行うと，通信処理の待ち時間が多くなってしまい，1周360°のデータをとるのに時間がかかってしまいます．そこで上側ESP32のデータは常に連続出力します．下側ESP32は，上側ESP32のデータを受信できたタイミングで，角度と距離データを有線（シリアル通信）にてPCへ出力するようにしました．

● 通信プロトコルは速くて楽ちんなUDPを選択

なお，上側ESP32と下側ESP32は，UDP/IPを使ってデータをやりとりしています．TCPと違いUDPは，接続確認を取らない上，データの順番も無視する簡易なプロトコルです．そのためデータ送信量がTCPに比べ圧倒的に少なくなり，CPUでの処理も軽くなります．

今回作ったものはデータの送受信の順番が入れ替わったとしても，大して問題ない上，リアルタイム性を重視したため，UDPを選択しました．

● レーザ・センサからのデータ取得にかかる時間

Arduinoには，現在かかった時間をμs単位で調べてくれるmicros()という関数があります．これを利用してレーザ・センサからデータ取得にかかる時間（LidarLite.distance()の処理時間）を計測します．計測の結果，筆者環境では平均で約4msで，5msかかることはなさそうです（図5）．

● Wi-Fi通信速度

上側ESP32からWi-Fiで小さなパケットを連続して送った場合，

- 通信を中継しているホーム・ルータが攻撃とみて通信を遮断してしまわないか
- 下側ESP32の処理が間に合うのか
- 上側ESP32からの情報更新が十分に早いのか

を検証する必要があります．上記を踏まえ，どのくらいの速度を出すのが妥当かを検証します．

まずは100msの遅延を入れて，連続してレーザ・センサのデータをUDPで飛ばしました．こちらは順調にデータの通信ができています．

次に，1/10の遅延である10msで試したところ，一

図5　レーザ・センサからのデータ取得には4msほどかかる

写真2　手作りのターン・テーブル

定時間が経つと，レーザ・センサからNackが返ってくるようになってしまいました．これはもしかしたら，電力不足なのかもしれません．

単体のテストではUSBシリアル通信でデータの確認を行いましたが，このときはWi-Fiを10ms間隔で通信させています．

USBシリアル通信とは使用する電力がだいぶ変わっても不思議ではありません．とにかく，原因は明確には分かりませんが，100msの場合であれば問題なく動くということなので，速度をいろいろな値にして試してみました．

結果，25msの遅延を入れると，筆者の環境では妥当な速度ということが分かりました．

実は筆者のミスで，このタイミングで後述するレーザ・センサ制御用のモジュール基板を作成していました．この状態で各種電気回路側のテストを行うには工数が大きいこと，速度的に問題ないと思われること，そしてとにかく動く姿が見たいという欲から，その他いろいろ調査すべき点はあるがこのまま進めていくことにしました．

● データ分解能とモータの回転速度

モータにはできれば1秒で1回転程度の速度で回ってもらいたいと考えています．回転速度が遅いと，移動ロボットやドローンに乗せたときに情報の取得が遅すぎて，ロボット側の速度を遅くしなければならなくなってしまいます．

データは30ms（データ取得の4ms＋遅延の25ms）に1回取ってくるので1秒間で取れるデータは33回ということになります．

そして，モータは400パルスで1回転（1パルス当たり0.9°回転）するモータを利用しています．そのため，1データ当たり9°としてモータを回せば，1回転につき1.2秒，40個のデータというセンサになります．

ソフトウェア開発環境＆通信プログラムの構成

● 開発環境

開発環境として Windows10 pro Aruduino IDE 1.8.5 を利用しました．

● プログラム

プログラムは本書ウェブ・ページから提供します．
rev_motor_ctl.ino：下側ESP32のスケッチです．
send_lidar_ctl.ino：上側ESP32のスケッチです．
step_test.ino：Arduino Unoを用いたステッピング・モータ動作確認用スケッチです．

● 通信プログラムを作成しておく

前項の検討を踏まえて通信プログラムを書きました．
▶下側ESP32

リスト1にスケッチ（rev_motor_ctl.ino）を示します．
▶上側ESP32

リスト2（p.78）にスケッチ（send_lidar_ctl.ino）を示します．IPアドレス，サブネットマスク，ゲートウェイ，SSIDとパスワードについては，各環境に合わせて書き換えてください．

今回は，上側ESP32と下側ESP32を両方ともホーム・ルータに接続し，上側ESP32からホーム・ルータを介して下側ESP32に向けてセンサ・データを送信しています．

モータの制御は下側のESP32で行っているので，この下側ESP32がセンサ・データを受け取ったら，現在のモータ回転角度（テーブル角度）とセンサ・データを結合させて，USBシリアル通信でPCに送っています．

今回はUDPを使っていますので，プロトコル・レベルでのクライアント，サーバという概念はありません．

ターン・テーブルの製作

● テーブルを用意する

モータに取り付けるテーブルは，手ごろなものが見つからなかったため，知り合いに依頼して旋盤で削り出してもらいました（写真2）．

● 動作確認

本番はESP32-DevKitCを使いますが，このマイコン・ボードはパルス出力電圧が3.3Vです．利用するモータ・ドライバはパルス信号入力が5Vを要求して

リスト1　下側ESP32のスケッチ`rev_motor_ctl.ino`

```
//Wi-Fi
#include <WiFi.h>
#include <WiFiUdp.h>

//モータ制御用のパルス出力ピン設定
const char MOTOR_CTL_PIN = 27;

//UDP受信バッファ
const char REV_PACKET_BUFFER_MAX = 32;

// Wi-Fi SSIDとパスワード
const char * networkName = "xxxxxxxxxx";
                //ユーザ環境に合わせて入力 (ex "my-room-oyaki")
const char * networkPswd = "xxxxxxxxxx";
                //ユーザ環境に合わせて入力 (ex "abcdefg")
const char * sendAddress = "xxx.xxx.xxx.xxx";
                //ユーザ環境に合わせて入力 (ex "192.168.0.2")
//通信ポートの設定 (3333でなくてもよい)
const int udpPort = 3333;

//IPアドレス，ゲートウェイ，サブネット・マスクの設定
IPAddress ip(192, 168, 0, 110);
                //IPアドレス　ユーザ環境に合わせて入力
IPAddress gw(192, 168, 0, 1);
                //ゲートウェイ　ユーザ環境に合わせて入力
IPAddress sm(255, 255, 255, 0);
                //サブネット・マスク　ユーザ環境に合わせて入力

//コネクション確立フラグ
boolean connected = false;

//モータ角度;
int angle;

//udp ライブラリクラス
WiFiUDP udp;

//1回転分のデータ・バッファ
String tranStr;


/**
各種初期化処理
*/
void setup() {
  //ピンのモード設定、アウトプットに設定
  pinMode(MOTOR_CTL_PIN, OUTPUT);

  //シリアル通信のボーレート設定と起動：
  Serial.begin(115200);

  //Wi-Fi設定
  ConnectToWiFi(networkName, networkPswd);
}

/**
メイン・ループ
Wi-Fiのコネクションが確立していれば、UDPの受信確認
UDPでデータを受信しているのであれば現在のモータ角度とLidarの
                        データをシリアルに出力
出力後指定のモータ角度までモータを動かすパルスを出力する
*/
void loop() {
  char packetBuffer[REV_PACKET_BUFFER_MAX];
  int packetsize = 0;
  String outstr;
  int x;

  //Wi-Fiコネクション確立確認
  if (connected) {

    //UDP受信データ確認
    packetsize = udp.parsePacket();
    if (packetsize != 0) {
      memset(packetBuffer, 0, REV_PACKET_BUFFER_MAX);

      //受信データ読み込み
      udp.read(packetBuffer, packetsize);
```

```
      //出力するデータを文字列に成形
      outstr = String(angle);
      outstr += ",";
      outstr += packetBuffer;

      //出力
      Serial.println(outstr);

      //モータを回すためのパルスを10回出力(9°動かす)
      for(x = 0; x < 10 ; x++) {
        digitalWrite(MOTOR_CTL_PIN, HIGH);
        delay(1);
        digitalWrite(MOTOR_CTL_PIN, LOW);
        delay(1);
      }

      //現在のモータの角度をアップデートと1回転分データ送信
      angle += 9;
      tranStr += outstr;
      tranStr += " ";
      if (angle == 360) {
        angle = 0;
        udp.beginPacket(sendAddress, udpPort);
        udp.print(tranStr);
        udp.endPacket();
        tranStr = "";
      }
    }
  }
}

/**
Wi-Fiのコネクション処理
*/
void ConnectToWiFi(const char * ssid, const char *
                                            pwd) {
  Serial.println("Connecting to WiFi network: " +
                                    String(ssid));

  //古いコネクションを切る
  WiFi.disconnect(true);

  //IPアドレス、ゲートウェイ、サブネット・マスクを設定
  WiFi.config(ip, gw, sm);

  //イベントハンドラの登録
  WiFi.onEvent(WiFiEvent);

  //Wi-Fiコネクションを確立する
  WiFi.begin(ssid, pwd);

  Serial.println("Waiting for WIFI connection...");
}

/**
Wi-Fi イベント・ハンドラ
*/
void WiFiEvent(WiFiEvent_t event) {
  switch (event) {
    case SYSTEM_EVENT_STA_GOT_IP:
      //コネクションを確立したことを伝える
      Serial.print("WiFi connected! IP address: ");
      Serial.println(WiFi.localIP());
      //UDP通信を確立
      udp.begin(WiFi.localIP(), udpPort);
      //通信確立のフラグを立てる
      connected = true;
      break;

    //コネクションが切れたことを伝える
    case SYSTEM_EVENT_STA_DISCONNECTED:
      Serial.println("WiFi lost connection");
      connected = false;
      break;
  }
}
```

リスト2　上側ESP32のスケッチ`send_lidar_ctl.ino`

```
//Wi-Fi
#include <WiFi.h>
#include <WiFiUdp.h>
//Lidar and I2c
#include <Wire.h>
#include <LIDARLite.h>
// Wi-Fi SSIDとパスワード
const char * networkName = "xxxxxxxxxx";
                    //ユーザ環境に合わせて入力 (ex "my-room-oyaki")
const char * networkPswd = "xxxxxxxxxx";
                        //ユーザ環境に合わせて入力 (ex "abcdefg")
const char * sendAddress = "192.168.0.110";
                                //受信側ESP32のIPアドレス
const int udpPort = 3333;
//IPアドレス，ゲートウェイ，サブネット・マスクの設定
IPAddress ip(192, 168, 0, 111);
                    //IPアドレス　ユーザ環境に合わせて入力
IPAddress gw(192, 168, 0, 1);
                    //ゲートウェイ　ユーザ環境に合わせて入力
IPAddress sm(255, 255, 255, 0);
                    //サブネット・マスク　ユーザ環境に合わせて入力
//コネクション確立フラグ
boolean connected = false;
//udp ライブラリクラス
WiFiUDP udp;
//Lidarのデータ通信用クラス
LIDARLite myLidarLite;
//データ送信後の時間計測用
int time_ms_last = 0;
/**
  各種初期化処理
*/
void setup() {
  //Serial.begin(115200); テスト時にシリアル通信するため
  //Wi-Fi設定
  connectToWiFi(networkName, networkPswd);
  //Lidar セットアップ
  myLidarLite.begin(0, true);
  myLidarLite.configure(0);
  // 現在のミリ秒（起動してからの）を保存
  time_ms_last = millis();
}
/**
  メイン・ループ
  設計で決めた時間が計測したら，LIDARからデータを取得し，モータ制御
                                用のESP32にデータを投げる
*/
```

```
void loop() {
  int dist;
  int time_ms;
  time_ms = millis();
  if ( (time_ms_last - time_ms) >= 30) {
    if (connected) {
      dist = myLidarLite.distance();
      udp.beginPacket(sendAddress, udpPort);
      udp.print(dist);
      udp.endPacket();
      time_ms_last = millis();
    }
  }
  //Serial.println(myLidarLite.distance());
                            テスト時にシリアル通信するため
}
/**
  Wi-Fiのコネクション処理
*/
void connectToWiFi(const char * ssid, const char *
                                                pwd) {
  //古いコネクションを切る
  WiFi.disconnect(true);
  //IPアドレス，ゲートウェイ，サブネット・マスクを設定
  WiFi.config(ip, gw, sm);
  //イベントハンドラの登録
  WiFi.onEvent(WiFiEvent);
  //Wi-Fi コネクションを確立する
  WiFi.begin(ssid, pwd);
}
/**
  Wi-Fi イベント・ハンドラ
*/
void WiFiEvent(WiFiEvent_t event) {
  switch (event) {
    case SYSTEM_EVENT_STA_GOT_IP:
      //UDP通信を確立
      udp.begin(WiFi.localIP(), udpPort);
      //通信確立のフラグを立てる
      connected = true;
      break;
    //コネクションが切れたことを伝える
    case SYSTEM_EVENT_STA_DISCONNECTED:
      connected = false;
      break;
  }
}
```

リスト3　ステッピング・モータ動作確認用プログラム`step_test.ino`

```
#define TEST_OUT_PIN 27

void setup() {
  pinMode(TEST_OUT_PIN, OUTPUT);
}

void loop() {
  digitalWrite(TEST_OUT_PIN, HIGH);    // H出力
  delay(20);                           // 0.2秒待つ
  digitalWrite(TEST_OUT_PIN, LOW);     // L出力
  delay(20);                           // 0.2秒待つ
}
```

いたため，まずはテスト用にArduino UNOを利用しました．もちろんESP32-DevKitCの出力にトランジスタを利用して，5Vにするのもよいのですが，余計なハードウェアを組み込むと，トラブルが起こった際に調査する箇所が増えて，デバッグの工数が増えてしまいます．

Arduinoライブラリには，`analogWrite()`なるPWMの波形を出力してくれる便利な関数があります．デューティ比を簡単に変更できるというものです．今回は波形のデューティ比ではなく，周波数の方を自由に変える必要がありますので，この関数は使わず遅延やタイマ割り込みなどを使っていこうと思います．

何はともあれ，モータが動くことを確認しなければならないので，遅延とON/OFFだけの簡単なプログラムを作成します（リスト3）．

非常に簡単なプログラムで，ソースコードを記載するのもどうかと思うようなものですが，パルスが出るだけでよいので，テスト用にはこれで十分です．念のため，ポケット・オシロで波形が出ていることも確認しました．

● モータ・ドライバとArduino UNOとの接続

購入したときには，モータ・ドライバのマニュアルがありませんでした．おそらく写真3のケースに書か

写真3　今回選んだモータ・ドライバは安価だったがマニュアルはなくケースに記載されている情報が全てだった…

写真4　数万円で入手できるレーザを使った距離センサ LIDAR-Lite v3

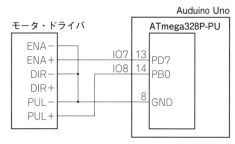

図6　モータ・ドライバの動作確認はArduinoで行った

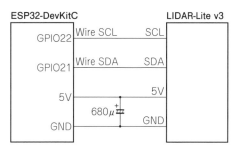

図7　レーザ・レーダとESP32はI²Cでつなぐ

れていることが全てと考えられます．ケースを見ると「Signal」という箇所にENA－，ENA＋，DIR＋，DIR－，PUL＋，PUL－と書かれています．想像するに，

- ENA…ENABLEです．試したところ5Vを入れるとOFF状態になります．
- DIR…DIRECTIONかと思います．ここに5Vを入れてあげれば正転，0Vであれば逆転でしょう．レーザ・センサは右回りでも左回りでも良いので気にしません．
- PUL…PULSEです．ステッピング・モータはパルス同期モータなので，当然，パルスを入力する箇所があります．従って図6のとおり接続しました．

レーザ・センサ部の動作確認

● センサの仕様

今回利用したレーザ・センサ LIDAR-Lite v3（写真4）[注1]の特徴は次です．

- 高精度：±2.5cm@5m未満，±10cm@5m以上
- 長距離対応：40m　　　・解像度：±1cm
- Class1のレーザなので危険が少ない
- Arduino対応している　・価格：16,000円ほど

● 周辺回路

公式のウェブ・サイトにArduino Unoでの参考回路が掲載されています．ESP32は3.3Vで動いており，レーザ・センサは電源が5Vだったので，電圧変換が回路が必要かとも考えましたが，とりあえず図7のように接続したところ，問題なく動作したので，このままで済ませました．

レーザ・センサLIDAR-Lite v3をI²Cで動作させるプログラムについては，既にメーカが用意しています．下記サイトにアクセスします．

https://github.com/garmin/
LIDARLite_v3_Arduino_Library

このページの右側，「Clone or Download」をクリックし，「Download Zip」を選択し，ダウンロードを行います．ZipをダウンロードしたらArduino IDEを立ち上げ，「スケッチ」→「ライブラリをインクルード」→「.ZIP形式のライブラリをインストール」を選択します．

ファイル・ダイアログが立ち上がるので，先ほどダウンロードした「LIDARLite_v3_Arduino_Library-master.zip」を選択します．その後，「スケッチ」→「ライブラリの追加」の項目に「LIDAR-Lite v3」が追加されていれば成功です．

「ファイル」→「サンプル」→「LIDAR-Lite v3」→「GetDistanceI2C」を選択して，サンプル・コードを開いたら，何も変更を加えず検証して書き込みます．ESP32 Development BoardからはUSBを介してシリアル通信で出力されますので，Tera Termなどのターミナル・ソフトウェアを利用して，

- ボー・レート：115200　・データ：8ビット
- パリティ：なし　　　・ストップビット：1ビット
- フロー制御：なし

注1：マニュアルはこちら．

http://static.garmin.com/pumac/LIDAR_
Lite_v3_Operation_Manual_and_Technical_
Specifications.pdf

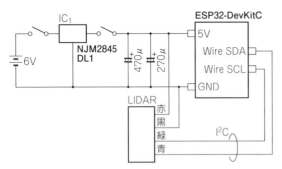

図8 上側ESP32部の回路構成

(a) 正面

(b) 反対側

写真5 360°測定時の部屋の様子

で接続すると，うまく動いていれば数値が連続して出てきます．

● 精度，ばらつきの検証

テスト・プログラムから出力された値を20000回ほどログに取り，平均と標準偏差，それと実際の距離をメジャーで測ってみました．

結果は以下の通りです．

距離平均：171.3269cm
標準偏差：0.60865
実際の距離：171.00cm

特に標準偏差の値はばらつきがとても少なくてよいです．超音波と違い気温や風，騒音などの外乱も受けにくいので，正確な距離が測れそうです．

組み立て

通信とデータの取得ができるようになれば，いよいよレーザ・センサをモータ上で回すための準備です．開発用の各種機器から取り外し，単体で動作する，かつモータのテーブル上に収まるようコンパクトに仕上げる必要があります．部品表を表1に示します．

● 上側ESP32のための基板

必要なのはレーザ・センサを動かすためのコンデンサと，電池からの電圧をESP32に安定して送るためのレギュレータです．後は，レーザ・センサとESP32とをつなげる箇所程度なので，ESP32とほぼ同じ大きさのユニバーサル基板を利用し，コンデンサやレギュレータなどはESP32基板の下に隠れるよう作りました．

回路を図8に示します．

● レーザ・センサの固定

レーザ・センサはホット・グルーで固定しました．完成後に動作テストでプログラムの修正が必要になる

ことも考え，上側ESP32はUSBコネクタをテーブルからはみ出すように設置してケーブルを刺せるようにしています．

実験…360°マップを作る

上側ESP32と下側ESP32の電源を入れ，実際に動かしてみました．取得したデータについては，角度と距離データをもとにExcelでプロットしました（図4）．計算式は以下のとおりです．

X軸 = 距離×cos（角度）
Y軸 = 距離×sin（角度）

Excelで計算する場合は，sin，cosの角度にラジアン単位で数値を入れる必要があるので，RADIANS()関数を使いラジアンに変換して計算しています．

参考までに測定時の部屋の様子を写真5に示します．

モータの回転速度やレーザ・センサの角度当たりの分解能はプログラム側で修正が可能です．回転速度を優先するか，距離データの量を優先するかは，用途次第です．試しに最大分解能（1回転当たり400データ取得）で動かしてみました［図4(b)］．細かくデータが取れています．

こだま・まさと

第3章

スマート・スピーカの裏方としても使われている

サーバ機能付き赤外線学習リモコンの製作

崎田 達郎

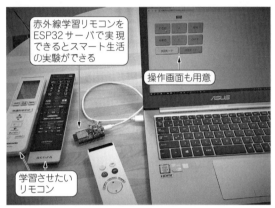

赤外線学習リモコンをESP32サーバで実現できるとスマート生活の実験ができる

操作画面も用意

学習させたいリモコン

写真1　本章で製作するサーバ機能付きESP32赤外線学習リモコン「IRServer」

今回はスマホで実験したが「スマート・スピーカ」とつなげるとスマート生活が実現できる

スマートフォン　Wi-Fiアクセス・ポイント　シーリング・ライト

Wi-Fi　Wi-Fi　エアコン

赤外線　赤外線　テレビ

リモコン　赤外線受信モジュール　ESP32（IRServer）　赤外線発光LED

図1　スマート・スピーカの裏側で威力を発揮するサーバ機能付き赤外線学習リモコンの構成

作るもの…サーバ機能付きESP32赤外線学習リモコン「IRServer」

● スマート・スピーカ時代のマスト・アイテム…サーバ機能付き赤外線学習リモコン

最近，「スマート・スピーカ」に接続される「スマート・リモコン」がいろいろと販売されています．

これらのリモコンはAmazon Echo，Google Homeなどから操作でき，機種によってはスマートフォンから直接操作できるものもあります．これによって家にあるいろいろな家電機器を，機器ごとのリモコンを使わずに統合的に操作できるようになります．

この「スマート・リモコン」を実現するときに必要になるのがサーバ機能付きの赤外線学習リモコンです．ここでは，その「サーバ機能付き赤外線学習リモコン」を自作します（**写真1**）．**図1**にハードウェア構成を示します．

マイコンは安価でWi-Fi/Bluetoothなどの通信機能が一体化されたモジュールESP32-WROOM-32（以降，ESP32と呼ぶ）を使用します．ESP32は搭載するWi-Fi機能などのライブラリが整備されており，それらを使用することで容易にアプリケーションを構築できます．

● 機能

製作する学習リモコン（以降，「IRServer」と呼ぶ）の主な機能は次の3つです．

▶**機能1…いろいろな機器のリモコンを学習（記憶）できる**

一般的によく使われている「NEC」，「家電製品協会」フォーマットを対象にします．その他の形式については対応しません．

使用している赤外線受信モジュールが受信できる赤外線信号であれば，受信データ解析処理部分に処理を追加することで対応可能と思われますが，フォーマット（フレーム長やフレーム数）が大きく異なるリモコンへの対応は大きな改造が必要となります．

▶**機能2…ネットワーク経由（HTTP，MQTT）で操作できる**

HTTP（GET）をサポートすることでスマートフォンやPCからウェブ・ブラウザで操作できます．また，Raspberry PiなどのLinuxマシン上のアプリケーションからも操作できます．

▶**機能3…操作画面をカスタマイズできる**

ここでは，操作画面の説明を簡単にするためにHTML + CSS + JavaScriptで作成した画面を使用します．応用例では「任意の画像（JPEG/BMPなど）」上のクリッカブル・マップ注1を使ったオリジナルのリ

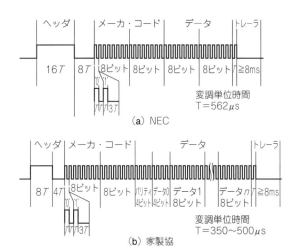

図2　赤外線リモコン信号のフォーマット

モコン画面を作れるようにしています.

赤外線リモコンの仕組み

● 信号フォーマット

国内で使用されるリモコンは主にNECフォーマット, 家電製品協会（家製協, AEHA）フォーマット, SONYフォーマットが使われています. 今回のリモコンではNECフォーマットと家電製品協会フォーマットだけに対応します.

2つのフォーマットを図2に示します.

NECフォーマットは, ヘッダ, メーカ・コード（16ビット）, データ（16ビット）, トレーラで構成され, 全体の

注1：クリッカブル・マップ（イメージ・マップ）はブラウザ上に表示した画像上の複数の領域（四角形, 円形, 多角形）をクリック可能にする機能です.
IRServerでは任意の画像イメージの任意の四角形領域を操作ボタンとして定義するのに使用します.

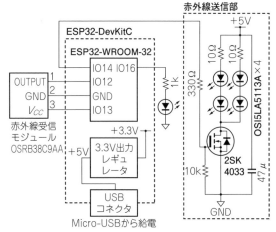

図3　赤外線学習リモコンの回路

表1　赤外線学習リモコンに使用した部品

部品名	型　式	入手先	個数	参考価格[円]
ESP32ボード注	ESP32-DevKitC	秋月電子通商	1	1,480
赤外線受信モジュール	OSRB38C9AA		1	100（2個入り）
赤外LED	OSI5LA5113A		4	100（10個入り）
FET	2SK4033（60V/4A）		1	120（5個入り）
ユニバーサル基板			1	200
基板用リード・フレーム	PD2.54-1.6-7-SN		8	25（12本入り）

注：ESP32ボードはその他のESP32ボードでも可. その他に付加回路にある抵抗器とコンデンサが必要

データの長さは固定です.

家製協フォーマットでは, ヘッダ, メーカ・コード（16ビット）, 可変長のデータ, トレーラで構成され, 全体の長さはメーカや機器により決められています.

両フォーマットではヘッダ部の赤外線信号のON時間, OFF時間の長さが異なりますのでヘッダ部のON時間, OFF時間を計測することでどちらのフォーマットであるか判別できます.

● 信号保存形式

学習リモコンとするには, 学習元のリモコン信号を読み取り, 保存して, 必要なときにその信号を再生（赤外線の発光）することで実現します. 元のリモコン信号をどの程度正確に再生できるかが操作対象機器（リモコン信号を受け取る側）の操作性（リモコン・ボタンの効き具合）に関わることになります.

この信号の正確性には, 赤外線の波長, 搬送周波数, 変調単位時間, データ値, フレーム長などの項目が影響します. ハードウェアで決定される赤外線の波長以外の項目の全てを元のリモコンから読み取り保存することになります.

他の学習リモコン・アプリケーションでは, 搬送信号周波数や個々の信号ビットのON時間, OFF時間を保存して信号フォーマットに依存せず再現性を高める方法を採用しているものもあります. IRServerでは, 保存データの簡略化のために, 搬送周波数[38kHz, デューティ（duty）比1/3]と変調単位時間（T）は, 個々のリモコンの固有値を保存せず, データ値だけを保存して, 他の項目はフォーマットごとの固定値を使用します. これにより, 保存すべき情報量は少なくなりますが, 信号の規格合致性に厳格な操作対象機器の場合, 再生したリモコン信号を受け付けない可能性があります.

ハードウェア

表1に主な部品を, 図3に回路を, 写真2にユニ

写真2　ESP32-DevKitCへの実装例

バーサル基板を使用した実装例を示します.

● CPUボード

　ESP32を搭載したESP32-DevKitCを使用します. 赤外線信号の読み取り,内蔵ストレージ(SPIFFS)への保存,保存した赤外線信号の送出やWi-Fiでの通信処理を行います.

● 赤外線受信モジュール

　赤外線データ学習のために赤外線信号を受信するモジュールを使用します. このモジュールは小さなパッケージにフォトダイオード,フィルタなどを内蔵しており,赤外線信号の有無を簡単に読み取れます.

● 赤外LED

　学習した赤外線信号を規定の信号フォーマットに従って送出します.

　赤外LEDは指向性が強いので,複数の機器に届くように4個のLEDの向きを変えて使用します.

ソフトウェアの全体像

● 開発環境とライブラリ

　IRServerをESP32上で動作させるアプリケーションを作成するための開発環境にはArduino IDE(1.8.6)を使用します. ESP32用のライブラリはesp32-1.0.0を使用します. ここで使用したサンプル・スケッチのFSBrowserもこのライブラリに含まれています.

● ファイル構成

　ESP32に書き込むプログラム・モジュールを表2に示します.

　ESP32にはSPI接続のフラッシュ・メモリが内蔵されています. このメモリにはブートローダやスケッチ

表2　ESP32に書き込むプログラム・モジュール

モジュール名	機能	備考
IRRC32.ino	本体	ウェブ・サーバ(FSBrowserを改変)
IRdefs.h	定義ファイル	Wi-Fi SSID,パスワードなどの各種オプション
ir_io.ino	入出力処理	赤外線送受信
sr_cgi.ino	内部処理	簡単なCGI処理

表3　プログラムの他に必要なファイル類

ファイル名	内容	備考
ac.htm	エアコン用html	
cl.htm	照明用html	サンプルhtmlファイル
tv.htm	テレビ用htm	
irjs.js	JavaScript[注1]	共用JavaScriptファイル
ircss.css	css[注2]	共用cssファイル
index.htm	ルートhtml	起動確認用ダミーhtml
IRdata.txt	赤外線記録ファイル	リモコン信号記録用ファイル

注1:「JavaScript」はHTMLのコードに埋め込んでブラウザに動的な動作をさせるために使用されるプログラミング言語
注2:「Cascading Style Sheets」の略で,HTMLと組み合わせて各要素のスタイルを定義し,文字の大きさや表示色を指定するのに使用する

をコンパイルしたバイナリ・モジュールなどが保存されます. このメモリの空き領域にファイル・システムを構築し,ストレージとして使用することができるライブラリが用意されています. このストレージをSPIFFS(SPI Flash File System)と呼びます.

　ESP32上にSPIFFSを構築する手順は@ht_deko氏のESP32-WROOM-32というウェブ・ページ(https://ht-deko.com/arduino/esp-wroom-32.html#23)に詳しく解説されています.

　IRServerでは,プログラムの他に必要なファイル類をこのSPIFFS上に格納して使用します. これらのファイルはIRServerのスケッチ・フォルダ内にあるdataフォルダからアップロード・ツールを使用してSPIFFSにアップロードします. dataフォルダに含まれるファイルを表3に示します.

IRServerの主な処理

　IRServerは主に4つの処理で構成されています.

● 処理1…学習するリモコン信号の受信

　リスト1に赤外線受信モジュールからのパルス信号の幅をμs秒単位で計測して配列に格納する処理を示します.

　最初に赤外線信号のON状態(ヘッダ部の始まり)を待ち,信号がON状態になった時点から信号のON時間,OFF時間を配列に記録します. 20ms以上信号

リスト1　受信パルスの長さを`micros()`を使って計測しテーブルに書き込む（`ir_io.ino`の一部）

```
int ir_frameRead() {                                ((micros() - ir_stime) < 20000));
  int ir_stat = LOW;   // 信号有り（負論理）を待つ                                 // 20msの間待つ
                                              ir_times[ir_tix] = (micros() - ir_stime);
  for (int i = 0; ; i++) {                                               // パルス幅を記録
    if (digitalRead(PIN_ir_in) == ir_stat) break;     if (ir_tix & 1) ir_times[ir_tix] += 50;
                                  // 信号検出                       else ir_times[ir_tix] -= 50;
    if (i >= 10000) return (0);  // 10秒でタイムアウト終了     if (ir_times[ir_tix] >= 20000) break;
    delay(1);                                                        // 幅が20ms以上で終了
  }                                             ir_stat = ((ir_stat == LOW) ? HIGH : LOW);
                                                                        // パルス切り替え
  for (ir_tix = 0; ir_tix < IR_SLEN; ir_tix++) {  }
    unsigned long ir_stime = micros();    // μsで計測   delay(1);
    while ((digitalRead(PIN_ir_in) == ir_stat) &&   return (ir_tix);
                              // 信号の変化を最大   }
```

リスト2　計測したパルス長さをリモコン信号フォーマットに照らし合わせながらバイト・データ化（`ir_io.ino`の一部）

```
void ir_dataConvert() {                                                 // Stop bit
                                          DBG_OUTPUT_PORT.printf("%4u+%4u !\n",
  // ir_times[]:赤外線信号のON時間、OFF時間をμs秒単位で                ir_times[ix], ir_times[ix + 1]);
                              記録した配列        if (ir_datam[1] == 0) ir_datam[1] = ir_bix;
  // ir_datam[]:赤外線信号を符号化して格納する配列   } else {
  // ir_datam[0]:0=NEC,1:家製協:リーダ部のOFF時間の長さで判断   DBG_OUTPUT_PORT.printf("%4u+%4u ", ir_times[ix],
  // ir_datam[1]:フレーム1の長さ                               ir_times[ix + 1]);
  // ir_datam[2]:フレーム1+2の長さ                ir_datam[ir_bix] >>= 1;        // LSB First
                                            if (ir_times[ix + 1] > IR_2T) ir_datam[ir_bix] |=
  ir_datam[0] = ((ir_times[1] > (NEC_1T * 6)) ? IR_MODE_                     0x80; // '1'を判定
NEC : IR_MODE_EHA); // OFF時間 > 562×6 => NECフォーマット     if (++bp >= 8) {
  ir_datam[1] = 0;                              DBG_OUTPUT_PORT.printf("- %02X\n",
  ir_datam[2] = 0;                                 ir_datam[ir_bix]); // 8ビット処理完了
  ir_datam[ir_bix = 3] = 0;                       ir_datam[++ir_bix] = bp = 0;   // 次の8ビットへ
  for (int ix = 0, bp = 0; ix < ir_tix; ix += 2) {   }
    if (ir_times[ix] > (EHA_1T * 4)) {      // Start bit   }
      DBG_OUTPUT_PORT.printf("\n\n%s [%4d] : %4u+%4u\n",   }
        ((ir_datam[0] == IR_MODE_NEC) ? "NEC" : "EHA"),   ir_datam[2] = ir_bix;
              ir_tix, ir_times[ix], ir_times[ix + 1]);  }
    } else if (ir_times[ix + 1] >= (EHA_1T * 15)) {
```

が変化しない状態が続いたときに記録終了とします．

● 処理2…受信したリモコン信号を符号化して保存

リスト2に信号のON時間，OFF時間を記録した配列データを赤外線信号フォーマットに照らし合わせながら，バイト・データに変換する処理を示します．

図4は，赤外線受信モジュールに向けて，照明リモコンの「ECO」ボタンを押して，処理を実行したとき

```
NEC [  67] : 9670+5080
653+ 629  653+ 630  653+1885  654+ 628  654+ 629
653+ 630  653+ 628  653+1887 - 84
653+1885  655+ 629  654+ 629  653+ 630  653+1888
652+ 630  654+1884  654+ 629 - 51
654+ 630  654+1886  653+1888  653+1887  653+ 628
653+1886  653+ 630  652+ 631 - 2E
653+1883  653+ 630  653+ 629  653+ 630  651+1887
652+ 630  654+1884  653+1885 - D1
654+20053 !
```

```
最初の8ビットの符号化例
653+629  653+630  653+1885  654+628  652+629
ビット0=0 ビット1=0 ビット2=1 ビット3=0 ビット4=0
653+630  653+628  653+1887
ビット5=0 ビット6=0 ビット7=1 = 0x84
```

図4　リモコンの赤外線信号を受信したときのログ

のログです．

nnnn+mmmmという形式で数字が並んでいますが，nnnnは信号のON時間（μs），mmmmは信号のOFF時間（μs）を示します．

最初の行がヘッダ部分の計測結果で信号のON時間（＝9670μs），OFF時間（＝5080μs）を表示しています．ここから信号フォーマットを判定します．NECフォーマットでのOFF時間は$8T$（$562×8=4496\mu s$）で，家製協フォーマットでは$4T$（$500×4=2000\mu s$）です．Tは変調単位時間を表します．

計測したOFF時間（5080μs）が家製協フォーマットの規定時間よりも長い（プログラム上は余裕を見てNECフォーマットの$6T$と比較）ことからNECフォーマット信号であると判断して，'NEC'と表示しています．

次にヘッダ部に続くデータのビット値を判定し符号化します．

図4の下は，ヘッダ部に続くメーカ・コードの最初の8ビットの符号化例です．この例では，メーカ・コード（16ビット：0x84 0x51），データ（16ビット：0x2E 0xD1），トレーラと続きます．

符号化したリモコン信号は，ESP32に内蔵されてい

るSPIFFS上の信号記録ファイル（IRdata.txt）に書き込みます．

図5に保存される記録レコードの形式を示します．信号記録ファイルは128バイトの固定長レコード形式で，1レコードに2フレームまで保存できるようにしています．16進数化して書き込んでいますので，テキスト・エディタなどで編集加工ができます．

総レコード数を1024としていますので全体で128Kバイトになります．各リモコンのボタン数を20とした場合でも約50種類のリモコン信号を記録可能です．全ての設置場所（各部屋）に共通の記録ファイルとしても十分な余裕があります．

● 処理3…保存されている信号の送信

信号記録ファイルの指定レコードを取り出し，38kHzの搬送信号で赤外LEDを点滅させます．

先に赤外線信号フォーマットに従って点灯，消灯時間を配列に並べ，その時間値に従ってLEDの明滅を行います．

リスト3に赤外LEDの発光処理を示します．

明滅は38kHz周期でデューティ比1/3を目標に行います．正確な周期，デューティ比で明滅させるにはハードウェア・タイマを使用するべきですが，ここではdelayMicroseconds()を使用したソフトウェアでのタイミングで明滅させています．ハードウェアによる制御と比べ誤差が大きくなりますが，多少のズレは許容されるようです．

● 処理4…ブラウザ操作

リスト4にメイン処理部分のコードを示します．

ブラウザ（HTTP）から赤外線信号の読み取り（学習）や赤外線信号の送出の指示を受け，処理します．

また，シリアル・ターミナルからも下記のコマンドを用いて同様な指示ができるようにしています．

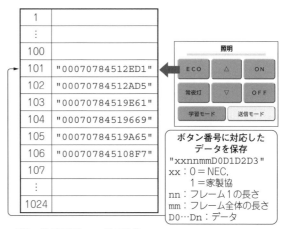

1	
⋮	
100	
101	"00070784512ED1"
102	"00070784512AD5"
103	"00070784519E61"
104	"00070784519669"
105	"00070784519A65"
106	"000707845108F7"
107	
⋮	
1024	

照明

ECO	△	ON
常夜灯	▽	OFF
学習モード	送信モード	

ボタン番号に対応したデータを保存
"xxnnmmD0D1D2D3"
xx：0 = NEC,
　　　1 = 家製協
nn：フレーム1の長さ
mm：フレーム全体の長さ
D0…Dn：データ

図5　信号記録レコードの形式

nnnn：情報レコード・インデックスの指定
"D"：Dumpコマンド．情報レコードの内容表示
"L"：Listコマンド．情報ファイルの全レコード内容表示
"R"：Readコマンド．赤外線リモコンの信号を読み取り，正しく読み取れた場合は現在のレコードに保存
"W"：Writeコマンド．現在の情報レコードの内容を赤外LEDから送出
"H"：Helpコマンド．Wi-FiのSSID，IPアドレスなどを表示

これらのコマンドを組み合わせて，赤外線信号の読み取り，確認，送出ができます．

操作画面作成機能

ここでは分かりやすさのためにシンプルなHTMLを使った照明（シーリング・ライト）のリモコン画面で作り方を説明します．

リスト3　赤外LEDの発光処理（ir_io.inoの一部）

```
void ir_frameWrite() {
  if (ir_datam[1] == 0) return;

  // 記録レコードから赤外線信号のON/OFF時間を配列に展開
  for (ir_tix = 0, ir_bix = 3; ir_bix < ir_datam[2]; ) {
    if ((ir_bix == 3) || (ir_bix == ir_datam[1])) {
      ir_times[ir_tix++] = ir_S1[ir_datam[0]]; // Start on
      ir_times[ir_tix++] = ir_S0[ir_datam[0]]; //       off
    }
    for (int bp = 0x01; (bp != 0x0100); bp <<= 1) {
                                          // LSB First
      ir_times[ir_tix++] = IR_1T;
      ir_times[ir_tix++] = ((ir_datam[ir_bix] & bp) ?
                                          IR_3T : IR_1T);
    }
    if (((++ir_bix) == ir_datam[1]) || (ir_bix ==
                                          ir_datam[2])) {
      ir_times[ir_tix++] = ir_E1[ir_datam[0]]; // Stop on
      ir_times[ir_tix++] = ir_E0[ir_datam[0]]; //       off
    }
  }
  delay(1);

  // 配列に展開された時間38kHzの搬送パルスをON/OFF
  if (ir_tix) {
    for (int i = 0; i < ir_tix; i++) {
      unsigned int sw = (i & 1) ? LOW : HIGH);
      unsigned long stime = micros();
      while ((stime + ir_times[i]) > micros()) {
        digitalWrite(PIN_ir_out, sw);
                  delayMicroseconds( 8); // 8.77μs
        digitalWrite(PIN_ir_out,  0);
                  delayMicroseconds(16); // 17.54μs = 26.31
        digitalWrite(PIN_ir_out,  0);
      }
    }
  }
  delay(1);
  DBG_OUTPUT_PORT.printf("[%4d] Send\n", ir_tix);
}
```

リスト4　メイン処理（ir_io.inoの一部）

```
void loop(void) {
  static int i, b = 0, c, n, l = 0;
  static char cc[8];

  server.handleClient();   // HTTP処理
#ifdef USE_MQTT
  mqtt_loop();             // MQTT処理
#endif
#ifdef CONS_CMND
  if (b == 0) DBG_OUTPUT_PORT.printf("\n%d>", ir_dix);
  b = 1;
  if (!DBG_OUTPUT_PORT.available()) return;
  c = DBG_OUTPUT_PORT.read();
  DBG_OUTPUT_PORT.write(c = toupper(c));
  if (c != '\r') {
    if ((l < (8 - 1)) && (isAlphaNumeric(c))) cc[l++] = c;
    return;
  }
  DBG_OUTPUT_PORT.write('\n');

  // シリアル・ターミナルからのコマンド処理
  // ----------------------------------
  // ex) 112DW => 記録レコードをバッファへ読込，表示，フレーム送信

  for (i = 0, n = -1; (i < l); i++) {
    if (isdigit(cc[i])) {
      n = ((n == -1) ? 0 : (n * 10)) + (cc[i] - '0');
    } else {
      if ((n >= 1) && (n <= IR_TLEN)) ir_dix = n; n = -1;
      switch (cc[i]) {
        case 'D': ir_dataLoad(ir_dix);      // バッファ読み込み
                  ir_dataDump(ir_dix); break;
                                            // バッファ内容表示
        case 'L':
          for (int m = 1; m < IR_TLEN; m++) {
                                            // 全レコード内容表示
            ir_dataLoad(m); ir_dataDump(m);
          } ir_dataLoad(ir_dix);
          break;
        case 'R': if (ir_frameRead() != 0)
                                            // 赤外線フレーム受信
                    ir_dataConvert();
                                            // 赤外線フレーム符号化
                  ir_dataSave(ir_dix); break;
        case 'W': ir_frameWrite(); break;
                                            // 赤外線フレーム送信
        case 'H':                           // 状況表示
          DBG_OUTPUT_PORT.println("\nConnected SSID:
                                    " + String(ssid));
          DBG_OUTPUT_PORT.print("Connected IP address:
                                                    ");
          DBG_OUTPUT_PORT.println(WiFi.localIP());
          sr_dispRoom();
          DBG_OUTPUT_PORT.printf("Heap = %d\n",
                              ESP.getFreeHeap());
          break;
      }
      delay(1);
    }
  }
  if ((n >= 1) && (n <= IR_TLEN)) ir_dix = n; n = -1;
  l = b = 0;
#endif
}
```

● リモコン画面作成に必要なファイル

図6にcl.htm（照明用），ac.htm（エアコン用），irjs.js（共通），ircss.css（共通）によってブラウザに表示される画面を示します．リスト5にcl.htmを，リスト6にirjs.jsを示します．ircss.cssは画面のデザインの定義なので説明は割愛します．なお，IRServerでベースにしたFSBrowserの制約があるためにHTMLファイル内の外部ファイルを読み込む指定を変更する必要があります（コラム参照）．

● ボタンの処理

リモコン画面では，既存のリモコン信号をIRServerに読み取り保存をする学習モードと保存されたリモコン信号を送出する送信モードがあり，画面下部のモード・ボタンで切り替えます．切り替えは，JavaScript内でモードの変更の処理を行い，通信は発生しません．

その他のボタンは既存のリモコンの各操作ボタンに対応しています．

例えば，cl.htm内で「ECO」ボタンは下記のよう

（a）照明用

（b）エアコン用

図6　ブラウザで表示されるリモコン画面

リスト5　ブラウザのリモコン画面のボタンを定義するHTMLファイル（cl.htm）

```
<!DOCTYPE html><html><head>
<meta http-equiv="Content-type" content="text/html;
charset=utf-8">
<meta name="viewport" content="width=300">
<link rel="stylesheet" type="text/css" href="ircss.
css">
<script type="text/javascript" src="irjs.js"></script>
</head><body>
  <div class=divCenter><div class=divTitle>照明</div></
                                                    div>

  <div class=divCenter>                        上段のボタン定義
    <input type=button class="btn_M" onclick="Btn(101);
                                " value="ECO">
    <input type=button class="btn_M" onclick="Btn(103);
                                    " value="△">
    <input type=button class="btn_M" onclick="Btn(105);
                                    " value="ON">
```

```
  </div>
  <div class=divCenter>                        中段のボタン定義
    <input type=button class="btn_M" onclick="Btn(102);
                                " value="常夜灯">
    <input type=button class="btn_M" onclick="Btn(104);
                                    " value="▽">
    <input type=button class="btn_M" onclick="Btn(106);
                                " value="OFF">
  </div>
  <div class=divCenter>                        下段のボタン定義
    <input type=button class="btn_LX" id="ex_R"
              onclick="Btn(198)" value="学習モード">
    <input type=button class="btn_LO" id="ex_S"
              onclick="Btn(199)" value="送信モード">
  </div>
</body></html>
```

リスト6 リモコン画面のボタンのクリックを処理するJavascriptファイル(`irjs.js`)

```javascript
var ex_mode = 'S', bcON = '#F0F8FF', bcOFF = '#CCCCCC';
var ac_power = 0, ac_mode = 2, ac_temp = 25, ac_base =
                                                     300;

var ac_modec = new Array(' ', 'H', 'D', 'C');

var xhr = new XMLHttpRequest();
xhr.onreadystatechange = HttpResponse;

function HttpResponse() {
  if (xhr.readyState == 4 && xhr.status == 200) {
    if (xhr.responseText) {
      var vals = xhr.responseText.split('|');
      if (vals[0] == 'ERR') alert(vals[1]);
    }
  }
}

function HttpReqSend(val) {
  xhr.open('GET', '/IR' + val);
  xhr.send(null);
}

function setCmnd(mode) {
  return ('?exe=' + (mode == 'R' ? 'Read' : 'Send') +
                                          '&btn=');
}

function setACbtn() {
  return (0 + ac_base + (ac_mode * 15) + (ac_temp
                                              - 20));
}

function setStatus(id, bc) {
  document.getElementById(id).style.backgroundColor = bc;
}

function Btn(btn) {
  var udev = parseInt(btn / 100); // CL=1, TV=2, AC=3
```

> IRServerへ
> 操作指示送信
> '/IR?exe
> =read&btn
> =nnn'
> '/IR?exe
> =Sead&btn
> =nnn'

> 送信テキスト生成

> エアコンのボタン番号の決定処理

> 学習・送信モード,エアコンのモード,電源スイッチ
> のボタンなどの状態をボタンの背景色を変えて表す

```javascript
  var btnn = (btn % 100);
  if (udev == 3) {      // AirCON ?
    if (btnn == 0) {  // Power ?
      if (ac_power == 0) {
        ac_power = 1;
        HttpReqSend(setCmnd(ex_mode) + setACbtn());
      } else {
        ac_power = 0;
        HttpReqSend(setCmnd(ex_mode) + ac_base);
      }
      setStatus('acm_P', (ac_power == 0 ? bcOFF :
                                           bcON));
    } else if ((btnn >= 1) && (btnn <= 3)) {
      if (ac_mode != 0) setStatus('acm_' +
                        ac_modec[ac_mode], bcOFF);
      ac_mode = btnn;
      setStatus('acm_' + ac_modec[ac_mode], bcON);
      if (ac_power == 1) HttpReqSend(setCmnd(ex_mode) +
                                         setACbtn());
    } else if ((btnn == 4) || (btnn == 5)) {
      if ((btnn == 4) && (ac_tcmp > 20)) ac_tcmp  = 1;
      if ((btnn == 5) && (ac_temp < 30)) ac_temp += 1;
      document.getElementById('ac_temp').value =
                                          ac_temp;
      if (ac_power != 0) HttpReqSend(setCmnd(ex_mode) +
                                         setACbtn());
    }
    if (btnn < 90) return;
  }
  if ((btnn == 98) || (btnn == 99)) {
    setStatus('ex_R', bcOFF);
    setStatus('ex_S', bcOFF);
    ex_mode = (btnn == 98 ? 'R' : 'S');
    setStatus('ex_' + ex_mode, bcON);
  } else HttpReqSend(setCmnd(ex_mode) + btn);
}
```

> エアコンだけの
> 特別処理
> 動作モードと設定
> 温度でボタン番号
> を変えて送信

> その他のボタンの送信

に定義されています.

```html
<input type=button class="btn_M"
onclick="Btn(101);" value="ECO">
```

ボタンには`onclick="Btn(nnn);"`が指定して
あり,ボタンをクリックすることでボタン番号を引き
数として JavaScript ファイル(`irjs.js`)内で定義さ
れている関数 `Btn()` が呼ばれます.

`Btn()`では,下記の形式で XMLHttpRequest 使用
して,指定されたボタン番号を IRServer に送信します.

学習モード時の送信内容:
　　　'GET /IR?exe=Read&btn=ボタン番号'
送信モード時の送信内容:
　　　'GET /IR?exe=Send&btn=ボタン番号'

IRServerでは,'Read'(学習モード)の場合は,
赤外線受信モジュールからの読み取りを行います.ま
た'Send'(送信モード)を受け取ると指定の番号の保
存レコードを読み出し,赤外線リモコン信号として送
出します.

● エアコン操作画面はちょっと複雑

通常はボタン番号をそのまま送信しますが,エアコ
ンの場合だけは動作モード(ドライ/冷房/暖房)と設
定温度によって赤外線信号が変わるため,**表4**に示す

表4 エアコンのボタン番号の割り付け

動作モード	ボタン番号	設定温度
電源OFF	300	-
暖房	315〜329	20〜34℃
ドライ	330〜344	20〜34℃
冷房	345〜359	20〜34℃

ように送信するボタン番号を変えています.
　ボタン番号の計算式は次の通りです.

エアコンのボタン番号=ベース番号+
　　(動作モード値×15)+設定温度インデックス
ベース番号:300
動作モード値:(暖房=1/ドライ=2/冷房=3)
設定温度インデックス:(設定温度-20)
例)冷房,24℃の場合:300+(3×15)+(24-20)
　=349

実際に動かす

● プログラムの書き込み手順

Arduino IDE 1.8.6 および esp32-1.0.0 がインストー
ルされているものとします.

IRServerでは,HTML ファイル,リモコン・デー
タなどを ESP32 の SPIFFS に格納して使用します.

崎田 達郎

コラム　ESP32用サンプル・スケッチFSBrowserでの制約

　一般的なウェブ・ブラウザではHTMLファイルの読み込み中に外部ファイル（.css，.jsなど）の定義を検知すると新しく外部ファイルの読み込みリクエストを発行しますが，FSBrowserは最初のHTMLファイル読み込みリクエストに応答中のために新たな読み込みリクエストに応答できません（ウェブ・ブラウザは新しい読み込みリクエストの応答待ちになる）．

　結果的に，最初のHTMLファイルの読み込みが完了しても外部ファイルの読み込みができていないために期待した画面表示にならない，またJavaScriptが読み込まれないために期待した動作にならないことになります．

　これに対処するために最初に読み込まれるHTMLファイル内に用意したJavaScriptを使って

　動的に読み込ませる方法もありますが，複数の外部ファイルを読み込む必要がある場合は読み込みリクエストが重ならないように注意する必要があります．

　本章で作成したアプリケーションではHTMLファイル内で必要な外部ファイル（.css，.js，.png）などを1つのストリームに展開して応答するようにしています．

　このために，HTMLファイル内の外部ファイルを読み込む指定を**リストA**のように変更する必要があります．

　また，HTMLファイルの呼び込みは展開処理を介して行う必要があります．

```
変更前）http://192.168.0.141/cl.htm
変更後）http://192.168.0.141/ir.cgi
        ?rc=cl.htm
```

リストA　HTMLファイルの変更例（cl.htmの一部）

```
<!DOCTYPE html><html><head>
<meta http-equiv="Content-type" content="text/html;
                                charset=utf-8">
<meta name="viewport" content="width=300">
<link rel="stylesheet" type="text/css" href="ircss.css">
<script type="text/javascript" src="irjs.js"></script>
</head><body>
```

（a）変更前

```
<!DOCTYPE html><html><head>
<meta http-equiv="Content-type" content="text/html;
                                charset=utf-8">
<meta name="viewport" content="width=300">
#<ircss.css
#<irjs.js
</head><body>
```

（b）変更後

　筆者が作成したプログラムの使い方を以下に示します．
1. 本書のダウンロード・ページからIRRC32.zipファイルをダウンロードする
2. ダウンロード・ファイルを展開したフォルダ内のIRRS32フォルダをArduinoのスケッチ・フォルダにフォルダごとコピーする
3. Arduino IDEでスケッチブック内の「IRRC32」スケッチを開く
4. IRdefs.hにある下記の2行を環境に合わせて変更する

```
const char* ssid = "wifi-ssid";
const char* password =
                "wifi-password";
```

　Wi-Fiの設定以外に，固定IPアドレスを使用する場合などの設定パラメータがありますので必要に応じて変更します．
5. スケッチをコンパイルしてESP32に書き込む
6. 「ツール」→「ESP32 Sketch Data Upload」でIRRC32/dataフォルダ内のリモコン・データをSPIFFSにアップロードする
7. シリアル・モニタを起動し，表示されるESP32に割り振られたIPアドレスを確認する（例では192.

168.0.141と仮定）
8. ブラウザから「192.168.0.141/」にアクセスできることを確認する

● 学習操作

　写真1に実際に照明リモコンの信号を学習させている様子を，**図7**に操作時のシリアル・モニタのログを示します．

　操作手順は次の通りです．
1. ブラウザから，http://192.168.0.141/ir.cgi?rc=cl.htmにアクセスしリモコン画面を表示（**図7**の①）
2. 「学習モード」をクリックし学習モードにする

　このモード切り替えはブラウザ内で状態変更として処理されIRServerには通知されないためログに変化はありません．
3. 学習するボタンをクリックしてIRServerを赤外線信号読み取り状態にする（**図7**の②）
4. ESP32の赤外線受信モジュールに向けて照明リモコンの学習させたいボタンを押す（短く，1回だけ）

　正しく受信されると受信内容を表示して記録レコー

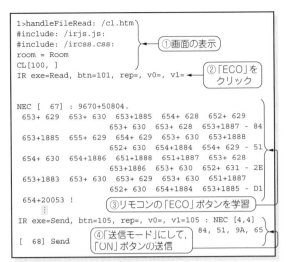

```
1>handleFileRead: /cl.htm
#include: /irjs.js:
#include: /ircss.css:
room = Room
CL[100, ]
IR exe=Read, btn=101, rep=, v0=, v1=

NEC [  67] : 9670+50804.
 653+ 629  653+ 630  653+1885  654+ 628  652+ 629
                     653+ 630  653+ 628  653+1887 - 84
 653+1885  655+ 629  654+ 629  653+ 630  653+1888
           652+ 630  654+1884  654+ 629 - 51
 654+ 630  654+1886  651+1888  651+1887  653+ 628
           653+1886  653+ 630  652+ 631 - 2E
 653+1883  653+ 630  653+ 629  653+ 630  651+1887
           653+ 630  654+1884  653+1885 - D1
 654+20053 !
    :
IR exe=Send, btn=105, rep=, v0=, v1=105 : NEC [4,4]
                     84, 51, 9A, 65
[  68] Send
```

①画面の表示
②「ECO」をクリック
③リモコンの「ECO」ボタンを学習
④「送信モード」にして，「ON」ボタンの送信

図7　操作時のシリアル・モニタ表示

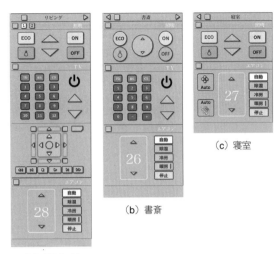

（a）リビング

（b）書斎

（c）寝室

図8　リモコンのレイアウト変更例

ドに書き込まれます（図7の③）.

　学習させたいボタンの全てに3，4の処理を繰り返します.

5. 「送信モード」ボタンをクリックして学習モードを終了

　なお，エアコンのボタンを学習させる場合，送出されるリモコン信号は設定目標（暖房／冷房，設定温度，風量など）によって変わるため，本稿での操作画面では設定目標ごとに学習させる必要があります（ボタン番号の対応は表4を参照）.

● 送信操作

　ブラウザからリモコン画面を表示させ，「送信モード」の状態で送信したい機能ボタンを押します．起動時はデフォルトで送信モードにしています（図7の④）.

応用のヒント

　今回紹介したのは学習リモコンとして最低限の機能の部分ですが，さらに自分の使いやすいようにカスタマイズする例を挙げます.

● 応用1…リモコン画面のデザイン変更

　サンプルのHTMLファイルを編集することで，リモコンのレイアウト変更やボタンを増やしたり，操作したい機器を追加したりすることができます.

　IRServerのベースにしたFSBrowserにはeditというファイル・ブラウザが組み込まれています．editを使用してファイルのアップロードやダウンロード，テキストの編集などが可能です．ブラウザから192.168.0.141/editで起動します．これを使えば，リモコン画面の編集のたびにESP32にシリア

ル経由でファイルを書き込む面倒がなくなります.

　また，本章では説明を簡単にするために簡素な画面で説明しましたが，好みの画像を使って，自由なボタン配置でオリジナルのリモコン画面を作ることもできます．エアコンのような機能の組み合わせ信号を作るために信号記録レコードの一部を書き換えて送出する機能も追加できます（ただし，ボタンの組み合わせによって送信される送信号内容を解析し，変更するためのパラメータを組み入れる必要がある）.

　任意の画像を使ったリモコン画面にカスタマイズしたデータ・ファイル類はGitHubで公開しています.
https://github.com/Goji2100
　スケッチのコードは本稿と同じですが，カスタマイズしたHTML，画像ファイルを追加しています．図8にカスタマイズしたリモコン画面の例を示します．このように，部屋ごとにリモコン画面を作ると便利です.

● 応用2…リモコン画面以外からの操作信号送出

　IRServerでは，リモコン画面以外からのHTTPリクエストも受け取ります．これにより，他のマイコンやLinux上のアプリケーションから容易にリモコン信号を送出できます．また，IFTTTからMQTTで送出させることも可能です.

◆参考・引用＊文献◆
(1) ESP32 Datasheet.
　https://www.espressif.com/sites/default/
　files/documentation/esp32_datasheet_
　en.pdf
(2) The Electronic Lives Manufacturing - presented by ChaN -
　赤外線リモコンの通信フォーマット.
　http://elm-chan.org/docs/ir_format.html

さきた・たつろう

公式開発環境ESP-IDFによる開発

第4章 Bluetooth開発環境のセットアップ

井田 健太

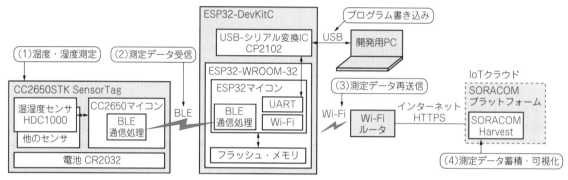

図1　BLE温度センサからESP32経由でクラウドにデータを蓄積する
BLE : Bluetooth Low Energy

　第4部第4章と第5章で，Bluetooth Low Energy（以降BLE）で通信可能なセンサ・デバイスを使って測定したデータをESP32を使って受信し，クラウド上のデータ蓄積・可視化サービスにアップロードして可視化する実験用システムの作り方を紹介します．本章ではシステムの全体像の紹介と開発環境ESP-IDFのセットアップを行います．

実現する機能

● 機能1：センサ・デバイスとの通信

　センサ・デバイスとはBLE経由で通信を行います．電源投入直後は周囲の対応するセンサ・デバイスを検索し，デバイスが見付かったら接続を行います．一度接続したデバイスは不揮発性メモリに記録され，次回以降は同じデバイスに接続を行います．

　センサ・デバイス内蔵の温湿度センサの測定値，およびバッテリの残量を読み取ります．

● 機能2：データ収集サービスへの送信

　センサ・デバイスから取得したデータを，Wi-Fi経由でインターネットに接続し，インターネット上のデータ収集サービスへ送信します．送信したデータはデータ収集サービスの機能によって可視化されます．

システム構成

　システム構成を**図1**に示します．

● マイコン・ボードESP32-DevKitC

　ESP32-DevKitC（**写真1**）はEspressifが製造している無線機能付きマイコンESP32の開発ボードです．秋月電子通商やマルツから購入できます．

　ESP32とファームウェア格納用のフラッシュ・メモリを含むモジュールESP32-WROOM-32および，USB-UART変換IC CP2102（Silicon Labs）を搭載しています．

　USB-UART変換経由でファームウェアの書き込みや給電を行えるため，開発者はESP32-DevKitCを開発用のPCにUSBケーブルで接続するだけで，すぐに開発を始められます．

　ESP32を選んだ理由は次の通りです．

- 比較的安価
- 工事設計認証済みのモジュールの入手が容易
- Wi-FiとBluetooth Low Energyによる無線通信機能が比較的簡単に使える
- RTOSが標準で組み込まれた，C++11が使える公式開発環境がある

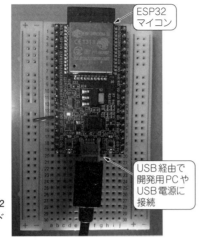

写真1
今回使うESP32
搭載の開発ボード
ESP32-DevKitC

（ESP32 マイコン）

（USB経由で開発用PCやUSB電源に接続）

（a）表　　　　　　　　　　（b）裏

写真2　今回使うBLE通信ができるセンサ・デバイスCC2650 STK SensorTag

● センサ・デバイスCC2650STK SensorTag

CC2650STK SensorTag（**写真2**，以降SensorTagと呼ぶ）はテキサス・インスツルメンツが製造しているBLEで通信可能なセンサ・デバイスです．

温度センサ，湿度センサ，照度センサ，マイク，圧力センサ，加速度センサ，ジャイロ・センサ，地磁気センサ，放射温度センサ，磁気センサの10個のセンサとBLE通信機能付きマイコンCC2650，電源としてCR2032が載っています．

また，上記のセンサの値を計測しBLE経由で取得できるファームウェアが出荷時に書き込まれています．

今回はSensorTagの機能のうち，温度センサ，湿度センサ，BLE通信機能を使用します．

● データ蓄積サービスSORACOM Harvest Data

SORACOM Harvest Dataは，ソラコムが提供するIoTデバイスからのデータを蓄積し，可視化するためのサービスです．

従来は，ソラコムの無線通信サービスであるSORACOM Air経由で接続したデバイスからのデータ入力だけをサポートしていましたが，2018年7月から後述するSORACOM Inventryにて，登録したデバイス情報を使ってインターネット経由のHTTPS接続でもデータを入力できるようになりました．

本システムでは，収集したデータをSORACOM Harvestに送信し，データの蓄積を行います．

2022年11月時点でのSORACOM Harvest Dataの月額利用料は2000リクエスト/日まで5.5円/（回線・日），それ以降は0.0044円/リクエストとなります．ただし，1アカウントあたり2000リクエスト/日分は毎月無料となります．

データの蓄積期間は通常は40日ですが，オプション料金を支払うことにより731日（2年）間に延ばせます．

● デバイス管理サービスSORACOM Inventry

SORACOM Inventryはソラコムが提供するデバイス管理サービスです．デバイスに対応するメタデータを登録し，デバイス側からの読み出しや更新を行う機能を提供します．これにより，デバイスごとの設定値などをSORACOMの管理画面から一括管理できます．

今回はデバイス管理機能のうち，SORACOM Harvest Dataとの連携機能だけを使っています．

使用するにあたっての料金は，2022年11月時点では，デバイスの登録に110円/デバイス，利用料に55円/デバイス/月がかかります．ただし，1月あたり150円までの無料利用枠があるため，1デバイスの登録と利用であれば無料で利用できます．

開発環境ESP-IDFの導入

ESP32のソフトウェアの開発環境としては，Espressif公式の開発環境であるESP-IDFを使用します．

執筆時点でのESP-IDFの最新の安定版であるv3.1を使用します[注1]．

ここでは，Windowsへの導入手順を示します．

LinuxやMac OSへのインストール方法については公式のドキュメント（https://docs.espressif.com/projects/esp-idf/en/latest/get-started/index.html）を参照してください．

▶手順1

公式のドキュメント内のページにあるリンクから，ESP-IDFの実行に必要なものが全て入っているAll-in-oneパッケージをダウンロードします．

```
http://esp-idf.readthedocs.io/en/
latest/get-started/windows-setup.
html#toolchain-setup
```

▶手順2

ダウンロードしたZIPアーカイブを任意の場所に展開します．その際，展開先のパスにスペースや日本語

注1：2022年11月時点での最新版であるIDF4.4.3でもビルドして動作することを確認しています．

が含まれていないことを確認してください．お勧めはCドライブのルート・ディレクトリ直下（C:¥）にディレクトリを作って展開することです．筆者はC:¥msys32_esp_idfに展開して使っています．

▶手順3

展開したディレクトリにあるmingw32.exeを実行します．

▶手順4

gitコマンドを使ってESP-IDFをダウンロードします．インターネット接続速度により，ダウンロード完了まで時間がかかります．git cloneを実行するときに--recursiveオプションの指定を忘れないようにします．

```
$ cd /opt↵
$ git clone --recursive https://
github.com/espressif/esp-idf.git↵
```

▶手順5

環境変数を設定します．ESP-IDFのコマンドを使うには，ESP-IDFのインストール・パスを$IDF_PATH環境変数に設定しておく必要があります．設定が終わったらmingw32.exeを再起動します．

```
$ echo export IDF_PATH=/opt/esp-idf
>> ~/.bashrc↵
$ echo source ¥$IDF_PATH/add_path.
sh >> ~/.bashrc↵
```

ここで，$IDF_PATH/add_path.shは，ESP-IDFに含まれているパス設定用スクリプトです．

以上でWindowsへのESP-IDFの導入作業は完了です．

ESP-IDFのプロジェクト設定

ESP-IDFはさまざまなコンポーネントを集めたものとなっており，プロジェクト単位でどのコンポーネントを有効にするか，どういった設定にするかを変更できます．Bluedroidを使ったBluetoothコンポーネントも同じように設定可能となっており，デフォルトではコンポーネント自体が無効化されています．他にも，Wi-Fiを使った通信機能もコンポーネントとなっておりデフォルトでは無効化されています．

そのため，まずはこれらのコンポーネントを有効化する必要があります．ここでは，ユーザの環境に応じて変更しなければならない設定の変更手順だけ示します．

▶手順1

ソースコードを，筆者のGitHubリポジトリからgitでclone，または本書ダウンロード・ページからダウンロードしてください．以下のコマンドでcloneできます．

```
git clone https://github.com/ciniml/
esp_sensorhub/ -b interface_esp32↵
```

▶手順2

make menuconfigでプロジェクト設定画面を表示します．プロジェクトの設定はLinux Kernelの設定でおなじみのKconfigにより行われます．プロジェクトのルート・ディレクトリでmake menuconfigを実行すると，設定画面が表示されます．カーソルキーで選択する項目を変更，ENTERキーで項目を選択します．

▶手順3

Component config/Bluetoothを選択します．Component config以下では，ESP-IDFの各コンポーネントの有効化・無効化および設定を行うことができます．今回はBluetoothコンポーネントの有効化と設定を行うので，Bluetoothを選択して'Y'キーを押して選択している項目を有効化します．その後，ENTERキーを押してBluetoothコンポーネントの設定に移ります．

▶手順4

Bluedroid Bluetooth stack enabledを有効化し選択します．

▶手順5

Classic Bluetoothを無効化します．Classic Bluetoothは使わないので，選択して'N'キーを押し無効化します．

▶手順6

Include GATT client module（GATTC）を有効化します．

▶手順7

ESCキーを2回押して前の画面に戻ります．

▶手順8

ESCキーを2回押して前の画面に戻ります．

▶手順9

App-Specific Configurationを選択します．

▶手順10

WiFi-SSID, WiFi Passwordを選択します．文字列の入力画面が出てくるので，使用するアクセス・ポイントのSSIDとパスワードを入力します．

▶手順11

ESCキーを何度か押していると，"Do you wish to save your new configuration?"と聞いてくるので，Yesを選択します．

以上でプロジェクト設定は完了です．

◆●参考・引用＊文献◆●
(1) Espressif Inc, ESP32 Technical Reference Manual V2.3.
http://espressif.com/sites/default/
files/documentation/esp32_technical_
reference_manual_en.pdf
(2) Espressif Inc, ESP-IDF Programming Guide v3.1.
https://docs.espressif.com/projects/esp-
idf/en/v3.1/

いだ・けんた

ESP-IDFに含まれるBluetoothプロトコル・スタック
Bluedroidを利用する

第5章

Bluetooth無線通信を使う

井田 健太

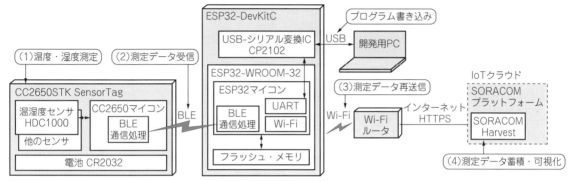

図1　BLE温度センサからESP32経由でクラウドにデータを蓄積する
BLE : Bluetooth Low Energy

やること…ESP32のBLE無線通信を使えるようにする

Bluetooth Low Energy（以降BLEと呼ぶ）で通信可能なセンサ・デバイスを使って測定したデータをESP32を使って受信し，クラウド上のデータ蓄積・可視化サービスにアップロードして可視化する実験用システムを作ります（図1）．

BLEはWi-Fiやクラシック Bluetoothに比べて通信時の消費電力を抑えやすいため，バッテリが小型・軽量で動作時間が長い，取り扱いやすいセンサ・デバイスが市販されています．BLEを使うことにより，これらのデバイスを使用できるという利点があります．

本章では前章で紹介した専用開発環境ESP-IDFでBLE通信を使えるようにします．

手順

● 使用するBluetooth API

ESP-IDFにはオープンソースのBluetoothプロトコル・スタックであるBluedroidが含まれています．Bluedroidを操作するためのAPIがBluetooth APIとして定義されており，このAPIを使ってBluetoothを使用するアプリケーションを作ることができます．

Bluetoothの APIは，

`$IDF_HOME/components/bt/include`

と，

`$IDF_HOME/components/bt/bluedroid/api/include`

にあるヘッダ・ファイルに定義されています．これらのヘッダ・ファイルのうち，BLEを使ったアプリケーションに必要なものを表1に示します．

BLEアプリケーションで使用するESP-IDFのBluetooth APIの関数は，関数の接頭辞によって大きく6つに分かれています（表2）．

また，本稿で作成するアプリケーションで使うBluetooth APIの一覧を表3に示します．

● ステップ1…Bluetoothの初期化

ESP32のBluetoothを使用するためには，まずはBluetoothコントローラとBluedroidの初期化を行う必要があります．リスト1にBluetoothの初期化コードを示します．

`esp_bt_controller_mem_release`関数は，Bluetoothコントローラで使うメモリ領域を解放し，別の用途に使えるようにします．今回はクラシックBluetoothを使用しないので，`ESP_BT_MODE_CLASSIC_BT`を指定してクラシックBluetooth用のメモリ領域を解放します．また，この関数を呼び出しておかないと，後述の`esp_bt_controller_enable`関数呼び出しに`ESP_BT_MODE_BLE`を指定すると失敗します．

表1　ESP-IDFのBluetooth関連ヘッダ

ディレクトリ	ファイル名	内　容
$IDF_HOME/components/bt/include	esp_bt.h	Bluetoothコントローラの設定に関する定数や関数定義
$IDF_HOME/components/bt/bluedroid/api/include	esp_bt_main.h	Bluedroidの初期化や有効化・無効化の関数定義
	esp_gap_ble_api.h	BLEのGAPを扱うための定数や関数定義
	esp_gatt_common_api.h	GATTのMTU設定などサーバ，クライアント共通の定数や関数定義
	esp_gattc_api.h	GATTクライアント用の定数，構造体や関数定義
	esp_gattc_api.h	GATTサーバ用の定数，構造体や関数定義

表2　ESP-IDFのBluetooth API関数

名　前	機　能
esp_bluedroid_XXX	Bluedroidの初期化など，Bluedroid周りの操作を行う
esp_bt_controller_XXX	Bluetoohコントローラ周りの操作を行う
esp_bt_dev_XXX	アドレスの取得，デバイス名の設定など，Bluetoothデバイス自体の操作を行う
esp_ble_gap_XXX	BLEのGAP（Generic Access Profile）に関する操作を行う．アドバタイジング・データの設定やスキャンの実行など
esp_ble_gatts_XXX	GATTサーバに関する操作を行う
esp_ble_gattc_XXX	GATTクライアントに関する操作を行う

リスト1　Bluetoothの初期化コード

```
ESP_ERROR_CHECK(esp_bt_controller_mem_release(
                    ESP_BT_MODE_CLASSIC_BT));

esp_bt_controller_config_t bt_cfg =
                    BT_CONTROLLER_INIT_CONFIG_DEFAULT();
ESP_ERROR_CHECK(esp_bt_controller_init(&bt_cfg));
ESP_ERROR_CHECK(esp_bt_controller_enable(
                    ESP_BT_MODE_BTDM) != ESP_OK);
ESP_ERROR_CHECK(esp_bluedroid_init());
ESP_ERROR_CHECK(esp_bluedroid_enable());
```

esp_bt_controller_config_tは，Bluetoothコントローラの設定を表す構造体です．Bluetoothコントローラ制御用のタスクの設定や，UART経由でESP32のBluetoothコントローラを扱う場合の設定を行えますが，今回は，BT_CONTROLLER_INIT_CONFIG_DEFAULT()マクロが返すデフォルト値を用います．esp_bt_controller_init関数にコントローラの設定を渡してBluetoothコントローラを初期化します．ここで，ESP_ERROR_CHECKマクロは，ESP-IDFのAPIが返すesp_err_t型の値がエラーを表す値であればプログラムの実行を中断します．

esp_bt_controller_enable関数はBluetoothコントローラを有効にします．引き数の値によって，クラシックBluetoothだけ，BLEだけ，両方のどのモードを有効にするかを選択できます．

Bluetoothコントローラ初期化後はBluedroidの初期化と有効化を行うため，esp_bluedroid_init関数とesp_bluedroid_enable関数を順に呼び出します．

● ステップ2…ペリフェラルの検索

BLEでは，接続要求を送るデバイスをセントラル，接続要求を受け入れるデバイスをペリフェラルと言います．今回の場合，ESP32側がセントラル，Sensor Tag側がペリフェラルとなります．

ペリフェラルへ接続するためには，接続先のペリフェラルのアドレスを知っている必要があります．

接続先のペリフェラルのアドレスが固定であれば，ソースコードに定数として埋め込んでしまうのも1つの手かもしれません．しかし，ペリフェラルのアドレスが実行時にしか分からない場合は，対象のペリフェラルを検索する必要があります．

検索可能な状態にあるペリフェラルは，アドバタイジング・データと呼ばれるデータを定期的に周囲にブロードキャストしています．また，セントラルからスキャン・リクエストを送信することにより，ペリフェラルからスキャン・レスポンスを受け取ることができます．

ESP-IDFでは表4のAPIを使ってスキャンを行います．リスト2にスキャンを開始するコードを示します．

esp_ble_gap_register_callbackはesp_gap_ble_cb_t型の関数ポインタを引き数にとります．引き数に指定した関数はGAP関連のイベントが起きるたびに呼び出されます．従って，スキャン開始前にコールバック関数を登録しておく必要があります．

esp_ble_gap_set_scan_params関数により，スキャンの方法や対象，時間といったパラメータを設定します．esp_ble_scan_params_t構造体の各メンバが，それぞれのパラメータを表します（表5）．

esp_ble_gap_set_scan_params関数の引き数のesp_ble_scan_params_t型の値でスキャンのパラメータを指定します．

scan_typeフィールドはスキャンの種類を指定します．パッシブ・スキャンを行う場合はBLE_SCAN_TYPE_PASSIVE，アクティブ・スキャンを行う場合はBLE_SCAN_TYPE_ACTIVEを指定しま

表3　使用するBluetooth API関数

名　前	機　能
`esp_bt_controller_init`	Bluetoothコントローラを初期化する
`esp_bt_controller_enable`	Bluetoothコントローラを有効化する
`esp_bluedroid_init`	Bluedroidを初期化する
`esp_bluedroid_enable`	Bluedroidを有効化する
`esp_ble_gap_register_callback`	GAPのイベント・ハンドラを登録する
`esp_ble_gap_set_scan_params`	スキャンのパラメータを設定する
`esp_ble_gap_start_scanning`	スキャンを開始する
`esp_ble_gattc_register_callback`	GATTクライアントのイベント・ハンドラを登録する
`esp_ble_gattc_app_register`	GATTクライアントのアプリケーションを登録する
`esp_ble_gattc_open`	GATTクライアントを開く
`esp_ble_gattc_close`	GATTクライアントを閉じる
`esp_ble_gattc_search_service`	GATTサービスを検索する
`esp_ble_gattc_cache_refresh`	GATTサービスのローカル・キャッシュをGATTサーバの最新の情報で更新する
`esp_ble_gattc_get_service`	サービスの情報を取得する
`esp_ble_gattc_get_char_by_uuid`	キャラクタリスティックの情報（ハンドルなど）を取得する
`esp_ble_gattc_read_char`	キャラクタリスティックの値をGATTサーバから取得する
`esp_ble_gattc_write_char`	キャラクタリスティックの値をGATTサーバに書き込む
`esp_ble_gattc_register_for_notify`	キャラクタリスティックに対するノティフィケーションを受信できるように登録する
`esp_ble_gattc_unregister_for_notify`	キャラクタリスティックのノティフィケーション受信の登録を解除する
`esp_ble_gattc_get_descr_by_char_handle`	ディスクリプタを取得する
`esp_ble_gattc_write_char_descr`	ディスクリプタの値をGATTサーバに書き込む

表4　スキャン関連関数

名　前	機　能
`esp_ble_gap_register_callback`	GAP関連のイベントを受信するためのコールバックを登録する
`esp_ble_gap_set_scan_params`	スキャンの動作を決めるパラメータを設定する
`esp_ble_gap_start_scanning`	スキャンを開始する

リスト2　スキャンを開始するコード

```
static esp_ble_scan_params_t scan_params;

ESP_ERROR_CHECK(esp_ble_gap_register_callback(
                        handle_gap_event));
scan_params.scan_type = BLE_SCAN_TYPE_ACTIVE;
scan_params.own_addr_type = BLE_ADDR_TYPE_PUBLIC;
scan_params.scan_filter_policy =
                    BLE_SCAN_FILTER_ALLOW_ALL;
scan_params.scan_interval = 1600;    // 1s
scan_params.scan_window = 320;       // 200ms

ESP_ERROR_CHECK(esp_ble_gap_set_scan_params(
                        &scan_params));
ESP_ERROR_CHECK(esp_ble_gap_start_scanning(60));
                                     // Scan 60s
```

表5　`esp_ble_scan_param_t`のメンバ

名　前	内　容
`scan_type`	スキャンの種類
`own_addr_type`	スキャン対象のアドレスの種類
`scan_filter_policy`	スキャン対象のフィルタリング方針
`scan_interval`	スキャン・インターバル．0.625ms単位．0x0004〜0x4000の範囲
`scan_window`	スキャン・ウィンドウ．0.625ms単位．0x0004〜0x4000の範囲

す．今回の対象デバイスには，アドバタイズメントではなくスキャン・レスポンスにデバイスを特定するために必要な情報が入っています．従って，scan_typeにBLE_SCAN_TYPE_ACTIVEを指定します．

own_addr_typeフィールドには，アクティブ・スキャンでスキャン・リクエストを送るときに含めるアドレスの種類を指定します．**表6**の値を指定できます．Bluetoothデバイスのアドレスには，デバイスが

製造されてから一度も変わらないパブリック・アドレスと，電源の再投入や再接続時に再生成されるランダム・アドレスがあります．セキュリティの問題などでパブリック・アドレスを周辺のデバイスに通知したくない場合はランダム・アドレスを使用します．今回は実験的に接続を行うだけですので，パブリック・アドレスを使用します．

scan_filter_policyには，フィルタリングの方針を指定します．指定できる値は**表7**の通りです．今回はとりあえず全てのアドバタイジング・パケットを対象とするので，BLE_SCAN_FILTER_ALLOW_ALLを指定します．

表6　アドレスの種類

名　前	意　味
BLE_ADDR_TYPE_PUBLIC	パブリック・アドレス
BLE_ADDR_TYPE_RANDOM	ランダム・アドレス
BLE_ADDR_TYPE_RPA_PUBLIC	使用可能な場合はリゾルバブル・プライベート・アドレス．使用できなければパブリック・アドレス
BLE_ADDR_TYPE_RPA_RANDOM	使用可能な場合はリゾルバブル・プライベート・アドレス．使用できなければランダム・アドレス

表7　スキャン時のフィルタの種類

名　前	意　味
BLE_SCAN_FILTER_ALLOW_ALL	全てのアドバタイジング・パケットを受信する
BLE_SCAN_FILTER_ALLOW_ONLY_WLST	ホワイトリストに登録されているデバイスからのアドバタイジング・パケットのみ受信する
BLE_SCAN_FILTER_ALLOW_UND_RPA_DIR	全ての特定のデバイス向けでないアドバタイジング・パケット，または発信元のデバイスのアドレスがリゾルバブル・プライベート・アドレスでこのデバイス向けのパケット
BLE_SCAN_FILTER_ALLOW_WLIST_PRA_DIR	ホワイトリストに登録されているデバイスからのアドバタイジング・パケット，または発信元のデバイスのアドレスがリゾルバブル・プライベート・アドレスでこのデバイス向けのパケット

表8　スキャンに関するGAPのイベント

名　前	メンバ	型	内　容
ESP_GAP_BLE_SCAN_START_COMPLETE_EVT	scan_start_cmpl	ble_scan_start_cmpl_evt_param	スキャンの開始処理が完了したことを通知する
ESP_GAP_BLE_SCAN_STOP_COMPLETE_EVT	scan_stop_cmpl	ble_scan_stop_cmpl_evt_param	スキャンが停止したことを通知する
ESP_GAP_BLE_SCAN_RESULT_EVT	scan_rst	ble_scan_result_evt_param	スキャンの結果を通知する

表9　ble_scan_result_evt_paramのメンバ

名　前	型	内　容
bda	esp_bd_addr_t	パケット送信元のデバイスのアドレス
ble_addr_type	esp_ble_addr_type_t	パケット送信元のデバイスのアドレスの種類
ble_evt_type	esp_ble_evt_type_t	スキャン結果のイベントの発生要因．アドバタイジング・データとスキャン・レスポンスのどちらを受信したか
rssi	int	パケット送信元のデバイスからの信号の受信強度（RSSI）
ble_adv	uint8_t[]	受信したアドバタイジングもしくはスキャン・レスポンスのデータ本体
adv_data_len	uint8_t	受信したパケットがアドバタイジングの場合のデータ本体の長さ
scan_rsp_len	uint8_t	受信したパケットがスキャン・レスポンスの場合のデータ本体の長さ

scan_interval，scan_windowにはそれぞれ，スキャン・インターバル，スキャン・ウィンドウを指定します．消費電力が問題となる場合はパラメータを適切に調整し，無線回路が動作する期間をできるだけ小さくする必要があります．今回は電力に余裕があるので，1sと200msと適当に設定しています．

esp_ble_gap_start_scanning関数は，スキャンを行う秒数を引き数として取ります．この秒数が経過すると自動的にスキャンを停止します．

● ステップ3…検索結果の取得

ペリフェラルの検索結果はGAPのイベントとして通知されます．検索結果を取得するには以下の3つのイベントを処理する必要があります．表8にイベントの一覧を示します．

イベントの詳細はコールバック関数の第2引き数としてesp_ble_gap_cb_param_t型の値へのポインタが渡されます．この型は各イベントの詳細を表す型のunion型となっており，イベントごとに対応するメンバの値を使って処理をする必要があります．

まず初めにesp_ble_gap_start_scanningを呼び出すと，スキャンが始まった後にESP_GAP_BLE_SCAN_START_COMPLETE_EVTが通知されます．scan_start_cmpl型はスキャンが正常に開始されたかどうかを示すesp_bt_status_t型のstatusメンバを持っています．このメンバの値がESP_BT_STATUS_SUCCESS以外の場合はエラーですので適切な処理が必要ですが，めったに起きないので今回はログだけ出力して無視します．

次に，デバイスのアドバタイジング・データやスキャン・レスポンスを受信するたびに，ESP_GAP_BLE_SCAN_RESULT_EVTが通知されます．ble_scan_result_evt_param型のメンバの一部を表9に示します．

リスト3　スキャン時のGAPイベントの処理

```
case ESP_GAP_BLE_SCAN_RESULT_EVT: {
uint8_t* bda = param->scan_rst.bda;
char localname[ESP_BLE_ADV_DATA_LEN_MAX];

// ローカルネームを取得する
get_localname_from_advdata(param->scan_rst.ble_adv +
                    param->scan_rst.adv_data_len,
            param->scan_rst.scan_rsp_len, localname);
ESP_LOGI(TAG, "SCAN_RESULT: ADDR=%02x:%02x:%02x:%02x:
                %02x:%02x, NAME=%s, RSSI:%d",
        bda[0], bda[1], bda[2], bda[3], bda[4], bda[5],
                    localname, param->scan_rst.rssi);
// ローカルネームがTARGET_DEVICE_NAMEと一致するなら
if (strcmp(localname, TARGET_DEVICE_NAME) == 0) {
  ESP_LOGI(TAG, "Target device was detected, ADDR=%02
            x:%02x:%02x:%02x:%02x:%02x",
    bda[0], bda[1], bda[2], bda[3], bda[4], bda[5]);
  // スキャンを停止する
  ESP_ERROR_CHECK(esp_ble_gap_stop_scanning());
  memcpy(target_bdaddr, bda, sizeof(esp_bd_addr_t));
  // 対象のデバイスに接続する
  gatt_client->set_discovery_completed_handler([]
                        (GattClient& client) {
    ESP_LOGI(TAG, "Discovery completed");
    temperature_service =
        client.get_service(HumidityServiceUuid);
    if (!temperature_service) {
      ESP_LOGE(TAG, "Failed to get temperature
                            service.");
    }
  });
  gatt_client->open(BdAddr(target_bdaddr));
}
```

これらのメンバの値を使って，対象のデバイスが見つかったら接続処理を行うコードを**リスト3**に示します．

ここで，`get_localname_from_advdata`関数は，指定したバッファの先頭から続くアドバタイジング・データまたはスキャン・レスポンスから，ローカル・ネーム（AD Type=0x08, 0x09）のフィールドを検索し，見つかった値を第3の引き数に指定したバッファにコピーします．見つけたローカル・ネームが接続対象のデバイスかどうかを比較し，一致した場合は`esp_ble_gap_stop_scanning`を呼び出してスキャンを停止し，対象のデバイスへの接続処理を行います．

`esp_ble_gap_stop_scanning`が呼び出され

リスト4　GATTクライアントの初期化

```
static esp_gatt_if_t my_gattc_if;
static constexpr uint16_t my_app_id = 0;

void initialize_gatt_client() {
  ESP_ERROR_CHECK(
 esp_ble_gattc_register_callback(handle_gattc_event));
  ESP_ERROR_CHECK(esp_ble_gattc_app_register(
                                my_app_id));
}

void handle_gattc_event(esp_gattc_cb_event_t event,
    esp_gatt_if_t gattc_if, esp_ble_gattc_cb_param_t
                                        *param) {
  switch (event) {
        case ESP_GATTC_REG_EVT: {
                // ESP_GATTC_REG_EVTだった？
    ESP_LOGI(TAG, "App registered. ID=%x",
                        param->reg.app_id);
    if (param->reg.app_id == my_app_id) {
      my_gattc_if = gattc_if;  // gattc_ifを保存
    }
    break;
  }
    :
}
```

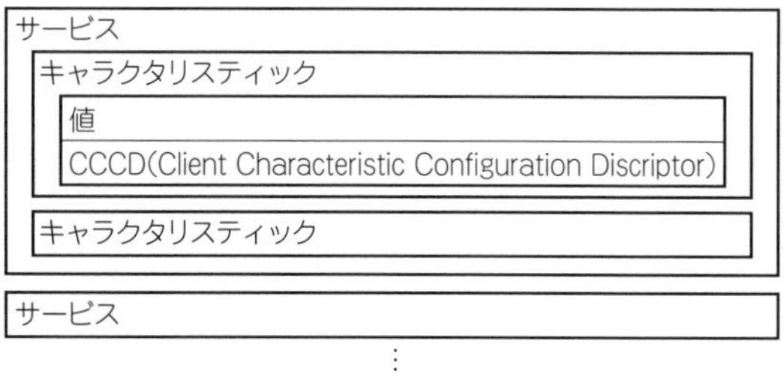

（図2）のキャラクタリスティックの構造を示す図。

```
サービス
  キャラクタリスティック
    値
    CCCD(Client Characteristic Configuration Discriptor)
  キャラクタリスティック
サービス
  :
```

図2　GATTの構造

るか，`esp_ble_gap_start_scanning`で指定した時間を経過してスキャンが停止すると，`ESP_GAP_BLE_SCAN_STOP_COMPLETE_EVT`が通知されます．`ble_scan_stop_cmpl_evt_param`の`status`メンバの値が`ESP_BT_STATUS_TIMEOUT`の場合は，タイムアウトしたことを表すので，再度スキャンを開始するなどの処理を行います．

● **ステップ4…GATTクライアントの初期化**

BLEでの通信は，GATTと呼ばれるプロファイルに基づいて行います．GATTではペリフェラルが持つ値の集合をキャラクタリスティックという単位で扱います．また，0個以上のキャラクタリスティックをまとめてサービスと呼びます（**図2**）．

リスト4にGATTクライアントの初期化を行うコードを示します．

まず初めに行う必要があるのが，GATTクライアント関係のイベントを受け取るコールバック関数の登録です．`esp_ble_gattc_register_callback`関数に`esp_gattc_cb_t`型のコールバック関数へのポインタを指定して呼び出します．

ESP-IDFのGATTクライアントは，アプリケーションIDという整数にて区別されます．このIDはアプリケーション内で一意になるようにAPIの呼び出し側が管理する必要があります．GATTクライアント機能を使用するには，アプリケーションIDを指定して`esp_ble_gattc_app_register`関数を呼び出します．

`esp_ble_gattc_app_register`の処理が成功した場合，`ESP_GATTC_REG_EVT`イベントが通知されます．このとき，第3引き数の`param->reg.app_id`メンバに登録したアプリケーションIDが渡されますので，対象のアプリケーションIDか

リスト5　GATTサーバへの接続処理

```
bool open_gatt_client(const esp_bdaddr_t bd_addr,
            esp_ble_addr_type_t remote_addr_type) {
  auto result = esp_ble_gattc_open(my_gattc_if,
            bd_addr, remote_addr_type, true);
  if (result != ESP_OK) {
    ESP_LOGE(TAG, "Failed to open the device");
  }
  return result != ESP_OK;
}
```

リスト6　接続・切断関係のイベントの処理

```
static uint16_t my_conn_id;                         ESP_LOGI(TAG, "Device closed.");
static uint16_t my_mtu;                             is_gatt_client_opened = false;
static bool is_gatt_client_opened = false;          break;
static bool is_service_discovered = false;        }
                                                  case ESP_GATTC_CONNECT_EVT: { // GATTサーバに接続した
void handle_gattc_event(esp_gattc_cb_event_t event, esp   ESP_LOGI(TAG, "Device connected.");
_gatt_if_t gattc_if, esp_ble_gattc_cb_param_t *param) {   esp_err_t result = esp_ble_gattc_search_service
 switch (event) {                                              (my_gattc_if, my_conn_id, nullptr);
  case ESP_GATTC_REG_EVT: {                          if (result != ESP_OK) {
    ⋮                                                  ESP_LOGE(TAG, "esp_ble_gattc_search_service
  }                                                                      returned %d\n", result);
  case ESP_GATTC_OPEN_EVT: {                         }
                  // GATTクライアントのオープン処理が完了した     break;
    if (param->open.status == ESP_GATT_OK) {       }
      my_conn_id = param->open.conn_id;           case ESP_GATTC_SEARCH_CMPL_EVT: { // サービスの検索が完了した
      my_mtu     = param->open.mtu;                 if (param->search_cmpl.conn_id == my_conn_id) {
      is_gatt_client_opened = true;                  ESP_LOGI(TAG, "Service discovery completed.");
      ESP_LOGI(TAG, "Device opened. conn_id=%x, mtu=%x",  if (param->search_cmpl.status == ESP_GATT_OK) {
                      my_conn_id, my_mtu);             is_service_discovered = true;
                                                     }
    }                                                else {
    else {                                             is_service_discovered = false;
      ESP_LOGE(TAG, "Failed to open. status=%x",     }
                      param->open.status);         }
    }                                              break;
    break;                                       }
  }                                                ⋮
  case ESP_GATTC_CLOSE_EVT: {                    }
                  // GATTクライアントのクローズ処理が完了した  }
```

どうかを確認します．対象のアプリケーションIDだった場合は，第2引き数のgattc_ifを保存しておきます．この値は，後のGATTクライアント関係のAPI呼び出しでどのGATTクライアントに対する操作なのかを指定するために必要になります．

● ステップ5…GATTサーバへの接続

接続対象のペリフェラルのアドレスをスキャンなどで調べた後，esp_ble_gattc_openを呼び出してGATTサーバに接続します（**リスト5**）．

esp_ble_gattc_openの第1引き数には，GATTクライアント初期化時に保存しておいたgattc_ifの値を指定します．第2引き数には，接続先のデバイスのアドレスを指定します．第3引き数には，接続先のデバイスのアドレスの種類を指定します．第4引き数には，直接接続処理を行うか，バックグラウンドで自動的に接続処理を行うかを指定します．trueを指定

すると直接接続処理を行います．

接続・切断処理の結果はイベントとして通知されるので，esp_ble_gattc_register_callbackで登録したコールバック関数で処理します（**リスト6**）．

ESP_GATTC_OPEN_EVT通知時には，param->open.conn_idに接続IDが入っています．接続IDはこの後のGATTサーバとの通信処理に必要ですので保存しておきます．

ESP_GATTC_CONNECT_EVTの結果が成功であれば，esp_ble_gattc_search_serviceを呼び出して接続先ペリフェラルのGATTサービスの検索を開始します．第1，第2引き数はそれぞれgattc_ifの値と接続IDです．第3の引き数は検索するサービスのUUIDを指定します．全てサービスを検索する場合はnullptrを指定します．検索が完了すると，ESP_GATC_SEARCH_CMPL_EVTが通知されます．

表10　サービス，キャラクタリスティックを操作するAPI

名　前	イベント	機　能
esp_ble_gattc_get_service	－	指定したUUIDのサービスを取得する
esp_ble_gattc_get_char_by_uuid	－	指定したUUIDのキャラクタリスティックを取得する
esp_ble_gattc_read_char	ESP_GATTC_READ_CHAR_EVT	指定したキャラクタリスティックの値を読み取る
esp_ble_gattc_write_char	ESP_GATTC_WRITE_CHAR_EVT	指定したキャラクタリスティックに値を書き込む
esp_ble_gattc_register_for_notify	ESP_GATTC_REG_FOR_NOTIFY_EVT	指定したキャラクタリスティックのノティフィケーションの受信を有効にする
esp_ble_gattc_unregister_for_notify	ESP_GATTC_UNREG_FOR_NOTIFY_EVT	指定したキャラクタリスティックのノティフィケーションの受信を無効にする
esp_ble_gattc_get_descr_by_char_handle	－	指定したキャラクタリスティックのディスクリプタを取得する
esp_ble_gattc_write_char_descr	ESP_GATTC_WRITE_DESCR_EVT	指定したキャラクタリスティックのディスクリプタに値を書き込む

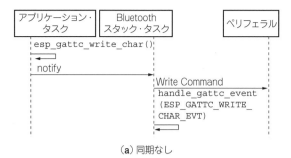

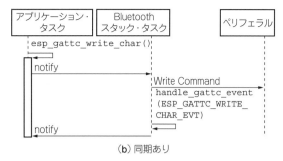

図3　キャラクタリスティックへの書き込み処理

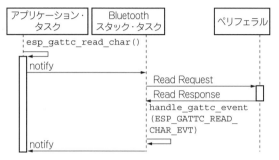

図4　キャラクタリスティックの読み出し処理（同期あり）

● GATTサービスの取得とキャラクタリスティックの操作

　サービスの検索が完了するとGATTサーバのサービスとキャラクタリスティックにアクセスできるようになります．サービスとキャラクタリスティックを操作するAPIを**表10**に示します．

　APIのうち，結果がイベントで通知されるものはイベント列にイベント名を記載しています．イベント名がない場合は，即座に結果が返ります．esp_ble_gattc_read_char，esp_ble_gattc_write_char，esp_ble_gattc_write_char_descrなどGATTサーバへの読み書きを行うものに関しては，関数から帰ってきた直後ではなく，対応するイベントが発生したときに処理が完了するので，次の処理を行う場合はイベントの発生を待たなければいけません［**図3(a)**］．また，イベント・ハンドラは関数を呼び出したRTOSのタスクではなく，Bluetoothスタックのタスクから呼ばれるので，グローバル変数などにアクセスする場合は排他制御が必要です．今回はFreeRTOSの同期プリミティブであるイベント・グループ（Event Group）を使って，実際の書き込みの完了を待機します［**図3(b)**］．読み出し処理も同様です（**図4**）．

　サービス，キャラクタリスティック，ディスクリプタを検索する関数は，Bluetoothスタックがキャッシュしている内容から目的の情報を取得するためイベ

ントは発生せずすぐに結果が返ります．**リスト7**にサービスの取得とキャラクタリスティックの設定を行うコードを示します．

● ステップ6…ノティフィケーションの受信

　キャラクタリスティックの値を読む方法としては，

- キャラクタリスティックの値に対してRead Requestを送る（esp_gattc_read_char）
- ノティフィケーションを受け取るようにする（対応している場合）

があります．GATTクライアントがキャラクタリスティックを読み取る場合は，主導権がGATTクライアントにあるのに対して，ノティフィケーションを受信する場合はGATTサーバに主導権があります．そのため，消費電力の観点から，大抵のデバイスで値が変化するキャラクタリスティックのノティフィケーションによる通知をサポートしています．

　ESP32でノティフィケーションを受信し，値を取得する手順は次の通りです．

1. esp_ble_gattc_register_for_notifyを呼び出して，ノティフィケーションの受信を有効にする
2. 対象のキャラクタリスティックのCCCDに0x01，0x00を書き込んで，GATTサーバ側のノティフィケーションによる通知を有効にする
3. ESP_GATTC_NOTIFY_EVTイベントでGATTサーバから通知された値を処理する

　esp_ble_gattc_register_for_notifyは処理が完了するとESP_GATTC_REG_FOR_NOTIFY_EVTイベントが発生するのでそれまで待ちます．

　ESP_GATTC_NOTIFY_EVTでは，param->notify.value_lenとparam->notify.valueに受信したデータの長さと，受信データへのポインタが渡されます．イベント・ハンドラ内で他の通信処理などを行うわけにはいかないので，FreeRTOSのキューを用いてメイン・タスクに受信したデータを送信します．メイン・タスクではキューから値を取り出して，センサ・データの送信処理を行います．

リスト7 サービスの取得とキャラクタリスティックの設定

```cpp
static StaticEventGroup_t eventgroup_gatt_storage;
static EventGroupHandle_t eventgroup_gatt;
static StaticQueue_t data_queue_storage;
static QueueHandle_t data_queue;

static constexpr uint8_t EG_GATT_WRITE_CHAR= 0x01
                            // ESP_GATTC_WRITE_CHAR_EVT
static constexpr uint8_t EG_GATT_READ_CHAR= 0x02
                            // ESP_GATTC_WRITE_READ_EVT
static constexpr uint8_t EG_GATT_REGISTER_FOR_NOTIFY= 0x04
                            // ESP_GATTC_REG_FOR_NOTIFY_EVT
static constexpr uint8_t EG_GATT_WRITE_CHAR_DESCR= 0x08
                            // ESP_GATTC_WRITE_DESCR_EVT

static uint16_t notify_char_handle;
typedef struct {
  float temperature;
  float humidity;
} SensorData;
statci constexpr size_t data_queue_length = 8;
static uint8_t data_queue_body[sizeof(SensorData)
                              *data_queue_length];

static esp_bt_uuid_t get_cccd_uuid() {
  esp_bt_uuid_t uuid;
  uuid.len = ESP_UUID_LEN_16;
  uuid.uuid.uuid16 = 0x2902;  // CCCD 16bit UUID
}

static void initialize_gattc() {
  eventgroup_gatt = xEventGroupCreateStatic(
                      &eventgroup_gatt_storage);
  data_queue = xQueueCreateStatic(data_queue_length,
                      sizeof(SensorData), data_queue_body,
                      &data_queue_storage);
}

static void notify_gattc_event(uint8_t event) {
  xEventGroupSetBits(eventgroup_gatt, event);
}
static void wait_gattc_event(uint8_t event) {
  xEventGroupWaitBits(eventgroup_gatt,
      event,  // 待つイベントのビットを指定する
      pdTRUE,  // イベント発生後に指定したビットをクリアするかどうか
      pdTRUE,  // 指定した全ビットがそろうまで待つかどうか
      portMAX_DELAY);  // 待つ時間. portMAX_DELAYなら無限
}
static bool put_sensor_data(const SensorData& data) {
  return xQueueSend(data_queue, &data, portMAX_DELAY)
                                            == pdTRUE;
}
static bool get_sensor_data(SensorData& data) {
  return xQueueReceive(data_queue, &data, portMAX_DELAY)
                                            == pdTRUE;
}

static void handle_gattc_event(esp_gattc_cb_event_t
 event, esp_gatt_if_t gattc_if, esp_ble_gattc_cb_param_t
                                            *param) {
  switch (event) {
  ⋮
  case ESP_GATTC_WRITE_CHAR_EVT:
      notify_gattc_event(EG_GATT_WRITE_CHAR);break;
  case ESP_GATTC_READ_CHAR_EVT:
      notify_gattc_event(EG_GATT_WRITE_CHAR);break;
  case ESP_GATTC_REG_FOR_NOTIFY_EVT:
      notify_gattc_event(EG_GATT_WRITE_CHAR);break;
  case ESP_GATTC_WRITE_DESCR_EVT:
      notify_gattc_event(EG_GATT_WRITE_CHAR);break;
  case ESP_GATTC_NOTIFY_EVT: {
    // 対象のキャラクタリスティックのノティフィケーションなら処理する
```

```cpp
    if (param->notify.conn_id == my_conn_id &&
         param->notify.handle == notify_char_handle) {
      ESP_LOGI(TAG, "Notification. length=0x%x",
                          param->notify.length);
      if( param->notify.value_len == 4 ) {
        // ノティフィケーションのデータを処理してキュー追加する
        const uint8_t* data = param->notify.value;
        int16_t raw_temp = static_cast<int16_t>(data[0]
                          | (data[1] << 8));
        uint16_t raw_hum = data[2] | (data[3] << 8);
        SensorData data;
        data.temperature = raw_temp*(165.0f / 65536.0f)
                          - 40.0f;
        data.humidity = raw_hum / 65536.0f * 100.0f;
        put_sensor_data(data);
      }
    }
    break;
  }
  ⋮
  }
}

static bool configure_peripheral() {
  uint16_t count;
  count = 1;
  esp_gattc_service_elem_t service_element;
  ESP_ERROR_CHECK(esp_ble_gattc_get_service(my_gattc_if,
    my_conn_id, &service_uuid, &service_element, &count,
                                            0));

  if( count > 0 ) {
    count = 1;
    esp_gattc_char_elem_t char_element;
    ESP_ERROR_CHECK(esp_ble_gattc_get_char_by_uuid(
                          my_gattc_if, my_conn_id,
      service_element.start_handle, service_element.
      end_handle, &char_uuid, &char_element, &count));
    if( count > 0 ) {
      esp_gattc_descr_elem_t descr_element;
      // キャラクタリスティックのノティフィケーション受信を有効化する
      ESP_ERROR_CHECK(esp_ble_gattc_register_for_notify
                          (my_gattc_if, client_bd_addr,
                          char_element.char_handle));
      wait_gattc_event(EG_GATT_REGISTER_FOR_NOTIFY);
      // キャラクタリスティックのCCCDを設定する
      // ディスクリプタのハンドルを取得する
      count = 1;
      ESP_ERROR_CHECK(esp_ble_gattc_get_descr_by_char_
                      handle(my_gattc_if, my_conn_id,
                      char_element.char_handle,
        get_cccd_uuid(), &descr_element, &count));
      if( count > 0 ) {
        // ディスクリプタに値を書き込む
        // ESP_GATT_WRITE_TYPE_RSPを指定して,
        //          サーバからのWrite Responeを待つようにする
        uint8_t descr_value = {0x01, 0x00};
        ESP_ERROR_CHECK(esp_ble_gattc_write_char_descr
          (my_gattc_if, my_conn_id, descr_element.handle,
              2, descr_value, ESP_GATT_WRITE_TYPE_RSP,
                          ESP_GATT_AUTH_REQ_NONE));
        // レスポンスを待つ
        wait_gattc_event(EG_GATT_WRITE_CHAR_DESCR);
        // ノティフィケーション対象のキャラクタリスティックのハンドルを
        //                                  保存しておく
        notify_char_handle = char_element.char_handle;
        return true;
      }
    }
  }
  return false;
}
```

◆参考・引用＊文献◆

(1) ESP32 Technical Reference Manual V2.3 , Espressif.
  http://espressif.com/sites/default/files
  /documentation/esp32_technical_reference
  _manual_en.pdf
(2) ESP-IDF Programming Guide v3.1, Espressif.
  https://docs.espressif.com/projects/esp-
  idf/en/v3.1/
(3) Bluetooth SIG, Specification of the Bluetooth System.
  https://www.bluetooth.org/DocMan/hand

lers/DownloadDoc.ashx?doc_id=441541&_ga=
2.2788979.2127376998.1526238267-15867193
93.1526238267
(4) 足立英治；IoT時代の最新Bluetooth5, Interface, 2017年11
  月号, pp.85-92, CQ出版社.
(5) 井田健太；IoT実験に便利! 500円Wi-Fiに新タイプ登場,
  Interface, 2017年11月号, pp.20-30, CQ出版社.

いだ・けんた

第6章

太陽電池と電気二重層コンデンサを組み合わせる

マイコン基板を屋外で単独運用するための電源を作る

塚本 勝孝

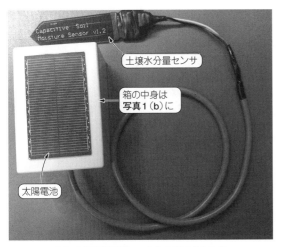

（a）太陽電池モジュールと土壌水分センサ

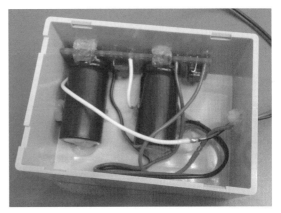

（c）電気二重層コンデンサを2個直列で利用した

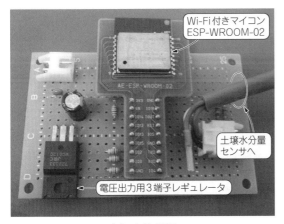

（b）メイン基板

（d）設置の様子

（e）土壌水分量センサを土に挿した

写真1　製作した土壌水分可視化装置をできるだけ永久に動かす

　工場敷地内や圃場では，Wi-Fi通信が使える場合もあります．ですが，わずかな電力供給のために電源をひくのは経済的ではありません．乾電池を使ってもよいのですが，高所に施工したり，多数のセンサ・ノードを設置したりする際には，電池交換も大変な作業になります．そこで交換不要な独立動作電源を作ることにします．

　この電源を利用して，土壌の水分量を測り，センサ・データ可視化サービスAmbientにアップロードする装置の製作例を紹介します（**写真1**）．

表1　電気二重層コンデンサの出力に接続するDC-DCコンバータHT7733Aの入力電圧と取り出せる電流との関係

入力電圧 [V]	最大出力電流 [mA]
2.45	200
2	130
1.5	70
1	10

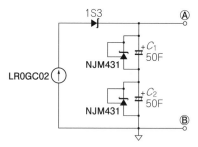

図1　2.5Vの電気二重層コンデンサ2個の充電回路
最大出力電圧が5.7Vの太陽電池モジュールを接続

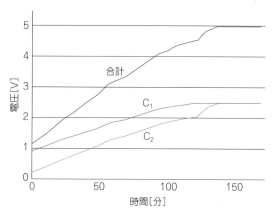

図2　電気二重層コンデンサの内部電圧は平衡していなくても充電できる

表2　低損失CMOS 3端子レギュレータ NJU7233の仕様

項　目	詳　細
型名	NJU7223F33
メーカ名	新日本無線
出力電圧精度 [%]	± 2.0
最大出力電流 [A]	500m
消費電流 [A]	30 μ
入出力間電位差 [V]	0.4
特徴	短絡保護回路，サーマル・シャットダウン回路内蔵

● Wi-Fi通信モジュールはESP02

Wi-Fi通信モジュールとして，Wi-Fi付きマイコン・モジュールとして知られているESP-WROOM-02（秋月電子通商製のDIP化セット AE-ESP-WROOM-02，650円）を使用します．Arduino IDEで開発でき，初心者にも優しいです．

本章でやること…Wi-Fi通信に十分な動作電流を供給する

消費電流はWi-FiがONでも平均80mA程度で，ディープ・スリープ時は0.1mA以下と優れています．ただし，瞬時には200mA程度の電流が必要です．このため，DC-DCコンバータ・モジュールへの入力電圧が2.0Vのときでも，ESP-WROOM-02を正常動作させるだけの電流を供給できないことがDC-DCコンバータHT7733Aの仕様書（表1）から読み取れます．別のDC-DCコンバータを利用することで，瞬時電流を確保することも可能だと思いますが，ここでは別の方法で電気二重層コンデンサ電源を構成してみます．

ハードウェア

● コンデンサを2個直列にして使う

ここで使用する太陽電池モジュール（LR0GC02，シャープ，秋月電子通商扱い）の仕様を見直してみましょう．この太陽電池モジュールは最大で5.7Vが出

力されるので，逆流防止用ショットキー・バリア・ダイオードの電圧降下分を引いても5Vは出力できます．従って電気二重層コンデンサを2個直列に接続しても充電できます．

充電の際には直列にした電気二重層コンデンサどちらか1つでも定格電圧を超えることは許されません．そのため電圧制御用のNJM431は，それぞれに必要となります．NJM431は高精度可変シャント・レギュレータです．出力電圧を2つの外部抵抗で2.5 〜 36Vの範囲まで任意にセットできます．

● 2個直列のための回路

構成した電気二重層コンデンサを利用した電源は図1のようになります．ここでは意図的に初期の電圧に差を持たせて充電を行い，充電完了時には均等になることを確認しました（図2）．

電源出力部には，低損失CMOS 3端子レギュレータ NJU7233を使用します（表2）．DC-DCコンバータを使用するよりも動作時の変換効率は低下しますが，待機時の電力が落とせるので実運用での低電力化と回路構成の簡素化が可能であり，ESP-WROOM-02を動作させるのに十分な電流が得られます．

表3　土壌水分量センサ SEN0193の仕様

項　目	詳　細
メーカ名	Zhiwei Robotics
入手先	秋月電子通商
参考価格 [円]	960
電源電圧 [V]	3.3～5.5
出力電圧 [V]	0～3
消費電流 [A]	5m
外形寸法 [mm]	98×23

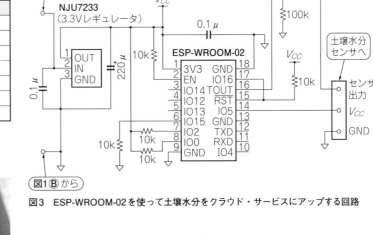

図3　ESP-WROOM-02を使って土壌水分をクラウド・サービスにアップする回路

写真2　太陽電池に角度を付けるために取り付けをくふうした

● 土壌水分量センサ

土壌水分量センサにはSEN0193を使用します［写真1（a）］．仕様を表3に示します．これは定量的な数値を得るためのものではなく，相対的な乾き具合をモニタできる程度だと考えてください．もっとも，水やりの目安には十分です．

静電容量式なのでコーティングの影響は軽微と判断し，コーティングを施し，電気回路相当部分は自己融着テープで簡易防水としました．

● 回路

センサ・モジュールの回路を図3に示します．ケースに入れた様子を写真1（a）に示します．

ケースはタカチ電機工業のSW85を使用しました．このケースは防水ではないので，ふたと太陽電池はシーリングで簡易防水処理を施しています．また，太陽電池は南向きで60°傾けて施工するのがベストなので3Dプリンタで簡単な取り付けベース（写真2）を製作し，写真1（d）のように施工しました．

プログラム

● センサ・データの取り込み

土壌水分量センサは5mAを消費します．このためマイコンのスリープ中はOFFにしたいのでIO5から電源を供給します．センサ出力は最大3VですがESP-WROOM-02のA-Dコンバータは1V（＝1024）が最大値なので，100kΩと300kΩで分圧し，最大4VでA-D変換します．

IO16はスリープ・モジュールを使用する場合はリセット端子に接続します．これによりESP-WROOM-02をスリープさせ定期的にウェイクアップできます．

● 可視化ウェブ・サービスへの接続ライブラリの取り込み

ソフトウェアはArduino IDEで作成します．また，データの可視化にはクラウド・サービス Ambientを使います．そこでIDEにはAmbientライブラリを追加してください．ライブラリは以下からダウンロードできます．

```
https://github.com/AmbientDataInc/
Ambient_ESP8266_lib
```

ダウンロードしたAmbient_ESP8266_lib-master.zipをIDEのメニュー「スケッチ」→「ライブラリをインクルード」→「.ZIP形式のライブラリをインストール…」で追加できます．また，事前にアカウントを登録しチャネルを作成してください．プログラムには「チャネルID」と「ライトキー」が必要となります．

```
https://ambidata.io/docs/getting
started/
```

リスト1　ESP32を利用して土壌水分量をクラウド・サービスにアップするプログラム
Ambient_ESP8266_SoilMoisture_IF0610.ino

```
#include <ESP8266WiFi.h>
#include <Wire.h>
#include "Ambient.h"

extern "C" {
#include "user_interface.h"
}

#define AD_SCALE 4.0
                        //Toutに300k+100k センサの内部抵抗が30K

#define LED 4
int SensorPin = 5;      //センサ電源
int val = 0;

#define PERIOD 600
#define SLEEP_P 30*60*1000000
                        // スリープ時間 30分(uint32_t)
//IO16-Reset

const char* ssid = "お使いになるWifiルータのSSID";
const char* password = "パスワード";
WiFiClient client;

unsigned int channelId = AmbientのチャンネルID;
const char* writeKey = "Ambientのライトキー";
Ambient ambient;

void setup()
{
    pinMode(LED, OUTPUT);
    digitalWrite(LED, LOW);

    pinMode(SensorPin, OUTPUT);
    digitalWrite(SensorPin, LOW);

    int waiting=0;          // アクセス・ポイント接続待ち用
    Serial.begin(9600);     // 動作確認のためのシリアル出力開始
    Serial.println("Ambient Labo 1");
                            // 「Ambient Labo」をシリアル表示
    WiFi.mode(WIFI_STA);    // 無線LANをSTAモードに設定
    WiFi.begin(ssid,password);
                            // 無線LANアクセス・ポイントへ接続
    while(WiFi.status() != WL_CONNECTED){
                            // 接続に成功するまで待つ
        digitalWrite(LED, HIGH);
        delay(100);         // 待ち時間処理
        digitalWrite(LED, LOW);
        waiting++;          // 待ち時間カウンタを1加算する
        if(waiting%10==0)Serial.print('.'); // 進捗表示
        if(waiting > 300) sleep();
                            // 300回(30秒)を過ぎたらスリープ
```

```
    }
    Serial.println(WiFi.localIP());
                            // 本機のIPアドレスをシリアル出力
    ambient.begin(channelId, writeKey, &client);
                            // Ambient開始
}

void loop()
{
    uint ADC_Value = 0;
    uint sigma=0;
    int i;
    float vad;
    char edlcbuf[5];

    //AD変換実行
    digitalWrite(SensorPin, HIGH);
    delay(1000);
    sigma=0;
    for(i=0;i<32;i++){
        ADC_Value = system_adc_read();
        sigma=sigma+ADC_Value;
        //delay(500);
    }
    digitalWrite(SensorPin, LOW);
    ADC_Value=sigma/32;
    vad=(float)AD_SCALE*ADC_Value/1000;
    vad=vad/400*430;        //内部抵抗
//計測結果をシリアルに書き出す
    //Serial.println("======ANALOG " + String(
                            ADC_Value) + "mV ");
    Serial.println("======ANALOG " + String(vad) +
                            "V ");

    dtostrf(vad, 4, 2, edlcbuf);
    //ambient.set(5, edlcbuf);
    ambient.set(1, edlcbuf);

    ambient.send();
    digitalWrite(LED, LOW);
    sleep();
}

void sleep(){
    delay(200);             // 送信待ち時間
    ESP.deepSleep(SLEEP_P,WAKE_RF_DEFAULT);
                            // スリープ・モードへ移行する
    while(1){               // 繰り返し処理
        delay(100);         // 100msの待ち時間処理
    }                       // 繰り返し中にスリープへ移行
}
```

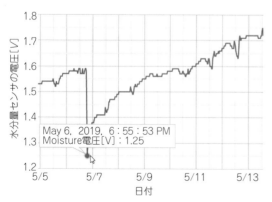

図4　実際の運用データ

● 全体像

　プログラムの流れとしては，

ウェイクアップ→Wi-Fi接続→アナログ電圧計測
→Ambientにアップロード→スリープ

を繰り返すだけです．**リスト1**に示します．

　実際の運用結果を**図4**に示します．5/6の19時ごろに大雨が降り，一気に土壌水分量が上がり（センサ電圧は下がる），その後，晴天続きで13日の正午ごろまで水分量が下がり続けていたことが読み取れます．絶対値で評価はできませんが実績値を参考に灌水のタイミングを知るための計測としては十分に使えます．

つかもと・かつたか

GPSによる位置取得とフリーWi-Fi接続実験

第7章 現在位置を表示するスマート・ウォッチ

岩貞 智

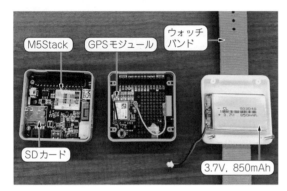

写真1　実験に使用したハードウェア…IoTマイコンESP32を内蔵するM5Stackは数センチ角の機能モジュールを複数お好みで積み重ねられる
ここではM5Stackメイン基板とGPSモジュール，ウォッチバンドの3つを用意した

M5Stack（写真1）は，ESP32を内蔵し，液晶ディスプレイやスピーカ，スイッチ，バッテリなどを5cm角のケースに収めたIoTデバイスです．M5Stackは単体で使うこともできますが，機能を拡張するためのモジュールが多数発売されており，用途に合わせた組み合わせのシステムを作ることもできます．そのため，手軽にプロトタイプ開発が始められると注目を集めています．

作るもの

M5StackにGPSモジュールとウォッチ・ベルトを加え（写真1），自分の位置を地図上で把握できるスマート・ウォッチを作ります［写真2，図1（a）］．

このスマート・ウォッチは3G/LTEといった通信モジュールを持ちません．町中のフリーWi-Fiスポットを利用することで，クラウド・サーバと通信を行います．

M5Stackは，移動途中に見つけたフリーWi-Fiスポットを利用して，装着者の位置情報（GPSデータ）をクラウド・サーバへと送信します．サーバへ送信した位置情報は，ブラウザ経由で確認できます．子供やお年寄りに付けることで，第3者が遠隔からM5Stackを装着した人の動向を確認できます［図1（b），（c）］．

● 特徴

製作した装置は，単なるGPSロガーではなく，外出した子供の動向検知や独居老人の見守りにも応用できます．

フリーWi-Fiや無料の地図サービスしか利用していないため，運用コストがゼロというのも魅力かと思います．利用できるフリーWi-Fiは，SSIDとパスワードが事前登録済みのWi-Fiだけとなるため，公共のフリーWi-Fiスポットのカバー・エリアだけでは，通信

写真2
やること…IoTマイコンESP32と地図とGPSを組み合わせた基本構成を試す
リアルタイムに自己位置を地図に表示しているところ

IoTマイコンESP32内蔵箱型M5Stack

Wi-Fiを利用して地図を表示

本書の記事のプログラムは，以下のページからダウンロードできます．
https://interface.cqpub.co.jp/2023esp/

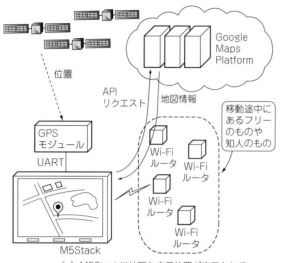

（a）M5Stackに地図と自己位置が表示される

（c）第3者のPC上での表示画面

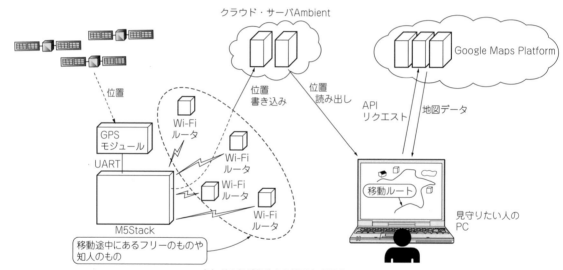

（b）第3者が装着者の位置を確認する

図1　リアルタイムに現在位置を地図上で表示するIoTデバイス

できないエリアが生じるかと思います．しかし，これを地域全体の取り組みとして，住民が家で利用しているWi-Fiを子供や独居老人の見守り目的で解放すれば，よりリアルタイム性の高い情報を得ることが可能となります．

また，各家庭に設置してあるWi-Fiアクセス・ポイントのSSIDはめったに変更されません．いつもの経路を移動することが前提なら，SSIDを識別することができれば，M5Stackを付けている人のおよその位置を把握できます（**図2**）．するとGPSモジュールが不要で，バッテリとESP32だけという最小構成で，よりコストを抑えて同様の装置が作れるかもしれません．

● 他に考えられる用途

今回作るものは，以下の用途にも利用できます．

1, マラソン・コース上の生徒の位置把握に
2, 生徒や配達員さんが所定の場所を通過したか
3, マラソンの周回数をカウントする

ハードウェア

● M5StackとGPSモジュール

主なハードウェアはM5Stack本体とGPSモジュールです．スイッチサイエンスから入手しました．筆者の購入したM5Stack Grayは，M5Stack Basicをベースに9軸センサのMPU9250を搭載したモデルです．今回は9

軸センサを利用しませんので，互換性のある M5Stack Basic や M5Stack FIRE を利用しても問題ありません．

＜用意したもの＞
- M5Stack Gray（Basic v2.6 や Fire v2.6 でも可）
- M5Stack 用 GPS モジュール V2
- M5Stack 用ウォッチバンド
- Micro-SD カード
- M3 × 20mm ネジ × 4 本

　M5Stack を開発するための開発 PC の OS は Windows，Mac，Linux でも可能です．今回は Ubuntu 16.04 を使用しました．

● ウォッチバンド…GPS モジュールを使うなら取り付けにひと工夫要る

　M5Stack 用のウォッチバンドには，標準搭載されているバッテリ（3.7V，150mAh）よりも約 5.6 倍大きいバッテリ（3.7V，850mAh）とベルト，ベルトを付けることのできる背面カバーが付属しており，M5Stack 本体付属の底面の BASE のものと入れ替えて使います．

　ただし注意点があり，他の拡張モジュールと同時に使用されることを想定されていないためか，今回のように GPS モジュールを間に挟む場合，少し工夫が必要です．

　ウォッチバンド付属のバッテリ線を本体のバッテリ用のソケット部分に接続する必要があるのですが，GPS モジュールが邪魔をして届きません．そのため GPS モジュール基板の角をヤスリで削ってバッテリの線を通しました．また，本体と固定するウォッチバンド付属のネジも GPS モジュールを挟んでおり，かさばっているため本体まで届きません．こちらは同一のネジ・サイズで少し長めのものとして，M3 長さ 20mm

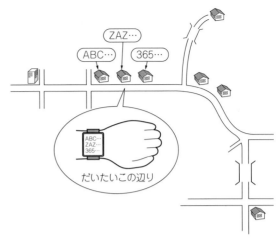

図2　GPS モジュールがなくても SSID を識別できればおよその位置を把握することも可能

のネジをホーム・センタで調達しました［**図3（b）**］．

開発環境

● オフライン環境の方を利用する

　M5Stack の開発環境としては，
- Arduino の開発環境である Arduino IDE
- MicroPython ベースで Web IDE からコード編集＆更新可能な M5Cloud

があります．開発テンポの良さや簡便性を取り，今回は M5Cloud を利用します．ただし，Web IDE ではな

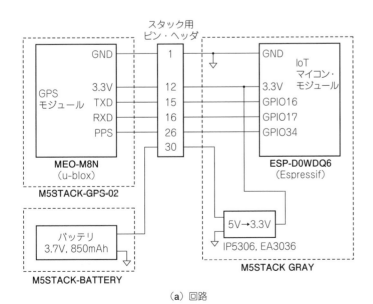

（a）回路

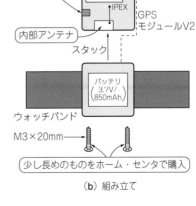

（b）組み立て

図3　ハードウェアの構成

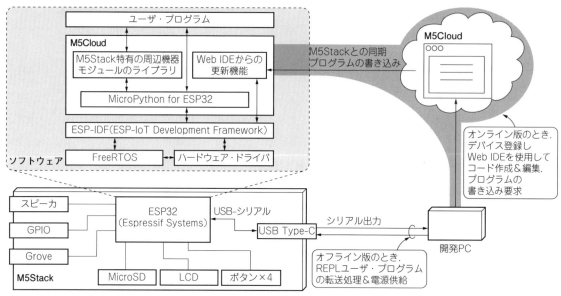

図4　IoTマイコン・モジュールESP32内蔵M5Stack開発環境

く，オフライン・モードで利用しています注1.

　Web IDEも魅力的ではありますが，やはりネットワーク経由ということで，更新の遅さが気になります．MicroPythonを利用したREPL（read-evaluate-print loop）環境があることが1番のメリットですから，対話的に動作を確認し，より手軽にテンポよく開発するためにローカル環境を選択しています（**図4**）.

● **M5Cloudの入手**

　開発PCでGitHubで公開されているM5Cloudのリポジトリからファームウェアをダウンロードします．最新版の取得をお勧めします．

オフライン・モード用のファームウェア（2022年4月時点）
https://github.com/m5stack/M5Cloud/
tree/master/firmwares/OFF-LINE/
m5stack-20180516-v0.4.0.bin

● **ファームウェアをM5Stackへ書き込む**

　ファームウェアのM5Stackへの書き込みなどはesptoolを利用します．以下でインストールします．

```
$ pip install esptool⏎
```

<hr>

注1：もう1つ，グーグルが提供するBlocklyというScratchライクなビジュアル・プログラミング言語をベースにした開発環境 M5 UI-Flowがあります．こちらはBlocklyとMicroPythonでプログラミングできます．公式からもこちらの環境を勧めるようになってきており，MicroPython環境はこちらが主流となってきています．M5Cloudのサイトはまだあるため引き続き利用できます．

　インストールできたらM5StackをUSBに接続し，以下のコマンドでポートと書き込むファームウェアを指定して書き込みます．指定するポートの/dev/ttyUSB0などは自身の認識しているデバイスに合わせて変更を行ってください．

```
$ esptool.py --chip esp32 --port /
dev/ttyUSB0 write_flash --flash_
mode dio -z 0x1000 m5stack-
20180516-v0.4.0.bin⏎
```

● **動作確認**

　書き込み完了後にリセットすると，MicroPythonのファームウェアが起動します．書き込み後はシリアル・ツール（筆者の環境ではminicomを利用）でシリアル・コンソールを開くと，MicroPythonで対話型のREPLが利用可能です．

　早速，以下を入力してみます．

```
>>> print("Hello World")⏎
```
無事，Hello Worldが出力されれば良いです．

● **M5StackとPC間のファイルのやりとり**

　開発環境としてデバイスとの通信やライブラリなどのファイルのやり取りを行うためのツール ampyをインストールしておきます．

```
$ sudo pip install adafruit-ampy⏎
```
portは先ほどと同じようにデバイスが認識しているポートを指定してください．

```
$ ampy --port=/dev/ttyUSB0 ls⏎
flash
```

flashと出力されると正常に動作出力しています. portのオプション指定は環境変数としてAMPY_PORTを設定しておけば都度設定する必要がありません. そこで,

```
export AMPY_PORT=/dev/ttyUSB0
```

を事前に設定するか環境設定ファイル (.bashrcなど) に記載しておきます. 以降, ampyコマンドはAMPY_PORTを設定している前提で記載します.

ampyの利用方法はampyをオプションなしで実行することで確認できます. 開発PC上のMicroPythonファイルをボード (M5Stack) へ転送するputを最も使います. 表1に一覧を示します.

GPSモジュールの動作確認

● 外部アンテナなしでも動かせる

開発環境の準備ができたところで, まずはGPSモジュールの動作確認を行います. M5Stack用のGPS拡張ボードは, NEO-M8Nというu-blox社のGPSモジュールが搭載されています. M5Stackからはシリアル通信でGPSデータを取得できます.

内部アンテナを利用するためにGPSモジュールの裏面のI-PEXコネクタを切り替えておきます.

● GPSモジュール用のライブラリ

スタックしたM5StackをUSBで開発PCと接続し, シリアル・コンソール上からGPSモジュールを動作させてみます. GPSモジュールを利用するにはMicroPython用に用意されているmachine ModuleのGPSクラスを利用します. これはM5StackのMicro Python用のexampleや公式では紹介されておらず, ベースとしているファームウェアのMicroPython_ESP32_psRAM_LoBoに利用方法の説明があります. ESP32をベースとしているため利用時にはGPIO指定などに気を付ける必要があります.

GPSモジュールはシリアル通信でデータを取得するため, UARTで接続します. UARTで接続可能なRX/TXに対応するGPIOは, GPIO3, 1とGPIO16, 17がありますが, M5StackはGPIO3, 1は開発PCとのシリアルで利用しているため, GPIO16, 17を利用します. GPIO16を受信のRX, GPIO17を送信のTXに指定します. UARTモジュールで設定した情報をGPSモジュールへ渡すことでGPSモジュールを利用可能となります.

```
>>> import machine⏎
>>> uart = machine.UART(2, rx=16,
tx=17, baudrate=9600, bits=8,
parity=None, stop=1, timeout=1500,
buffer_size=1024, lineend='\r\n')⏎
>>> gps = machine.GPS(uart)⏎
```

表1　M5StackとPC間のファイルのやりとりにはampyを使う

名　称	機　能
get	ボードからファイルを取得
ls	ボード上のファイル・リストを出力
mkdir	ボード上にディレクトリを作成
put	ファイルをボードへ転送
reset	ボード上でソフト・リセットを実行
rm	ボード上のファイルを削除
rmdir	ボード上のディレクトリを削除
run	ボード上でスクリプトを実行

```
>>> gps⏎
```

上記を実行すると,

```
GPS(default_timeout=1500, use_
crc=True, task_running=False, read_
sentences=0)
```

のような出力が得られます. それぞれ以下のような意味となっています.

default_timeout：gps操作のタイムアウトをミリ秒で設定します.

checksum：NMEAセンテンスのチェックサムを行うかどうかです (True=実施する, False=実施しない).

service：GPSのバックグラウンド・タスクの状態を返します (True=開始中, False=停止中).

● GPS位置情報をGETしてみる

実際にGPSサービス・タスクを起動して, サービス・タスクが収集・分析データを取得してみます.

・GPSサービス・タスクを起動

```
>>> gps.startservice()⏎
True
```

・GPSサービス・タスクが収集/分析したデータを取得

```
>>> gps.getdata()⏎
((2018, 5, 17, 13, 35, 30, 5, 137),
45.8133, 16.0249, 174.4, 6, 1,
0.613, 0.0, 1.7)
```

gps.getdata()で情報を取得できるまで数分程度かかります.

● M5StackのLCDにGPS情報を表示する

確認に際して, シリアル上のログでの確認ですと, PCを外へ持ち運べない場合があると思います. この場合, M5StackにはLCDがありますので, LCD上にログを出力することでM5Stack単体で持ち出して動作確認が可能です. その場合はmain.pyというファイルへプログラムを書いておきます.

M5StackのMicroPythonのファームウェアではflash以下にあるmain.pyを起動時に自動的に実

行しますので，main.pyに動作させたいプログラム
を記載することでM5Stack単独での動作確認が可能
です．以下に例を示しておきます．

[GPS](code/simple_gps.py)

　main.pyへのプログラム置き換えを行う場合は
ampyツールで転送します．

```
$ ampy put simple_gps.py /flash/
main.py⏎
```

　再起動すると，main.py内のプログラムが実行され，
1秒おきにGPSデータを取得してLCD上に表示します．

GPS位置情報をクラウドにUPする

　先ほど取得できたGPS情報を，無償で利用できる
Webサービス Ambientへ送信し，位置情報を可視化
します．Ambientへ送信することでクラウド上にデー
タを残すことができ，さらに第3者もブラウザを通し
て，取得したセンサ・データを地図上で確認できます．
　今回はAmbientから位置データを，Google Maps
から地図データを取得して，第3者からの見守り機能
を実現します［**図1（b）**］．

● データ保存・グラフ表示サーバ Ambient とは
　Ambientとは，IoTデータの可視化サービスです．
日本人が管理・運営するサービスですので日本語で説
明があります．管理者もM5Stackを利用しているこ
とから，利用サンプルも豊富で基本機能は無料で利用
可能となっています．ただし，無料であるぶん，

　・1回の送信から5秒の間隔を開ける必要がある
　・1チャネル当たり1日3000件の登録上限がある

などの制限があります．今回の用途では十分利用可能
です．利用するにはまず，Ambientのアカウントを
作成します．その後，チャネルを作成し，チャネル
IDとライト・キーを控えておきます．

● 利用のためのモジュール・インストール
　MicroPythonで利用するにはAmbientモジュール
をインストールする必要があります．インストールと
いっても，GitHubで公開されているambient.py
ファイルをデバイスにそのまま転送するだけです．手
順を以下に示します．
　開発PCでAmbientのPython（MicroPython）ライブ
ラリをgit cloneしてローカルにダウンロードします．

```
$ git clone https://github.com/Ambi
entDataInc/ambient-python-lib.git⏎
```

次にambient.pyを実機に転送します．

```
$ cd ambient-python-lib⏎
$ ampy put ambient.py /flash/ambient.
py⏎
```

このambientをMicroPythonでimportすること
で利用できます．

● IoTクラウドAmbientへ現在位置を送信
　デバイスのシリアル・コンソールに入り，コマンド
を入力して動作を確認していきます．AmbientへGPS
情報を送信するにはまず，Wi-Fiにつなげておく必要が
ありますので，M5StackをWi-Fiへ接続します．事前
にWi-Fiアクセスのための無線環境およびアクセスの
ためのSSIDとパスワードを準備しておいてください．

```
>>> from network import WLAN⏎
>>> wlan = WLAN()⏎
>>> wlan.active(True)⏎
>>> wlan.connect("ssid", "pass")⏎
```

　M5StackはWi-Fiへの接続環境も整備されており，
すぐに利用可能なモジュールが用意されています．
Wi-Fiにアクセスするにはnetworkモジュールから
WLANクラスをインポートします．wlan.connect()
でWi-Fiを有効化し，wlan.connect()で指定し
たSSIDへパスワードを利用してアクセスします．

```
>>> import ambient⏎
>>> am = ambient.Ambient("チャネルID",
"ライトキー")⏎
>>> r = am.send({'lat': 35.681167,
'lng': 139.767052})⏎
>>> r.status_code⏎
200
```

　先ほど実機へ転送したambientモジュールを
importし，Ambentクラスのインスタンスを作成し
ます．その際にチャネルを作成したときのチャネルID
とライトキーを文字列で渡します．その後，send()
メソッドでAmbientへ送りたいデータを送信します．
　送信するフォーマットは辞書形式となっており，
GPS情報の場合，緯度をlat，経度をlngで指定して送
信するとデータの送信ができます．デフォルトでは送
信した日時がセンサ情報として残りますが，送信時に
createdパラメータを指定することで，センサの取
得日時を指定できます．
　createdパラメータは'YYYY-MM-DD HH:mm
:ss.sss'形式で設定します．送信後得られる返り値の
status_codeにてHTTPステータス・コードが取
得できます．200番が返っていれば無事成功です．

```
createdパラメータ設定例：
>>> r = am.send({'created': '2018-
12-11 18:39:31.000', 'lat': 35.6811
67, 'lng': 139.767052})⏎
```

● Ambient上でのデータの確認
　Ambientで送信したデータを確認します．ブラウ

ザを開き Ambient へアクセスし Ambient の My チャネル画面から，先ほど送信したチャネル ID をクリックしチャネル画面に入ります．

「チャートを追加」を選択し，チャートの詳細設定画面を表示します．詳細画面内のグラフの種類に「地図」を選択します．このままチャートの追加を行いたいですが，少なくともセンサ・データを1つ選択する必要があり，追加しないとエラーになるため，d1を左軸にチェックを入れておき，「チャートを追加」ボタンをクリックします．すると，Google Maps を利用した先ほど送付した GPS 情報を元にした MAP が表示されます．これで Ambient を利用した GPS データの可視化ができました［図1(c)］．

一度チャートを追加しておけば，その後に送信した GPS 情報は同じ MAP 上に追加で表示されます．複数の GPS データを送信すれば，そのデータぶん同時に地図上にマッピングされます．多くなりすぎて見にくかったり特定の時間帯だけを表示したかったりする場合などは表示設定にて日付を指定することで，表示する範囲を絞ることもできます．

リアルタイム位置を地図に表示する

● Google Maps API を利用した自己位置の地図表示

先ほどはクラウド・サービスを利用して，見守る人が歩行者の位置を確認できるようにしました．今度は Google Maps Platform で提供される Google Maps API の Static Maps で，地図情報を歩行者が身に着けている M5Stack 上に表示してみます．

Google Maps ですが，2018年6月11日から，従来のグーグルから提供されていた Google Maps の API 体系から，Google Maps Platform に移行されました．それに伴い，Google Maps API の使用方法や料金体系が一部変更となっていますので少しだけ紹介しておきます．

大きく変更となった点は以下です．
- Google Maps API を大きく3つに統廃合
- 使用量に応じた料金体系に統一

それぞれ，サービスは，
- マップ…マップ取得とストリートビューで使用される地図データ取得
- ルート…経路情報取得
- プレイス…周辺の店舗検索

の3つとなりました．

料金は毎月200ドル分は無料となっており，今回使用するマップ・サービスの Static Maps は，毎月最大100000読み込みが可能となっています．個人の利用としては十分使えるリクエスト数となっています．

● ESP32 マイコンでも利用できる地図 API が Static Maps

API は幾つかありますが，普段皆さんがよく目にするブラウザ上の Google Maps やスマホ上の Google Maps は，それぞれ JavaScript や iOS，Android のネイティブ・コードから読み出されており，M5Stack からは利用できません．そのため HTTP Get で簡単に画像を取得し利用可能な Static Maps を利用します．動的な動きのあるマップ操作はできませんが，自己位置を確認する程度には問題なく利用でき，リクエスト時のパラメータ次第で幅広い表現力を持っている API となっています．

● Static Maps API の利用手順

Static Maps API の利用には Google Cloud Platform でアカウント登録を行い，コンソール上で API を有効化し，API 呼び出しのための API キーを取得する必要があります．手順は以下です．

1. Google アカウントを持っていない場合，Google アカウントを作成する
2. Google Cloud Platform コンソールへアクセスする
3. API とサービスを選択する
4. API を利用するプロジェクトを作成する
5. サービス検索から Maps Static API を探し有効化する
6. Maps Static API の認証情報から API キーを取得する

API キーを取得できたら，以下の URL を開発 PC のブラウザへ入力，アクセスし，Map 取得可能かを確認しておきます．`API キー`と記載の部分は取得できた API キーに置き換えてください．

```
https://maps.googleapis.com/maps/api/
staticmap?center=%E6%9D%B1%E4%BA%AC%
E9%A7%85&size=600x450&key=`API キー`
```

正常に取得できたら画面上に東京駅の地図が表示されます．問題なく確認できた場合，正常に API が実行できています．エラーの文字が表示された場合は API リクエストが誤っている可能性か API キーが有効でない可能性があります．URL の確認と API キーの確認を行ってみてください．

● Static Maps API の概要

Static Maps API について説明します．Static Maps API は HTTP の Get リクエストを行い Map データを取得します．HTTP リクエストの URL のエンドポイントとパラメータをつなぎ，組み合わせてリクエストを生成します．

例）
```
https://maps.googleapis.com/maps/
api/staticmap?パラメータ1&パラメータ2…
```

利用できるパラメータは4つの種類に大別でき，それぞれパラメータ名とパラメータをイコールで設定し，組み合わせてリクエストのための URL を作成します．

113

- Location Parameters…地図の中心位置を緯度経度で指定したり，ズーム・レベルを指定したりします.
- Map Parameters…地図のサイズや地図のタイプ（ロードマップ，衛星写真など）を指定します.
- Feature Parameters…マーカの設置を行います.
- Key and Signature Parameters…APIキーを指定したり署名情報を設定したりできます.

　これらのパラメータを組み合わせて取得したい地図情報のリクエストをかけます. APIリクエストの例で行ったように，リクエストの結果はブラウザで簡単に確認できるので，事前にどのような地図が表示されるのかをある程度確認してから利用するのが良いです.

● M5Stack上でのGoogle Maps表示

　Static MapsのAPIキーと，設定するためのパラメータが確認できたら，次はM5Stack上で実行し，LCD上に表示したいと思います. 手順は以下です.

1. Wi-Fiに接続する
2. リクエストするURLを作成する
3. APIリクエストする
4. 結果をファイルとして保存
5. 保存したファイルをLCDへ表示する

　M5Stackにシリアルでアクセスし，シリアル・コンソール上でそれぞれ順番に実行し，動作を確認していきます. APIリクエストをかけるためWi-Fiへのアクセスが必要となります. Ambientへの送信時と同じように事前にWi-Fiアクセスのための無線環境およびアクセスのためのSSIDとパスワードを準備しておいてください.

▶ 1. Wi-Fiに接続する

```
>>> from network import WLAN↵
>>> wlan = WLAN()↵
>>> wlan.active(True)↵
>>> wlan.connect("ssid", "pass")↵
```

▶ 2. リクエストするURLを作成する（例：東京駅）

```
>>> url = "http://maps.googleapis.
com/maps/api/staticmap?markers=35.
681167,139.767052&size=320x240&form
at=jpg-baseline&key=取得したAPIキーを
設定する"↵
```

　リクエスト用のURLはStatic Maps APIのエンドポイントURLとM5Stackで表示するために必須のパラメータを設定します. まず，sizeはM5Stackの画面のフルサイズに合わせて320×240とします. 小さく表示させたい場合は全画面以下ででも可能ですが，320×240以上のサイズは画像が切れることになります. formatはjpg-baselineを指定してください. これはM5Stackの画像ファイル表示APIがJPEGかBMPにしか対応していないためです. JPEGに指定する方法はjpgとjpg-baselineがありますが

プログレッシブJPEGにも対応していないため，明示的にbaselineと指定する必要があります.

　markersは先ほどの例と同じく，東京駅を緯度経度に置き換えた値となっています. 緯度と経度はカンマ区切りで表現し指定します. 実際にGPS情報を利用する場合はここの値を置き換えます.

　ここでの注意点としてはAPIリクエストはhttpsでのリクエストが推奨されますが，https通信はメモリ負荷が高いため，複数回のリクエストですぐにメモリ不足でデバイスが落ちてしまいます. この点，セキュリティを考えた場合に改善の余地はあると思いますが，今回の用途ではいったんの回避策としてhttpでのリクエストとしています. この点は自己責任でお願いします.

▶ 3. APIリクエストする

```
>>> import urequests↵
>>> r = urequests.get(url)↵
>>> r.status_code↵
```

　MicroPythonではHTTPリクエスト用のモジュールとして，Pythonでよく利用されるrequestsモジュールを意識したurequestsモジュールが用意されています. このモジュールをimportし，先ほど作成したURLを指定してgetリクエストをかけます. 返り値のstatus_codeでHTTPステータス・コードが得られますので，200が返却されていればAPIコール成功です.

▶ 4. 結果をファイルとして保存

```
>>> f = open('/flash/map.jpg', 'w')↵
>>> f.write(r.content)↵
>>> f.close()↵
>>> r.close()↵
```

　現状のAPIではメモリ上のJPEGデータのままLCD表示できないため，いったんJPEGをファイルへ保存します. contentで取得したデータを得ることができるので，flash上にmap.jpgという名前で書き込みます. このときの注意点としては，Getリクエストで得られた返り値もclose()してメモリの解放を忘れずに行っておきます.

▶ 5. 保存したファイルをLCDへ表示する

```
>>> from m5stack import lcd↵
>>> lcd.image(0, 0, '/flash/map.jpg')↵
```

　保存した画像ファイルをlcdのAPIで表示するため，lcdクラスのimage APIを利用します. 第1引き数と，第2引き数はLCDへの表示位置のx,y座標位置の値になります. 従ってどちらも0にするとM5Stackの画面いっぱいにGoogle Mapsが表示されます.

フリーWi-Fiの検索

● 外出先でもネットにアクセスしたい

　ここまでは，固定のSSIDとパスワードを持つ自宅

Wi-Fiへアクセスしていましたが，スマートウォッチでの移動を前提としているため，自宅Wi-Fiを常に利用できません．

そのため，外出先ではアクセス可能なWi-Fiを探し，アクセス可能なWi-Fiを見つけたら接続します．接続のためには主にフリーWi-Fiを利用します．今回，利用対象とするのはSSIDとパスワードでアクセスできるWi-Fiであり，SSIDとパスワードが既知なものとなります．アクセス後にブラウザなどで複雑な認証が発生するものは対象としてません．既知のSSIDとパスワードをリストとして持っておき，リスト上にあるWi-Fiを見つけたら接続することになります．既知のWi-Fiアクセス・ポイントとしては喫茶店や塾を想定しています．

● 検索コマンド

それではシリアル・コンソールより動作を確認していきます．

```
>>> from network import WLAN⏎
>>> wlan = WLAN()⏎
>>> wlan.active(True) ⏎
>>> scan_list = wlan.scan()⏎
```

Wi-Fiの検索にはWi-Fiアクセス時と同じようにnetworkモジュールのWLANクラスを利用します．wlanをactiveで有効化し，wlan.scan()でアクセス・ポイントの検索を行います．一定時間検索をかけた後，Wi-Fiの検索結果がリスト形式で返却されます．

● 検索結果の見方

結果リストを出力してみます．

```
>>> for l in scan_list:⏎
…        print(l)⏎
  (b'HOGESSID1', b'HOGEBSSID1', 6,
 -40, 3, 'WPA2_PSK', False)
  (b'HOGESSID2', b'HOGEBSSID2', 1,
 -56, 4, 'WPA_WPA2_PSK', False)
…
```

といった出力を得られます．それぞれ，（SSID名，BSSID名，プライマリ・チャネル，RSSI，認証モード，認証モード文字列，Wi-Fiのステルス状態）という意味です．

```
>>> wifi_list = [{"ssid": "xxxx0",
"password": "012345678"}, {"ssid":
"xxxx1",   "password": "TestTest"}]⏎
>>> for ap in scan_list:⏎
…        for wifi in wifi_list:⏎
…            if ap[0].decode('utf-8')
  == wifi["ssid"]:⏎
…                wlan.connect(wifi[
'ssid'], wifi['password'])⏎
```

これらを事前に用意しておいたWi-Fiリストと一致を見て，一致したSSIDへ対してアクセスします．wlan.scan()で得られるリストのssidはbytes型であるため，utf-8へdecodeしてから比較しています．

プログラムの構成

大まかな1つ1つの動作を確認できたので，これらを全て組み合わせてM5Stackスマートウォッチを作成します．プログラムのフローチャートを図5に示します．

● main処理［図5（a）］

起動時に実行されるmain処理になります．利用する資源の初期化が主になります．GPSの取得とWi-Fiのスキャン，Ambientへのデータ送信は，常時行う必要性がないため，Timerライブラリを利用して，30秒おきに設定したコールバック関数を呼び出しています．

30秒としたのはAmbientの1日の最大データ送信可能数が3000回であるため，それ以下となるように30秒としています．初期化を行ったあとはLCDへ時計表示を行っています．

● ボタンB…アプリ切り替え［図5（b）］

M5StackのLCDと同じ面上に配置される3つのボタンの真ん中のボタンの設定です．押下することで時計アプリからGoogle Maps表示へ切り替えています．

● ボタンA/C…マップのズーム・イン/アウト ［図5（c）］

M5StackのLCDと同じ面上に配置される3つのボタンの左右のボタンの設定です．押下することで表示中のGoogle Mapsのズーム・イン/アウトを行います．ズーム・イン/アウトはGoogle Mapsへリクエストするzoom値を切り替えることで実現しています．

● Timer1…GPS取得とSD書き込み［図5（d）］

GPSのサービス・タスクからGPS情報を取得し，取得したデータをSDカード上に配置したデータベースへ書き込みます．時計表示用に時刻設定がされていない場合は，GPS情報から取得した時刻情報を設定します．SDカードへの読み書きにはbtreeという軽量のKey-Valueストア形式のデータベースを使っています．

● Timer2…Wi-Fiスキャン用コールバック［図5（e）］

Wi-Fiへ接続されていない場合，Wi-Fiのスキャンを行います．事前にあるWi-Fiリストから一致するものがあれば，Wi-Fiへアクセスします．接続できた場合に時計表示用に時刻設定がされていない場合は，NTPを利用して時刻情報を設定します．

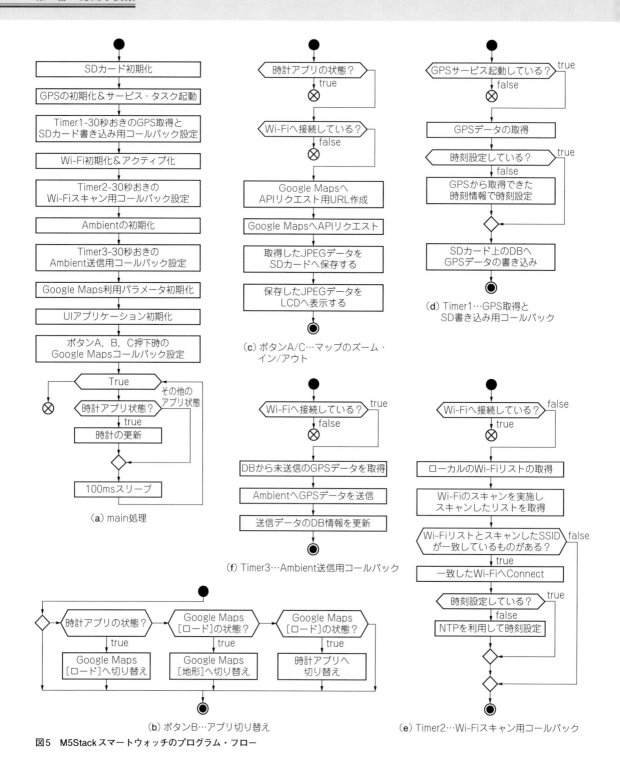

（a）main処理

（b）ボタンB…アプリ切り替え

（c）ボタンA/C…マップのズーム・
イン/アウト

（d）Timer1…GPS取得と
SD書き込み用コールバック

（e）Timer2…Wi-Fiスキャン用コールバック

（f）Timer3…Ambient送信用コールバック

図5　M5Stackスマートウォッチのプログラム・フロー

● Timer3…Ambient送信用コールバック［図5（f）］

　SDカードに保存したGPS情報をAmbientへ送信します．データベースのチェックを行い未送信データだけを送信しています．

　注意点としてESP32のRAMに余裕がありません．

このあたりはMicroPythonからArduino IDE環境などへの移行や，psRAM搭載モデルを利用するなどを検討すべきかと思います．

いわさだ・さとし

SNSを使った情報収集

第8章 列車遅延情報を取得する

伊藤 聖吾

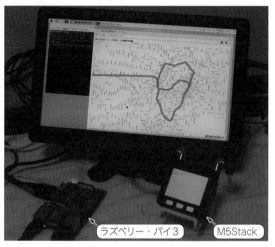

ラズベリー・パイ3　　M5Stack

写真1　Twitter上のつぶやきを収集して路線地図にリアルタイム表示してみる

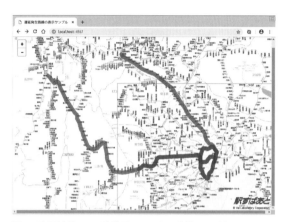

図1　地図情報の1つ路線図にいつもの路線の遅延をリアルタイム表示してみる
駅すぱあと路線図

　ESP32搭載 M5Stackとラズベリー・パイを使って，遅延情報の収集と「駅すぱあと路線図」への情報表示を行う方法を紹介します．

実験すること…Twitterと地図情報を組み合わせてみる

　電車に遅延が発生した場合，駅の電光掲示板に遅延情報が表示されます．電車での移動や乗り換え時に遅延情報を把握できるのは便利ですが，出勤や外出など，これから出かけようとする場合においては，どの路線が遅延しているかあらかじめ把握できると効率よく移動できます．

　電車の遅延情報を把握するには，各鉄道事業者のWebページから遅延情報を見るのが確実ですが，これから出かけようとするときに，スマホを見る前に利用する経路の遅延情報を確認できると意外と便利かもしれません．

　電車に遅延が発生すると，SNS上にどの路線が遅延しているといった投稿が行われることが多く，通勤や外出で使用する経路がある程度決まっているような場合は，特定の路線についてSNS上の投稿をチェッ

クして電車の遅延が出ているかどうかを見ると，遅延情報確認の手間が減らせます．

　そこでTwitter APIを使用し，特定の路線に遅延が発生しているかどうかの情報を収集する仕組みをラズベリー・パイ上で実現してみます（写真1，図1）．Twitter APIを使用し，「山手線 遅延」といった特定の路線に遅延発生という投稿が直近で行われているかどうかを定期的にチェックするようなシステムを構築します．

　例えば，直近5分以内に「遅延」というキーワードを含んだ投稿が行われていたら，その路線は遅延が発生している（あるいはこれから遅延が発生する）と判定します．確実な遅延判定方法ではありませんが，利用する路線に遅延が発生している可能性があるかどうか把握できれば十分であるため，この方法で遅延情報を集めてみます．さらに，ラズベリー・パイで取得した遅延情報をM5Stack上に表示する装置を作成します．

実験の構成

　ラズベリー・パイ上にRubyとSinatra（Webフレームワーク）でシステムを構築し，WebAPIの形で遅延

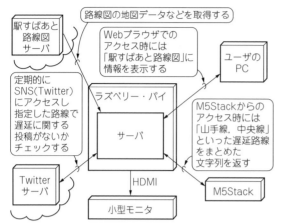

図2　電車の遅延情報リアルタイム表示＆通知装置の構成

情報の収集と，遅延が発生している可能性のある路線の一覧を返すようにします（**図2**）．ソースコードの構成は**図3**のようになります．また，あらかじめTwitter APIの使用に必要なクレデンシャル情報を取得しておいてください．

サーバ用ラズベリー・パイのソフトウェア

● その1：RubyからTwitter APIを使用するためのGemfile

Gemfileの中身は以下になります．RubyからTwitter APIを使用するためのGemとWebAPIのインターフェースを実現するためにWebフレームワークであるSinatraをGemfileに含めています．

```
source "https://rubygems.org"
gem 'twitter'
gem 'oauth'
gem 'omniauth-twitter'
gem "sinatra"
```

Gemfileに記載したパッケージをインストールします．Rubyとgem，bundlerといった開発に用いるコマンドはあらかじめラズベリー・パイのパッケージを使ってインストールします．

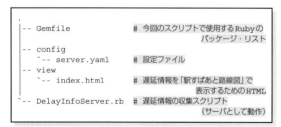

図3　ラズベリー・パイのファイル構成

```
$ # Rubyとbundleコマンドのインストール
$ sudo apt install ruby bundler ↵
$ # Gemfileに記載したパッケージのインストール
                              場所を設定↵
$ bundle config set —local path
                        'vendor/bundle' ↵
$ # Gemfileに記載したパッケージのインストール↵
$ bundle install ↵
```

●その2：Twitter API用の設定ファイル

config/server.yamlには遅延情報収集サーバが使用する設定情報を記載します．Rubyから呼び出すTwitter APIのクレデンシャル情報と遅延情報をチェックしたい路線をファイルで指定します．

Twitter APIのクレデンシャル情報は，Twitter APIの開発者ページ（https://developer.twitter.com/en/apps）でアプリケーションを登録することで発行されます．今回は遅延情報チェック・システムをTwitterのアプリケーションとして登録し，発行されたクレデンシャル情報をserver.yamlに記載します．

遅延情報をチェックしたい路線についてもserver.yamlに記載します（**リスト1**）．SNSに投稿される路線名は揺らぎを含むことが想定されますが，今回のサンプルでは揺らぎの吸収は行わず，決め打ちの路線名でSNSの投稿と照らし合わせるようにします．そして，「駅すぱあと路線図」上で遅延情報を表示することを想定し，路線に紐づく路線コードを併せて記載します．通勤や外出でよく利用する路線を記載しておくという利用形態になります（路線コードは「駅すぱあと路線図」で特定の路線を指定するためのコードとなっている）．

● その3：遅延情報の収集スクリプト

DelayInfoServer.rbは遅延情報を収集する

リスト1　server.yamlに遅延情報をチェックしたい路線を記載する

```
server:
  consumer_key:(Twitter APIのコンシューマー・キーを記載)
  consumer_secret:(Twitter APIのシークレット・キーを記載)
  access_token:(Twitter APIのアクセス・トークンを記載)
  access_token_secret:(Twitter APIのトークン・
                             シークレットを記載)
rosen:
  山手線:
    - 113
    - 114
  中央線:
    - 107
    - 109
  京王線:
    - 302
    - 303
  高崎線:
    - 101
```

リスト2　遅延情報の収集スクリプトDelayInfoServer.rb

```ruby
require "twitter"
require 'sinatra'
require 'yaml'
require 'json'
require 'date'

class DelayInfoServer < Sinatra::Base
  attr_reader :client
  attr_reader :rosen
  attr_accessor :delay

  def initialize()
    super()
    @config = YAML.load_file('config/server.yaml')
    @client = Twitter::REST::Client.new do |cfg|
      # Twitter APIで使用するクレデンシャル情報を設定する.
      cfg.consumer_key        = @config['server']
                                         ['consumer_key']
      cfg.consumer_secret     = @config['server']
                                         ['consumer_secret']
      cfg.access_token        = @config['server']
                                         ['access_token']
      cfg.access_token_secret = @config['server']
                                         ['access_token_secret']
    end
    @delay = Array.new
  end

  get '/' do   # ルートディレクトリは路線図のWebページを返す.
    File.open('view/index.html') {|f| f.read}
  end

  get '/delayinfo/update' do
              # このエンドポイントが呼ばれると遅延情報を更新する.
    @delay.clear
    @config['rosen'].each_pair do |name, code|
      # 設定ファイル内の路線名ごとに「遅延」というキーワードがあるか
                                          Twitter検索する.
      @client.search("\##{name} 遅延").take(10).each
                                                  do |tweet|
        if tweet.text =~ /\##{name}/ and tweet.text
                                              =~ /遅延/
          # 「遅延」というキーワードがあったら, 直近5分以内の投稿で
                                            あるかチェックする.
          now = DateTime.now.to_time
          tweet_time = Date.parse(tweet.created_
                                 at.to_s).to_time
          if (now - tweet_time) <= (60 * 5)
            # 直近5分以内の投稿なら, その路線は遅延が発生している
                                          ものと判定する.
            @delay.push({ "rosen" => name, "code" =>
                                            code })
          end
        end
      end
    end
    @delay.uniq!
    { delayInfo: @delay }.to_json
                    # チェックした遅延情報をJSON形式で返す.
  end

  get '/delayinfo/list' do
              # このエンドポイントは現時点で保持している遅延情報を返す.
    { delayInfo: @delay }.to_json
  end
end

DelayInfoServer.run! if $PROGRAM_NAME == __FILE__
```

スクリプトで，**リスト2**の内容になります．WebサーバとwebAPIサーバを兼任する動作となっており，「/」（ルート・ディレクトリ）にアクセスすると遅延情報を表示した「駅すぱあと路線図」の画面を表示し，「/delayinfo/update」「/delayinfo/list」にアクセスすると，それぞれ遅延情報の更新と現時点で遅延が発生している路線をJSON形式で返します．

bundle execコマンドでスクリプトを起動します．

```
$ bundle exec ruby DelayInfoServer.
rb ⏎
```

起動後，「/delayinfo/list」にアクセスすると遅延が発生している路線の情報がJSON形式で返されます（**リスト3**）．

● その4：路線図への表示

Webブラウザで「http://localhost:4567/」にアクセスすると，遅延が出ている路線が「駅すぱあと路線図」に**図1**のように表示されます．内部的にはJavaScriptで上記の「/delayinfo/list」から情報を取得して路線図に反映しています．

view/index.htmlの内容は**リスト4**になります（説明上必要な箇所だけ抜粋している）．WebAPI経由で遅延が出ている路線を取得し，該当する路線を強調表示する動作となっています．

遅延情報の更新は「/delayinfo/update」をCRON経由で定期的にアクセスすることで行います．「crontab -e」コマンドでcrontabファイルを編集し，以下のCRONエントリを追加することで，15分ごとに遅延情報が更新されます．

```
*/4 * * * *        curl -s http://127.
0.0.1:4567/delayinfo/update >> $HOME/
delayinfo.log
```

リスト3　起動後「/delayinfo/list」にアクセスすると遅延が発生している路線の情報がJSON形式で返される

```json
{
  "delayInfo": [
    {
      "rosen": "山手線",
      "code": [
        113,
        114
      ]
    },
    {
      "rosen": "中央線",
      "code": [
        107,
        109
      ]
    }
  ]
}
```

リスト4　遅延情報を駅すぱあと路線図で表示するための`view/index.html`

```
<script src="https://unpkg.com/axios/dist/axios.
                                   min.js"></script>
<script type="text/javascript">
  var rosen;
  function init() {
    rosen = new Rosen("map", {
                    // "map"は<div>のidと一致させる
      apiKey: "「駅すぱあと路線図」のアクセスキー",
      apiSetting: "https", // HTTPS版のAPIサーバを指定
      tileSetting: "https" // HTTPS版のタイルサーバを指定
    });
    axios.get('http://localhost:4567/delayinfo/
                 list').then(function(res) {
      var rosen_str = '';
      for (var i in res.data.delayInfo) {
        rosen_str += res.data.delayInfo[i].rosen
                     + ' ';
        for (var j in res.data.delayInfo[i].code) {
          rosen.highlightLine(
              res.data.delayInfo[i].code[j],
```

```
              {
                color: '#c73896',
                opacity: 0.5,
                weight: 15
              });
        }
      }
      document.getElementById('rosen_str').
                    innerHTML = rosen_str;
    });
  }
  window.addEventListener('load', init);
</script>
</head>
<body>
  遅延が発生している路線： <strong><span id="rosen_
                        str"></span></strong>
  <div id="map"></div>
</body>
```

＊　　　＊　　　＊

　SNSに投稿された遅延情報を定期的に取得し「駅すぱあと路線図」上に示す方法を紹介しました．簡単な応用例ですが，ラズベリー・パイだけで構築できる機能であり，他のガジェットと組み合わせることでさらに応用した遅延情報の収集や表示方法が行えるかと思います．

M5Stack端末を加える

　ラズベリー・パイとディスプレイは玄関先に置いておき，家を出る前に路線の遅延をチェックするようにしました．次は，枕元で，いつもの路線に異常がある/なしをチェックできる装置が欲しくなりました．そこで，M5Stackを利用し，路線の遅延情報をラズベリー・パイから取得する装置を紹介します．今回作るものは，M5Stackのボタンを押すと路線の遅延状況をラズベリー・パイから取得するもの（**写真2**）です．

　今後は遅延状況を5分ごとに取得して，遅延があるときには，迂回路線を検索し，その移動時間から起床時間を決めてくれる目覚まし時計に発展させるつもりです．

写真2　枕元には数センチ角のM5Stack

● M5Stackで遅延情報を取得する

　M5StackはコアにESP32を搭載し，320×240ピクセルのディスプレイを搭載したガジェットです．選んだ理由は次の2つです．

- Arduino IDEを利用した開発が可能
- HTTPクライアント機能がM5Stackの標準ライブラリとして提供されており，WebAPIを呼び出してデータを取得する処理を外部のライブラリを追加することなく実現可能

　前項で製作したラズベリー・パイ上で，電車の遅延情報を取得するWebAPIサーバに対し，M5StackからWebAPIを呼び出し，取得した遅延情報をM5Stackのディスプレイに表示します．

● ラズベリー・パイ・サーバに追加するプログラム

　一般的なWebAPIは，JSONまたはXML形式でレスポンスを返しますが，M5Stack側でこれらのレスポンスをパースするのは手間がかかるので，ラズベリー・パイ側でM5Stackでの表示に合わせる形で成形したテキスト・データを返すようにします．

　具体的には，前項で紹介したRubyとSinatraで作成したWebAPIサーバに**リスト5**を追加し，「/delayinfo/list.m5stack」というAPIパスを呼び出せるようにします．

　このAPIが呼ばれると，WebAPI側で保持している

リスト5　ラズベリー・パイ・サーバに追加するプログラム

```
get '/delayinfo/list.m5stack' do
  rosen = ''
  @delay.each do |item|
    rosen += item["rosen"] + ". "
  end
  return rosen
end
```

リスト6　M5Stackのプログラム

```
#include <M5Stack.h>
#include <WiFi.h>
#include <WiFiMulti.h>
#include <HTTPClient.h>
#include <misakiUTF16.h>

WiFiMulti wifiMulti;
HTTPClient http;

// 日本語表示用の関数
void misakiPrint(int x, int y, char * pUTF8) {
  int n=0;
  byte buf[40][8];
  while(*pUTF8)
    pUTF8 = getFontData(&buf[n++][0], pUTF8);

  for (byte i=0; i < 8; i++) {
    for (byte j=0; j < n; j++) {
      for (byte k=0; k<8;k++) {
        if(bitRead(buf[j][i],7-k)) {
          // 文字色は黒色で描画する
          M5.Lcd.drawPixel(x + 8*j + k , y + i,
                                      0x000000);
        }
      }
    }
  }
}

void setup() {
    M5.begin();   // M5Stackの初期化

    // Wi-Fiに接続するための処理
    wifiMulti.addAP("SSIDを指定します", "パスワードを
                              指定します");
```

```
    M5.Lcd.printf("Connecting WIFI...");
    if(wifiMulti.run() == WL_CONNECTED) {
        M5.Lcd.printf("OK!\n IP address: ");
        M5.Lcd.print(WiFi.localIP());
    }
}

void loop()
{
  while (true) {
    M5.update();

    // M5Stackの一番左側にあるボタンが押されたときに処理される
    if (M5.BtnA.wasPressed()) {
      // ラズベリー・パイ上のWebAPIを呼び出す
      http.begin("http://192.168.0.1:4567/delayinfo/
                              list.m5stack");
      int status = http.GET();
      if (status > 0) {
        // 使っている日本語表示の関数はchar*型を指定するため，
        // String型からchar*のデータを用意する
        String res = http.getString();
        int len = res.length() + 1;
        char str[len];
        res.toCharArray(str, len);

        M5.Lcd.fillScreen(0xFFFFFF);
                              // 背景色を白で塗りつぶす
        misakiPrint(0, 20, "おくれが発生している路線：");
        misakiPrint(10, 40, str);
      }
    }
    delay(1);
  }
}
```

「{"rosen":"山手線","code":[113,114]}」と
いったデータから，「山手線」という路線名だけを抜き
出した文字列を返します．M5Stack側では，WebAPI
で取得したデータをそのままディスプレイに表示する
だけで処理が済むようにします．

● **M5Stackのプログラム**

M5Stack側の処理として，**リスト6**のプログラムを
Arduino IDEのスケッチ・ファイルとして作成します．

▶**処理の流れ**

setup()での初期化時にWi-FiMultiライブラリ
（複数のアクセス・ポイントを指定可能なWi-Fiライ
ブラリ）を使ってネットワークに接続します．

初期化完了後，Aボタン（M5Stackの3つのボタン
のうち，一番左にあるボタン）が押された場合に，
WebAPI経由で電車の遅延情報を取得します．

遅延路線はラズベリー・パイ上で成形済みの形で返
されるため，M5Stack側ではWebAPIのレスポンス
をそのまま表示するだけになります．

日本語表示用の関数については，「M5Stackで日本
語表示させてみる」(https://qiita.com/ina
chi/items/0e492a6b00d31111e54d)の内容
を一部修正する形で利用しています．

● **動かしてみる**

動作中のM5Stackの画面は**写真2**のようになります．
＊　　　　＊　　　　＊

M5Stackとラズベリー・パイを組み合わせた応用
例を紹介しました．SNSといった，インターネット
の先にあるデータを取得／利用しやすいように加工す
る場合は，ラズベリー・パイの上で処理し，M5Stack
側ではWebAPI経由で成形済みのデータを取得し，
表示だけを行うという形で役割を明確に分けておくと
開発しやすくなります．

紹介したM5Stackのサンプルはごく簡単なものです
が，Wi-Fiへの接続とWebAPIへのアクセス，最小限
の日本語フォント表示といった，M5Stackで外部と連
携する際に必要な処理が含まれた形になっています．

このサンプルをひな型にして，他のWebAPIと連
携させることも容易ですので，読者の皆様がM5Stack
を触ってみるきっかけになればと思います．

いとう・せいご

クラウドにプログラムを置くobnizを使う

第9章 オープンソース 地図ライブラリを使う

三ツ木 祐介

図1 センサの状態をオープンソース地図＆ライブラリを使って可視化する

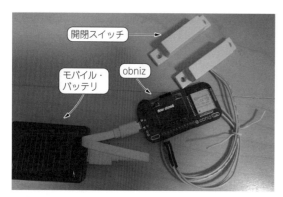

写真1 たぶんこれまでで一番簡単にIoTが試せるI/Oアダプタobnizで開閉センシングしてみる

表1 Wi-FiにつないだらいきなりI/OできるIoTアダプタobniz

内　容			値	
メイン・プロセッサ			ESP32	
サブ・プロセッサ			PIC16F1	
モータ・ドライバ			DRV8839×6個	
I/O	数		12	
	出力タイプ		5V プッシュプル最大1A	
			3.3V プッシュプル	
			5V/3.3V オープン・ドレイン	
			プルアップ（3.3V/5V）	
			プルダウン	
	ペリフェラル・タイプ		GPIO×12	UART×2
			A-D コンバータ×12	SPI×2
			PWM×6	I²C×1
ディスプレイ			OLED128×64画素，白ドット	
無線	Wi-Fi		802.11 b/g/n（2.4 GHz）最高150Mbps	
	Bluetooth		Compliant with Bluetooth v4.2 BR/EDR and BLE specification	
	認証		技適，FCC，IC by ESP-WROOM-32	
動作電圧			5V（microUSBまたはJ1端子）	
動作電流			平均 170mA	
microUSBでの最大電流			1.8A（より必要な場合はJ1ピンを使用）	
基板サイズ			74.5×36.3mm	

マイコン・ボードに接続したセンサでドアの開閉を検知し，ブラウザ上に表示した地図上に表示するというシステムを作成します（**図1**）．マイコン・ボードは，ブラウザとの連携が非常に手軽に行えるobnizというボードを使用します（**写真1**，**表1**）．なお，obnizにはESP32-WROOM-32がメイン・モジュールとして搭載されています．

IoT的I/Oアダプタobnizの特徴

● これまでで一番簡単にIoTが試せるボード

さまざまなモノがインターネットに接続される仕組みをIoT（Internet of Things）と言います．IoTでは接続したモノの制御やデータ収集などさまざまなことができます．

これらのモノを作るには，インターネットに接続できるボードと，ボードに接続されたセンサやモータ，その周辺の電子回路が必要です．

ラズベリー・パイ・ゼロWなど，いろいろなIoT向けのボードがありましたが，obnizはおそらくこれまでで一番簡単にIoTの開発が始められるボードだと思います．obnizの特徴的な機能を以下に示します．

電源はマイクロUSBから5Vを入力します．そのため，PCやスマホの充電器，バッテリなどから電源を供給できます．

● 作成したプログラムはボードに書き込まない

obnizはWi-Fiを使ってインターネットに接続され，obnizクラウドと通信します．他の一般的なマイコン・ボードとは異なり，クラウドを経由してボードを操作

するため，作成したプログラムを直接ボードのメモリ
に書き込んだりはしません．

● Wi-Fiでネットにつなげる

無線通信については技適も取得済みなので国内でも
安心して使用できます．obnizの電源を入れると，近く
のWi-Fiアクセス・ポイントを検出しますので，接続し
たいアクセス・ポイントを基板の左上のスイッチで選択
し，暗号キーを入力するとインターネットへ接続します．

obnizがインターネットに接続されるとOLEDのディ
スプレイにQRコードと8桁のIDが表示されます．

obnizの全ての基板に固有の8桁のIDが割り振ら
れ，基板を識別しています．また，トークンを発行す
ることで第3者からのアクセスを制限することもでき
るので，セキュリティも心配ありません．

● I/Oポートがアサインできる

obnizは12のI/Oポートを持っています．これらは
全て機能（ペリフェラル）を割り振ることができるた
め，固定のピン・アサインがありません．使用でき
るペリフェラルを表2に示します．同時に使用できる
最大数をこの表ではチャネル数としています．

また，全てのI/Oで最大1Aまで流すことができるため，
モータ・ドライバなどを使用せずに，直接，RCサーボモー
タやDCブラシ付きモータを接続できます．これは他のIoT
開発ボードではなかなか見られない特徴だと思います．

● 開発環境のインストールが不要

Wi-Fi接続後のディスプレイに表示されるQRコード
をスマートフォンで読み取ると，ブラウザ上でオンラ
イン・エディタのページが開きます．そこにはテンプ
レートとなるHTMLとJavaScriptが既に書かれてい
て，「Test Open」のボタンをクリックすると，HTML
ページが開かれ，obnizを操作できます．

つまり，ブラウザが使用できれば，スマホで世界中
どこからでもobnizを操作するプログラムを書くこと
ができるということです．

もちろん，オンライン・エディタ以外でもプログラ
ミングが可能なので，PCで落ち着いて開発をするこ
ともできます．

obnizでは次のような方法でプログラミングを行う
ことができます．

▶ JavaScript

JavaScriptを使ってブラウザ上でプログラミングで
きます．HTTPサーバなどを構築する必要がなく，
一番手軽にプログラミングを開始できます．

▶ Node.js

Node.jsはJavaScriptをサーバ・サイドで実行でき
る環境で，obnizを使用したプログラムを常時実行し

表2　obnizのペリフェラル

ペリフェラル	チャネル数
GPIO	12
A-Dコンバータ	12
PWM	6
SPI	2
I²C	1

たい場合や，計測したデータを継続的にロギングした
い場合など，本格的なプログラムを作成したい場合に
活躍します．

▶ HTTP/Websocket API

obnizクラウドはRESTfulなAPIを提供しており，
JSON形式のデータをクラウドを介してやり取りする
ことで，HTTPおよびWebSocketで通信可能であれ
ば，JavaScript以外の言語でもobnizを操作できます．

HTTPのAPIはその仕組み上，クラウド側からの通知が
行えないため，obnizからの入力を得ることはできません．

JavaScriptやNode.jsのSDKでは，バックグラウン
ドでWebSocketで接続されobnizを操作しています．

ハードウェア

● 全体構成

製作する装置はobnizと開閉センサを使って，設置さ
れた場所のドアの開閉状態を検知するものです．これを
ブラウザを介して，ブラウザ上で見ることができるように
します．

装置の構成を図2に示します．obnizに接続された
開閉センサの状態を，obnizクラウドを経由してPC
やスマートフォン上のブラウザに表示します．

obnizとPCやスマートフォンが同じローカル・ネッ
トワークに存在する場合は，Local Connectという仕
組みによって，いちいちクラウドを経由しなくなる（直
接通信する）のですが，基本の考え方は図2のように
なります．Local Connectで接続された場合はクラウ
ドを経由するよりも通信にかかる時間が短くなります．

● 回路

ドアの開閉を検知するために磁石とリード・スイッ
チを組み合わせたドア・センサを使用します．このセン
サは秋月電子通商で250円ほどで入手できます．
obnizとの接続を図3に示します．

通常，このようなセンサを接続するにはプルアップ
抵抗が必要になりますが，obnizのI/O端子は内部に
プルアップ/プルダウン抵抗を持っているので，直接
接続できます．

リード・スイッチは磁石を離すとオフになり，近づ
けるとオンになるスイッチです．obnizのI/Oにてプ

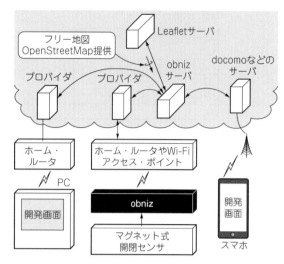

図2　ドア開閉を遠隔でも確認できるシステムの構成

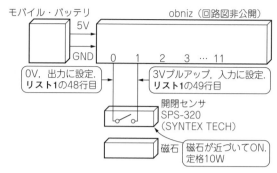

図3　obnizと開閉センサの接続

ルアップしているため，磁石が離れた状態で"H"，磁石が近づいた状態で"L"となります．なお，obnizボードの回路図は公開されていません．

ソフトウェア

　今回はobnizでのプログラミングの手軽さを体験してもらうため，1つのHTMLファイルにJavaScriptを直接書いていきます．このファイルをPCやスマートフォンのブラウザで読み出すだけで，obnizの操作や地図データの表示を行えるようになっています．

　ライブラリはCDN（Content Delivery Network）によって読み出すため，ファイル置き場やサーバを用意する必要がありません．このファイルは表示に必要なHTMLの記述も含めて100行未満となっています．実際の処理部分は50行程度となり，手軽にプログラムを書けます．

● 機能
　今回作成するプログラムは次のような機能を持っています．
- 地図上に装置の設置場所を表示
- obnizを経由してドアの開閉状態の表示

　もう少し細かく見ていくと，地図に装置の設置場所を表示させるために次のような機能を実装しています．
- 地図データの表示
- 地名や住所からの緯度経度の検索
- マーカの表示／削除　　・マーカ位置の保存

● 地図表示に向くライブラリLeafletを利用する
　地図の表示にはLeafletというライブラリを使っています．LeafletはOpenStreetMapや国土地理院のオー

プンな地図データを使用できます．今回はESRI社がLeaflet向けに提供している地図データを使用します．

　地名や住所から緯度経度に変換することをジオ・コーディング（Geo Coding）といいます．Leafletではプラグインによってジオ・コーディングの機能を追加できます．このプラグインにも幾つかあるのですが，いろいろ試した結果，ESRI社が提供しているesri-leaflet-geocoderプラグインを使用することにしました．マーカの表示と削除はLeafletの標準の機能で実装しています．ブラウザを閉じても設定したマーカの位置が消えてしまわないように，ブラウザのローカル・ストレージの機能を使って位置データを保存しています．

● プログラムの詳細
　プログラムをリスト1に示します．
▶ライブラリの読み込み
　7～22行目では，CDN[注1]で必要なライブラリを読み込んでいます．
▶表示
　25行目はobnizとの接続状態を表示するための，26行目では地図を表示するためのdiv要素を定義しています．
▶変数の定義
　28～32行目では以下の変数を定義しています．
- obnizオブジェクト　　・緯度
- 地図オブジェクト　　　・経度
- マーカ・オブジェクト

　obnizオブジェクトの初期化処理の中で自動的にobnizクラウドに接続するので，そのためのURLの指定などをプログラム上で行う必要はありません．OBNIZ_ID_HEREのところに8桁のobnizIDを記述するとそのobnizに接続されます．また，OBNIZ_ID_

<hr>

注1：Content Delivery Networkの略で「ウェブ・コンテンツをインターネット経由で配信するために最適化されたネットワーク」のことですが，本稿では「作成したHTMLファイル上でJavaScriptのライブラリをネットワーク越しに参照する仕組み」と考えてください．

リスト1　ドア開閉のプログラム list1.html
obnizサイトで開いたhtml．本当にこれだけで自宅ドアの開閉を遠隔地でチェックできる

```
1  <!DOCTYPE html>
2  <html lang="en" style="height: 100%">
3  <head>
4    <meta charset="UTF-8">
5    <title>地図×ドア！　動物や家族の見守り装置</title>
6
7    <!-- Leaflet -->
8    <link rel="stylesheet" href="https://unpkg.com/
          leaflet@1.3.4/dist/leaflet.css" />
9    <script src="https://unpkg.com/leaflet@1.3.4/
          dist/leaflet.js"></script>
10
11   <!-- Esri Leaflet -->
12   <script src="https://unpkg.com/esri-leaflet@
          2.2.3/dist/esri-leaflet.js"></script>
13
14   <!-- Esri Leaflet Geocoder -->
15   <link rel="stylesheet" href="https://unpkg.com/
      esri-leaflet-geocoder/dist/esri-leaflet-geocoder.
                                                  css">
16   <script src="https://unpkg.com/esri-leaflet-
                            geocoder"></script>
17
18   <!-- jQuery -->
19   <script src="https://code.jquery.com/jquery-
                       3.3.1.min.js"></script>
20
21   <!-- obniz -->
22   <script src="https://unpkg.com/obniz/obniz.
                           js"></script>
23 </head>
24 <body style="height: 95%">
25 <div id="obniz-debug"></div>
26 <div id="map" style="width: 100%; height: 100%"></
                                              div>
27 <script>
28   let obniz = new Obniz('OBNIZ_ID_HERE');
29   let map = L.map('map').setView([35.731059, 139.
                               739748], 15);
30   let marker = null;
31   let lat = null;
32   let lng = null;
33   obniz.onconnect = async function () {
34     lat = localStorage.getItem('lat');
35     lng = localStorage.getItem('lng');
36     if (lat != null && lng != null) {
37       createMarker(lat, lng);
38     }

39   L.esri.Geocoding.geosearch().addTo(map);
40   L.esri.Geocoding.geosearch().addTo(map);
41   L.esri.basemapLayer("Topographic").addTo(map);
42   map.on('click', function (e) {
43     createMarker(e.latlng.lat, e.latlng.lng);
44     localStorage.setItem('lat', e.latlng.lat);
45     localStorage.setItem('lng', e.latlng.lng);
46   });
47
48   obniz.io0.output(0); //GND
49   obniz.io1.pull('3v');
50   obniz.io1.input(function (value) {
51     if (marker != null) {
52       let message;
53       if (value)
54         message = 'door opened';
55       else
56         message = 'door closed';
57       map.panTo(marker.getLatLng());
58       marker.bindPopup(message).openPopup();
59       obniz.display.clear();
60       obniz.display.print(message);
61     }
62   });
63 };
64
65 function createMarker(lat, lng) {
66   if (marker == null) {
67     marker = new L.Marker([lat, lng], {draggable:
                                           true});
68     marker.on('click', function () {
69       map.removeLayer(marker);
70       marker = null;
71       localStorage.removeItem('lat');
72       localStorage.removeItem('lng');
73     });
74     marker.on('dragend', function () {
75       localStorage.setItem('lat', marker.
                            getLatLng().lat);
76       localStorage.setItem('lng', marker.
                            getLatLng().lng);
77     });
78     marker.addTo(map);
79   }
80 }
81 </script>
82 </body>
83 </html>
```

HEREのままでもプログラムは動作します．この場合，プログラムの実行時にobnizIDの入力を求められます．

▶地図の準備

　40行目ではジオコーディングの初期化をしています．41行目では地図データを設定します．

　42～46行目では，地図をクリックされたときの処理を記述しています．具体的にはマーカ表示関数の呼び出しと緯度経度の保存になります．

▶obnizの設定

　48，49行目はobnizのI/Oの設定を行っています．IO 0をグラウンド，IO 1を3Vのプルアップに設定しています．

　50～62行目では，開閉センサの状態が変化したときの処理を記述しています．マーカが地図の中心に来るように移動し，マーカ上に吹き出しを表示します．obniz上のOLEDにもドアの状態を表示しています．

▶マーカの作成

　65～80行目では地図上のマーカを作成する関数を定義しています．

　68～73行目ではマーカをクリックしたときの処理

を記述しています．マーカをクリックされたときは，マーカそのものと保存した緯度経度を削除します．

　74～78行目ではマーカをドラッグしたときの処理を記述しています．マーカのドラッグが終了したタイミングで新しい緯度経度を保存しています．

　ブラウザで実行した画面を**図1**に示します．

試すための手順

1．obnizをWi-Fiルータに接続（暗号化キーを入力するだけ）します．

2．obniz公式ページ（https://obniz.io/）左下の「プログラム」をクリックします．

3．obnizに表示されている8桁のIDを入力します．「開く」をクリックすると開発画面が現れます．

4．本書Webページから**リスト1**を入手します．

5．obniz開発画面に**リスト1**を読み込み，実行します．

みつき・ゆうすけ

125

性能と価格から好みの1台を選ぶ

第1章 ESP32が入ったカラーLCD付きM5Stack百科

宮田 賢一

写真1 ESP32にLCD/操作ボタン/センサ/カメラを加えて手のひらサイズの箱に収めたキットM5シリーズ

写真2 本体に拡張モジュールを積み重ねるようになっている

M5Stackとは中国のM5Stack社が開発したESP32内蔵のお手頃マイコン開発キットです．次のような特徴を持ちます．

- Wi-FiとBluetoothが使える
- 液晶ディスプレイ，スピーカ，バッテリ，microSDカード・スロットなどが全て組み込まれている
- Arduino IDEでも開発できる
- 拡張モジュール群を積み重ね（スタック）て利用できる
- 豊富な拡張ユニットも利用可能

このような特徴が多くの開発者に受けており，ネット上ではさまざまな「作ってみた系プロジェクト」が公開されています．

● M5Stackラインアップ

M5Stackはシリーズ化されています．**写真1**に主な製品ラインアップを示します．正方形状のブロックがメイン・ストリームの本体です（公式ページでは「コア」と呼ばれている）．

拡張モジュールを積み重ねると**写真2**のようになります．

また，身に付けることも可能な小型のスティック・タイプのラインアップも追加されました．使途に応じて好きな製品を選べることも魅力の1つでしょう．

図1はM5Stack Grayの外面です．側面には他のモジュールをつなぐための拡張バスやGroveと呼ばれる規格化された拡張ポートが配置されています．技適の表示もあるため，国内でも安心して使えます．

分解して本体の中を見てみましょう（**写真3**）．実はM5StackはESP32-WROOM-32などのESP32モジュールを使っておらず，ESP32 SoC（ESP32-D0WDQ6）を直接実装しています．拡張モジュールとの結合にはM-BUSという独自の2×15の内部バスを採用してい

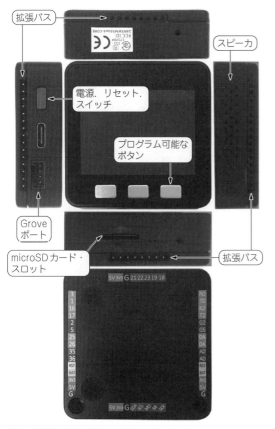

図1　外面はできるだけわかりやすくしてある
M5Stack Basic

写真3　ESP32が内蔵されていて拡張モジュールをスタックできるようになっている
M5Stack Gray

ます．全てのモジュールに実装されているM-BUSを差し込むことで，モジュールのスタックが可能となっています．

M5StackやStick関係の多数の製品が販売されています．ここでは以下の分類に従って本体や拡張モジュールを紹介していきます．

- 本体（M5Stack本体）
- 拡張モジュール（M5Stack専用）
- 拡張Hat（M5StickC専用）
- 拡張ユニット（汎用Groveデバイス）

主な種類

M5Stack本体の仕様を**表1**にまとめました．本体だけでも多くの種類がラインアップされています．正面から見て正方形のM5Stackと，小さいスティック型のM5Stickの2タイプに分けられます．なお，M5Stack公式の分類ではM5Cameraは「ユニット」の扱いですが，ここでは便宜上本体として分類しています．

種類の豊富さに加え，コスト・パフォーマンスの高さも大きな魅力でしょう．

● その1：正方形タイプ

▶ M5Stack Basic

最も基本となる本体モジュールです．基本とは言っても，LCD，スピーカ，microSDカード・スロット，Groveポート（I²C）を標準搭載しています．これだけでもホビーやIoT，機器制御などさまざまな用途に使えるので，十分M5Stackを楽しめると思います．

▶ M5Stack Gray（生産終了）

M5Stack Basicに9軸センサ（3軸ジャイロ，3軸加速度，3軸磁気）を追加したモデルです．Basicに比べて格段にできることが広がりつつ，Basicとの価格差があまりないので，コスト・パフォーマンスの良いモデルになっています．寸法はBasicと同じです．

▶ M5Stack Fire

M5Stackシリーズのハイエンド・モデルです．4Mバイトの疑似SRAM（PSRAM）を搭載しておりメモリを多く消費するアプリケーション向きです．またI²C用に加え，GPIO用とUART用のGroveポートも持ち，拡張性にも優れたモデルです．外形はBasicより厚くなっています．

▶ M5Stack Go

IoT実験をすぐに始められるよう，M5Stack Gray相当の本体に6種類の拡張ユニット（温度/湿度/気圧センサ，赤外線送受信モジュール，RGB LEDモジュール，人感センサ，ボリューム，Groveハブ）を追加したキットです．レゴ・ブロックと互換性があるため，レゴのパーツを組み合わせたシステムを作れます．

▶ M5Stack Faces（生産終了）

M5Stack Grayに，差し替え可能なQWERTYキー

表1　M5Stackシリーズの仕様

項　目	M5Stack（正方形タイプ）					小型スティック・タイプ		
	Basic	Gray	Fire	Go	Faces	M5StickC	M5Camera	M5StickV
Flash［バイト］	4M	16M注1	16M	16M	16M注1	4M	4M	16M
RAM［バイト］	520K	520K	520K	520K	520K	520K	520K	8M
PSRAM［バイト］注4	×	×	4M	×	×	×	4M	×
Groveソケット	I2C	I2C	I2C, GPIO, UART	I2C, GPIO, UART	I2C	汎用	汎用	汎用
LCD（インチ）	320×240（2）	320×240（2）	320×240（2）	320×240（2）	320×240（2）	64×128	×	135×240
マイク	×	×	○	○	×	○	×	×注3
カメラ	×	×	×	×	×	×	1600×1200	656×488
スピーカ	○	○	○	○	○	×	×	○
IMU注2	×	9軸	9軸	9軸	9軸	6軸	×	6軸
ボタン	3	3	3	3	3	2	×	2
microSD	1	1	1	1	1	×	×	1
Wi-Fi	○	○	○	○	○	○	○	×
Bluetooth	○	○	○	○	○	○	○	×
バッテリ［mAh］	150	150	600	600	600	80	×	200
サイズ［mm］	54×54×12.5	54×54×12.5	54×54×21	54×54×21	108.2×54.2×18.7	48×24×18	40×49×13	48×24×22
参考価格［円］	5,203	5,874	8,184	10,241	10,241	2,816	2,035	3,872

注1：旧モデルは4Mバイト
注2：慣性計測装置（Inertial Measurement Unit）
注3：デザインの欠陥とソフトウェアの互換性の問題のためマイク機能は利用不可
注4：外付けSRAM（疑似SRAM）

ボードとゲーム機風コントローラを追加したモデルです．ポケット・コンピュータやモバイル・ゲーム機のような使い方が可能です．これを使ってM5Stackでゲームを作っている方もいます．ジョグ・ダイヤルのようなインターフェースとして利用できるので，アプリケーションの幅が広がります．

● その2：小型スティック・タイプ
▶ M5StickC（生産終了．後継機：M5StickC Plus）

M5Stackシリーズの中で最も小さい，スティック型の本体です．小さいながらオールインワンというM5Stackの特徴を継承し，さらにマイクや赤外線インターフェースも搭載しています．専用の拡張ユニットである，Hatユニットを1つ追加することができ，機能拡張性も備えています．本体を腕時計のように装着できるマウンタが付属するパッケージも販売されています．

▶ M5Camera（生産終了）

200万画素のイメージ・センサOV2640を搭載するカメラ専用モジュールです．ESP32のWi-Fi機能により無線経由でのストリーミング配信も可能です．カメラ・モジュールとして販売されていますが，ESP32を内蔵しているので，M5Stackシリーズの他の機種同様，ESP32マイコンとしてプログラムの開発が可能です．

▶ M5StickV

デュアルコア64ビットRISC-Vプロセッサにニューラル・ネット処理エンジンKendryte K210を組み合わせた高性能AIカメラ・マイコンです．顔検知，顔認識などのAI処理ライブラリを利用可能です．最初からデモ・プログラムが入っており，顔認識アプリケーションが動作します．

本体のピン割り当てについて

M5Stackには専用モジュールや外部デバイスと接続するためのピンが多数用意されています．ここではピンの情報をまとめます．

● 拡張ポート

M5Stack BasicとM5Stack Grayには，4方の側面にそれぞれ8ピンと15ピンの拡張ポートが用意されています．上下面と左右面はそれぞれピン・ヘッダとピン・ソケットになっており，どちらの形態のピンでもつなげます．上下面はI2CとSPI，左右面はUART，D-A出力，A-D入力，GPIOがあります．

● M-BUS

M5Stack内部にある2列30ピンの拡張バスです

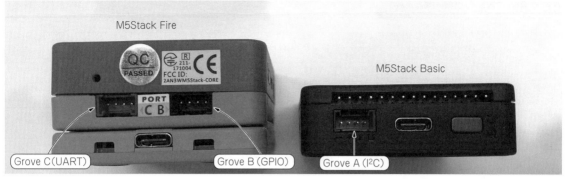

写真4　拡張用のGroveポート

表2　Groveポートのピン割り当て

モデル	ポート名	1	2
Basic, Gray, Fire, Go, Faces	Grove A	SCL (GPIO22)	SDA (GPIO21)
	Grove B	GPIO36	GPIO26
	Grove C	RXD (GPIO16)	TXD (GPIO17)
StickC	Grove	SCL (GPIO33)	SDA (GPIO32)
Camera	Grove	GPIO13	GPIO4

注：全ての機種の3番ピンは5V，4番ピンはGND

(**写真3**)．モジュールを積み重ねるためのバスです．プロトタイプ専用のモジュールを使うと，このバスに出ている信号線を使った実験が可能です．

● Groveポート

　全モデルにI²C用のGroveポートがあります（**写真4**）．M5Stack FireとM5Stack Goには，I²Cに加えUARTと汎用I/OのGroveポートを備えています．このポートにGrove対応のユニットを専用のケーブルで接続します．

　表2にGroveポートのピン割り当てを示します．ポートによって割り当てが異なりますので気をつけてください．

● Hatポート

　M5StickCにはHatと呼ぶ拡張ユニットを取り付けるための8ピンのポートがあります（**写真5**）．汎用のGPIOとして使います．

ピン使用時に留意が必要なこと

　M5Stackには，さまざまなデバイスが組み込まれ，ESP32に接続されているため，ESP32の持つI/Oピンは，ほぼ全て使い切られています．しかも，幾つかのピンには複数の機能が割り当てられています．この場合，それらの機能は排他的に利用しなければならず，注意してプログラムする必要があります．

写真5　M5StickCの拡張用ピン・ソケット（Hatポート）

　ESP32の3つのSPI（SPI，HSPI，VSPI）をM5Stackシリーズでどう使い分けているかが分かるよう**表3**にM5Stackシリーズの各モデルにおけるピン割り当てを示します．M5StickVはESP32内蔵ではないので除外しました．またそれぞれのGPIOピンの割り当て状況を**表4**にまとめました．

　以下，注意点について個別に解説します注1．

▶注意点1：Wi-FiとADC2は併用できない

　ESP32自体が持つ制約により，ESP32が持つ2つのA-Dコンバータ（ADC1，ADC2）のうちADC2は，Wi-Fi機能使用時にA-Dコンバータとして動作しません注1．

▶注意点2：GPIO34 ～ GPIO39は入力専用

　ESP32のGPIOの仕様により，GPIO34 ～ GPIO39は入力専用となります．**表4**にモデルごとの入力専用

表3　注意点…SPIは排他利用の場合がある

SPIピン名	SPI			HSPI			VSPI		
	既定GPIO	Stack注1	StickC	既定GPIO	Stack注1	StickC	既定GPIO	Stack注1	StickC
		内部フラッシュ・メモリ			未使用			通信先注2	LCD
SPICLK	6	6	6	14	–	–	18	18	13
SPIQ(MISO)	7	7	7	12	–	–	19	19	–
SPID(MOSI)	8	8	8	13	–	–	23	23	15
SPIHD	9	9	16	4	–	–	21	–	–
SPIWP	10	10	17	2	–	–	22	–	–
SPICS	11	11	11	15	–	–	5	–	–
独自CS	–	–	–	–	–	–	–	14 (LCD)	5 (LCD)
独自CS	–	–	–	–	–	–	–	4 (SD)	–

注1：M5Stack Basic, Gray, Fire, Go, Faces
注2：通信先は, LCD, microSD, 外部

表4　入力専用のGPIOがあるので注意が必要

モデル	入力専用		入出力可能	
	Grove	Hat	Grove	Hat
Basic	–	–	–	–
Gray	–	–	–	–
Fire	PortB GPIO36	–	PortB GPIO26	–
Go	PortB GPIO36	–	PortB GPIO26	–
Faces	–	–	–	–
StickC	–	GPIO36	GPIO32 GPIO33	GPIO0 GPIO26

外部ピンと代替ピンを示します.

▶注意点3：マイク利用時はHat GPIO0を使えない（StickC）

M5StickCのGPIO0には, 内蔵マイクのI^2Cクロック信号とHatポートがつながっています. そのため内蔵マイクを使いながらHatポートにI^2C以外のデバイスを接続する場合は, 信号が競合しないよう注意が必要です. HatポートのGPIO26側を活用するのがよいでしょう.

▶注意点4：LCDとSDカードの同時アクセスに注意（Basic, Gray, Fire）

Basic, Gray, Fireでは, LCDとSDカードにアクセスするために同じSPIモジュール（VSPI）を使用します. SPIのチップ・セレクト信号を使って両者を切り替えながら併用することは可能ですが, 同時アクセスはできません. 例えばディスプレイで画像をストリーミング再生している状態でSDカードにアクセスした場合, SDカード・アクセス中は画面表示が止まる可能性があります. 必要なデータは極力メイン・メモリにロードしておくなどの対応が必要です.

▶注意点5：GPIO0を常時"L"にしない（StickC）

ESP32のGPIO0には, ブート・モードを決定する特別な意味が割り当てられているため, M5StickCのHatポートを使う場合は注意が必要です.

- GPIO0 = "H" のとき
  フラッシュ・メモリからブート（通常モード）
- GPIO0 = "L" かつGPIO2 = "L" のとき
  ESP32へのプログラム書き込みモードでブート

ESP32内部でGPIO0はプルアップ, GPIO2はプルダウンされているので, HatポートのGPIO0を常時"L"にするような外部回路をつないでしまうと, M5StickCがうまく起動しなくなります. 自作のHat用デバイスを使う場合は気をつけてください.

▶注意点6：Groveポートの電圧は5V

Groveポートには5Vの電圧が出ていますが, ESP32のGPIOは3.3Vです. ESP32のデータシート注2ではGPIOピンの絶対定格が明確には記載されていないため, 5V系の信号をGPIOに入れるのは避けるべきと考えます. M5Stack公式のGroveデバイス以外を使う場合は, GPIOの電圧に気をつけてください.

注1：https://github.com/espressif/arduino-esp32/issues/102
注2：ESP32 Series Datasheet, https://www.espressif.com/sites/default/files/documentation/esp32_datasheet_en.pdf

みやた・けんいち

第2章

カチャッとつなぐだけで機能が増える

M5Stack
拡張モジュール百科

宮田 賢一

M5Stackシリーズの魅力の1つは，挿し込むだけで機能を追加できる拡張モジュールが豊富に用意されている点です．

拡張モジュールは，その形状から大きく3つに分けられます．M5Stack用では，本体の下に付けて積み重ねるようにして使うStack型のものが，M5Stickでは本体の横に付けて使う小さなHat型が最適です．

Groveユニット型はM5Stackシリーズ全体で使えます．ケーブルで接続するので，拡張モジュールの設置場所を自由に選べる利点があります．

ここでは国内の販売店で購入可能なものを中心に，M5Stackシリーズの拡張モジュールを**表1**に挙げます．これらのモジュールから特徴的なものを個別に紹介します．

表1 ESP32が入ったM5Stackはカチャッとつなぐだけで使える拡張モジュールがセンサ搭載品を中心にいろいろそろっている

タイプ注1	拡張モジュール	メイン部品	インターフェース	I²Cアドレス	参考価格［円］
Stack型	マルチ通信インターフェース (COMMU)	MCP2515	M-BUS (GPIO，UART2)	−	1,551
	GPSモジュールV2 (GPS)	NEO-M8N	M-BUS (UART2)	−	5,643
	プロト (PROTO)	−	M-BUS	−	704
	バッテリ (BATTERY)	−	M-BUS (VBAT)	−	1,111
	LAN (LAN)	W5500	M-BUS (SPI)	−	5,236
	PLC (PLC)	ACS712-5B	M-BUS (GPIO)	−	2,365
HAT型	焦電型人感センサ (PIR)	AS312	GPIO	−	594
	環境センサ (ENV)	DHT12/BMP280/BMM150	I²C	注2	814
	スピーカ (SPK)	PAM8303	GPIO	−	990
Groveユニット型	環境センサ (ENV)	DHG12/BMP280	I²C	注3	451
	焦電型人感センサ (PIR)	−	GPIO	−	924
	光センサ (LIGHT)	−	GPIO	−	594
	土壌水分センサ (EARTH)	−	GPIO	−	594
	非接触型温度センサ (NCIR)	MLX90614	I²C	0x5A	3,278
	サーマルカメラ (THERMAL)	MLX90640	I²C	0x33	10,670
	ToF測距センサ (ToF)	VL53L0X	I²C	0x29	1,397
	心拍センサ (HEART)	MAX30100	I²C	0x57	1,650
	ADC (ADC)	ADS1100	I²C	0x48	924
	GPS (GPS)	AT6558，MAX2659	UART	−	1,969
	指紋センサ (FINGER)	FPC1020A	UART	−	3,751
	カード型キーボード (CardKB)	ATmega328P	I²C	0x5F	1,320
	DAC (DAC)	MCP4725	I²C	0x60	990
	ミニリレー (RELAY)	−	GPIO	−	1,760
	拡張ハブ (HUB)	−	GPIO，I²C，UART	−	594
	赤外線送受信 (IR)	−	GPIO	−	660
	カラーセンサ (COLOR)	TCS34725	I²C	0x29	1,903
	ジョイスティック［Joystick Unit (MEGA328P)］	MEGA328P	I²C	0x52	913

表1　ESP32が入ったM5Stackはカチャッとつなぐだけで使える拡張モジュールがセンサ搭載品を中心にいろいろそろっている（つづき）

タイプ注1	拡張モジュール	メイン部品	インターフェース	I²C アドレス	参考 価格［円］
Grove ユニット型	ボリューム（ANGLE）	–	GPIO	–	660
	ボタン（BUTTON）	–	GPIO	–	385
	デュアルボタン（Dual-BUTTON）	–	GPIO	–	495
	RGB LEDテープ（RGB　LED）	SK6812	GPIO	–	注4
	RGB（RGB）	–	GPIO	–	660
	VH3.96 - 4ピン（3.96）	–	汎用	–	451
	ミニプロトボード（PROTO）	–	GPIO，I²C，UART	–	308
	Makey（MUSIC）	ATmega328P	I²C	0x51	1,518
その他	M5Stack FACES	ATmega328	I²C	0x08	10,241
	FACES エンコーダ・パネル	ATmega328	I²C	0x5e	1,001

注1：公式サイトではStack型はModule，Hat型とGroveユニット型はUnitに分類されている
注2：内蔵する3つのセンサごとにI²Cアドレスが違う．DHT12：0x5C，BMP280：0x76，BMM150：0x10
注3：内蔵する2つのセンサそれぞれI²Cアドレスが違う．DHT12：0x5C，BMP280：0x76
注4：980（50cm），1,320（100cm），2,398（200cm），5,016（500cm）

タイプ1：積み重ねて使うStack型拡張モジュール

マルチ通信インターフェース（COMMU Module）

I²C×2，TTL×1，CAN×1，RS-485×1のインターフェースを備えたモジュールです（写真1）.

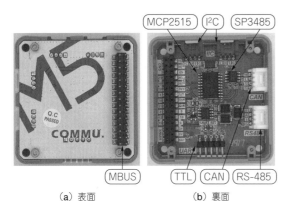

（a）表面　　　　　（b）裏面

写真1　通信用コネクタが充実している

デフォルトでは，TTLがUART0，RS485がUART2に接続されています（表2）．ESP32のGPIOピン・マッピング機能を使って，TTLとRS-485を別のGPIOに割り当てることができます．また，TTLはモジュール内のジャンパによってUART2に変更することもできます．2つのI²Cポートは信号線を共有しているため，同じI²Cアドレスのデバイスは接続できません．

表2　主な仕様

項　目	仕　様
インターフェース	M-BUS
モジュール仕様	• CAN ： GPIO12/15/18/19/23 • TTL ： UART0 RXD/TXD • RS-485：UART2 RXD/TXD • I²C×2，TTL×1，CAN×1，RS485×1 • CANコントローラ：MCP2515-1/SO • RS-485トランシーバ：SP3485EN-L/TR
開発環境	Arduino：対応　UIFlow：非対応
サイズ	54.2×54.2×12.8mm
重さ	13.5g

GPS（GPS Module）

みちびき/QZSS（日本），GPS（米国），ガリレオ（欧州），Beidou（中国），GLONASS（ロシア）をサポートし，同時に3つのGNSSを受信できる72チャネルのエンジンを備えています（**写真2**）．内蔵アンテナと外部アンテナ用のソケットがあります（**表3**）．

M5StackとGPSモジュールはESP32のUART2（GPIO16, GPIO17）に物理的に接続されています．

M5Stack Fireは疑似SRAM接続用にGPIO16とGPIO17を使用するため，GPSモジュールのUART2と競合します．M5Stack Fireで疑似SRAMとGPSモジュールを同時に使う場合は，GPSモジュール内のTXD/RXDを切断し，別のUARTピンに結線し直す必要があります．

● 利用例
・位置情報に基づく物流追跡管理

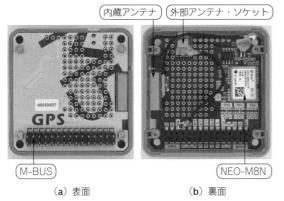

（a）表面　　（b）裏面
写真2　写真にはないが外部アンテナも接続できる

表3　主な仕様

項　目	仕　様
インターフェース	M-BUS（UART2）
モジュール仕様	・ボー・レート：9600bps ・動作電圧　　：2.7〜3.6V ・動作温度　　：−40〜+85℃ ・アンテナ　　：組み込みセラミック・アンテナおよび外部アンテナ ・外部アンテナ・ポート：SMA ・3つのGNSSシステムを同時受信可能 ・水平位置精度　　：最小2.5m ・サポート・プロトコル：NMEA, UBX, RTCM ・感度　　　　：−167dBm
開発環境	Arduino：対応，UIFlow：非対応
サイズ	54.2×54.2×12.8mm
重さ	43g

ユニバーサル（PROTO Module）

プロトタイプ開発用のユニバーサル・モジュールです（**写真3**，**表4**）．M-BUSを介してESP32の各種ピンを利用したプロトタイプを作れます．

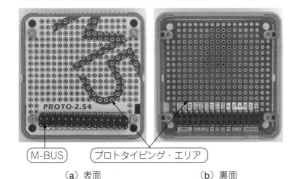

（a）表面　　（b）裏面
写真3　M5Stack専用のユニバーサル基板

表4　主な仕様

項　目	仕　様
インターフェース	M-BUS（汎用）
モジュール仕様	・穴サイズ：1mm（CNCドリル） ・穴ピッチ：2.54mm ・穴数　　：260
開発環境	−
サイズ	54.2×54.2×12.8mm
重さ	11.5g

バッテリ（BATTERY Module）

M-BUS

リチウム・ポリマ・バッテリ3.7V,
850mAh（現行モデルは700mAh）

（a）表面　　（b）裏面

写真4　標準バッテリの150mAhより大幅に容量UP

700mAhの大容量リチウム・ポリマ・バッテリ・モジュールです（写真4, 表5）. 複数のリチウム・ポリマ・バッテリを積み重ねて容量を拡張していくことが可能です.

表5　主な仕様

項　目	仕　様
インターフェース	M-BUS（VBAT）
モジュール仕様	700mAhバッテリ
開発環境	－
サイズ	54.2 × 54.2 × 12.8mm
重さ	24.5g

有線LAN

イーサネット・コントローラとしてW5500（WIZnet）を搭載した100BASE-T対応の有線LANモジュールです（写真5）. PoE（Power over Ethernet）には非対応です.

外部電源供給用のDC端子が用意されており, USB給電の代わりに9V ～ 24VまでのACアダプタを接続できます（表6）.

TTL↔RS-485アダプタ基板が付属しており, これを使用することでGPIO16/17でRS-485を使用することもできます（はんだ付けが必要）.

左側面に未接続の6ピン端子が用意されており, 自由に使用できます.

M5Stack単体動作時とLANモジュール組み合わせ

（a）内蔵されている基板　（b）M5Stack本体と組み合わせた状態

写真5　M5Stackにイーサネット・ケーブルをさせる

時（ケーブル接続状態）で消費電流を比較すると140mAほどの増加となります.

LCDやSDカードと同じSPIバスに接続されているため, これらをマルチスレッドで同時使用される場合はピンの競合に注意が必要です.

本稿執筆時点ではArduinoとESP32のライブラリ間でコードに不整合が生じており, 修正が必要です. またイーサネット・ライブラリはSPIクロックが低めに設定されているほか, SPIを扱うコードが, 汎用的な作りになっているために通信レートが数Mbps程度と低くなっています.

性能を引き出すにはライブラリを修正する必要があり, やや上級者向けの印象です.

表6　主な仕様

項　目	仕　様	
M5Stack側インターフェース	M-BUS［SPI（LCDやSDと並列接続）］	
	GPIO 26（CS）	
	GPIO 34（INT）	
	GPIO 13（RST）	
LAN側インターフェース	10/100Base-T/TX（RJ45）	
モジュール仕様	イーサネット・コントローラ：W5500 RS-485通信サポート 電源電圧9〜24V	
開発環境	Arduino：対応, UIFlow：非対応	
サイズ	54.2 × 54.2 × 27mm	

タイプ2：横にくっつけて使うHAT型拡張モジュール

焦電型人感センサ（PIR HAT）

赤外線によって人の動きを検知するセンサです（**写真6**）．PIRとはPassive Pyroelectric Infraredの略で，焦電効果（pyroelectric effect）を利用して，人体などが放射する赤外線や，人体や物体によって反射される赤外線を検知します．

赤外線を検知するとセンサの出力信号が"H"になり，その状態が2秒間続きます．またセンサが赤外線を検知してから信号が出力されるまでに，2秒の遅延があります（**表7**）．

焦電センサは，夜間の建築物への侵入検知でよく使われています．応答は早くありませんが，人が居るか/居ないかといった検知に向いています．

M5Stickと組み合わせれば，無線通信機能を使って，入退室の情報をネットワークへ送信したり，ペットの動きに反応したりするようなアプリケーションを手軽に作れます．

焦電センサ

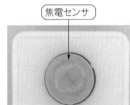 

（a）表側　　　　　（b）側面

写真6　大まかな人の動きを検出するには最適

表7　主な仕様

項　目	仕　様
インターフェース	GPIO（HAT）（GPIO36を使用）
モジュール仕様	・PIRセンサ　　　：AS312 ・検知可能な距離：500cm ・測定遅延　　　：2秒 ・センシング範囲：100度以下 ・静止電流　　　：60 μ A ・動作温度　　　：−20〜80℃
開発環境	Arduino：対応，UI Flow：対応
サイズ	記載なし
重さ	記載なし

環境センサ（ENV HAT）

　気温，湿度，気圧，磁場を測定できるセンサHATです（写真7）．温度・湿度センサとしてDHT12，気圧センサとしてBMP280，磁気センサとしてBMM150を使っています（表8）．

　M5StickC内蔵の6軸センサ（3軸加速度，3軸ジャイロ）と，この拡張モジュール内蔵の3軸磁気センサとを合わせて，9軸のIMUデバイス（慣性航法ユニット）を作れます．M5StickCは小さいのでウェアラブルなIMUデバイスを作ってみると面白いかもしれません．

　公式ページでは，サンプル・プログラムとして，各センサから取得した情報をディスプレイに表示するものが配布されています．M5StickC本体に，この拡張モジュールを差し込み，ダウンロードしたサンプル・プログラムをPCから書き込めば（専用の書き込みソフトウェアを使えば，開発環境の構築をしなくても書き込める）4つのセンサの動きをすぐに確認できます．

　取得したデータを無線通信を使ってクラウド・サービスへアップロードし，蓄積した時系列データをグラフにして表示するようなアプリケーションへの応用が考えられます．

　現在は後継機としてENV Hat Ⅲ（温度・湿度センサとしてSHT30，気圧センサとしてQMP6988，磁気センサ無し）が発売されています．

（a）表側　　　　　　（b）裏側

写真7　これ1つで温度・湿度・気圧・磁場を測れる

表8　主な仕様（ENV Hat Ⅲ）

項　目	仕　様	
インターフェース	I²C（HAT），［I²Cアドレス：SHT30（0x44），QMP6988（0x56）］	
モジュール仕様	測定範囲	・温度：−40〜120℃ ・湿度：10〜90%RH ・気圧：300〜1100hPa
	磁場分解能：0.3μT	
開発環境	Arduino：対応，UIFlow：非対応	
サイズ	15×24×14mm	
重さ	8g	

スピーカ（SPK HAT）

　M5StickCに接続するスピーカです（写真8）．PAM8303（3WモノラルD級アンプ，Diodes）を内蔵し，高PSRR，差動入力，ノイズとRF干渉の除去により高いオーディオ再生能力を実現しています（表9）．

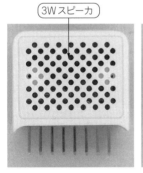

（a）表側　　　　　　（b）裏側

写真8　M5StickCにスピーカを追加できる

表9　主な仕様

項　目	仕　様
インターフェース	GPIO（HAT） （SDとしてGPIO0，IN−としてGPIO26を使用）
モジュール仕様	・FCCクラスBよりも20dB良い低EMI干渉（300MHz時） ・電源5V，4Ω負荷，出力3W，全高調波歪10% ・低ノイズ（無入力時） ・電源範囲：2.8〜5.5V ・短絡防止機能付き ・磁場分解能：0.3μT
開発環境	Arduino：対応，UIFlow：非対応
サイズ	記載なし
重さ	記載なし

タイプ3：Groveコネクタにつなぐユニット型モジュール

環境センサ（ENV Unit）

気温，湿度，気圧を測定できるセンサ・ユニットです（写真9）．温度／湿度センサとしてDHT12，気圧センサとしてBMP280を使っています（表10）．DHT12はDHT11のアップグレード品で，I²Cインターフェースを備えるとともに測定精度も向上しています．BMP280

はモバイル・アプリケーション用に設計されており，消費電力や測定精度，フィルタ性能に特徴があります．
こちらには，M5StickC用のENV HATに内蔵されている磁場センサは内蔵されていません．
現在は後継機としてENV Ⅲ（温湿度センサとしてSHT30，気圧センサとしてQMP6988搭載）が発売されています．

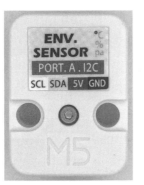

（a）表側　　　　　　（b）裏側
写真9　温度・湿度・気圧が測れる環境センサ

表10　主な仕様（ENV Ⅲ）

項　目	仕　様		
インターフェース	I²C (Grove A)［I²Cアドレス：SHT30 (0x44)，QMP6988 (0x70)］		
モジュール仕様	温度	• 測定IC　：SHT30 • 測定範囲：− 40 〜 + 120℃ • 精度　　：± 0.2℃	
	湿度	• 測定IC　：SHT30 • 測定範囲：10 〜 90%RH • 精度　　：2%	
	気圧	• 測定IC　：QMP6988 • 測定範囲：300 〜 1100hPa • 精度　　：± 0.06hPa	
開発環境	Arduino：対応，UIFlow：対応		
サイズ	32.2 × 24.2 × 8.1mm		
重さ	4.2g		

焦電型人感センサ（PIR Unit）

赤外線により人の動きを検知するセンサです（写真10）．
赤外線を検知するとセンサの出力信号が"H"になり，その状態がしばらく続きます．その後，出力信号が"L"になるまで次の測定開始を遅らせる必要があり

ます．
またセンサが赤外線を検知してから出力が現れるまでに，2秒の遅延があります（表11）．

● 利用例

• 人感センサ・ライト
• セキュリティ・アプリケーション

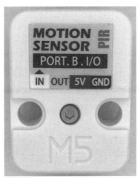

（a）表面　　　　　　（b）裏面
写真10　赤外線を利用して人の動きを検知する焦電センサ

表11　主な仕様

項　目	仕　様
インターフェース	GPIO (Grove B) (GPIO36を使用)
モジュール仕様	• 検知可能な距離：500cm • 測定遅延　　　：2s • センシング範囲：100° 未満 • 静止電流　　　：60 μA • 動作温度　　　：− 20 〜 + 80℃
開発環境	Arduino：対応，UIFlow：対応
サイズ	32.2 × 24.2 × 20mm
重さ	4.9g

光センサ（LIGHT Unit）

光の強度をフォトレジスタで測定するセンサです（写真11）．調整用の可変抵抗も備えています．フォトレジスタは入射する光の強度によって抵抗値が変わる素子で，光が強いと抵抗値が下がり，光が弱いと抵抗値が上がります．光センサ・ユニットではこれを電圧値として取り出します．またユニット内部のコンパレータLM393（テキサス・インスツルメンツ）によって光の有無をディジタル値として取り出すこともでき，そのしきい値を可変抵抗で設定できます（表12）．

● 使用例

窓にLIGHTユニットを貼り付け，検知できる明るさの範囲を調べてみます［図1（a）］．本体側は，M5Stack BasicにPLUSモジュールを積み重ねました．GPIO（Grove B）ポートを使うLIGHTユニットはそのままではM5Stack Basicに接続できないため，Grove BポートとGrove Cポートを本体に追加できる，PLUSモジュールを使っています．測定したデータは60秒ごとにクラウド上のデータ可視化サービスAmbientに送信し，グラフ化しました［図1（b）］．

結果をグラフに示します．夜間は一様に4095を返

しており変化はありません．日の出とともに数値が下がり始め，9時から15時くらいはほぼ一定，その後再び数値が上がり始め，日の入りとともに4095に張り付きました．この日は終日厚い雲に覆われた日だったことから，昼間帯の明るさはほとんど変化がなかったようです．この結果から，LIGHTユニットは人間の目で感じられる明るさの範囲で照度を検出していると言えそうです．なおセンサに直接明るい光を照射したところ0にまで下がったので，検出範囲としては0から4095まできちんと出せています．

（a）M5Stack + PLUSモジュールにセンサを接続

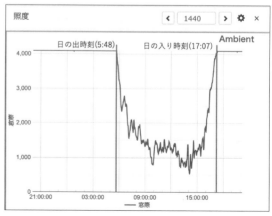

（b）明るさの変化を検知できている

図1　窓に取り付けて，室外の明るさを測定

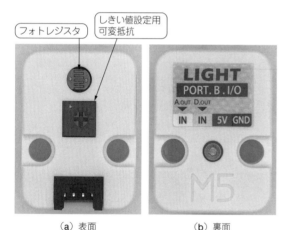

（a）表面　　　　　　（b）裏面

写真11　明るさ測定用センサ・ユニット

表12　主な仕様

項　目	仕　様
インターフェース	GPIO（Grove B）（アナログ値はGPIO36，ディジタル値はGPIO26を使用）
モジュール仕様	・アナログ値とディジタル値（0/1）で選択可能 ・ディジタル値のしきい値を調整可能 　（調整用の10kΩの抵抗を含む）
開発環境	Arduino：対応，UIFlow：対応
サイズ	32.2 × 24.2 × 8.5mm
重さ	8.8g

土壌水分センサ（EARTH Unit）

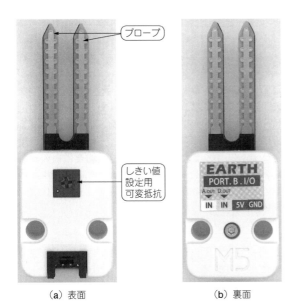

（a）表面　　　　　　　　（b）裏面

写真12　パッド間の抵抗値から相対的な水分量を知れる

土壌や土壌に類似する素材に含まれる水分を測定するセンサです（**写真12**）．2つの露出パッドがセンサとなり，可変抵抗として動作します．つまり土壌に含まれる水分が多いと露出パッド間の伝導率が高く（抵抗値が低く）なり，出力値は高くなります．

測定値はA-Dコンバータで読み取ります．ディジタル値で読み取るためのしきい値を設定する可変抵抗を備えています（**表13**）．

● 利用例
・植木鉢の水分モニタリング

表13　主な仕様

項　目	仕　様
インターフェース	GPIO（Grove B）（アナログ値はGPIO36，ディジタル値はGPIO26を使用
モジュール仕様	・アナログ値とディジタル値（0/1）で出力 ・ディジタル値のしきい値を調整可能
開発環境	Arduino：対応，UIFlow：対応
サイズ	64.4 × 24.1 × 8.1mm
重さ	9.8g

非接触型温度センサ（NCIR Unit）

赤外線センサMLX90614（Melexis）を使った非接触型赤外線（Non Contact Infrared）センサです（**写真13**）．人体などの表面温度を測定できます．

このセンサは離れた場所にある物体が放射している赤外線を測定するものです．そのため温度を測定したい方向にセンサを向けるだけで，対象物に触れることなく温度を測定できます．視野が90°あり，測定対象領域の平均温度を測定するのに便利です．

MLX90614は，周囲温度が−40℃〜＋125℃，物体温度が−70℃〜＋382.2℃の範囲で測定できるよう，工場出荷時に校正されています（**表14**）．

● 利用例
・体温測定
・生体の移動検知

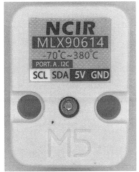

（a）表面　　　　　　　　（b）裏面

写真13　対象物に触れることなく温度を測れる

表14　主な仕様

項　目	仕　様
インターフェース	I²C（Grove A）（I²Cアドレス：0x5A）
モジュール仕様	・赤外線センサ MLX90614 ・動作電圧　　　　　　　：4.5〜5.5V ・測定対象物の温度範囲：−70℃〜＋382.2℃ ・周囲の温度範囲　　　：−40℃〜＋125℃ ・室温における測定精度：±0.5℃ ・測定視野　　　　　　：90°
開発環境	Arduino：対応，UIFlow：対応
サイズ	32.2 × 24.2 × 8.2mm
重さ	4.6g

サーマルカメラ（THERMAL Unit）

　サーモパイル（熱電対列）センサMLX90640（Melexis）を使ったサーマル画像生成ユニットです（**写真14**）．物体表面の温度を測定して，32×24ピクセルの解像度でサーモグラフィ画像を生成します．視野は最大距離7mで110°×75°と広角です（**表15**）．

● 利用例
- 高精度な非接触温度測定
- 侵入・移動検知
- 赤外線サーモメータ

● 使用例
　サーマル・カメラを動作中のラズベリー・パイ3 Model B+（以下ラズパイ）に向けて，測定できる解像度を調べてみます．ラズパイは初期インストール直後の状態で，ユーザ・プログラムは何も動かしていない静かな状態とします．

　結果を写真に示します．85×55mmのラズパイの基板から10cm程度離れて測定すると，15mm角のメインCPUがほぼ4ピクセル角になりました（**写真15**）．実際，横方向の画角が110°で32ピクセルの解像度があるとき，測定対象からカメラまでの距離D，撮影できる対象物の横幅W，1ピクセルで表現できる長さ（解像度）pとの関係は，

$$W = 32p@D = W/2 \tan\left[(110°)/2\right] \cong 0.71W = 22.9p$$

となるため，D=10cmなら$4p$=17mmとなり，ほぼ計算が合います．また身長が1.7mの人間を画面の横幅いっぱいに入れたい場合（W=1.7m）は，D=120cm離れたところから撮影すればよく，そのときの解像度は5.3cmとなります．

熱電対センサMLX90640

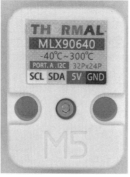

（a）表面　　　　　　　　　（b）裏面

写真14　32×24ピクセルでサーモグラフィ画像が得られる

表15　主な仕様

項　目	仕　様
インターフェース	I²C (Grove A) (I²Cアドレス：0x33)
モジュール仕様	・赤外線センサ MLX90640 ・動作電圧　　　：3～3.6V ・消費電流　　　：23mA ・視野　　　　　：110°×75°注1 ・測定範囲　　　：−40℃～85℃ ・精度　　　　　：±1.5℃ ・リフレッシュレート：0.5Hz～64Hz ・動作温度　　　：−40℃～85℃
開発環境	Arduino：対応，UIFlow：非対応
サイズ	32.2×24.2×8.7mm
重さ	5.3g

注1：公式サイトの仕様表では55°×35°の記載もあるが，ユニット写真と説明文の内容で示されている110°×75°を仕様とみなした

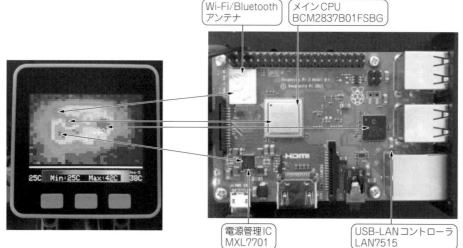

Wi-Fi/Bluetooth アンテナ

メインCPU BCM2837B01FSBG

電源管理IC MXL7701

USB-LANコントローラ LAN7515

写真15
ラズベリー・パイ3B+の基板表面温度を可視化してみたところ．USB-LANコントローラの表面が約40℃になっている

ToF距離センサ（ToF Unit）

Time-of-Flight方式を使った距離センサです（**写真16**）．ユニットから放出したレーザ光が対象物から反射して戻ってくるまでの時間を測定することによって，距離を算出します．

距離測定センサVL53L0X（STマイクロエレクトロニクス）により，30ms未満で2mまでの距離を測定できます（**写真17**，**表16**）．

● 利用例

- 1次元ジェスチャ認識
- レーザ測距
- 3次元センシング
- カメラ・アシスト（超高速なオート・フォーカス，被写界深度測定）

 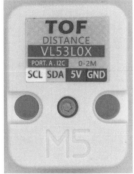

レーザ送受信部

（a）表面　　　　　（b）裏面

写真16　対象物までの距離を測れる

表16　主な仕様

項　目	仕　様
インターフェース	I²C（Grove A）（I²Cアドレス：0x29）
モジュール仕様	・センサ　　　　：VL53L0X ・測定可能距離：3cm～2m注1 ・レーザ波長　：940nm，Class1
開発環境	Arduino：対応，UIFlow：対応
サイズ	32.2×24.2×8.7mm
重さ	5.3g

注1：VL53L0Xのデータシートより

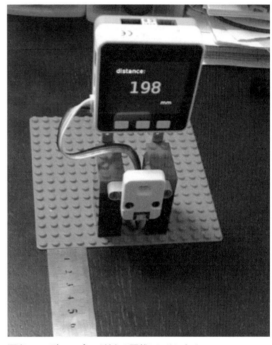

写真17　ディスプレイ付きの距離センサになる

心拍センサ（HEART Unit）

MAX30100（マキシム・インテグレーテッド）を搭載し，心拍数と血中酸素濃度を測定できるユニットです（**写真18**）．

波長の異なる2種類のLEDと受光センサを用いて，差に基づいて赤血球中の酸素量を測定できます．

センサ部分に指先を乗せて測定しますが，わずかな位置の違いや，力の入れ具合で結果が変動しがちです

 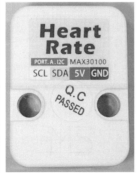

（a）表面　　　　　（b）裏面

写真18　心拍数と血中酸素濃度を測定できる

表17　主な仕様

項　目	仕　様
インターフェース	I²C（Grove A）（I²Cアドレス：0x57）
モジュール仕様	・シャットダウン電流0.7μA（スリープ時） ・I²C通信（400kHz） ・A-D変換分解能14ビット
開発環境	Arduino：対応，UIFlow：非対応
サイズ	32×24×8mm
重さ	5g

(a)　Groveケーブルで配線

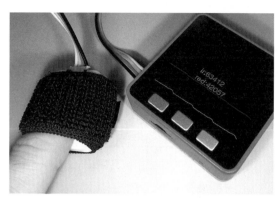

(b)　指をうまく固定する必要がある

写真19　測定のようす

ので，特に酸素濃度の測定結果については参考値として扱うことをお勧めします．

　伸縮性のあるバンドを用いてユニットと指を固定すると結果が安定しやすくなります（**写真19**）．

　Grove Aポートに接続し，I²C通信で使用します（**表17**）．

A-Dコンバータ（ADC Unit）

　アナログ・データをI²Cで取得するためのA-D変換ユニットです（**写真20**）．A-Dコンバータとして変換精度16ビットのADS1100（テキサス・インスツルメンツ）を用いているため，ESP32内蔵のA-Dコンバータ（12ビット）より高精度で変換が可能です（**表18**）．

VH3.962ピン・ユニット

(a) 表面　　　　　(b) 裏面

写真20　M5Stackに搭載されているESP32-D0WDのA-Dコンバータよりも高精度

● 利用例

- ・心電図信号取得
- ・血圧測定
- ・ダイナモ・メータ

表18　主な仕様

項　目	仕　様		
インターフェース	I²C (Grove A) (I²Cアドレス：0x48)		
モジュール仕様	・A-Dコンバータ　　　　：ADS1100 ・変換精度　　　　　　：16ビット ・積分非直線誤差 (INL)：0.0125% 　　　　　　　　　　（フルスケール） ・可変な増幅率 (1, 2, 4, 8から選択) ・低ノイズ (4 μ V_{p-p}) ・サンプリングレート　：8～128サンプル/秒 ・動作電圧　　　　　　：2.7～5.5V ・消費電流　　　　　　：90 μ A		
開発環境	Arduino：対応　UIFlow：対応		
サイズ	32.5 × 24.1 × 10.2 mm		
重さ	5.9g		

GPS (GPS Unit)

　正確な位置情報を取得するためのGPSユニットです(**写真21**). ナビゲーション・チップとしてAT6558(中科微)を使っています. 6個の衛星測位システム[みちびき(日本), GPS(米国), ガリレオ(欧州), Beidou(中国), GLONASS(ロシア), SBAS(衛星航法補強システム)]から56チャネルのGNSS信号を受信できます(**表19**).

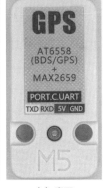

GPSアンテナ内蔵

（a）表面　　　（b）裏面

写真21
複数の衛星に
対応している

● 利用例

・自動車, 船舶の測位・ナビゲーション

表19　主な仕様

項　目	仕　様
インターフェース	UART (Grove C) [U2RXD (GPIO16)とU2TXD (GPIO17)を使用]
モジュール仕様	・ボー・レート：9600bps ・測位精度　：2.5m (CEP50, オープン・スペース) ・チャネル　：56 ・単一の測位システム (BDS, GPS, GLONASS), 　または複数の測位システムの組み合わせによる測 　位をサポート ・D-GNSS (差動GNSS) をサポート ・測位更新間隔：1～10Hz ・最大高度　：1800m ・最大速度　：515m/s ・最大加速度　：4G

	消費電流	・BDS/GPSデュアル・モード ・連続動作時　：23mA以下 (@3.3V) ・スタンバイ時：10μA以下
	感度	・トラッキング　　：－162dBm ・キャプチャ　　　：－148dBm ・コールド・スタート：－146dBm
	起動時間	・コールド・スタート：35秒 ・ウォーム・スタート：32秒 ・ホット・スタート　：1秒

項　目	仕　様
	・動作温度：－40℃～+85℃
開発環境	Arduino：対応, UIFlow：対応
サイズ	32.2 × 24.2 × 8.1mm
重さ	4.2g

指紋センサ (FINGER Unit)

　FPC1020A (Biovo) を内蔵した指紋センサです(**写真22, 表20**). このオールインワン指紋センサによって指紋の追加, 指紋の検証, 指紋データの管理が可能です. 生体認証が必要なプロジェクトに適したユニットです.

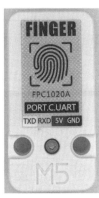

指紋センサ

FPC1020A

（a）表面　　　（b）裏面

写真22
生体認証を利
用した高セキュ
リティ・アプリ
ケーションも作
れる

● 利用例

・指紋による出席管理機
・指紋ロッカ

表20　主な仕様

項　目	仕　様
インターフェース	UART (Grove C) [U2RXD (GPIO16)とU2TXD (GPIO17)を使用]
モジュール仕様	・ボー・レート　　：9600～115200bps 　　　　　　　　　　(デフォルト19200) ・指紋容量　　　　：1000/1700, 2000/3000 　　　　　　　　　　(デフォルト1700) ・セキュリティ・レベル：1～5 ・他人受入率 (FAR)：0.001%以下 (セキュリ 　　　　　　　　　　　ティ・レベル3のとき) ・本人拒否率 (FRR)：0.1%以下 (セキュリ 　　　　　　　　　　　ティ・レベル3のとき) ・比較モード　　　：1：1 (認証), 1：N (識別) ・静止電流　　　　：20μA以下 ・応答時間　　　　：0.45秒以下 　　　　　　　　　　(指紋データ前処理時間) ・出力形式　　　　：ユーザ名, 指紋画像, 特徴量 ・特性値の大きさ　：193バイト ・動作温度　　　　：－10℃～+60℃ ・動作湿度　　　　：20～80%
開発環境	Arduino：対応, UIFlow：対応
サイズ	32.2 × 24.2 × 8.1mm
重さ	4.2g

カード形キーボード（CardKB Unit）

　カード形のQWERTYキーボード・ユニットです（**写真23**，**表21**）．入力インターフェースとして標準ではボタンしか持たないM5Stackに，アルファベットによるキーボード入力機能を追加できます．

　通常の文字の他，Symキー，Shiftキー，Fnキーを備えており，これらのキーとの同時押しによってさまざまなキー入力を実現しています．

● ボタンの組み合わせの例

- 単一のボタン
  「Q」を押すと小文字の「q」が入力されます．
- Symキーとの組み合わせ
  「Q」押すと「｛」（左中括弧）が入力されます．SymキーのダブルクリックでSym機能をロックできます．
- Shiftキーとの組み合わせ
  「Q」を押すと大文字の「Q」が入力されます．
- Fnキーとの組み合わせ
  押されたキーに対応する機能をカスタマイズ可能です．

● 利用例

- M5Stackへのキーボード機能追加

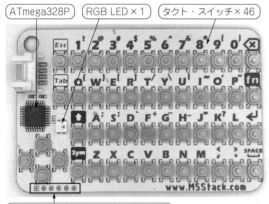

写真23　アルファベットによるキーボード入力機能を追加できる

表21　主な仕様

項　目	仕　様
インターフェース	I²C (Grove A) (I²Cアドレス：0x5F)
モジュール仕様	複数キーの組み合わせが可能
開発環境	Arduino：対応，UIFlow：対応
サイズ	84.6 × 54.2 × 6.5mm
重さ	20.1g

D-Aコンバータ（DAC Unit）

　電圧や音声波形のようなディジタル信号をアナログ信号に変換するユニットです（**写真24**）．不揮発メモリ（EEPROM）を内蔵する12ビット高分解能D-Aコンバータ・チップMCP4725（マイクロチップ・テクノロジー）を使っています（**表22**）．D-Aコンバータへの入力値と設定データをEEPROMに書き込むことが可能です．

● 利用例

- MP3オーディオ・プレイヤ

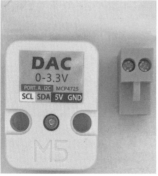

（a）表面　　　　　（b）裏面とコネクタ

写真24　M5Stackに搭載されているESP32-D0WDのD-Aコンバータよりも高精度

表22　主な仕様

項　目	仕　様
インターフェース	I²C (Grove A) (I²Cアドレス：0x60)
モジュール仕様	・D-Cコンバータ：MCP4725 ・分解能　　　：12ビット ・出力電圧　　：0〜3.3V
開発環境	Arduino：対応，UIFlow：対応
サイズ	32.2 × 24.2 × 10.3mm
重さ	5.7g

ミニ・リレー（RELAY Unit）

リレーを実装するユニットです（**写真25**）．リレーとは電磁石を使って機械的に電気接点を開閉する電動スイッチです．このユニットを使うと，マイコンのディジタル信号でDC 30VまたはAC 220Vまでの大電力回路を制御できます（**表23**）．

VH3.96
3ピン・ユニット　　3Aリレー

（a）表面　　　　（b）裏面とコネクタ

写真25　外部機器の駆動に最適な機械式リレー

● 回路構成

A接点（ノーマリ・オープン）とB接点（ノーマリ・クローズ）の両方を持っています．1つの制御信号でA接点とB接点が連動して動くので，両接点が同時にON（またはOFF）になることはありません．

▶ A接点

制御信号OFFの状態では，接点が開いており（回路は遮断されている），制御信号がONになると，接点が閉じます（回路がつながる）．

▶ B接点

A接点と逆の動きとなります．

● 利用例

・高電力家電（冷蔵庫，エアコン，テレビなど）の制御

表23　主な仕様

項　目	仕　様
インターフェース	GPIO (Grove B) （リレー制御用としてGPIO26を使用）
モジュール仕様	・シングル・バス制御 ・最大3A (30V DCまたは220V AC)
開発環境	Arduino：対応，UIFlow：対応
サイズ	48.2 × 24.2 × 21.4mm
重さ	5.7g

拡張ハブ（HUB Unit）

任意のGroveポートを拡張するハブ・ユニットです（**写真26**）．単なるハードウェア・エクスパンダのため，同じアドレスを共有する2つのI²Cデバイスを接続すると，I²C信号が競合することがあります（**表24**）．

汎用Groveポート×3

（a）表面　　　　（b）裏面

写真26　Groveポートを3つに増やす

表24　主な仕様

項　目	仕　様
インターフェース	汎用（任意のGroveポート）
モジュール仕様	Groveポートを3ポートに拡張する
開発環境	－（プログラム不要）
サイズ	32.2 × 24.2 × 11mm
重さ	4.5g

赤外線送受信（IR Unit）

赤外線の送信機と受信機を備えるユニットです（写真27，表25）．家電製品などのコントロールや，M5Stack間での赤外線通信などができます．

（a）表面　　　　　（b）裏面

写真27　家電のリモコンが作れる

表25　主な仕様

項　目	仕　様
インターフェース	GPIO（Grove B） （受信用にGPIO36，送信用にGPIO26を使用）
モジュール仕様	• 赤外線送信機×1 • 赤外線受信機×1 • 距離範囲：5m以下
開発環境	Arduino：対応，UIFlow：対応
サイズ	32.2 × 24.2 × 8.9mm
重さ	4.3g

カラー・センサ（COLOR Unit）

対象の色を認識するセンサです（写真28）．センサとしてTCS34725（ams）を搭載しています．測定した色情報をRGB値として出力します．

TCS34725には赤外線カット・フィルタ，3×4のフォトダイオード・アレイ［赤3個，緑3個，青3個，ク

リア（フィルタなし）3個］，16ビットのA-Dコンバータが組み込まれています．赤外線カット・フィルタにより人間の目で見た時の自然な色情報を取得できます（表26）．

● 利用例

• 製品の色の検証
• 色を追跡するロボット

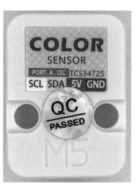

（a）表面　　　　　（b）裏面

写真28　センサで何色か判別する

表26　主な仕様

項　目	仕　様
インターフェース	I²C（Grove A）（I²Cアドレス：0x29）
モジュール仕様	• ダイナミック・レンジ：3,800,000：1[注1] • 赤外線カット・フィルタ[注1] • 温度範囲：− 40℃ ～ +85℃
開発環境	Arduino：対応，UIFlow：対応
サイズ	32.2 × 24.2 × 8.2mm
重さ	3.9g

注1：TCS34725のデータシートより

ジョイスティック（JOYSTICK Unit）

　3軸のアナログ・ジョイスティックを提供するユニットです（**写真29**）．X軸とY軸は10kΩの可変抵抗になっており，2次元の動きをアナログ値で取得できます（**表27**）．さらに押し込み方向のボタンも備えています（押し込み方向はON/OFFだけ）．

● 利用例

- ゲーム・コントローラ
- ロボットのリモコン

（a）側面　　　　　　（b）裏面

写真29　2軸＋押しボタンのジョイ・スティック

表27　主な仕様

項　目	仕　様
インターフェース	I²C（Grove A）（I²Cアドレス：0x52）
モジュール仕様	・X，Y方向の出力値：10〜250 ・Z方向の出力値　　：0（放されている）， 　　　　　　　　　　　1（押されている）
開発環境	Arduino：対応，UIFlow：対応
サイズ	48.2×24.2×22.5mm
重さ	11.4g

ボリューム（ANGLE Unit）

　10kΩのボリューム（可変抵抗器）を搭載したユニットです（**写真30**）．ボリュームや明るさの調整やモータ速度のように連続的な信号制御をしたい場合に便利です．

　ユニット内部では10kΩの固定抵抗器と直列につながっているため，電源電圧の半分まで（0〜2.5V）の範囲で電圧値を取得できます（**表28**）．

 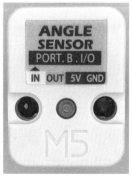

（a）表面　　　　　　（b）裏面

写真30　つまみを回すタイプの入力デバイス

表28　主な仕様

項　目	仕　様
インターフェース	GPIO（Grove B）（GPIO36を使用）
モジュール仕様	10kΩの可変抵抗
開発環境	Arduino：対応，UIFlow：対応
サイズ	32.2×24.2×21.7mm
重さ	5.6g

デュアルボタン （Dual-BUTTON Unit）

プッシュ・ボタン×2

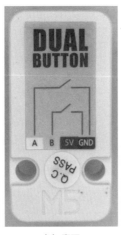

（a）表面　　　　（b）裏面

写真31　M5Stack本体のボタンより押しやすい

2つのボタンを提供するユニットです（**写真31**, **表29**）. ボタン状態の取得はピンの信号レベルをキャプチャするだけというシンプルなユニットです.

● 利用例

- ゲーム・コントローラ
- リモコン・スイッチ

表29　主な仕様

項　目	仕　様
インターフェース	GPIO（Grove B）（青ボタンとしてGPIO36, 赤ボタンとしてGPIO26を使用）
モジュール仕様	押すと"H", 放すと"L"
開発環境	Arduino：対応，UIFlow：対応
サイズ	48.2×24.2×15.2mm
重さ	7.6g

RGB LEDテープ（RGB LED Unit）

NeoPixel互換のフルカラーRGB LEDを1列に並べたLEDテープです（**写真32**, **表30**）. それぞれのLEDは色と輝度を個別に指定可能です. ユニットを直列につなぎ合わせることも可能です. ただし接続するLEDの数や輝度による消費電力に注意が必要です. インターフェースが異なるためRGBユニットとは連結できません.

表30　主な仕様

項　目	仕　様
インターフェース	シングル・バス（Grove A）（Grove AだがI²Cではない. 信号用にGPIO21を使用）
モジュール仕様	・RGB LED：SK6812 ・長さ：0.1m/0.2m/0.5m/1m/2m ・拡張可能
開発環境	Arduino：対応，UIFlow：対応
サイズ［m］	0.1/0.2/0.5/1/2
重さ［g］	4/5/12/19/36

RGB LED×15（10cmテープの場合）

M5Stack側　　　　　　次のRGB LEDテープ側

写真32　フル・カラーLEDユニット

RGB LED（RGB Unit）

3つのNeoPixcel互換フルカラーLEDのユニットです（**写真33**，**表31**）．RGBユニット同士を連結できま

す．インターフェースが異なるためRGB LEDテープ・ユニットとは連結できません．

みやた・けんいち

（a）表面

（b）裏面

写真33　フル・カラーLEDを3つ装備

表31　主な仕様

項　目	仕　様
インターフェース	GPIO（Grove B）（信号用にGPIO26を使用）
モジュール仕様	• RGB LED × 3 • 拡張可能
開発環境	Arduino：対応，UIFlow：対応
サイズ	32.2 × 24.2 × 8.2mm
重さ	4.3g

アナログ値を読み込んで補正し小型液晶ディスプレイに表示する

第3章　温度データのセンシング

下島 健彦

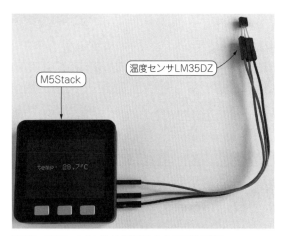

写真1　M5Stackとアナログ温度センサで温度を測る

図1　M5Stackと温度センサとの接続

写真2　使用する温度センサLM35DZ…温度に応じて出力電圧が変化する

本章ではアナログ温度センサを使って温度を測ります（写真1）.

温度，湿度は住居やオフィスにおいて基本的な環境データです．また，農業や製造業でも作業員だけでなく農作物の生育や製造物の精度などに大きな影響を与える指標です．温度，湿度は継続的に測定して記録することで，1日や季節ごとの寒暖の差や平年との差が分かるため，記録し，比較できたら便利です.

使用するデバイス…温度センサ

● 最初は温度センサで試す

センサには値がアナログ値として読めるものと，ディジタル数値データとして読めるものがあります.

例えば温度センサの場合，LM35DZやLM61BIZ（ともにテキサス・インスツルメンツ）といったアナログ出力タイプは，電源を供給することで周囲の温度に比例した電圧が出力されます.

この電圧をA-Dコンバータでディジタル値に換算すれば温度が得られます．例えばArduinoの場合，この出力をanalogRead()関数で読み取り，比例計算することで温度が得られます.

ディジタル・センサはI²CやSPIといった方式でマイコンとセンサが通信することで，測定したデータが数字として得られます.

ディジタル・センサはアナログ値をディジタルに変換するA-D変換器や，I²CやSPIといった通信回路が内蔵されているのに対し，アナログ・センサの方は構造が比較的単純で，安価なものが多いです.

● 今回使用する温度センサ…LM35DZ

温度センサにはサーミスタ，測温抵抗体，熱電対，IC温度センサなどの種類があります．周囲の温度によって抵抗値などの特性が変化することを利用して温度を測ります.

今回利用するLM35DZはIC温度センサの1つで，次のような特性を持っています.

- −55 〜 +150℃の温度を測定できる
- 温度係数はリニアで1℃当たり10mVの電圧が出力される
- +25℃において0.5℃の精度を保証
- 低自己発熱で，静止空気で0.08℃の発熱

M5Stackとは図1に示すように接続します．外形は写真2のようにトランジスタのようで，3本の足があります．電源とグラウンドを接続すると温度に応じた電圧が出力されます.

開発環境

● 種類

M5Stackのプログラム開発環境としてはArduino IDEとUIFlowが提供されています.

M5StackはESP32を搭載しているので，Espressif Systems社が提供するESP-IDFというESP32用のプログラム開発環境も使えます.

Arduino IDE，ESP-IDF，UIFlowの特徴は次のようになります.

▶ 開発環境①…Arduino IDE

Arduino IDEという統合開発環境を使って開発できます.言語はC++でArduinoのシンプルなAPIとライブラリが使えます.プログラムのサンプルも豊富ですし，インターネット上にもたくさんの作例が公開されています.

▶ 開発環境②…ESP-IDF

Espressif Systems社が提供する開発環境です.言語はC/C++です.ESP-IDF独自の豊富なAPIが提供されており，ESP32のフル機能が使えます.

▶ 開発環境③…UIFlow

グーグルが提供するBlocklyというビジュアル・プログラミング言語をベースにしたプログラム開発環境です.BlocklyとMicroPythonでプログラミングできます.

本稿ではArduino IDEとMicroPythonを使います.

その①…Arduinoプログラム

● アナログ値の読み出しにはESP32内蔵のA-Dコンバータを使う

Arduinoでアナログ温度センサの値を読むにはanalogRead()関数を使います.

M5Stackに搭載されているESP32には，A-Dコンバータが内蔵されています.analogRead()はI/Oピンに加えられた電圧をA-Dコンバータで数値に変換して読み取ります.

ESP32のA-Dコンバータの分解能はデフォルトで12ビットで，11dBの減衰器が設定されています.これにより，0～3.6Vの入力に対して0～4095の値が返されます.

● A-Dコンバータは補正が必要

ESP32のA-Dコンバータは直線性に問題があることが知られています.

0～3.3Vまで電圧を変えながらテスタとA-Dコンバータの値を比較すると，次の図2のような特性になりました.電圧が0～0.2Vくらいまではanalog

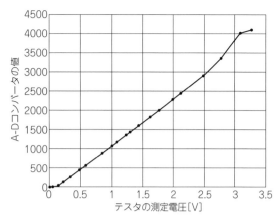

図2　テスタの測定電圧とESP32のA-Dコンバータの出力値の関係

Read()の値が緩やかに上昇し，0.2～2.5Vくらいまでは電圧に比例した値が得られます.

そこで，次のような補正関数を使ってanalogRead()で得られる値を補正しました.

```
v = (float)analogRead(PIN) / 4095.0
    * 3.6 + 0.1132;
```

一般的に，A-Dコンバータはノイズの影響を受けます.ノイズの影響を小さくするには0.1μF程度のコンデンサを入れる，複数回測って平均を取るなどの方法があります.ここでは複数回測って平均を取る方法を採用しました.

● ステップ1…センサの値の読み出し

この補正関数を使ってLM35DZの値を読んでみましょう.LM35DZの出力は1℃当たり10mV（0.01V）なので，analogRead()の値を補正したものを0.01で割ると温度が求められます.

LM35DZの値を読み，M5StackのシリアルとLCDに表示するArduinoプログラムをリスト1に示します.

● ステップ2…LCDに値を表示する

リスト1の6行目の#define文をコメントにしたままビルドすると，温度データがLCDに標準フォントで表示されます.

M5StackのLCDやボタンなどをアクセスする関数は以下のAPIのページに書かれています.

https://github.com/m5stack/M5Stack/
blob/master/src/M5Stack.h#L19

標準フォントで表示するには次の3つの関数を使います.

▶ 関数1…M5.Lcd.setTextSize(uint8_t size);

テキスト・サイズを指定します.指定できる値はAPIページには書かれていませんが，ソースコードを見ると1～7の値です.

リスト1　LM35DZの値をM5StackのシリアルとLCDに表示するプログラム**program1.ino**（Arduino）

```
001: /*
002:  * M5Stackでアナログ温度センサLM35DZを読み,
      * シリアルとLCDに表示する
003:  */
004: #include <M5Stack.h>
005:
006: // #define FONT_7SEG
007:
008: #define PIN 36
009: #define MULTISAMPLES 10
010:
011: void setup() {
012:     M5.begin();
013:     M5.Speaker.write(0); // スピーカをオフする
014:     Serial.begin(115200);
015:
016:     pinMode(PIN, INPUT);
017:
018: #ifdef FONT_7SEG
019:     M5.Lcd.setTextSize(2);
020:     M5.Lcd.setTextColor(RED, BLACK);
021: #else
022:     M5.Lcd.setTextSize(3);
023: #endif // FONT_7SEG
024: }
```

```
025:
026: void loop() {
027:     float vout = 0.0;
028:     // 複数回測り, 平均することでノイズの影響を小さくする
029:     for (int i = 0; i < MULTISAMPLES; i++) {
030:         // A-Dコンバータで値を読み, 簡易補正関数を使って補正する
031:         vout += (float)analogRead(PIN) / 4095.0
                                        * 3.6 + 0.1132;
032:     }
033:     vout /= MULTISAMPLES;
034:
035:     // 温度 = Vout / 0.01v
036:     Serial.printf("%4.1f\r\n", vout / 0.01);
037:
038: #ifdef FONT_7SEG
039:     char str[16];
040:     sprintf(str, "%4.1f\r\n", vout / 0.01);
041:     M5.Lcd.drawString(str, 60, 60, 7);
042: #else
043:     M5.Lcd.setCursor(40, 100);
044:     M5.Lcd.printf("temp: %4.1f'C", vout / 0.01);
045: #endif // FONT_7SEG
046:
047:     delay(1000);
048: }
```

▶関数2…**M5.Lcd.setCursor(uint16_t x0, uint16_t y0);**

　表示位置の座標を(x0, y0)で指定します．座標は左上が(0, 0)で，左右がx軸，上下がy軸です．

▶関数3…**M5.Lcd.printf();**

　いわゆる**printf()**関数です．

　LCDに文字を書く場合，例えば(0, 0)の位置から"ABCDE"という文字列を書き，次に同じ(0, 0)から"123"という文字列を書いた場合，ABCの上に123が上書きされますが，DEはそのまま残り，123DEが表示されます．

　printf()で"%.1f"のように表示幅を指定しなかった場合，値が10.5から9.9に変化すると表示が9.95となるので注意が必要です．

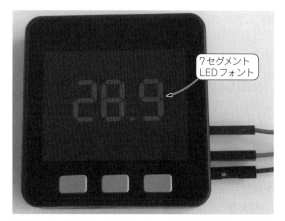

写真3　7セグメントLEDのフォントで温度を表示すると見やすくなる

"4.1f"のように表示幅を指定するとよいでしょう．

● ステップ3…フォントを変える

　現時点（2022年11月）ではAPIページには書かれていませんが，スケッチ例のM5Stack→Advanced→Display→RLE_Font_testなどを見ると，draw String()という関数があります．

M5.Lcd.drawString(const char *string, int poX, int poY, int font);

　LCDのpoX, poYで指定した位置に，fontを指定して文字列stringを表示します．setText Size()と組み合わせて使うことでテキスト・サイズを指定できます．

　fontはスケッチ例のRLE_Font_testを見ると2, 4, 6, 7, 8が使えるようです．fontの値が具体的にどのようなフォントに対応しているかはRLE_Font_testを動かして確認してみてください．

　7を指定すると7セグメントLEDのフォントになります．表示できる文字は数字とコロン，ピリオド「0123456789:.」です．**リスト1**の6行目のコメントを外してビルドすると，**写真3**に示すように，温度が7セグメントLEDフォントで表示されます．

● ステップ4…テキスト色を変える

　M5StackのAPIにテキストの色を指定するsetTextColor()があります．APIのページを見ると，次のように，テキスト色だけを指定することも，テキスト色と背景色を指定することもできるようです．

M5.Lcd.setTextColor(uint16_t color);

リスト2　リスト1にAmbientにデータを送る処理を加えたプログラム**program3.ino**（Arduino）

```
001: /*
002:  * M5Stackでアナログ温度センサLM35DZを読み,
      ＊シリアルとLCDに表示する
003:  */
004: #include <M5Stack.h>
005: #include "Ambient.h"
006:
007: #define PIN 36
008: #define MULTISAMPLES 10
009:
010: WiFiClient client;
011: const char* ssid = "ssid";
012: const char* password = "パスワード";
013:
014: Ambient ambient;
015: unsigned int channelId = チャネルID;
                     // AmbientのチャネルID
016: const char* writeKey = "ライトキー"; // ライトキー
017:
018: void setup() {
019:     M5.begin();
020:     M5.Speaker.write(0); // スピーカをオフする
021:     Serial.begin(115200);
022:
023:     pinMode(PIN, INPUT);
024:
025:     M5.Lcd.setTextSize(3);
026:
027:     WiFi.begin(ssid, password);  // Wi-Fi APに接続
028:     while (WiFi.status() != WL_CONNECTED) {
                         // Wi-Fi AP接続待ち
029:         Serial.print(".");
030:         delay(100);
031:     }
032:     Serial.print("WiFi connected\r\nIP address: ");
033:     Serial.println(WiFi.localIP());
034:
035:     ambient.begin(channelId, writeKey, &client);
          // チャネルIDとライトキーを指定してAmbientの初期化
036: }
037:
038: void loop() {
039:     float vout = 0.0;
040:     // 複数回測り, 平均することでノイズの影響を小さくする
041:     for (int i = 0; i < MULTISAMPLES; i++) {
042:     // A-Dコンバータで値を読み, 簡易補正関数を使って補正する
043:         vout += (float)analogRead(PIN) / 4095.0
                                        * 3.6 + 0.1132;
044:     }
045:     vout /= MULTISAMPLES;
046:
047:     // 温度 = Vout / 0.01v
048:     Serial.printf("%4.1f\r\n", vout / 0.01);
049:
050:     M5.Lcd.setCursor(40, 100);
051:     M5.Lcd.printf("temp: %4.1f'C", vout / 0.01);
052:
053:     ambient.set(1, vout / 0.01);
054:     ambient.send();
055:
056:     delay(60 * 1000);
057: }
```

```
M5.Lcd.setTextColor(uint16_t color,
uint16_t backgroundcolor);
```

　本稿執筆時点では，テキスト色だけを指定して同じ位置に文字を書いた場合，文字が重ね書きされるようです．

　例えば，7セグメントLEDフォントで最初に「1」を表示し，次に同じ位置に「2」を書くと，**図3**のように表示されます．標準フォントでも同様です．

　第2引き数の背景色を指定すれば重ね書きされず，正しく上書きされるので，同じ位置に文字を書く場合は背景色を指定するようにします．

● 発展…クラウドにデータを蓄積する

　温度センサから取得したデータをクラウドに送って蓄積し，グラフ化します．

　IoTデータを蓄積してグラフ化するクラウド・サービスは幾つかありますが，ここでは簡単に始められるAmbient（https://ambidata.io）を使います．

　Ambientを使うにはユーザ登録とチャネルの生成が必要です．その方法はAmbientのチュートリアル（https://ambidata.io/docs/getting started/）をご覧ください．

　Ambientにデータを送るためのArduinoライブラリがあります．Ambientのウェブ・サイト（https://ambidata.io/docs/esp8266/#library_import）にインストール方法が書かれているので，それを参考にしてライブラリを準備してください．

　リスト1に対して，Ambientにデータを送る処理を加えたものを**リスト2**に示します．**リスト1**に示したプログラムを簡単にするために，7セグメントLEDフォントでの表示処理は省いてあります．

　5行目でAmbientに必要なヘッダ・ファイルをインクルードしています．

　データをWi-Fi経由で送るために，Wi-Fiクライアントのデータとアクセス・ポイントのSSID，パスワードを定義します（10 〜 12行目）．

　Ambientの管理データとデータを送るチャネルのIDとライト・キーを定義します（14 〜 16行目）．

　`WiFi.begin()`でアクセス・ポイントに接続し（27 〜 31行目），`ambient.begin()`でAmbientの

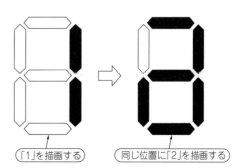

「1」を描画する　　同じ位置に「2」を描画する

図3　テキスト色だけを指定して同じ位置に文字を書くと文字が重ね書きされる

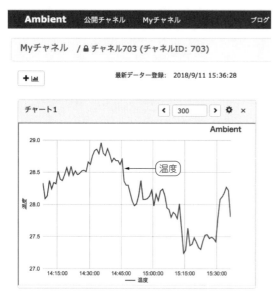

図4　発展…M5Stackからクラウドに送信した温度データをブラウザ上でグラフ化できる

リスト3　LM35DZの値をM5StackのシリアルとLCDに表示するプログラム**program2.py**（MicroPython）

```
001:  import machine
002:  import time
003:  from m5stack import lcd
004:
005:  PIN = 36
006:  MULTISAMPLES = 10
007:  X0 = 120
008:  Y0 = 110
009:  font = lcd.FONT_Dejavu24
010:  # font = lcd.FONT_7seg
011:
012:  def temp():
013:      adc = machine.ADC(PIN)
                              # A-Dコンバータのインスタンスを生成
014:      lcd.font(font)   # フォントを指定
015:      lcd.clear()  # 画面をクリア
016:
017:      while True:
018:          t = 0
019:          for i in range(MULTISAMPLES):
020:              t = t + adc.read() / 10
                              # A-Dコンバータを読み，温度に変換
021:          t = t / MULTISAMPLES
022:          lcd.print('\r', X0, Y0)
                              # 表示位置以降をクリア
023:          lcd.print("%4.1f" % t, X0, Y0)
                              # 温度を表示
024:          time.sleep(5)
```

初期化を行います（35行目）.

センサ・データを`ambient.set()`でパケットにセットし（53行目），`ambient.send()`で送信します（54行目）.

Wi-Fiアクセス・ポイントのSSID，パスワードを自分が使っているWi-Fiルータのものに合わせて書き直し，AmbientのチャネルIDとライト・キーも自分のものに書き直してプログラムをビルドします.

プログラムを実行し，ブラウザでAmbientのウェブ・サイトにログインしてチャネル・ページを見ると，**図4**のように送信したデータがグラフ表示されるのが確認できます.

リスト2のプログラムでは動作確認のために1分ごとに温度を測定してAmbientに送信しています.

実際には室内外の温度はそれほど短時間には変化しないので，5分程度の間隔で測定し，送信するようにするとよいでしょう.

その②…MicroPythonプログラム

M5StackはArduinoの他に，MicroPythonでもプログラミングできます. 次はMicroPythonでアナログ温度センサを読んでみます.

● ステップ1…センサの値の読み出し

M5StackのLCDやボタンなどをアクセスするためのMicroPython APIの説明は以下にあります.

「MicroPython API」
https://github.com/m5stack/M5Cloud/blob/master/README_JP.md#micropython-api

Arduinoの`analogRead()`に対応するのは`machine`モジュールのADCクラスです. ADCクラスを使うには，最初に`machine`モジュールをインポートします.

A-Dコンバータにつなぐピン番号を指定してADCクラスのインスタンスを生成し`read()`すると，ピンの電圧値がmVで読めます.

```
import machine
adc = machine.ADC(36)
adc.read()
```

Adruinoのプログラムで説明したESP32のA-Dコンバータの直線性の問題は，MicroPythonでも同じですが，ESP32のMicroPythonでは`read()`メソッドの内部で補正を行い，補正後の値がmVで返されます.

LM35DZの出力は1℃当たり10mVですので，`read()`した値を10で割ると温度が得られます.

プログラムを**リスト3**に示します.

必要なモジュールをインポートし（1〜3行目），LM35DZをつないだピン番号（36）を指定してA-Dコンバータのインスタンスを生成します（13行目）. `while`ループで複数回A-Dコンバータの値を読んで温度に変換して平均を求めています（18〜21行目）.

● ステップ2…LCDに値を表示する

リスト3の22〜23行目でLM35DZで測った温度を
LCDに表示しています.

9行目でフォントを指定しています.このまま実行
すると標準のフォントが使われます.9行目をコメン
トにして,10行目のコメントを外すと,7セグメント
LEDフォントが使われます.

MicroPythonではArduinoの setTextSize() の
ようにフォント・サイズが指定できないようなので,
見た目のインパクトは弱いですが,アナログ値を読ん
だり,LCDに表示したりするMicroPythonプログラ
ムを理解しておくと何かと便利です.

● 発展…クラウドにデータを蓄積する

Arduinoのプログラムで実施したのと同じように,
MicroPythonでもクラウド(Ambient)にデータを
送って蓄積,グラフ化してみます.

Ambientにデータを送るライブラリにはMicro
Python用のものもあり,次のサイトからダウンロー
ドできます.

https://github.com/AmbientDataInc/
ambient-python-lib

このページ右上の「Clone or download」をクリック
し,さらに「Download ZIP」をクリックし,ZIP形式
のファイルをダウンロードし,適当なディレクトリで
展開します.

展開した中に含まれる ambient.py がライブラリ
なので,これを ampy コマンドでM5Stackに転送し
ます.

$ ampy put ambient.py ⏎

MicroPythonでデータをAmbientに送るプログラ
ムをリスト4に示します.

4行目で ambient モジュールをインポートし,15行
目でチャネルIDとライト・キーを指定してAmbient
オブジェクトを初期化しています.

30行目の am.send() で温度データをAmbientに
送信します.

このプログラムもチャネルIDとライト・キーを自
分のものに書き直して実行すると,図4のようにデー
タがグラフ表示されるのが確認できます.

リスト4　リスト3にAmbientにデータを送る処理を加えたプロ
グラム program4.py (MicroPython)

```
001: import machine
002: import time
003: from m5stack import lcd
004: import ambient
005:
006: PIN = 36
007: MULTISAMPLES = 10
008: X0 = 120
009: Y0 = 110
010: font = lcd.FONT_Dejavu24
011:
012: channelId = チャネルID
013: writeKey = 'ライトキー'
014:
015: am = ambient.Ambient(channelId, writeKey)
016:
017: def temp():
018:     adc = machine.ADC(PIN)
                        # A-Dコンバータのインスタンスを生成
019:     lcd.font(font)  # フォントを指定
020:     lcd.clear()  # 画面をクリア
021:
022:     while True:
023:         t = 0
024:         for i in range(MULTISAMPLES):
025:             t = t + adc.read() / 10
                        # A-Dコンバータを読み,温度に変換
026:         t = t / MULTISAMPLES
027:         lcd.print('\r', X0, Y0)
                        # 表示位置以降をクリア
028:         lcd.print("%4.1f" % t, X0, Y0)
                        # 温度を表示
029:
030:         r = am.send({'d1': t})
031:         r.close()
032:
033:         time.sleep(60)
```

まとめ

今回はアナログ温度センサを使い,M5Stackで温
度を測り,LCDに表示し,クラウド(Ambient)に
送ってグラフ表示しました.

M5Stackを使うと温度計のように単体で温度を
測って表示することもできますし,クラウドに送って
長期的に温度を記録し,温度の変化を調べることもで
きます.

いろいろな場所にM5Stackの温度計を設置して,
温度データをクラウドに集めることで,場所や時間,
時期による温度の変化も調べられます.

しもじま・たけひこ

センサとLCDで測定モニタを作る

第4章 センサ・データを グラフ描画する

下島 健彦

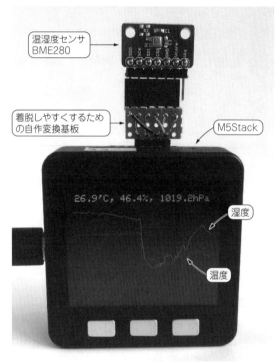

写真1　LCD付きの箱入りデバイスM5Stackを使ったセンサ・データをグラフ表示する手のひらサイズの測定モニタ

表1　定番温湿度センサBME280のデータをグラフとしてモニタできるようにする

項　目	温度 [℃]	湿度 [%]	気圧 [hPa]
測定レンジ	− 40 〜 +85	0 〜 100	300 〜 1100
分解能	0.01	0.008	0.0018
測定精度	± 1	± 3	± 1

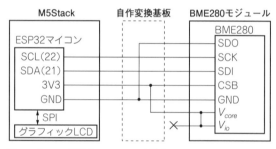

図1　手のひら温湿度モニタの回路構成

手のひら測定モニタの基本機能… センサ・データのグラフ表示

● 継続的に変化する値はグラフ化すると見やすい

本章ではディジタル温度，湿度，気圧センサをつないでM5StackのLCDにグラフを表示させます（**写真1**）．

温度，湿度は住居やオフィスにおいて基本的な環境データです．継続的に測定して記録することで，1日や季節ごとの寒暖の差や平年との差も分かります．

● 今回使用したセンサ

温度，湿度だけでなく，CO_2，明るさ，騒音レベルなど複数のセンサを使う場合，複数デバイスをつなげ

られるディジタル通信インターフェースを備えたディジタル・センサが便利です．

ディジタル・センサはセンサ・モジュールの中にアナログ値をディジタル・データに変換するA-D変換器やマイコンとの通信回路が内蔵されています．このため，マイコンに内蔵されるA-D変換器の数以上のセンサを扱えます．

ここで使うセンサはBosch社製の温度・湿度・気圧センサBME280です（**写真1**）．基板の中央にある2.5mm角の銀色のデバイスがBME280です．このセンサ1つで温度，湿度，気圧を測れます．出荷時に校正を行い，校正データがデバイスに書き込まれているため，それを使って補正することで比較的正確な測定データが得られます．

BME280の仕様を**表1**に示します．

アナログ温度センサの場合，測定の際のノイズの影響を小さくするために，プログラムで複数回測定し，平均値を計算するなどの工夫が必要です．

一方，BME280はデバイスの中に複数回測定して平均値を計算する機能が含まれており，プログラムで複

リスト1　センサ・データをLCDとシリアルに出力するプログラム`program1.ino`

```
/*
 * M5StackとBME280をI2C接続し, 温度, 湿度, 気圧を測定しプリントア
ウトする
 */
#include <M5Stack.h>
#include <Wire.h>
#include "bme280_i2c.h"

#define SDA 21
#define SCL 22

BME280 bme280(BME280_I2C_ADDR_PRIM);

void setup(){
    M5.begin();
    M5.Speaker.write(0);  // スピーカをオフする

    Wire.begin(SDA, SCL, 400000);
    pinMode(SDA, INPUT_PULLUP);  // SDAピンのプルアップの指定
    pinMode(SCL, INPUT_PULLUP);  // SCLピンのプルアップの指定
    Serial.begin(115200);
    M5.Lcd.setTextSize(3);
```

```
    bme280.begin();  // BME280の初期化
}

void loop() {
    struct bme280_data data;

    bme280.get_sensor_data(&data);
    Serial.printf("%0.2f, %0.2f, %0.2f\r\n",
              data.temperature, data.humidity, data.pressure
                                              / 100);

    M5.Lcd.setCursor(30, 40);
    M5.Lcd.printf("temp: %4.1f'C", data.temperature);
    M5.Lcd.setCursor(30, 100);
    M5.Lcd.printf("humid: %4.1f%%", data.humidity);
    M5.Lcd.setCursor(30, 160);
    M5.Lcd.printf("press: %4.1fhPa", data.pressure /
                                              100);

    delay(5000);
}
```

数回測定する必要はありません. デバイスで測定する回数は初期設定できます. 今回はBosch社が推奨する室内測定の推奨値を設定しています.

　通信インターフェースはI^2CとSPIのどちらにも対応しています. 一緒に使うデバイスがI^2Cだけ, あるいはSPIだけの場合, BME280も同じインターフェースを使うことでマイコンとデバイスの間の配線を簡単にできます. 今回はBME280だけを使うので, どちらを選択しても構いませんが, 2本の信号線で通信できるI^2Cを使うことにします.

　モジュールとしてはスイッチサイエンス製の「BME280搭載　温湿度・気圧センサ・モジュール」を使いました.

回路構成

　M5StackとBME280モジュールは図1のようにI^2Cで通信を行います.

　BME280のI^2Cアドレスは0x76と0x77です. スイッチサイエンスのモジュールでは, SDOピンを"L"にすると0x76, "H"にすると0x77になります.

　今回はSDOピンをGNDに接続したので, I^2Cアドレスは0x76になります.

　ジャンパ・ワイヤでも配線できますが, 筆者は写真1のような小さな基板を作り, M5StackにBME280モジュールを挿せるようにしました.

その①…Arduinoプログラム

● ステップ1…BME280のデータを読み出す

　BME280の使い方は, あらかじめデバイスに書き込まれている校正データを読み, 測定時に生データを読んで校正データを使って補正を行い, 補正データを得ます. 補正処理を行うライブラリをBosch社が提供し

ており, OSに依存した処理だけを自分で書くようになっています. ArduinoのI^2Cでアクセスするルーチンを加えたものをGitHubに置きました.

https://github.com/AmbientDataInc/
measuringwithM5Stack/tree/master/2_
DigitalTempSensor/program1

　BME280ライブラリはクラス・ライブラリにしてあります.

`BME280 bme280(addr);`

でI^2Cアドレスを指定してBME280のインスタンスを作ります.

`bme280.begin();`

でBME280を初期化します(ここで校正データを読む).

`struct bme280_data data;`
`bme280.get_sensor_data(&data);`

で補正後の温度, 湿度, 気圧データを取得します.

　BME280から温度, 湿度, 気圧を読み, M5StackのLCDとシリアルに出力するプログラムをリスト1に示します.

　I^2C通信ではシリアル・データ(SDA)とシリアル・クロック(SCL)をプルアップする必要があります.

　スイッチサイエンス製のBME280モジュールにはプルアップ抵抗がありませんが, プログラムでプルアップするので不要です.

● ステップ2…LCDに値を表示する

　ArduinoでM5StackのLCDやボタンなどにアクセスするAPIの一覧を表2にまとめました.

　LCDへの表示は次の3つのAPIで行います.

▶関数1…`M5.Lcd.setTextSize(uint8_t size);`

　テキスト・サイズを指定します. 指定できる値は1〜7の値です.

表2　M5StackのモジュールにアクセスするAPI一覧（Arduino）

モジュール	関　数	説　明
システム	M5.begin();	初期化する
	M5.update();	ボタンなどの状態の更新
LCD	M5.lcd.setBrightness(uint8_t brightness);	明るさの設定
	M5.Lcd.drawPixel(int16_t x, int16_t y, uint16_t color);	色を指定してドットを描く
	M5.Lcd.drawLine(int16_t x0, int16_t y0, int16_t x1, int16_t y1, uint16_t color);	色を指定して線を描く
	M5.Lcd.fillRect(int16_t x, int16_t y, int16_t w, int16_t h, uint16_t color);	四角形を指定した色で塗りつぶす
	M5.Lcd.fillScreen(uint16_t color);	画面全体を指定した色で塗りつぶす
	M5.Lcd.drawCircle(int16_t x0, int16_t y0, int16_t r, uint16_t color);	中心座標，半径，色を指定して円を描く
	M5.Lcd.drawCircleHelper(int16_t x0, int16_t y0, int16_t r, uint8_t cornername,uint16_t color);	象限を指定して円を描く
	M5.Lcd.fillCircle(int16_t x0, int16_t y0, int16_t r, uint16_t color);	色を指定して円を塗りつぶす
	M5.Lcd.fillCircleHelper(int16_t x0, int16_t y0, int16_t r, uint8_t cornername,int16_t delta, uint16_t color);	角の丸い四角形の上または下半分を描く
	M5.Lcd.drawTriangle(int16_t x0, int16_t y0, int16_t x1, int16_t y1, int16_t x2, int16_t y2, uint16_t color);	色を指定して三角形を描く
	M5.Lcd.fillTriangle(int16_t x0, int16_t y0, int16_t x1, int16_t y1, int16_t x2, int16_t y2, uint16_t color);	色を指定して三角形を塗りつぶす
	M5.Lcd.drawRoundRect(int16_t x0, int16_t y0, int16_t w, int16_t h, int16_t radius, uint16_t color);	色を指定して角の丸い四角形を描く
	M5.Lcd.fillRoundRect(int16_t x0, int16_t y0, int16_t w, int16_t h, int16_t radius, uint16_t color);	色を指定して角の丸い四角形を塗りつぶす
	M5.Lcd.drawBitmap(int16_t x, int16_t y, const uint8_t bitmap[], int16_t w, int16_t h, uint16_t color);	ビットマップを描く
	M5.Lcd.drawChar(uint16_t x, uint16_t y, char c, uint16_t color, uint16_t bg, uint8_t size);	文字色，背景色とサイズを指定して文字を書く
	M5.Lcd.setCursor(uint16_t x0, uint16_t y0);	カーソル位置をセットする
	M5.Lcd.setTextColor(uint16_t color);	文字色をセットする
	M5.Lcd.setTextColor(uint16_t color, uint16_t backgroundcolor);	文字色と背景色をセットする
	M5.Lcd.setTextSize(uint8_t size);	文字サイズをセットする
	M5.Lcd.setTextWrap(boolean w);	文字列の自動改行を設定する
	M5.Lcd.printf();	書式付きで文字列を書く
	M5.Lcd.print();	文字列を書く
	M5.Lcd.println();	文字列を書いて改行する
	M5.Lcd.drawCentreString(const char *string, int dX, int poY, int font);	文字列をセンタリングして書く
	M5.Lcd.drawRightString(const char *string, int dX, int poY, int font);	文字列を右詰めで書く
	M5.Lcd.drawJpg(const uint8_t *jpg_data, size_t jpg_len, uint16_t x, uint16_t y);	JPEGデータを描く
	M5.Lcd.drawJpgFile(fs::FS &fs, const char *path, uint16_t x, uint16_t y);	JPEGファイルを描く
	M5.Lcd.drawBmpFile(fs::FS &fs, const char *path, uint16_t x, uint16_t y);	BMPファイルを描く
ボタン	M5.BtnA/B/C.read();	ボタンの状態を得る
	M5.BtnA/B/C.isPressed();	ボタンが押されていることを判定する
	M5.BtnA/B/C.isReleased();	ボタンが離されていることを判定する
	M5.BtnA/B/C.wasPressed();	ボタンが押されたことを判定する
	M5.BtnA/B/C.wasReleased();	ボタンが離されたことを判定する
	M5.BtnA/B/C.pressedFor(uint32_t ms);	指定時間以上ボタンが押されていることを判定する
	M5.BtnA/B/C.releasedFor(uint32_t ms);	指定時間以上ボタンが離されていることを判定する
	M5.BtnA/B/C.lastChange();	ボタンの変化を得る
スピーカ	M5.Speaker.tone(uint32_t freq);	周波数を指定して音を出す
	M5.Speaker.tone(freq, time);	周波数と長さを指定して音を出す
	M5.Speaker.beep();	ビープを鳴らす
	M5.Speaker.setBeep(uint16_t frequency, uint16_t duration);	ビープの周波数と長さをセットする
	M5.Speaker.mute();	ミュートする

コラム　センサとマイコンの通信方式　　　　　　　　下島 健彦

センサとマイコンの通信には幾つかの方式があります．ArduinoではI²C（Inter-Integrated Circuit）とSPI（Serial Peripheral Interface）が標準でサポートされています．センサによってI²Cで通信できるもの，SPIだけのもの，どちらでも通信できるものがあります．カメラ・モジュールなどでは，画像データの通信はSPI，カメラの制御はI²Cと，両方使うものもあります．

● 方式1…I²C

I²Cは双方向のシリアル・データ（SDA）とシリアル・クロック（SCL）の2本の信号線でマスタとスレーブがつながれます［図A（a）］．

通信を主導する方がマスタ，応答する方がスレーブになります．マイコンとセンサをつなぐ場合，マイコンがマスタ，センサがスレーブです．スレーブは複数つなげられます．複数あるスレーブのどれと通信するかを選ぶために，スレーブにはアドレスが割り振られています．

● 方式2…SPI

SPIは単方向のMISO（Master In, Slave Out），MOSI（Master Out, Slave In）とシリアル・クロック（SCK）の3本の信号線を使います．SPIも複数のスレーブをつなげられます［図A（b）］．

SPIではスレーブを選ぶために，SS（Slave Select）という個別の信号線を使います．

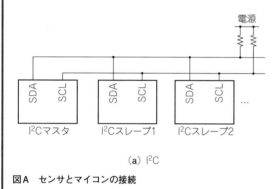

(a) I²C

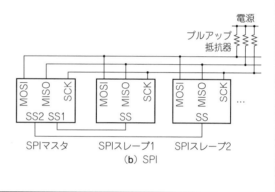

(b) SPI

図A　センサとマイコンの接続

▶ 関数2…**M5.Lcd.setCursor(uint16_t x0, uint16_t y0);**

表示位置の座標を（x0, y0）で指定します．座標は左上が（0, 0）で，左右がx軸，上下がy軸です．

▶ 関数3…**M5.Lcd.printf();**

いわゆる printf() 関数です．

リスト1のプログラムをビルドして動かすと，**写真2**のようにLCDに温度，湿度，気圧が表示されます．

● ステップ3…LCDにグラフ表示する

M5StackのLCDは文字だけでなく，ピクセル単位で描画できます．そこで，温度，湿度をグラフ表示してみます．

M5StackのLCDは横幅320ピクセルです．左右に10ピクセルの余白を取り，300ピクセルのエリアに150件のデータを表示します．

150件のリング・バッファを用意し，リング・バッファに温度，湿度データを挿入する putData() 関

数と，リング・バッファからデータを読み出し，グラフ描画する drawChart() 関数を用意しました．プログラムを**リスト2**に示します．

線の描画は M5.Lcd.drawLine() で行います．
M5.Lcd.drawLine(int16_t x0, int16_t y0, int16_t x1, int16_t y1, uint16_t color);
座標（x0, y0）から（x1, y1）まで color で指定し

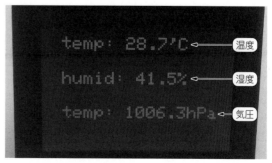

写真2　LCDに値を表示する

リスト2　グラフ表示のためのリング・バッファを操作するプログラム**program2.py**

```
// 温度，湿度を入れるリング・バッファ
#define NDATA 150
struct temphumid {
    float t;
    float h;
} th[NDATA];
int dataIndex = 0;

// リング・バッファに温度，湿度データを挿入する
void putData(float t, float h) {
    if (++dataIndex >= NDATA) {
        dataIndex = 0;
    }
    th[dataIndex].t = t;
    th[dataIndex].h = h;
}

#define X0 10

// 温度，湿度の値からy軸の値を計算する
int th2y(float th, float minY, float maxY, int
                                        HEIGHT) {
    return HEIGHT - ((int)((th - minY) / (maxY
                    - minY) * (float)HEIGHT) + 1);
}

// リング・バッファから温度，湿度を読み，グラフ表示する
void drawChart() {
    int HEIGHT = M5.Lcd.height();
    float mint = 100.0, maxt = -100.0, minh =
                            100.0, maxh = 0.0;
    for (int i = 0; i < NDATA; i++) {
        if (th[i].h == -1.0) continue;
        if (th[i].t < mint) mint = th[i].t;
        if (th[i].t > maxt) maxt = th[i].t;
        if (th[i].h < minh) minh = th[i].h;
        if (th[i].h > maxh) maxh = th[i].h;
    }
    int minT = (int)mint - 1;
    int maxT = (int)maxt + 1;
    int minH = (int)minh - 10;
    int maxH = (int)maxh + 10;
    Serial.printf("minT: %d, maxT: %d, minH: %d,
        maxH: %d\r\n", minT, maxT, minH, maxH);
    for (int i = 0, j = dataIndex + 1; i < (NDATA
                            - 1); i++, j++) {
        if (th[j % NDATA].h == -1.0) continue;
        int t0 = th2y(th[j % NDATA].t, minT,
                                    HEIGHT);
        int t1 = th2y(th[(j + 1) % NDATA].t, minT,
                                    maxT, HEIGHT);
        M5.Lcd.drawLine(i * 2 + X0, t0, (i + 1) * 2
                            + X0, t1, GREEN);
        int h0 = th2y(th[j % NDATA].h, minH, maxH,
                                    HEIGHT);
        int h1 = th2y(th[(j + 1) % NDATA].h, minH,
                                maxH, HEIGHT);
        M5.Lcd.drawLine(i * 2 + X0, h0, (i + 1) * 2
                            + X0, h1, RED);
    }
}
```

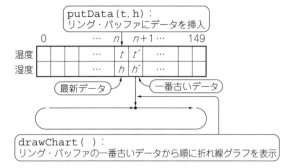

図2　リング・バッファを使って折れ線グラフを表示する

た色で線を描きます．

　リング・バッファは最新データのインデックスが`dataIndex`で，`dataIndex+1`の位置が1番古いデータです．`drawChart()`では，1番古いものから順にデータを取り出し，`M5.Lcd.drawLine()`関数で線を書くことで，折れ線グラフを表示しています（**図2**）．

　横軸の値は300ピクセルの横幅に対し左から順に2ピクセルずつ増加させています．150件のデータを表示するので，測定間隔を10分にすると，25時間分のデータが表示されます．縦軸は温度，湿度，それぞれの値を縦幅240ピクセルに対応付けます．

　グラフの1番下（最小値）と1番上（最大値）を例えば温度なら0℃と40℃のように固定値にすると，非常に平たんなグラフになります．実用性を考えるなら，固定値の方がよいかもしれません．

　一方，温度，湿度の変化をダイナミックに可視化することを考えるなら，最小値，最大値を測定値から計算し，それに合わせて縦軸の値を決めることもできます．どちらが正解ということではなく，用途によって使い分ければよいと思います．

　リスト2のプログラムでは最小値，最大値を測定値から計算しています．

　`loop()`関数では，BME280のデータを読み，リング・バッファに値を入れ，M5StackのLCDをいったんクリアしてから`drawChart()`でグラフを表示しています（**リスト3**）．

　プログラム全体はGitHubに公開しています．

https://github.com/AmbientDataInc/measuringwithM5Stack/tree/master/2_DigitalTempSensor/program2

　プログラムを動かすには，まずM5StackとPCをUSBケーブルでつなぎ，PC上でArduino IDEを起動してプログラムを開きます．「M5Stack-Core-ESP32」ボードとUSBのシリアルポートを選択し，ビルドして書き込みます．すると，**写真1**のようにLCDに温度，湿度がグラフ表示されます．

その②…MicroPythonプログラム

● ステップ1…BME280のデータを読み出す

　次はMicroPythonでBME280のデータを取得します．

　MicroPythonには`machine`というハードウェア関連の機能を集めたモジュールがあり，その中にI2C通信を扱う`I2C`というクラスがあります．

　M5StackにMicroPythonファームウェアを書き込み，BME280を接続します．PCからCoolTermなどの通信プログラム，あるいは`cu`コマンドなどでM5Stackにつなぎ，リターン・キーを押すと，次のようにMicroPythonのプロンプトが表示されます．

　次のようにプログラムを入力すると，BME280のI2Cアドレスを確認できます．

リスト3 センサ・データをLCDにグラフ表示するメイン・プログラムprogram2.py

```
void loop() {
    struct bme280_data data;

    bme280.get_sensor_data(&data);
                              // BME280からデータを読む
    putData(data.temperature, data.humidity);
                              // リング・バッファにデータを挿入
    M5.Lcd.fillScreen(BLACK);  // LCDをクリア
    drawChart();
                // リング・バッファからデータを読み，グラフを表示

    delay(600 * 1000);  // 10分待つ
}
```

リスト4 BME280で測定するプログラム

```
import bme280
from machine import I2C, Pin

i2c = I2C(scl=Pin(22), sda=Pin(21))
bme = bme280.BME280(i2c=i2c)
data = bme.read_compensated_data()
print(data)
```

```
>>> from machine import I2C, Pin⏎
>>> i2c = I2C(sda=Pin(21), scl=Pin
(22))⏎
>>> print('0x%x' % i2c.scan()[0])⏎
0x76
```

BME280のライブラリはGitHubに公開されているESP8266用MicroPythonライブラリ「catdog2/mpy_bme280_esp8266」を使いました．

```
https://github.com/catdog2/mpy_
bme280_esp8266
```

リスト4のように，I²Cのインスタンスを渡してbme280のインスタンスを作り，read_compensated_data()メソッドを呼ぶと，測定を行い，温度，湿度，気圧がタプルの形で返されます．

温度は実際の温度[℃]を100倍した値，湿度は実際の湿度[%]を1024倍した値，気圧は25600倍した値が返されるので，それぞれ割り戻して実際の値を得ます．

GitHubの「catdog2/mpy_bme280_esp8266」サイトのbme280.pyをダウンロードし，ampyコマンドでM5Stackに転送します．

```
$ export AMPY_PORT=/dev/tty.SLAB_
USBtoUART⏎
$ ampy put bme280.py⏎
$ ampy ls /flash⏎
boot.py
config.json
bme280.py
```

ampyコマンドのインストールと使い方は「ampy: MicroPythonマイコンとPCとのファイル転送ツール」(https://ambidata.io/blog/2018/03/15/ampy/)などを参照してください．

リスト5 温湿度をリストに追加してグラフを描くプログラムprogram3.py

```
NDATA = 150

def putData(data, buff):
    buff.append(data)   # 最新データをリストの末尾に追加
    if len(buff) > NDATA:
        buff.pop(0)  # 先頭のデータを捨てる

def th2y(th, minY, maxY, HEIGHT):
    return int(HEIGHT - (th - minY) / (maxY - minY)
                                    * HEIGHT + 1)

def drawChart(buff):
    tmp = tuple(map(sorted, zip(*buff)))
    minT = int(tmp[0][0]) - 1
    maxT = int(tmp[0][-1]) + 1
    minH = int(tmp[1][0]) - 10
    maxH = int(tmp[1][-1]) + 10
    for i in range(len(buff) - 1):
        lcd.line(i * 2 + X0, th2y(buff[i][0], minT,
                      maxT, HEIGHT),
                 (i + 1) * 2 + X0, th2y(buff[i + 1]
                 [0], minT, maxT, HEIGHT), lcd.GREEN)
        lcd.line(i * 2 + X0, th2y(buff[i][1], minH,
                      maxH, HEIGHT),
                 (i + 1) * 2 + X0, th2y(buff[i + 1]
                 [1], minH, maxH, HEIGHT), lcd.RED)
```

● ステップ2…LCDにグラフ表示する

MicroPythonでも温度，湿度データをグラフ表示してみます．プログラムの流れはArduinoのものとほぼ同じです．

グラフは150件の温度，湿度を表示します．表示するデータを保存するリストを作り，最新の温度，湿度のタプルをリストの末尾にappendします．

リストの長さが150を超えたら先頭のタプルをpopで捨てます．

```
pop(0) ⇐ [(温度0，湿度0)，(温度1，湿度1)，... (温度，湿度)] ⇐ append(最新の温度，最新の湿度)
```

今回は，使っているM5CloudのMicroPythonのAPIを**表3**にまとめました．

LCDに線を描くには次のAPIを使います．

```
lcd.line(x, y, x1, y1 [,color])
```

(x, y)から(x1, y1)までcolorで指定した線を描きます．

MicroPython版でも縦軸の値は温度，湿度の最小値，最大値から計算しています．

温度，湿度をリストに追加するputData()と，グラフを描くdrawChart()の部分を**リスト5**に示します．

プログラム全体はGitHubの以下のリンクからダウンロードできます．

```
https://github.com/AmbientDataInc/
measuringwithM5Stack/blob/master/2_
DigitalTempSensor/program3.py
```

M5StackとPCをUSBケーブルでつなぎ，ampyコマンドでこのプログラム(program3.py)をM5Stackに転送します．

```
$ ampy put program3.py⏎
```

表3　M5StackのモジュールにアクセスするAPI一覧（MicroPython）

モジュール	メソッド	説　明
LCD	from m5stack import lcd	インポート例
	lcd.pixel(x, y [,color])	座標(x, y)を指定してドットを描く
	lcd.line(x, y, x1, y1 [,color])	座標(x, y)から(x1, y1)まで線を描く
	lcd.lineByAngle(x, y, start, length, angle [,color])	角度を指定して線を描く
	lcd.triangle(x, y, x1, y1, x2, y2 [,color, fillcolor])	三角形を描く
	lcd.circle(x, y, r [,color, fillcolor])	中心座標，半径を指定して円を描く
	lcd.ellipse(x, y, rx, ry [opt, color, fillcolor])	中心，縦横の半径を指定して楕円を描く
	lcd.arc(x, y, r, thick, start, end [color, fillcolor])	中心，半径，厚み，開始と終了の角度を指定して円弧を描く
	lcd.polygon(x, y, r, sides, thick, [color, fillcolor, rotate])	中心と半径，厚みを指定してsides辺の多角形を描く
	lcd.rect(x, y, width, height, [color, fillcolor])	四角形を描く
	lcd.roundrect(x, y, width, height, r [color, fillcolor])	角の丸い四角形を描く
	lcd.clear([color])	画面をクリアする
	lcd.clearWin([color])	表示枠をクリアする
	lcd.orient(orient)	ディスプレイの表示方向を指定
	lcd.font(font [,rotate, transparent, fixedwidth, dist, width, outline, color])	フォントと属性を指定
	lcd.attrib7seg(dist, width, outline, color)	7セグフォントの属性を指定
	lcd.fontSize()	フォント・サイズを指定
	lcd.print(text [,x, y, color, rotate, transparent, fixedwidth, wrap])	文字列を書く
	lcd.text(x, y, text [, color])	文字列を書く
	lcd.textWidth(text)	文字列の表示幅を得る
	lcd.textClear(x, y, text [, color])	文字列の表示領域をクリアする
	lcd.image(x, y, file [,scale, type])	画像ファイルを表示する
	lcd.setwin(x, y, x1, y1)	表示枠を設定する
	lcd.resetwin()	表示枠を解除し，フルスクリーンに戻す
	lcd.savewin()	表示枠設定を保存する
	lcd.restorewin()	保存した表示枠を戻す
	lcd.screensize()	画面サイズを得る
	lcd.winsize()	表示枠サイズを得る
	lcd.hsb2rgb(hue, saturation, brightness)	HSBカラーをRGBに変換する
	lcd.compileFont(file_name [,debug])	フォントをコンパイルする
ボタン	from m5stack import buttonA	インポート例
	buttonA.isPressed()	ボタンが押されていることを判定
	buttonA.isReleased()	ボタンが離されていることを判定
	buttonA.pressedFor(timeout)	指定時間以上ボタンが押されている
	buttonA.wasPressed(callback=None)	ボタンが押されたことを判定
	buttonA.wasReleased(callback=None)	ボタンが離されたことを判定
	buttonA.releasedFor(timeout, callback=None)	指定時間以上離されている
SDカード	import uos	インポート例
	uos.mountsd()	SDカードをマウントする
	uos.listdir('/sd')	/sdのファイル一覧を取得する
スピーカ	from m5stack import speaker	インポート例
	speaker.volume(2)	音量を設定する
	speaker.tone(freq=1800)	周波数を指定して音を出す
	speaker.tone(freq=1800, timeout=200)	周波数と時間を指定して音を出す

Tera Termなどのシリアル通信プログラムでM5 Stackに接続し，program3をインポートして，program3.temp()関数を起動すると，BME280で温度，湿度，気圧を測り，LCDに数字とグラフで表示します．

```
>>> import program3 ↵
>>> program3.temp() ↵
```

しもじま・たけひこ

GSVメッセージを解析し衛星の位置データを返す
MicroPythonライブラリを利用する

第5章 GPS衛星の現在位置を可視化する

下島 健彦

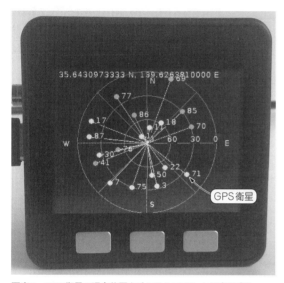

写真1　GPS衛星の現在位置を手のひらM5Stackに表示する
もちろん現在地も表示できる

GPS受信モジュール
AE-GYSFDMAXB
（秋月電子，2,200円）

M5STACK-GPS-02
（M5Stack，スイッチ
サイエンスで6,050円）

GPS受信モジュールADA-746
（Adafruit，スイッチサイエンスで6,028円）

写真2　マイコンで使えるGPS受信モジュール
価格は2022年11月時点の参考価格

やること…GPS情報の可視化

　位置情報は車両の自動運転だけでなく，気象情報や物流管理など広い範囲で使う重要なデータです．

　今回はGPSモジュールを使って，現在地の緯度経度を表示させたり，空に複数飛んでいるGPS衛星の現在位置を調べたりします（写真1）．

● GPSについて

　衛星を使った測位システムは，GNSS（Global Navigation Satellite System）と呼ばれます．

　GPS（Global Positioning System）という名前がポピュラーですが，GPSは米国が運用する衛星測位システムで，衛星測位システムはGPS以外にもEUが運用するガリレオ（Galileo），ロシアのGLONASS，中国の北斗衛星測位システムなどがあります．日本の「みちびき」は準天頂衛星システム（QZSS）と呼ばれます．

　正式にはGNSSと呼ぶべきですが，ここではポピュラーなGPSという名前を使います．

● GPS受信モジュール

　マイコンで使えるGPS受信モジュールには幾つかのものがあります（写真2）．

　多くのモジュールはシリアル・インターフェースでマイコンと通信し，GPS衛星からの信号を受信し，解析して，NMEA 0183というフォーマットの文字列データをマイコンに送ります．

　M5Stackにはスタックして使えるいろいろな拡張モジュールが販売されています．その中の1つにGPSモジュールがあり，今回はそれを使います．写真3のように，M5Stackのコアとボトムの間に挟むだけで使えます．

　M5StackのGPSモジュールはu-blox社のNEO-M8Nというチップを搭載したもので，現在販売されているV2は外部アンテナと内蔵アンテナが使えます．マイコンとはシリアルで通信します．

　GPSモジュールの送信データがGPIO16に，受信

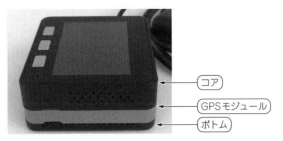

写真3 GPSモジュールはM5Stackに挟むタイプを選んだ

```
$GNRMC,051359.00,A,3538.58411,N,13937.58276,E,0.078,,10101
8,,,D*63
$GNVTG,,T,,M,0.078,N,0.145,K,D*37
$GNGGA,051359.00,3538.58411,N,13937.58276,E,2,06,1.84,63.4
,M,39.2,M,,0000*7D
$GNGSA,A,3,13,06,05,50,42,,,,,,,,3.31,1.84,2.75*12
$GNGSA,A,3,86,,,,,,,,,,,,3.31,1.84,2.75*1E
$GPG
SV,3,1,10,05,59,325,20,06,31,142,36,07,28,062,18,09,01,048
,*77
$GPGSV,3,2,10,13,51,223,37,15,12,234,10,29,25,300,,30,39,1
00,17*7A
$GPGSV,3,3,10,42,48,171,31,50,48,171,31*7B
```

図2 GPSモジュールから得られたシリアル・データ

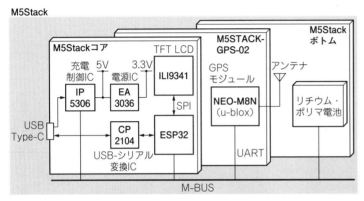

図1 M5Stackを使ったGPSモニタの回路構成

リスト1 GPSモジュールからデータを読んでシリアルに出力するプログラム program1.ino (Arduino)

```
#include <M5Stack.h>

HardwareSerial GPS_s(2);

void setup() {
    M5.begin();

    Serial.begin(115200);
    while (!Serial) ;
    GPS_s.begin(9600);
}

void loop() {
    while (GPS_s.available() > 0) {
        Serial.write(GPS_s.read());
    }
}
```

表1 NMEA 0183フォーマットのデータの意味
図2の1行目のデータを例にとる

データ例	意 味	内 容
GNRMC	トーカID+メッセージ種類	GNSSのRMCメッセージ
051359.00	現在時刻	05時15分59.00秒
A	データ有効性(V=警告，A=有効)	有効
3538.58411	緯度	緯度：35度38.58411分
N	緯度方角(N=北緯，S=南緯)	北緯
13937.58276	経度	経度：139度37.58276分
E	経度方角(E=東経，W=西経)	東経
0.078	速度	0.078ノット/時
−	進行方向	
101018	日付	2018年10月10日
−	磁気変動	
−	磁気変動偏角	
D	測位モード	Differentialmode
*63	チェックサム	

データがGPIO17に接続されているので，M5Stackの UART2を使い，GPIO16を受信，GPIO17を送信に設定します．図1に回路を示します．

その①…緯度と経度のLCD表示

● ステップ1…GPSモジュールのデータを読み出す

まずArduinoでGPSモジュールのデータを読んでみましょう．プログラムは単純で，UART2を指定してシリアル・デバイスのオブジェクトを作り，UART2から1文字読んで，シリアルに出力します（リスト1）．

M5StackにGPSモジュールをつなぎ，GPSアンテナがあれば，なるべく空が見えるところに置きます．

M5StackとPCをUSBケーブルでつなぎ，PC上でArduino IDEを起動してプログラムを開きます．「M5Stack-Core-ESP32」ボードとUSBのシリアル・ポートを選択し，ビルドして書き込むと，図2のような文字列がシリアルに出力されます．

これがNMEA 0183フォーマットのデータです．NMEA 0183フォーマットは先頭が「$」で始まり「,」で区切られた幾つかのフィールドが続き，最後に「*」と16進2桁のチェックサムが付きます．

「$」の直後のフィールドはトーカIDと呼ばれる2文字とメッセージ種類を示す3文字の文字列からなります．GPSで受信するデータではトーカIDとして「GP」「GL」「GN」などが現れます．それぞれGPS, GLONASS,

リスト2　TinyGPS++でGPSデータを解析するプログラム**program2.ino**（Arduino）

```
#include <M5Stack.h>                        M5.Lcd.fillScreen(BLACK);
#include <TinyGPS++.h>                      if (gps.location.isUpdated()) {
                                                M5.Lcd.setCursor(10, 40);
TinyGPSPlus gps;                                M5.Lcd.printf("Lat: %.8f", gps.location.lat());
                                                M5.Lcd.setCursor(10, 80);
HardwareSerial ss(2);                           M5.Lcd.printf("Lng: %.8f", gps.location.lng());
                                            }
void setup()                            }
{
    M5.begin();                         static void smartDelay(unsigned long ms) {
    ss.begin(9600);                         unsigned long start = millis();
}                                           do {
                                                while (ss.available())
void loop()                                         gps.encode(ss.read());
{                                           } while (millis() - start < ms);
    smartDelay(1000);                   }
    M5.Lcd.setTextSize(2);
```

図3　TinyGPS++のサイトからGPSライブラリをダウンロードする

GNSSを意味します．メッセージ種類には「GGA」「RMC」「GSA」「GSV」「VTG」などがあります．

図2の1行目の意味を表1に示しました．

● ステップ2…GPSライブラリをインストールする

このNMEA 0183フォーマットを解析して，必要な情報を取り出すプログラムを作るのはちょっと手間がかかりますが，うれしいことにライブラリが提供されています．

Arduino IDEのファイル→スケッチ例→M5Stack→Modules→GPS_NEO_M8Nにある「FullExample」というサンプル・プログラムではTinyGPS++というライブラリが使われています．

TinyGPS++のインストールは，TinyGPS++のサイト（図3，http://arduiniana.org/libraries/tinygpsplus/）に行き，ダウンロード・アイコンの先の最新ZIPファイルをダウンロードします．Arduino IDEで「.ZIP形式のライブラリをインストール…」でZIPファイルをインストールすれば完了です．

● ステップ3…緯度と経度をLCDに表示する

現在地の緯度経度を調べ，センサの測定値と合わせて記録するといったアプリケーションは，GPSモジュールとTinyGPS++ライブラリを使うと簡単に作れます．

リスト2はTinyGPS++を使って緯度，経度を

M5StackのLCDに表示するものです．

シリアルから読んだGPSモジュールのデータを1文字ずつencode()関数に渡すと，TinyGPS++がNMEA 0183フォーマットを解析し，緯度経度，日付，時刻，高度などの情報を取り出してくれます．

gps.location.lat()関数，gps.location.lng()関数を呼ぶだけで緯度経度が得られます．

TinyGPS++の関数一覧を表2に示しました．date，timeなどのサブオブジェクトにはlocationと同様にisValid()，isUpdated()，age()というメソッドが定義されています．

その②…GPS衛星の現在位置を表示

● GPS衛星の現在位置を調べるなら MicroPythonが便利

今回は現在地の緯度経度を調べるのではなく，空を飛んでいるGPS衛星の現在位置を調べて表示します．これにはNMEA 0183フォーマットのGSV（Satellites in view）というメッセージが使えます．

$GPGSV，メッセージ数，メッセージ番号，全捕捉衛星数，{衛星番号，仰角，方位角，SN比，}x4*チェックサム

GSVメッセージでGPSモジュールが捕捉した衛星の数と各衛星の仰角（0～90°），方位角（0～359°），SN比（00-99 dB）の情報が分かります．

1メッセージには最大4つの衛星の情報が含まれるので，補足した衛星の数が4以上の場合は複数行のGSVメッセージが送られてきます．

この情報を使うと，どの位置にGPS衛星がいるかという天球の地図が描けます（図4）．

ところがArduinoプログラムで使用したTinyGPS++はこのGSVメッセージの衛星の位置データを解析してくれません．幸いなことに，MicroPythonではGSVメッセージを解析し，衛星の位置データを返すライブラリがあるので，ここからはMicroPythonでプログラミングします．

表2　TinyGPS++の関数一覧

関　数	説　明
gps.encode()	GPSデータを解析する
gps.location.isValid()	位置情報が解析されているか判定
gps.location.isUpdated()	位置情報が更新されているか判定
gps.location.age()	位置情報が解析されてからの時間[ms]を返す
gps.location.lat()	緯度
gps.location.lng	経度
gps.date.value()	年月日(DDMMYYフォーマット)
gps.date.year()	年
gps.date.month()	月
gps.date.day()	日
gps.time.value()	時分秒(HHMMSSCCフォーマット)
gps.time.hour()	時間
gps.time.minute()	分
gps.time.second()	秒
gps.time.centisecond()	100分の1秒
gps.speed.value()	速度[100分の1ノット]
gps.speed.knots()	速度[ノット]
gps.speed.mph()	速度[マイル/h]
gps.speed.mps()	速度[マイル/s]
gps.speed.kmph()	速度[km/h]
gps.course.value()	コース[100分の1°]
gps.course.deg()	コース[°]
gps.altitude.value()	高度[cm]
gps.altitude.meters()	高度[m]
gps.altitude.miles()	高度[マイル]
gps.altitude.kilometers()	高度[km]
gps.altitude.feet()	高度[フィート]
gps.satellites.value()	使用している衛星数
gps.hdop.hdop()	水平精度低下率

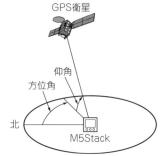

図4
GSVメッセージからGPS衛星の仰角と方位角が分かる

表3　micropyGPSクラスの機能一覧

値/メソッド	説　明
from micropyGPS import MicropyGPS	インポート例
update(x)	GPSデータを解析する
latitude	緯度(度分秒と'S','N'のタプル)
longitude	経度(度分秒と'E','W'のタプル)
course	コース(°)
altitude	高度(m)
geoid_height	ジオイド高
speed	速度(ノット，マイル/h，km/hのタプル)
timestamp	時刻(時分秒のタプル)
date	年月日(日月年のタプル)
satellites_in_view	見える衛星のリスト
satellites_in_use	使用している衛星数
satellites_used	使用した衛星IDのリスト
satellites_visible()	見える衛星のリスト
fix_type	1：no，2：2D，3：3D
hdop	水平精度低下率
vdop	垂直精度低下率
pdop	位置精度低下率
satellite_data_updated()	衛星データが更新されたか判定
satellite_data	衛星情報

● ステップ1…GPSライブラリをインストールする

　MicroPythonのGPSライブラリにはmicropyGPSを使います．

https://github.com/inmcm/micropyGPS

　このサイトに行き，ページ右上の「Clone or download」ボタンをクリックしてZIPファイルをダウンロードし，展開します．

　M5StackとPCをUSBケーブルでつなぎ，micropyGPS.pyファイルをampyコマンドでM5Stackに転送すればインストール完了です．

```
$ export AMPY_PORT=/dev/tty.SLAB_USBtoUART⏎
$ ampy put micropyGPS.py⏎
```

　使い方はTinyGPS++と同様で，シリアルから読んだGPSデータを1文字ずつmicropyGPSに渡すと，メッセージを解析します．

　micropyGPSクラスの機能一覧を**表3**に示します．

● ステップ2…GPSモジュールからデータを読んで緯度経度をLCDに表示する

　リスト3はGPSモジュールからデータを読み，緯度経度をLCDに表示するプログラムです．

　GPSモジュールからデータを読んでmicropyGPSに渡して解析するGPSparse()関数をスレッドにして実行しています．また，この関数の中では100msのスリープを入れています．

　MicroPythonの開発者によると，これらは「Guru Meditation Error」と「Task watchdog got triggered」というエラーを回避するために必要とのことです．

　プログラム・ファイルをampyでM5Stackに転送します．

```
$ ampy put program3.py⏎
```

　CoolTermなどの通信プログラム，あるいはcuコ

リスト3　GPSモジュールからデータを読んで緯度経度をLCDに表示するプログラム**program3.py**（MicroPython）

```
from machine import UART
import micropyGPS
import utime, gc, _thread
from m5stack import lcd

gps_s = UART(2, tx=17, rx=16, baudrate=9600,
        timeout=200, buffer_size=256, lineend='\r\n')
gps = micropyGPS.MicropyGPS(9, 'dd')

def GPSparse():
    n = 0
    tm_last = 0
    while True:
        utime.sleep_ms(100)
        len = gps_s.any()
        if len>0:
            b = gps_s.read(len)
            for x in b:
                if 10 <= x <= 126:
                    stat = gps.update(chr(x))
                    if stat:
                        tm = gps.timestamp
                        tm_now = (tm[0] * 3600) +
                            (tm[1] * 60) + int(tm[2])
                        if (tm_now - tm_last) >= 10:
                            n += 1
                            tm_last = tm_now
                            lcd.clear()
                            lcd.print("Lat: %.8f %s"
        % (gps.latitude[0], gps.latitude[1]), 10, 40)
                            lcd.print("Lng: %.8f %s"
        % (gps.longitude[0], gps.longitude[1]), 10, 80)
                            if (n % 10) == 0:
                                print("Mem free:",
                                    gc.mem_free())
                                gc.collect()

def GPStest():
    lcd.font(lcd.FONT_DejaVu18)
    testth=_thread.start_new_thread("GPS", GPSparse, ())
```

写真4　M5StackのLCDに現在地の緯度経度を表示する

リスト4　衛星データの管理プログラム**program4.py**（MicroPython）

```
satellites = dict()

def putSatellites(sats, new_sats, tm):
    for k, v in new_sats.items():   # 衛星の辞書に新しい
                                    衛星データと現在時刻を追加する
        sats.update({k: (v, tm)})
    for k, v in sats.items():    # 衛星の辞書中で300秒以上
                                 古いものを削除する
        if tm - v[1] > 300:
            print('pop(%s)' % str(k))
            sats.pop(k)
```

リスト5　衛星を表示する座標軸を描画するプログラム**program4.py**（Micro Python）

```
def drawGrid():
    for x in range(40, 121, 40):
        lcd.circle(160, 120, x, lcd.DARKGREY)
    for x in range(0, 360, 45):
        lcd.lineByAngle(160, 120, 0, 120, x, lcd.
                                        DARKGREY)
    for x in (('N', 165, 10), ('E', 295, 115),
              ('S', 165, 220), ('W', 15, 115)):
        lcd.print(x[0], x[1], x[2])
    for x in (('90', 155, 108), ('60', 195, 108),
              ('30', 235, 108), ('0', 275, 108)):
        lcd.print(x[0], x[1], x[2])
```

マンドなどでM5Stackにつなぎ，プログラムをインポートして，起動します．

```
$ sudo cu -s 115200 -l /dev/tty.
SLAB_USBtoUART⏎
>>> import program3⏎
>>> program3.GPStest()⏎
```

LCDに現在地の緯度経度が表示されるのが確認できます（**写真4**）．

● ステップ3…GPS衛星の位置を表示する

micropyGPSはGSVメッセージを解析し，捕捉したGPS衛星の位置（仰角と方位角）を gps.satellite_data に次のような辞書形式のデータとしてセットします．

{衛星番号：（仰角，方位角，SN比），...}

実際には次のようなデータが得られます．

{72: (63, 342, None), 73: (8, 71, None), 80: (0, 19, None), 87: (72, 296, 19), 65: (40, 264, 11), 74: (2, 115, None), 86: (39, 168, 40), 71: (25, 39, None)}

このデータを使ってGPS衛星の位置を表示します．

GSVメッセージは，あるときは10機分のデータが得られ，次に6機分のデータが得られるなど，衛星のデータが一定しません．

そこで，次のような辞書形式のデータを作り，micropyGPSから得たデータに更新時刻をつけて保存（update）しました．Pythonでは辞書のupdateは，同じキーのデータがあると値が上書きされます．

更新時刻が古くなった衛星データは削除するようにしました．

{衛星番号：（（仰角，方位角，SN比），更新時刻），...}

衛星データの管理部分を**リスト4**に示します．

衛星位置の表示は，天球を円で表し，中心が天頂，つまり仰角90°，円の周辺が地平線，仰角0°としました．

衛星を表示する座標軸を描画するプログラムを**リスト5**に示します．lcd.circle()でLCD画面の中心（160，120）から半径40，80，120ピクセルの円を描いています（2～3行目）．

画面の中心が仰角90°，円が仰角60°，30°，0°を表すので，それぞれの位置に数字を表示しました（8～9行目）．

東西南北は，lcd.lineByAngle()でLCD画面の中心から45°ずつ半径方向に線を描き（4，5行目），0°，90°，180°，270°の位置にN，E，S，Wと表示し

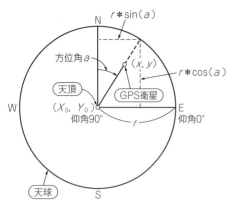

図5　LCD画面上でのGPS衛星位置の表示

リスト6　衛星データをもとに衛星の位置を表示するプログラム
`program4.py`(MicroPython)

```
def drawSatellites(sats, sats_used):
    for k, v in sats.items():
        print(k, v[0])
        if v[0][0] != None and v[0][1] != None:
            l = int((90 - v[0][0]) / 90.0 * 120.0)
            lcd.lineByAngle(160, 120, 0, l, v[0][1])
            x = 160 + sin(radians(v[0][1])) * l
            y = 120 - cos(radians(v[0][1])) * l
            color = lcd.GREEN if k in sats_used
                                         else lcd.RED
            lcd.circle(int(x), int(y), 4, color,
                                               color)
            lcd.print(str(k), int(x) + 9, int(y) - 7)
```

ました.

円の中心の座標を (X_0, Y_0), 円の半径を r ピクセルとすると, 仰角 e, 方位角 a の衛星の座標 (x, y) は次のようになります(図5).

$x = X_0 + \sin(a) \times (90 - e) / 90 \times r$
$y = Y_0 - \cos(a) \times (90 - e) / 90 \times r$

その位置に次の関数を使って半径4ピクセルの小さい円を描き, 衛星を表しました.

```
lcd.circle(int(x), int(y), 4, GREEN,
GREEN)
```

● ステップ4…測位に利用しているGPS衛星の色を変えて表示する

GVSメッセージで得られるのは信号を受信しているGPS衛星ですが, その全てを測位に利用しているわけではありません.

測位に利用している衛星のリストはGSA (GPS DOP and active satellites) メッセージで得られます.

そこでGSAメッセージで測位に利用している衛星のリストを取得し, 衛星を表示するときに, 測位に利用している衛星と利用していない衛星とで色を変えて表示しました.

GPSモジュールから送られてくる実際のメッセージを調べると, GSAメッセージはトーカIDが「GN」で送られてきますが, micropyGPSは「GNGSA」を解析しません.

解析するメッセージ種類はPythonの辞書で管理されているので, 「GNGSA」を追加しました.

衛星データをもとに衛星の位置を表示する部分が**リスト6**です.

プログラム全体はGitHubに置きました.

```
https://github.com/AmbientDataInc/
measuringwithM5Stack/tree/master/3_
GPS/program4.py
```

このプログラム (program4.py) をampyコマンドでM5Stackに転送し, インポートすると, プログラムが動き, GPS衛星のデータを取得し始めます.

プログラムを起動してからGPS衛星のデータがそろうまでに数分かかる場合がありますが, しばらくするとGPS衛星の現在地がLCDに表示されます (**写真1**).

プログラム名をmain.pyにしてM5Stackに転送しておくと, M5Stackをリセットすると自動的にmain.pyが実行されます.

M5StackをGPS衛星の位置を表示する端末にできます.

自動的に起動されるのを止めるには, M5StackのAボタン (左のボタン) を押しながらリセットすると, main.pyを実行せずに立ち上がります. その状態からampyコマンドでM5Stackのmain.pyを削除 (rm) してください.

```
$ ampy rm main.py⏎
```

まとめ

ここではGPSモジュールを使ってGPS衛星のデータを取得し, GPS衛星の位置をLCDに表示しました.

実際にプログラムを動かしてみると, 想像以上に多くのGPS衛星が飛んでいるのが分かります.

各国が衛星測位システムの整備に力を入れていることが感じられます.

M5StackとGPSモジュールを使うことで, ArduinoでもMicroPythonでも比較的簡単に位置情報を扱うことができます. ぜひM5StackとGPSモジュールで位置情報を利用してみてください.

しもじま・たけひこ

温度 / 湿度 / 気圧 / CO_2 濃度をモニタ

第6章 センサの値に応じて 表示色を変える

下島 健彦

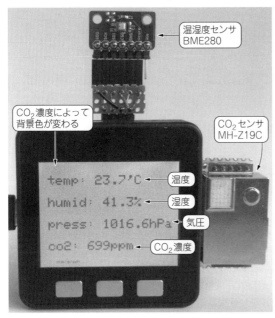

写真1　CO_2 濃度を数値や色で持ち運びOKのM5Stackに表示する

吹き出し:
- 温湿度センサ BME280
- CO_2 濃度によって背景色が変わる
- CO_2 センサ MH-Z19C
- temp: 23.7°C → 温度
- humid: 41.3% → 湿度
- press: 1016.6hPa → 気圧
- co2: 699ppm → CO_2 濃度

表1　CO_2 センサ MH-Z19C の仕様

項　目	値
電源電圧	4.5 ～ 5.5V
消費電流	60mA（平均），150mA（最大）
出力信号	UART，PWM
予熱時間	3分

表2　MH-Z19C の UART インターフェースの仕様

項　目	値
ボー・レート	9600bps
データ長	8ビット
パリティ	なし
ストップ・ビット	1ビット

モニタ対象…CO_2 濃度

● 会議室で雰囲気が悪くなってきたら CO_2 が原因かもしれない

本章では二酸化炭素（CO_2）濃度を測ります.

CO_2 濃度は，温度，湿度，気圧と同様に身近な環境データです. 単位はppmで，外気は400ppm前後です. 室内で1000ppmを超えると集中力，思考力が低下してくると言われています. オフィスや会議室の CO_2 濃度は，生産性に影響を与える要素の1つです. 狭い会議室で何人もで議論していると，だんだん CO_2 濃度が高くなってきます.

CO_2 濃度は植物の生育にも影響を与えるため，農業においても重要な指標です.

細かい値ではなく，おおまかにしきい値を超えているかどうかを見せたいときは，色による表示が効果的です.

そこで今回はカラー LCD が付いている M5Stack を使って CO_2 濃度に応じて色を変えて LCD に表示する端末を作ります（**写真1**）. CO_2 濃度以外にも温度，湿度，気圧データも一緒に取れると便利ですので，第4部第4章で製作した温度，湿度，気圧の測定・表示に機能追加する形で作ります.

● 使用するセンサ

ここでは MH-Z19C（Zhengzhou Winsen Electronics Technology，**写真1**）という NDIR 方式の CO_2 センサを使用します. NDIR ガス・センサはガス分子が特定の波長の光を吸収することを利用して特定のガスの濃度を測定するセンサです.

CO_2 センサは高価なものが多いですが，この MH-Z19C は 2022 年11月時点で秋月電子で 2,480 円でした.

MH-Z19C の仕様を**表1**に示します. 出力信号は UART，PWM の 2 つがあります.

● 回路

図1に全体の回路構成を示します.

MH-Z19C の電源は 4.5 ～ 5.5V 必要なので，M5Stack の 3.3V ではなく，5V の出力を使います.

M5Stack 側の UART は UART2 を使いました.

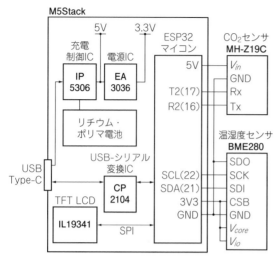

図1　M5Stackを使った温湿度＋CO_2モニタの回路構成

```
#include <M5Stack.h>
HardwareSerial u2(2);
#define PERIOD 5
void setup(){
    M5.begin();
    M5.Speaker.write(0); // スピーカをオフする
    Serial.begin(115200);
    u2.begin(9600);
}
short readMHZ19() {
    char cmd[9] = {0xFF, 0x01, 0x86, 0x0, 0x0, 0x0,
                                  0x0, 0x0, 0x79};
    char res[9];

    for (int i = 0; i < 9; i++) {
        u2.write(cmd[i]);
    }
    int i = 0;
    char checksum = 0;
    while (u2.available() > 0) {
        char c = u2.read();
        res[i++] = c;
        checksum += c;
    }
    checksum += 1;

    return ((checksum == 0) ? res[2] << 8 | res[3]
                                          : (-1));
}
void loop() {
    short co2 = readMHZ19();
    if (co2 < 0) {
        Serial.println("readMHZ19 failed");
    } else {
        Serial.printf("co2: %d\r\n", co2);
    }
    delay(PERIOD * 1000);
}
```

その①…Arduinoプログラム

● ステップ1…CO_2センサのデータを読む

MH-Z19CのUARTインターフェースの仕様を**表2**に示します.

CO_2濃度データを読むには, UARTに

0xFF, 0x01, 0x86, 0x0, 0x0, 0x0, 0x0, 0x0, 0x79

というコマンドを送ります. すると

0xFF, 0x86, 上位バイト, 下位バイト, －, －, －, －, Checksum

という9バイトのデータが返されます.

上位バイト, 下位バイトはCO_2濃度のppm値を表します. 次のようにしてCO_2濃度を求められます.

CO_2濃度＝上位バイト<< 8 | 下位バイト;

「－」の値は不定です. Checksumは9バイト全ての値を足すと0xFFになるような値が送られます.

MH-Z19CからCO_2濃度を読み, シリアルに出力する単純なプログラムを**リスト1**に示します.

M5StackとPCをUSBケーブルでつなぎ, PC上でArduino IDEを起動してプログラムを開きます. 「M5Stack-Core-ESP32」ボードとUSBのシリアル・ポートを選択し, ビルドして書き込むと, CO_2濃度がシリアルに出力されます.

● ステップ2…センサ・データをLCDに数字で表示する

CO_2濃度と温度, 湿度, 気圧データをLCDに数字で表示するには, M5.Lcd.setTextSize();でテキストのサイズを, M5.Lcd.setCursor();でテキスト

を表示する位置を設定し, M5.Lcd.printf();でデータを表示できます.

これだけだとつまらないので, CO_2濃度の値をLCDの背景色で表すようにしてみましょう.

CO_2濃度は外気だと400ppmぐらいです. 1000ppmぐらいから集中力が低下してくると言われているので, 400ppm以下なら緑, 1200ppmで赤になるように徐々に変化させます.

heat()という関数で引き数が0.0から1.0のときに色が青から赤になるようにしています. この部分は「値の大きさをサーモグラフィのような色に変換する」（https://qiita.com/krsak/items/94fad1d3fffa997cb651）を参考にしました. M5Stackでは色を16ビットで扱うので, heat()関数では最後にRGBの値を16ビットに変換しています.

Arduinoのconstrain()関数とmap()関数を使い, CO_2濃度の値が400ppmのときに0.5（緑）, 1200ppm以上のときに1.0（赤）になるようにします.

この2つの関数はセンサから取得した値のある範囲を扱い, グラフ表示するときなどに便利です.

val = constrain(x, a, b);

xがaとbとの間にあるときはx, xがaより小さいときはa, xがbより大きいときはbを返します.

val = map(value, fromLow, fromHigh, toLow, toHigh);

リスト2　センサ・データをLCDに数字で表示するプログラム
program2.ino（Arduino）

```
uint16_t heat(double value) {
  int r, g, b;
  int col = (int)(( -cos(4 * M_PI * value) / 2 +
                                        0.5) * 255);

  if ( value >= 1.0 )      { r = 255; g = 0;   b = 0;   }
  else if (value >= 0.75)  { r = 255; g = col; b = 0;   }
  else if (value >= 0.5 )  { r = col; g = 255; b = 0;   }
  else if (value >= 0.25)  { r = 0;   g = 255; b = col; }
  else if (value >= 0.0 )  { r = 0;   g = col; b = 255; }
  else                     { r = 0;   g = 0;   b = 255; }
  return (((r)>>3)<<11) | ((g)>>2)<<5) | (b)>>3);
}

void loop() {
  struct bme280_data data;

  bme280.get_sensor_data(&data);
  short co2 = readMHZ19();

  int low = 400, high = 1200;
  int c = map(constrain(co2, low, high), low, high,
                                            50, 100);

  uint16_t backcolor = heat((double)c / 100.0);
  uint16_t textcolor = heat((double)((c + 25) %
                                   100) / 100.0);
  M5.Lcd.fillScreen(backcolor);
  M5.Lcd.setTextColor(textcolor, backcolor);
  // 温度，湿度，気圧を表示
  M5.Lcd.setCursor(20, 180);
  M5.Lcd.printf("co2: %dppm", co2); // CO2濃度を表示

  delay(PERIOD * 1000);
}
```

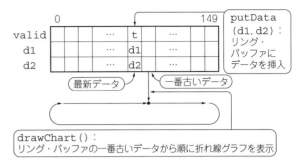

図2　グラフ表示のために150件のリング・バッファを作る

Arduinoのmap()関数はfromLowからfromHigh
までの値valueをtoLow〜toHighの範囲になる
ように変換する関数です．map()関数は整数だけを
扱い，小数点以下は切り捨てます．toLowと
toHighに0.5と1.0を指定しても結果は全て0になっ
てしまいます．そこで，map()関数では50から100
までに変換し，その後に100.0で割って0.5から1.0の
値にしています．

map(co2, 400, 1200, 50, 100)/100.0

heat()関数でCO_2濃度に対応する色の値を計算
し，LCD全体の色と文字の背景色（backcolor）に
します．文字の色は背景色が変わってもよく見えるよ
うに，背景色から少しずらした色（textcolor）に
しました．

LCD全体の色はfillScreen()関数で，文字色
と背景色はsetTextColor()関数で設定します．

M5.Lcd.fillScreen(backcolor);
M5.Lcd.setTextColor(textcolor,
backcolor);

表示部分のプログラムは**リスト2**です．
出力画面は**写真1**のようになります．

● ステップ3…センサ・データをLCDにグラフ
　で表示する

次に，温度とCO_2濃度の値をグラフ表示してみます．
150件のサイズのリング・バッファを作り，最新
150件の温度，CO_2濃度データをputData()関数で
記録します（**図2**）．5分ごとに測定したとすると12.5
時間ぶんのデータになります．リング・バッファに
valid（有効）というフィールドを設け，Falseで

初期化します．putData()でデータを挿入したと
きにTrueに設定します．M5StackのLCDは横幅320
ピクセルなので，150件のデータを横軸を2ピクセル
ずつ動かしながら表示します．

drawChart()関数でグラフ表示するときに，
validがFalseならその部分は線を引かないよう
にしています．

線の描画はM5.Lcd.drawLine()で行います．

M5.Lcd.drawLine(int16_t x0, int16_t
y0, int16_t x1, int16_t y1, uint16_
t color);

座標(x0, y0)から(x1, y1)までcolorで指
定した色で線を描きます．

縦軸の最小値と最大値は，温度は150件のデータを調
べて最小値と最大値を見つけ，それに対応するようにし
ました．こうすることで温度の上下動がよく分かります．

CO_2濃度の縦軸は最小値を200ppm，最大値を
1800ppmの固定値にしました．グラフを見たときに
CO_2濃度の絶対値が分かりやすくなります．

せっかく値を色で表現する関数を作ったので，CO_2
濃度のグラフの色を値によって変えてみます．先ほど
のheat()関数を使ってx0かx1のCO_2濃度に対応す
る色を計算し，drawLine()の引き数に指定します．

表示部分のプログラムは**リスト3**になります．

出力画面は**写真2**です．5分ごとにCO_2濃度，温度，
湿度，気圧を測定し，CO_2濃度と温度を表示しました．

● ステップ4…ボタンで表示を切り替える

CO_2濃度を数字とグラフで表示するプログラムを
作ったので，この2つを1つのプログラムにまとめて，
M5Stackのボタンで表示を切り替えてみます．

ここまではloop()関数で温湿度センサとCO_2セ
ンサを読み，表示し，delay()関数で周期時間待って
いました．ここから表示モードを示すフラグ（disp
Num）を追加し，そのフラグに従って数字で表示するか，
グラフで表示するかを切り替えるようにします．

BtnA.wasPressed()関数でAボタンが押され

リスト3　センサ・データをLCDにグラフで表示するプログラム`program3.ino`（Arduino）

```
// 温度，CO2を入れるリング・バッファ
#define NDATA 150
struct d {
    bool valid;
    float d1;
    float d2;
} data[NDATA];
int dataIndex = 0;
// リング・バッファに温度，CO2データを挿入する
void putData(float d1, float d2) {
    if (++dataIndex >= NDATA) {
        dataIndex = 0;
    }
    data[dataIndex].valid = true;
    data[dataIndex].d1 = d1;
    data[dataIndex].d2 = d2;
}

#define X0 10

// 温度，CO2の値からy軸の値を計算する
int data2y(float d, float minY, float maxY, int
                                         HEIGHT) {
    return HEIGHT - ((int)((d - minY) / (maxY - minY)
                            * (float)HEIGHT) + 1);
}

// リング・バッファから温度，CO2を読み，グラフ表示する
void drawChart() {
    int HEIGHT = M5.Lcd.height();
    float mint = 100.0, maxt = -100.0, minc = 2500.0,
```

```
maxc = 0.0;
    for (int i = 0; i < NDATA; i++) {
        if (data[i].valid == false) continue;
        if (data[i].d1 < mint) mint = data[i].d1;
        if (data[i].d1 > maxt) maxt = data[i].d1;
    }
    int minT = (int)mint - 1;
    int maxT = (int)maxt + 1;
    int minC = 200;
    int maxC = 1800;
    for (int i = 0, j = dataIndex + 1; i < (NDATA
                          - 1); i++, j++) {
        if (data[j % NDATA].valid == false) continue;
        int t0 = data2y(data[j % NDATA].d1, minT,
                                    maxT, HEIGHT);
        int t1 = data2y(data[(j + 1) % NDATA].d1,
                              minT, maxT, HEIGHT);
        M5.Lcd.drawLine(i * 2 + X0, t0, (i + 1) * 2 +
                                    X0, t1, WHITE);
        int c0 = data2y(data[j % NDATA].d2, minC,
                                    maxC, HEIGHT);
        int c1 = data2y(data[(j + 1) % NDATA].d2,
                              minC, maxC, HEIGHT);
        int low = 400, high = 1200;
        uint16_t color = heat((double)map(constrain
                    (data[(j + 1) % NDATA].d2, low, high),
                     low, high, 50, 100) / 100.0);
        M5.Lcd.drawLine(i * 2 + X0, c0, (i + 1) * 2 +
                                    X0, c1, color);
    }
}
```

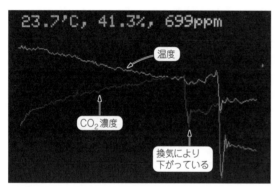

写真2　センサ・データをLCDにグラフで表示する
CO_2濃度のグラフの色は値によって変えている

たかどうかを調べますが，`if`文を使って単純にボタンが押されたら表示フラグを切り替えるようにしてしまうと，ボタンを押しても最大5分間表示が切り替わりません．

　ボタンを押したらすぐに表示を切り替えるには，リスト4のようにします．`loop`関数の先頭で`millis()`関数で`loop`を開始した時刻を記録しておきます．`delay()`関数を使う代わりに，現在時刻が`loop`開始時刻から周期時間経過するまで`while`文を実行します．ボタンが押されたか調べ，押されていたら表示フラグを切り替え，データを再度表示します．周期時間経過すると`while`文を終了し，次の`loop`の実行に移ります．こうすることで，ボタンを押したらすぐに表示が切り替わります．

　`while`ループの中の`M5.update()`はボタンが押されたイベントをボタン（`Btn`）モジュールに伝えるために必要です．

リスト4　ボタンを押したらすぐに表示を切り替えるプログラム`program4.ino`（Arduino）

```
bool dispNum = True;   //数字を表示する
loop() {
    loop開始時刻 = millis();
    //センサを読む
    dispData();   //表示フラグに従って表示する
    while ((millis() - loop開始時刻) < PERIOS * 1000) {
        M5.update();
        if (M5.BtnA.wasPressed()) {   //ボタンAが押されたら
            dispNum = !dispNum;   //表示フラグを切り替える
            dispData();   //表示フラグに従って表示する
        }
    }
}
```

その②…MicroPythonプログラム

　次にMicroPythonでプログラムしてみましょう．

● ステップ1…CO_2センサのデータを読む

　MH-Z19CとM5StackはUARTで接続し，M5Stack側はUART2を使っています．

　MH-Z19CからCO_2濃度データを読むプログラムをリスト5に示します．

　MicroPythonでUARTを制御するには`machine`の中のUARTモジュールをインポートします（1行目）．UART2にアクセスするオブジェクトは5行目のように初期化します．

　CO_2濃度データを読むときにUARTに送るコマンドはArduinoプログラムで説明した通りです．

　MicroPythonでは，コマンドを8行目のように`bytes`型で表現し，UARTオブジェクトに`write()`することでコマンドを送り，`read(9)`で9バイトのデータを読み込めます．`write()`の後に少し時間をあけてから

リスト5　MH-Z19CからCO_2濃度を読んでシリアルに出力するプログラム**program6.py**（MicroPython）

```
001: from machine import UART
002: import struct
003: import utime
004:
005: u2 = UART(2, tx=17, rx=16, baudrate=9600,
                                     buffer_size=256)
006:
007: def readMHZ19():
008:     cmd = b'¥xff¥x01¥x86¥x00¥x00¥x00¥x00¥x00¥
                                                x79'
009:     l = 0
010:     while l != 9:
011:         u2.write(cmd)
012:         utime.sleep_ms(100)
013:         raw = u2.read(9)
014:         l = len(raw)
015:     data = struct.unpack('BBBBBBBBB', raw)
016:     if (sum(data) + 1) % 256 == 0:
017:         return data[2] * 256 + data[3]
018:     else:
019:         return None
```

リスト6　センサ・データをLCDにグラフで表示するプログラム**program6.py**（MicroPython）

```
def putData(data, buff):
    buff.append(data)    # 最新データをリストの末尾に追加
    if len(buff) > NDATA:
        buff.pop(0)    # 先頭のデータを捨てる

def th2y(d, minY, maxY, HEIGHT):
    return int(HEIGHT - (d - minY) / (maxY - minY)
                                   * HEIGHT + 1)

def drawChart(buff):
    tmp = tuple(map(sorted, zip(*buff)))
    minT = int(tmp[0][0]) - 1
    maxT = int(tmp[0][-1]) + 1
    minC = int(tmp[1][0]) - 10
    maxC = int(tmp[1][-1]) + 10
    for i in range(len(buff) - 1):
        lcd.line(i * 2 + X0, th2y(buff[i][0], minT,
                             maxT, HEIGHT),
                 (i + 1) * 2 + X0, th2y(buff[i + 1]
                  [0], minT, maxT, HEIGHT), lcd.GREEN)
        lcd.line(i * 2 + X0, th2y(buff[i][1], minC,
                             maxC, HEIGHT),
                 (i + 1) * 2 + X0, th2y(buff[i + 1]
                  [1], minC, maxC, HEIGHT), lcd.RED)
```

リスト7　ボタンの状態を読んで数字表示とグラフ表示を切り替えるプログラム**program6.py**（MicroPython）

```
from m5stack import buttonA
import utime

period = 5

def temp_co2():
    while True:
        温湿度・気圧センサとCO2センサから値を読む
        putData(センサデータ)
        dispData(buff)
        t = utime.ticks_ms()
        while (utime.ticks_ms() - t) < period * 1000:
            if buttonA.wasPressed():
                global dispNum
                dispNum = not dispNum
                dispData(buff)
            utime.sleep_ms(10)
```

read()しないと9バイトのデータが読めないことがあるので，write()とread()の間にsleep_ms(100)を入れて，100ms待っています．

読み込んだ9バイトのデータもbytes型です．これを15行目のstruct.unpack()で9個の符号なしの整数に展開しています．結果はタプルで返されます．

16行目はチェックサムの計算です．

data[2]が上位バイト，data[3]が下位バイトのデータなので，data[2]*256+data[3]でCO_2濃度を求めています．

● ステップ2…LCDにグラフ表示する

LCDに150件の温度とCO_2を表示します．表示するデータを保存するリストを作り，最新の温度，CO_2のタプルをリストの末尾にappendします．

リストの長さが150を超えたら先頭のタプルをpopで捨てることでリストの長さを150以下に保ちます．

```
pop(0) ⇐ [(温度0, CO20), (温度1,
CO21), ... (温度, CO2)] ⇐ append(最新の
温度, 最新のCO2)
```

LCDに線を描くには次のAPIを使います．

```
lcd.line(x, y, x1, y1 [,color])
```

(x, y)から(x1, y1)までcolorで指定した線を描きます．

MicroPython版でも縦軸の値は温度，CO_2の最小値，最大値から計算しています．

温度，湿度をリストに追加するputData()と，グラフを描くdrawChart()の部分が**リスト6**です．

● ステップ3…ボタンの状態を読む

ボタンの状態を読み，数字表示とグラフ表示を切り替える部分を**リスト7**に示します．

MicroPythonでボタンの状態を読むにはmachineの中のbuttonAモジュールをインポートします（1行目）．11行目でプログラム開始からの経過時刻［ms］を取得し，時刻がさらにperiod秒経過するまでwhileループを回り，その中でボタンAが押されたら，表示モードを切り替えて再表示しています．

Pythonプログラム（ここではprogram6.pyと命名）をPCからM5Stackに転送するには，M5StackとPCをUSBケーブルでつなぎampyコマンドを使います．

ampyコマンドでprogram6.pyを転送したら，CoolTermなどの通信プログラム，あるいはcuコマンドなどでM5Stackにつなぎ，リターン・キーを押すと，MicroPythonのプロンプトが表示されます．

program6をインポートして，temp_co2()関数を起動します．

```
>>> import program6 ↵
>>> program6.temp_co2() ↵
```

ファイル名をprogram6.pyからmain.pyに変えてM5Stackに転送し，M5Stackをリセットすると，main.pyが実行されるようになります．

しもじま・たけひこ

加速度センサ・モジュールで作る

第7章 振動を測定し周波数成分ごとに棒グラフで表す

下島 健彦

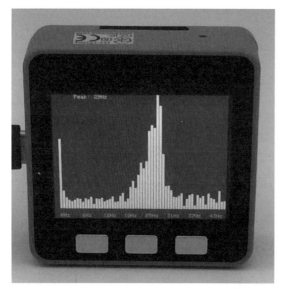

写真1　加速度センサで振動を測定し周波数成分ごとに棒グラフで可視化する

表1　M5Stack内蔵の9軸センサMPU6886の仕様

項　目		値など
インターフェース		I²C，SPI
電源電圧（V_{DD}）		1.71～3.45V
最大クロック周波数		400kHz（I²C） 10MHz（SPI）
加速度	測定レンジ	±2/±4/±8/±16g
	分解能	16ビット
	出力レート	500～4000Hz
ジャイロ （角速度）	測定レンジ	±250/±500/±1000/±2000°/s
	分解能	16ビット
	出力レート	333.33～8000Hz

モニタ対象…振動

　本章では振動を測り，棒グラフで可視化します．

　工場の工作機械などでは，多くの場合モータが使われます．モータの軸や軸受け部分に傷などが付くと，振動を引き起こし，傷が大きくなると振動も大きくなります．工作機械の振動を測ることで，稼働状態の監視や故障の検知，予知ができるようになります．また，橋やビルなどの構造物も振動を測ることで損傷を調べられます．

　このように，振動は設備の稼働状態監視や故障検知，構造物の異常検知などの基礎になるデータです．故障検知，異常検知を行うにはさらに機械学習などの解析処理が必要になりますが，今回はその手前の，生データを測定し折れ線グラフや周波数成分ごとに棒グラフで可視化するところまでを行います（**写真1**）．

● センサはM5Stackに内蔵

　モノは3次元の中で上下前後左右に動きます．3軸加速度センサを使うと，振動をx軸，y軸，z軸方向の加速度として測ることができます．

　加速度の単位はm/s²が用いられるほか，標準重力を基準としたgという単位があり，1.0g=9.80665m/s²という関係があります．

　M5Stackシリーズでは，Basicを除くFire，Core2，M5StickC Plusなどに6軸センサが搭載されていますので，本体だけで振動を測定できます．今回はM5Stack Core2を使います．

　6軸とは3軸（3次元）加速度センサ，3軸ジャイロ（角速度）・センサを合計したものです．

　M5Stackシリーズに使われている6軸センサはInvenSense社のMPU6886です．MPU6886の仕様を**表1**にまとめました．

　MPU6886の機能としてはI²CとSPIでマイコンと通信できますが，M5StackではI²Cで通信します．**図1**にM5Stackの内部回路を示します．

　M5Stackでは**図2**のように加速度は左右方向がx軸，上下方向がy軸，LCD画面と垂直の方向がz軸になっています．

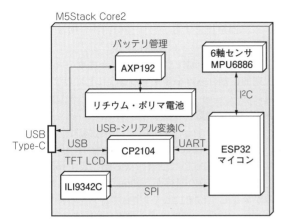

図1　M5Stack Core2の内部構造

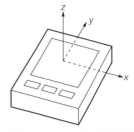

図2　M5Stack Core2上の加速度方向の定義

プログラミング

● ステップ1…加速度センサの値をシリアル出力する

　加速度センサやジャイロ・センサ，磁気センサといった姿勢制御に使われるセンサはIMU（Inertial Measurement Unit）と呼ばれます．IMUにアクセスするライブラリは，以前は独立したライブラリが必要でしたが，今はM5Stackライブラリ（**表2**）の中に組み込まれ，扱いがとても簡単になりました．

　加速度を読み，LCDとシリアルに出力するプログラムを**リスト1**に示します．

- setup()関数では，12行目のM5.IMU.Init()：でIMUの初期設定をしています．
- loop()関数では，21行目のM5.IMU.getAccelData()関数でx, y, z軸方向の加速度データを取得しています．

　リスト1のプログラムでは，50msごとにIMUから加速度データを取得し，LCDとシリアルに出力しています．

　M5StackをLCD画面が水平になるように机などの上に置くと，z軸には重力加速度として約1000mgが，x軸，y軸は0に近い値が表示されます．

　ここで，Arduino IDEのシリアル・プロッタを立ち上げて，M5Stackの乗っている机をトントンとたたいてみましょう．**図3**のように机の振動がグラフで確認できるはずです．

　シリアル・プロッタはシリアルにプリントした数字

表2　9軸センサMPU6886を扱うArduinoクラス・ライブラリ

名　前	説　明
M5.IMU.Init()	IMUを初期化する
M5.IMU.getGyroData(float *gx, float *gy, float *gz)	IMUから3軸ジャイロ・データを取得する
M5.IMU.getAccelData(float *ax, float *ay, float *az)	IMUから3軸加速度データを取得する
M5.IMU.getAhrsData(float *pitch, float *roll, float *yaw)	IMUから姿勢データを取得する
M5.IMU.getTempData(float *t)	IMUチップ温度を取得する

リスト1　加速度を読んでシリアルに出力するプログラム**program1.ino**（Arduino）

```
001: /*
002:  * MPU6886の加速度データを読んでLCDとシリアルに値を表示する
003:  */
004: #include <M5Core2.h>
005:
006: float accX = 0.0F;
007: float accY = 0.0F;
008: float accZ = 0.0F;
009:
010: void setup() {
011:   M5.begin();
012:   M5.IMU.Init();
013:   M5.Lcd.fillScreen(BLACK);
014:   M5.Lcd.setTextSize(2);
016:   M5.Lcd.setCursor(0, 70);

017:   M5.Lcd.printf("accX,    accY,   accZ");
018: }
019:
020: void loop() {
021:   M5.IMU.getAccelData(&accX, &accY,&accZ);
022:
023:   M5.Lcd.setCursor(0, 92);
024:   M5.Lcd.printf("%5.2f  %5.2f  %5.2f G", accX,
                                           accY, accZ);
025:
026:   Serial.printf("%.2f, %.2f, %.2f\r\n", 1000 *
                       accX, 1000 * accY, 1000 * accZ);
027:
028:   delay(50);
029: }
```

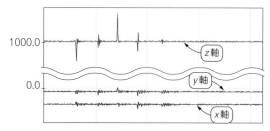

図3　机をトントンとたたいてシリアル・プロッタで動作確認

をグラフ化してくれるツールで，センサ値の傾向や波形などを確認するときにはとても便利です．

● ステップ2…周期的に測定した加速度センサの値をLCD表示する

次に，加速度センサの値をLCDに表示します．

10ms間隔で300回，3秒間加速度センサを測定し，z軸の値をLCDに表示していきます．周期的に値を測定することをサンプリングと言います．10ms間隔でサンプリングすると1秒間に100回サンプリングすることになります．これを100Hzでサンプリングすると言います．

3秒経ったら画面をクリアして，サンプリングと表示を繰り返します．

今回はタイマ機能を使ってサンプリングします．ESP32 Arduinoのタイマ関連の主なAPIを表3にまとめました．

タイマ機能を使った周期処理にはいろいろな方法がありますが，一番単純なのはフラグを使う方法です．タイマ機能を使ったサンプリング・プログラムをリスト2に示します．

▶ setup() 関数

タイマの設定をしています．

timerBegin() で分周比80，周期1μsでタイマを初期化し（90行目），timerAttachInterrupt() でタイマに割り込み関数としてonTimer0() を指定します（91行目）．

割り込み関数onTimer0() にはIRAM_ATTRという属性を指定することで（24行目），関数を割り込み用のRAMエリアに配置します．

timerAlarmWrite() でタイマが10msごとに周期的に割り込みを発生するようにしています（92行目）．

▶ loop() 関数

画面をクリアし，sample() 関数を呼びます．

sample() 関数では，t0flagを0にしてtimerAlarmEnable() でタイマを起動します（55行目）．

t0flagが0の間待ち，10msごとにタイマ割り込みが発生し，t0flagを1にして待ちを解除することで，10msごとの周期処理を実現しています．

300回加速度を測定したらtimerAlarmDisable() でタイマを停止して（73行目），sample() 関数は終了します．

t0flagにはvolatile属性を付けます．これによりコンパイラの最適化を抑制して，毎回値をメモリから読むように指示します．

周期処理を実現するときは，周期間隔の時間内に周期処理本体が完了する必要があります．特に周期処理本体でライブラリを呼んでいる場合は，ライブラリの中で複雑な処理をしていたり，センサ・データが読み出せるまで待っていたりする場合があるので，確認するとよいでしょう．

Arduinoが動き出してからの経過時間をμs単位で返す関数micros() を使い，次のように周期処理の前後で経過時間を測り，表示すれば，処理時間は簡単に確認できます．

```
unsigned long t = micros();
//周期処理本体
Serial.println(micros() - t);
```

M5StackでMPU6886の加速度データを読み，値の最大値，最小値を更新し，1区間グラフを更新する処理を実測したところ，約0.33ms程度でしたので，10msの周期間隔に対して十分短い時間で処理できています．

表3　ESP32 Arduinoのタイマ関連の主なAPI

名　前	説　明
hw_timer_t * timerBegin(uint8_t num, uint16_t divider, bool countUp);	タイマ番号numのタイマを初期化する．divider は分周比で80を指定すると1μs
void timerAttachInterrupt(hw_timer_t *timer, void (*fn)(void), bool edge);	タイマの割り込み関数fnを指定する．edgeは割り込み検出をエッジにするかレベルにするか
void timerAlarmWrite(hw_timer_t *timer, uint64_t alarm_value, bool autoreload);	タイマ値を設定する．autoreloadをtrueにするとタイマ値が再設定され，周期実行される
void timerAlarmEnable(hw_timer_t *timer);	タイマを起動する
void timerAlarmDisable(hw_timer_t *timer);	タイマを停止する

リスト2　タイマ機能を使ったサンプリング処理のプログラム**program2.ino**（Arduino）

```
001: /*
002:  * MPU6886を読んでLCDに波形を表示する
003:  * 10ミリ秒間隔で3秒間サンプリングし，描画
004:  * 描画の縦軸の最小値，最大値を動的に計算する
005:  */
006: #include <M5Core2.h>
007:
008: #define DRANGE 80.0   // ダイナミックレンジ．測定対象に合
                              わせて調整してください．
009:
010: #define TIMER0 0
011: #define SAMPLE_PERIOD 10   // サンプリング間隔（ミリ秒）
012: #define SAMPLE_SIZE 300    // 10ms x 300 = 3秒
013:
014: hw_timer_t * samplingTimer = NULL;
015:
016: struct accel {
017:     float ax, ay, az;
018: };
019:
020: struct accel axyz[SAMPLE_SIZE];
021:
022: volatile int t0flag;
023:
024: void IRAM_ATTR onTimer0() {
025:     t0flag = 1;
026: }
027:
028: #define MINZ 500.0 // 描画時の縦軸の最小値、最大値の初期値
029: #define MAXZ 1500.0
030: float minz = MINZ;
031: float maxz = MAXZ;
032: float avez;
033:
034: int data2y(float d, float mind, float maxd) {
035:     return M5.Lcd.height() - (int)((d - mind) /
               (maxd - mind) * M5.Lcd.height());
036: }
037:
038: #define X0 10   // 横軸の描画開始座標
039:
040: void drawline(int i) {
041:     if (i == 0) return;
042:     M5.Lcd.drawLine(i - 1 + X0, data2y(axyz[i
            - 1].az, minz, maxz), i + X0,
            data2y(axyz[i].az, minz, maxz), GREEN);
043: }
044:
045: void sample(int nsamples) {
046:     int16_t accelCount[3];
047:     float newminz = MAXZ; // 次のminを探す．初期値は
                                  MAX．間違いではない．
048:     float newmaxz = MINZ;
049:
050:     M5.Lcd.fillScreen(BLACK);
051:     M5.Lcd.setCursor(0, 0);
052:     M5.Lcd.printf("ave: %.1f, min: %.1f, max:
            %.1f mG", avez, minz, maxz);
053:     avez = 0.0;
```

```
054:     t0flag = 0;
055:     timerAlarmEnable(samplingTimer);
056:     for (int i = 0; i < nsamples; i++) {
057:         while (t0flag == 0) {
058:             delay(0);
059:         }
060:         M5.IMU.getAccelData(&axyz[i].ax,
                    &axyz[i].ay,&axyz[i].az);
061:         axyz[i].ax *= 1000;
062:         axyz[i].ay *= 1000;
063:         axyz[i].az *= 1000;
064:
065:         if (newminz > axyz[i].az) newminz =
                                        axyz[i].az;
066:         if (newmaxz < axyz[i].az) newmaxz =
                                        axyz[i].az;
067:         avez += axyz[i].az;
068:
069:         drawline(i);
070:
071:         t0flag = 0;
072:     }
073:     timerAlarmDisable(samplingTimer);
074:     Serial.printf("newmin: %.2f, newmax: %.2f,
         drange: %.2f\r\n", newminz, newmaxz, newmaxz
                                    - newminz);
075:     if ((newmaxz - newminz) < DRANGE) {
076:         minz = newminz - DRANGE / 2;
077:         maxz = newmaxz + DRANGE / 2;
078:     } else {
079:         minz = newminz - (newmaxz - newminz) / 2;
080:         maxz = newmaxz + (newmaxz - newminz) / 2;
081:     }
082:     avez /= nsamples;
083: }
084:
085: void setup()
086: {
087:     M5.begin();
088:     M5.IMU.Init();
089:
090:     samplingTimer = timerBegin(TIMER0, 80,
         true);  // divider=80 (1μ秒), countUp=true
091:     timerAttachInterrupt(samplingTimer,
                    &onTimer0, true);
092:     timerAlarmWrite(samplingTimer, SAMPLE_PERIOD
                        * 1000, true);
093:
094:     M5.Lcd.setTextSize(1);
095:     M5.Lcd.setTextColor(GREEN ,BLACK);
096: }
097:
098: int count = 0;
099: void loop()
100: {
101:     M5.Lcd.fillScreen(BLACK);
102:     sample(SAMPLE_SIZE);
103: }
```

● ステップ3…加速度センサの値をLCDにグラフ表示する

サンプリングしたz軸の加速度の1つ前の値az[t-1]と今回の値az[t]を使い，M5.Lcd.drawLine(x0, y0, x1, y1, color)で線を描けば，サンプリングしながら1区間ずつ順次グラフを描いていけます．

グラフ表示する際に，縦軸の最大値，最小値の設定に工夫が必要です．1周期前のデータの最大値，最小値を求めておいて，今回データを描く際の縦軸の最大値，最小値に使いました．

プログラムをビルドし，M5Stackに書き込んで実行すると，LCDに細かく揺れる線が表示されます．

LCDが上になるようにしてM5Stackを机などに置き，机をトントンとたたくと，振動が波形として確認できます（**写真2**）．

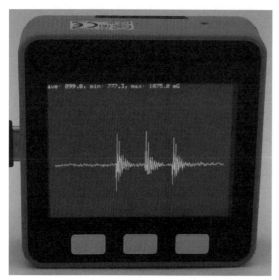

写真2　机をトントンとたたくと振動が波形に表れる

図4　ライブラリマネージャからFFTライブラリをインストールする

● ステップ4…振動の周波数成分を計算する

振動はモノが揺れ動くことなので，揺れる周期があります．1秒間に何周期の揺れがあるかが，その揺れの周波数です．

一般的に振動は幾つかの要因が影響しているので，周波数も幾つかの周波数が組み合わさっています．また，傷や亀裂，ゆるみなどが発生すると周波数の分布が変わります．

そこで，振動の周波数成分を調べてみます．振動の周波数成分を調べるには，高速フーリエ変換（FFT）

解析がよく使われます．

Arduinoで動くFFTライブラリは幾つかありますが，Arduino IDEのライブラリマネージャからインストールできるarduinoFFT（https://github.com/kosme/arduinoFFT）を使いました．

Arduino IDEの「ツール」メニュー→ライブラリを管理…を選択してライブラリマネージャを立ち上げ，右上の検索窓に「fft」と入力します．

幾つかFFTライブラリが表示されますが，その中の「arduinoFFT by Enrique Condes」をインストールします．

「More info」をクリックすると図4のように「インストール」ボタンが現れるので，それをクリックすればインストール完了です．

ライブラリと一緒にインストールされるスケッチ例の中の「FFT_03」がA-Dコンバータからの入力をFFTするものなので，それが参考になります．

FFTライブラリの主な関数を表4にまとめました．Revision()以外は2つのインターフェースがあります．

表4　FFTライブラリの主な関数

名　前	説　明
arduinoFFT(double *vReal, double *vImag, uint16_t samples, double samplingFrequency); arduinoFFT(void);	コンストラクタ
ComplexToMagnitude(); ComplexToMagnitude(double *vReal, double *vImag, uint16_t samples);	周波数ごとの信号強度を計算する
Compute(uint8_t dir); Compute(double *vReal, double *vImag, uint16_t samples, uint8_t dir);	FFTを実行する
MajorPeak(); MajorPeak(double *vD, uint16_t samples, double samplingFrequency);	解析した信号のピーク周波数を返す
Revision(void);	ライブラリのリビジョン番号を返す
Windowing(uint8_t windowType, uint8_t dir); Windowing(double *vData, uint16_t samples, uint8_t windowType, uint8_t dir);	窓関数を適用する．windowTypeには以下の値が指定できる FFT_WIN_TYP_RECTANGLE, FFT_WIN_TYP_HAMMING, FFT_WIN_TYP_HANN, FFT_WIN_TYP_TRIANGLE, FFT_WIN_TYP_NUTTALL, FFT_WIN_TYP_BLACKMAN, FFT_WIN_TYP_BLACKMAN_NUTTALL, FFT_WIN_TYP_BLACKMAN_HARRIS, FFT_WIN_TYP_WELCHFFT_WIN_TYP_FLT_TOP

スケッチ例では下の行のインターフェースが使われていますが，ソースコードを見ると下の行のインターフェースは非推奨（deprecated）と書かれているので，上の行のインターフェースを使います．

加速度センサをサンプリングして，FFT解析を行うのがリスト3です．

15行目でFFTオブジェクトを生成します．

サンプリングしたデータをバッファ vReal[] に保存します（38行目）．

FFT解析は97～99行目の3ステップで行います．これでバッファ vReal[] に周波数ごとの強度が計算されます．

M5Stackでこれらの関数を実行したところ，128サンプルのデータ処理に約3.6msかかりました．

リスト3　加速度センサをサンプリングしてFFT解析を行うプログラムprogram3.ino（Arduino）

```
001: /*
002:  * MPU6886を読んでFFTして，周波数成分をLCDに表示する
003:  * 10ミリ秒間隔で128回サンプリングし，描画
004:  */
005: #include <M5Core2.h>
006: #include "arduinoFFT.h"
007:
008: #define TIMER0 0
009: #define SAMPLE_PERIOD 10    // サンプリング間隔（ミリ秒）
010:
011: const uint16_t FFTsamples = 128; //This value
                            MUST ALWAYS be a power of 2
012: double vReal[FFTsamples];
013: double vImag[FFTsamples];
014: const double samplingFrequency = 1 / ((double)
                       SAMPLE_PERIOD / 1000.0); // 100Hz
015: arduinoFFT FFT = arduinoFFT(vReal, vImag,
     FFTsamples, samplingFrequency);    // FFTオブジェクトを
                                                        作る
016:
017:
018: hw_timer_t * samplingTimer = NULL;
019:
020: volatile int t0flag;
021:
022: void IRAM_ATTR onTimer0() {
023:     t0flag = 1;
024: }
025:
026: void sample(int nsamples) {
027:     float accX = 0.0F;
028:     float accY = 0.0F;
029:     float accZ = 0.0F;
030:
031:     t0flag = 0;
032:     timerAlarmEnable(samplingTimer);
033:     for (int i = 0; i < nsamples; i++) {
034:         while (t0flag == 0) {
035:             delay(0);
036:         }
037:         M5.IMU.getAccelData(&accX, &accY,&accZ);
038:         vReal[i] = accZ * 1000;
039:         vImag[i] = 0;
040:
041:         t0flag = 0;
042:     }
043:     timerAlarmDisable(samplingTimer);
044: }
045:
046: int X0 = 10;
047: int Y0 = 20;
048: int _height = 240 - Y0;
049: int _width = 320;
050: float dmax = 1000.0;
051:
052: void drawChart(int nsamples) {
053:     int band_width = floor(_width / nsamples);
054:             int band_pad = band_width - 1;
055:
056:     for (int band = 0; band < nsamples; band++) {
057:         int hpos = band * band_width + X0;
058:         float d = vReal[band];
059:         if (d > dmax) d = dmax;
060:         int h = (int)((d / dmax) * (_height));
061:         M5.Lcd.fillRect(hpos, _height - h,
                            band_pad, h, WHITE);
062:         if ((band % 8) == 0) {
063:             M5.Lcd.setCursor(hpos, _height + Y0
                                               - 10);
064:             M5.Lcd.printf("%dHz", (int)((band *
                  1.0 * samplingFrequency) / FFTsamples));
065:         }
066:     }
067: }
068:
069: void setup() {
070:     M5.begin();
071:     M5.IMU.Init();
072:
073:     samplingTimer = timerBegin(TIMER0, 80,
          true);    // divider=80 (1μ秒), countUp=true
074:     timerAttachInterrupt(samplingTimer,
                              &onTimer0, true);
075:     timerAlarmWrite(samplingTimer, SAMPLE_PERIOD
                                    * 1000, true);
076:
077:     M5.Lcd.setTextSize(1);
078:     M5.Lcd.setTextColor(GREEN ,BLACK);
079: }
080:
081: void DCRemoval(double *vData, uint16_t samples) {
082:     double mean = 0;
083:     for (uint16_t i = 1; i < samples; i++) {
084:         mean += vData[i];
085:     }
086:     mean /= samples;
087:     for (uint16_t i = 1; i < samples; i++) {
088:         vData[i] -= mean;
089:     }
090: }
091:
092: int count = 0;
093: void loop() {
094:     sample(FFTsamples);
095:
096:     DCRemoval(vReal, FFTsamples);
097:     FFT.Windowing(FFT_WIN_TYP_HAMMING, FFT_
                          FORWARD);   // 窓関数
098:     FFT.Compute(FFT_FORWARD); // FFT処理（複素数で計
                                                      算）
099:     FFT.ComplexToMagnitude(); // 複素数を実数に変換
100:     double x = FFT.MajorPeak();
101:
102:     M5.Lcd.fillScreen(BLACK);
103:     drawChart(FFTsamples / 2);
104:     M5.Lcd.setCursor(40, 0);
105:     M5.Lcd.printf("Peak: %.0fHz", x);
106: }
```

リスト4　IMUから加速度データを読んでシリアル出力するプログラム**program4.py**（MicroPython）

```
001: import imu
002:
003: imu0 = imu.IMU()
004:
005: while True:
006:     ax, ay, az = imu0.acceleration
007:     print(ax, ay, az)
008:     time.sleep(2)
```

表5　IMUにアクセスするオブジェクトの主なメソッド

名　前	説　明
acceleration	x軸，y軸，z軸の加速度値をタプルで返す
gyro	x軸，y軸，z軸のジャイロ値をタプルで返す
ypr	ヨー（yaw），ピッチ（pitch），ロール（roll）

● ステップ5…振動の周波数成分をLCDにグラフ表示する

計算した周波数成分をLCDにグラフ表示する関数は52〜67行目のdrawChart()です.

表示する周波数ごとに信号強度をM5.Lcd.fillRect()関数を使って棒グラフで表示しています.

ちなみにこのdrawChart()関数の実行には約5.4ms〜5.8msかかっていました.

プログラムをビルドし，M5Stackにダウンロードして実行すると，LCDに0Hz〜50Hzの棒グラフが表示されます.

LCDが上になるようにしてM5Stackを机などに置き，机をトントンとたたくと，振動の周波数成分が確認できます（写真1）.

MicroPythonでもやってみる

次にMicroPythonで加速度を測ってみましょう..

● ステップ1…IMUにアクセスする

M5StackのMicroPythonではIMUにアクセスする

モジュールimuが提供されているので，importするだけで使えます.IMUから加速度データを読んでシリアル出力するプログラムを**リスト4**に示します.IMU.accelerationでx軸，y軸，z軸の加速度値がタプルで取得できます.

imuモジュールで定義されている主な変数を**表5**にまとめました.

acceleration，gyroはそれぞれ加速度とジャイロの値が得られます.yprは物の姿勢を示すヨー，ピッチ，ロールの値で，それぞれz軸，y軸，x軸を中心とした回転角度を表します.

● ステップ2…振動波形をLCDにグラフ表示する

Arduinoで振動波形をLCDに表示するプログラムと同じ機能をMicroPythonで実現したのが**リスト5**です.FFT解析を行って周波数成分をLCDに表示するプログラムは，MicroPythonで動くFFTライブラリがなかったので実現できませんでした.

19行目のfor文で指定した回数，加速度を読み（21行目），z軸の値をbuffに追加しています（22行目）.

この2行の処理時間を実測したところ2ms〜6ms

リスト5　振動をLCDにグラフ表示するプログラム**program5.py**（MicroPython）

```
001: from m5stack import *                          022:         buff.append(az * 100)
002: from m5stack_ui import *                        023:
003: import imu                                      024:         M5Line(x1=i - 1 + X0, y1=data2y(buff[i
004: import time                                               - 1]), x2=i + X0, y2=data2y(buff[i]),
005:                                                           color=0xFFFFFF, width=1, parent=None)
006: SAMPLE_PERIOD = 20 # ミリ秒                      025:
007: SAMPLE_SIZE = 300                               026:         while (time.ticks_ms() - t) < SAMPLE_
008:                                                                                        PERIOD:
009: imu0 = imu.IMU()                                027:             time.sleep(0.001)
010:                                                 028:             pass
011: minz, maxz, drange = (50, 150, 8)               029:
012: X0 = 10                                         030: screen = M5Screen()
013: _width, _height = (320, 240)                    031: screen.set_screen_bg_color(0x000000)
014:                                                 032:
015: def data2y(d):                                  033: while True:
016:     return int(_height - (d - minz) / (maxz     034:     screen.clean_screen()
017:                        - minz) * _height)        035:     buff = []
017:                                                 036:     sample(buff)
018: def sample(buff):                               037:     buff.sort()
019:     for i in range(SAMPLE_SIZE):                038:     d = max(buff[-1] - buff[0], drange) / 2
020:         t = time.ticks_ms()                     039:     minz = buff[0]  - d
021:         ax, ay, az = imu0.acceleration          040:     maxz = buff[-1] + d
                                                     041:     del buff
```

かかっていました．20ms間隔で周期処理できる処理時間です．

　MicroPythonのTimerモジュールには周期的にコールバック関数を呼び出す機能があるのですが，ドキュメントを見ると，タイマ周期が15ms以下のときにはコールバック関数が実行されない場合があるとのことだったので，コールバック関数を使わずに周期処理を実現しました．

　周期処理の先頭（20行目）で時刻を取得し，周期処理が終わったら20ms経過するまでwhile文で時間調整しています．

　このプログラムをprogram4.pyというファイル名で保存します．PythonプログラムをPCからM5Stackに転送するには，M5StackとPCをUSBケーブルでつなぎampyコマンドでM5Stackに転送します．次にCoolTermなどの通信プログラム，あるいはcuコマンドなどでM5Stackに接続して，プログラムをインポートして起動すると，振動波形をLCDに表示するのを確認できます．

```
$ export AMPY_PORT=/dev/tty.SLAB_
USBtoUART⏎
$ ampy put program4.py⏎
>>> import program4⏎
>>> program4.main()⏎
```

　プログラムのファイル名をmain.pyにしてM5Stackに転送すると，M5Stackをリセットした際にこのプログラムが実行されるようになります．自動実行をやめるには，M5StackのAボタンを押しながらリセットします．こうするとmain.pyが実行されずに立ち上がるので，ampyコマンドでmain.pyを削除（rm）すれば，自動実行が止まります．

しもじま・たけひこ

マイク・モジュールで作る

第8章 音の波形＆周波数スペクトラムを表示する

下島 健彦

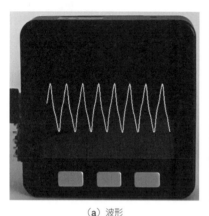

（a）波形

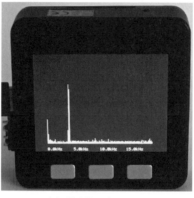

（b）周波数スペクトラム

写真1　音の波形や周波数スペクトラムを測定して手のひらデバイス M5Stack に表示する

MEMS マイク ICS-40180

写真2　今回使用する MEMS マイク ICS-40180 搭載モジュール

モニタ対象…音

● 意外といろいろ気づくことがある「音」の世界

　私達の身の回りは，心地よい音楽から騒音と感じるものまで，さまざまな音があふれています．身の回りにある音を測定したり周波数成分を調べてグラフ化したりすると，今まで気づかなかったことに気が付く場合があります．音には大きさと高さ（周波数）があり，工場の機械などは音の大きさや高低を測ることで正常に稼働しているか，異常かを判断できます．

　本章では，M5Stack にマイク・モジュールをつないで，音の大きさや波形，周波数成分を測ります（写真1）．

表1　ICS-40180搭載 MEMS マイク・モジュールの仕様

項　目	値
電源電圧 V_{CC}	1.5〜3.6V
出力	40mW 以上
−3dB ロールオフ周波数	60Hz，19.7kHz

● 使用するセンサ「マイク」

　マイクは音を電気信号に変換するセンサです．マイコンに接続する小型のマイクとしてはエレクトレット・コンデンサ・マイクと MEMS 技術で作られたマイクがよく使われます．

　エレクトレット・コンデンサ・マイクはコンデンサマイクの一種です．コンデンサの電極の一方を薄膜にして，音によって生じる膜の振動を，電圧の変化として取り出します．電極にエレクトレット素子（半永久的に電荷を蓄える高分子化合物）を用いることで低い電圧で動作可能になっています．

　MEMS マイクは，エレクトレット・コンデンサ・マイクと同じ原理を，MEMS（Micro Electronics Mechanical System）技術で実現したものです．非常に小型で，振動や衝撃，温度変化に強いといった特徴があります．

　今回は MEMS マイクの「ADMP401搭載 MEMS マイク・モジュール」を使います（写真2）．スイッチサイエンスから1,243円で購入できます．仕様を表1に示します．

● 回路

　マイクの出力はアナログ信号なので，M5Stack に搭

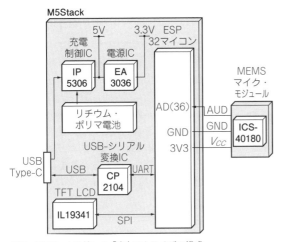

図1　M5Stackを使った「音」アナライザの構成

写真3　小さな基板を自作してコンパクトにまとめた

載されているESP32の内蔵A-Dコンバータで値を読みます．マイクとM5Stackは**図1**のように接続します．

M5Stackとマイク・モジュールはジャンパ・ワイヤでも接続できますが，今回は小さな基板を作って接続しました（**写真3**）．こうすることでM5Stackがコンパクトな音センサ端末になります．

Arduinoプログラム

● ステップ1…マイクの信号を読む

Arduino言語を使ってプログラミングしていきます．

マイクの出力はArduinoの`analogRead()`関数で値を読めます．

まず50ms間繰り返し`analogRead()`でマイクの出力を読み，最大値と最小値を求め，その差分をシリアルにプリントしてみます（**リスト1**）．

音は振動で，その振れ幅，つまり最大値と最小値の差分が音の大きさに対応します．

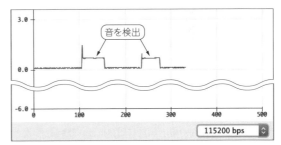

図2　音生成アプリで鳴らした音をプロットしてみる
Arduino IDEのシリアル・プロッタを使う

このプログラムをビルドして，動かします．プログラムを書き込むにはM5StackとPCとをUSBケーブルでつなぎ，PC上でArduino IDEを起動してプログラムを開きます．M5Stack-Core-ESP32ボードとUSBのシリアル・ポートを選択し，ビルドして書き込みます．

Arduino IDEのシリアル・プロッタを立ち上げてみましょう．**図2**はプログラムを動かして，スマート

リスト1　M5Stackでマイクの出力値を読んでシリアル出力するプログラム`program1.ino`

```
#include <M5Stack.h>

#define MIC 36

const int sampleWindow = 50;

void setup() {
    M5.begin();
    Serial.begin(115200);
    while (!Serial);
    M5.lcd.setBrightness(20);    // LCDバックライトの輝度を
                                 下げる

    pinMode(MIC, INPUT);
}

void loop() {
    unsigned long t = millis();
    unsigned int sample;
    unsigned int sMax = 0, sMin = 4095;

    while (millis() - t < sampleWindow) {
        sample = analogRead(MIC);
        if (sample > sMax) sMax = sample;
        if (sample < sMin) sMin = sample;
    }
    float volts = (float)(sMax - sMin) / 4095.0 * 3.6;
    Serial.println(volts);
    delay(100);
}
```

コラム　MicroPythonだと同じプログラムは作れない

下島 健彦

第4部ではできる限りArduinoとMicroPythonの両方の環境のM5Stackプログラムを紹介しています.

ESP32のMicroPythonにはmachineモジュールの中にESP32のハードウェア・タイマを扱うTimerというクラスが用意されています.

Timerクラスは次のようにタイマ・オブジェクトを作り, init()で初期化して使います. callback関数を指定することで, この関数が周期的に呼ばれるようになります.

```
tm = machine.Timer(timer_no)
tm.init(period, mode, callback,
dbgpin)
```

ところが, MicroPythonのドキュメントを見ると「タイマ周期が15ms以下の場合はcallback関数が呼ばれない場合がある」と書かれていて, 25μs周期のサンプリングには使えないことが分かりました.

残念ながら本章ではMicroPythonのプログラムはありません.

フォンの音生成アプリで音を出してみた様子です. 音生成アプリにはAudio Tone Generator LITE(以降, ATG LITE)を使います. 音を出したところでマイクの出力の振れ幅が大きくなっています.

● ステップ2…音の波形を測定する

音は振動なので周期的に値が変化します. 音を記録するためには音の周期の2倍以上の周期で値を測定(サンプリング)します. 人が聞こえる音の周波数範囲は, 個人差や年齢差はあるものの一般的には20Hz ～ 20kHz程度と言われています. そこで, 最初に40kHzのサンプリング・レートでマイクの信号を読み, 音の波形を確認してみます(リスト2).

40kHzというのは1秒間に4万回なので, 25μsごとに1回量子化することになります. このプログラムでは500回サンプリングしているので, 時間にすると12.5ms間の音を測定しています.

▶マイクの出力測定

22行目のfor文で500回繰り返して, 24行目の

analogRead()でマイクの出力を測定し, 配列buffに保存しています. 第4部第3章に書いたように, ESP32のanalogRead()で正確な値を得るためには補正が必要ですが, 今回は値の傾向を見るだけなので, 補正はしていません.

周期処理は周期時間内に収まる必要があります. M5StackでのanalogRead()の実行時間を測ったところ約9.5μsでしたので, 周期時間25μsよりも短い時間で実行できていました. analogRead()の実行には約9.5μsかかるので, 10μs単位の周期処理を行うときは処理時間が周期時間に収まっているかを確認することが重要です.

▶25μsの周期処理

25μsの周期処理は25行目のwhile文で行います. 周期処理の先頭(23行目)でmicros()関数で経過時間を測り, while文で経過時間が先頭から25μs経つまで時間調整しています.

▶シリアル出力

500回, 12.5msのサンプリングが終わったら値をシ

リスト2　40kHzで音をサンプリングして値をシリアル出力するプログラム program2.ino

```
001:  #include <M5Stack.h>
002:
003:  #define MIC 36
004:
005:  #define SAMPLES 500
006:  #define SAMPLING_FREQUENCY 40000  // 40kHz
007:
008:  void setup() {
009:      M5.begin();
010:      Serial.begin(115200);
011:      while (!Serial) ;
012:
013:      unsigned int sampling_period_us =
              round(1000000 * (1.0 / SAMPLING_FREQUENCY));
014:
015:      pinMode(MIC, INPUT);
016:
017:      M5.lcd.setBrightness(0);  // LCDバックライトを消す
018:      delay(1000);

019:
020:      int buff[SAMPLES];
021:
022:      for (int i = 0; i < SAMPLES; i++) {
023:          unsigned long t = micros();
024:          buff[i] = analogRead(MIC);
025:          while ((micros() - t) < sampling_
                                        period_us) ;
026:      }
027:      M5.lcd.setBrightness(80);  // LCDバックライトを戻す
028:
029:      for (int i = 0; i < SAMPLES; i++) {
030:          Serial.println(buff[i]);
031:      }
032:  }
033:
034:  void loop() {
035:  }
```

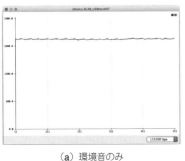
（a）環境音のみ

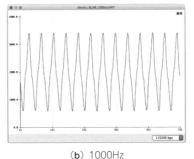
（b）1000Hz

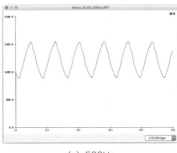
（c）500Hz

図3　スマホ・アプリで音を出してArduino IDEのシリアルプロッタで動作確認

リアルに出力します.

▶ LCD用の10kHz PWMをOFFしておく

M5StackのLCDはLEDバックライトが付いていて，LCDの輝度はこのLEDをPWM（パルス幅変調）することで制御しています. このPWMの周波数が10kHzで，デフォルトの輝度ですとこの信号をA-Dコンバータが拾ってしまい，無音時でも10kHzの信号が測定されてしまいます. プログラムの17行目で`M5.Lcd.setBrightness(0);`とし，LCDバックライトを消して対策します.

▶ 動作確認

M5Stackにマイク・モジュールをつなぎ，このプログラムをビルドして，動かします. Arduino IDEのシリアルプロッタを立ち上げてみましょう.

特に音源を用意していなければ，測定している場所の環境雑音が測定され，**図3(a)**のような出力が得られます. シリアルプロッタは数字の列をグラフ表示してくれるので，センサの値を確認するときなどに便利です.

M5StackのA-Dコンバータは12ビットの分解能で，0〜3.6Vの入力に対して0〜4095の値が返されます.「ICS-40180搭載MEMSマイク・モジュール」は無音時にV_{CC}の1/2，つまり1.65Vの出力になるので，2000前後の値が読めています.

次にスマートフォンの音生成アプリを使い，音を生成して，測定してみます. ATG LITEを使って1000Hzの正弦波（sin波）を発生させてみましょう（**図4**）. **図3(b)**のような波形が表示されます.

シリアルプロッタは最後の500件のデータを表示します. 画面を見ると約12.5回の波が記録されています. $25\mu s$周期で500回，12.5msの時間に約12.5回の波なので，波の周期は約1ms，周波数1000Hzの音が測定できています.

音の周波数を500Hzにして，同じように測定してみると，**図3(c)**のような波形が表示されました. 波の間隔が2倍程度に伸びており，500Hzの音が測定できています.

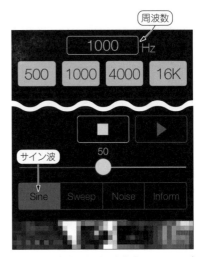

図4　音の実験に便利な音生成スマホ・アプリ Audio Tone Generator LITE

● ステップ3…音の波形をLCDに表示する

音を測定して波形が確認できたので，この波形をLCDに表示します.

M5StackのLCDの横幅が320ピクセルなので，300回データを測定して配列buffに保存し，表示しました. グラフを描画する部分のプログラムを**リスト3**に示します.

グラフ描画は`M5.Lcd.drawLine()`で行っています. 配列`buff`の0番目と1番目のデータ`buff[0]`と`buff[1]`で（$x_0 = 0 + 10$，$y_0 =$ `buff[0]`）から（$x_1 = 1 + 10$，$y_1 =$ `buf[1]`）まで線を描き，それを順にずらしていきます.

x軸の値を+10しているのは左に10ピクセルの余白を持たせているためです.

y軸は，センサから読んだ値は0〜4095で，それをM5StackのLCDの縦幅240ピクセルに合うように計算します. そのために1周期の最小値と最大値を求め，それを次の周期のy軸の最小値と最大値にしています.

ATG LITEを使って1000Hzの正弦波（sin波）を発生させたときのM5Stackの画面は**写真1(a)**のように

リスト3　グラフを描画する部分のプログラム`program3.py`

```
double minY = 0.0;                                int d0 = d2y(buff[i - 1], minY, maxY, HEIGHT);
double maxY = 3.6;                                int d1 = d2y(buff[i], minY, maxY, HEIGHT);
#define DRANGE 2.0                                M5.Lcd.drawLine(i - 1 + X0, d0, i + X0, d1,
#define X0 10                                                                             WHITE);
                                                 if (newmin > buff[i]) newmin = buff[i];
int d2y(double d, double minY, double maxY, int      if (newmax < buff[i]) newmax = buff[i];
                                    HEIGHT) {     }
    return HEIGHT - ((int)((d - minY) / (maxY - minY)    if ((newmax - newmin) < DRANGE) {
                           * (float)HEIGHT) + 1);         minY = newmin - DRANGE / 2;
}                                                        maxY = newmax + DRANGE / 2;
                                                     } else {
void drawChart() {                                       minY = newmin - (newmax - newmin) / 2;
    int HEIGHT = M5.Lcd.height();                       maxY = newmax + (newmax - newmin) / 2;
    double newmin = 3.6;                             }
    double newmax = 0;                           }
    for (int i = 1; i < SAMPLES; i++) {
```

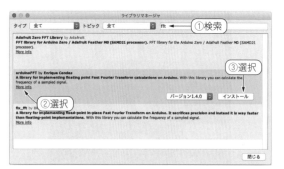

図5　Arduino IDEからFFTライブラリarduinoFFTをインストールする

リスト4　FFTライブラリはこのように使う

```
#include "arduinoFFT.h"

const uint16_t FFTsamples = 256;   // サンプル数は2の
                                                べき乗
double vReal[FFTsamples];   // vReal[]にサンプリングした
                                              データを入れる
double vImag[FFTsamples];
arduinoFFT FFT = arduinoFFT(vReal, vImag,
                  FFTsamples, SAMPLING_FREQUENCY);
                                    // FFTオブジェクトを作る

FFT.Windowing(FFT_WIN_TYP_HAMMING, FFT_FORWARD);
                                             // 窓関数
FFT.Compute(FFT_FORWARD);  // FFT処理（複素数で計算）
FFT.ComplexToMagnitude();  // 複素数を実数に変換
```

リスト5　サンプルで見られるこのような呼び出し方は非推奨なので使わない

```
arduinoFFT FFT = arduinoFFT();

FFT.Windowing(vReal, samples, FFT_WIN_TYP_HAMMING,
                                         FFT_FORWARD);
FFT.Compute(vReal, vImag, samples, FFT_FORWARD);
FFT.ComplexToMagnitude(vReal, vImag, samples);
```

なりました.

　LCDには300件のデータを表示しています. 画面では約7.5周期の波が表示されています. 25μs周期で300回, つまり7.5msの時間に7.5周期の波なので, 1周期は約1ms, 周波数にすると1000Hzの波形が表示できています.

● ステップ4…周波数スペクトラムを表示する

　一般的に音は幾つもの周波数の音の組み合わせでできています. サンプリングした波形を高速フーリエ変換(FFT; Fast Fourier Transform)することで, 音を構成する主な周波数の成分を調べられます.

　Arduinoで動くFFTライブラリは幾つかあります. Arduino IDEのライブラリマネージャからインストールできるものとしてはarduinoFFTがあります.

　Arduino IDEのスケッチ→ライブラリをインクルード→ライブラリを管理…を選択してライブラリマネージャを立ち上げ, 右上の検索窓に「fft」と入力します. いくつかFFTライブラリが表示されますが, その中の「arduinoFFT by Enrique Condes」をインストールします. 「More info」をクリックすると図5のように「インストール」ボタンが現れるので, それをクリックすればインストール完了です.

　ライブラリはリスト4のように使います.

　ヘッダ・ファイルarduinoFFT.hをインクルードし, 作業用のバッファvReal[]とvImag[]を用意します. バッファ・サイズはサンプル数で2のべき乗にします. バッファ, サンプル数, サンプリング周波数を指定してFFTオブジェクトを生成します. サンプリングしたデータをvReal[]に入れ, vImag[]は0クリアします.

　FFTの計算はWindowing()で窓関数を適用し, Compute()でFFTの計算を行い, ComplexToMagnitude()で複素数から実数に変換します. これでvReal[]の半分に周波数ごとの信号の大きさが計算されます.

　なお, ライブラリに付いてくるサンプル・プログラムはリスト5のようなインターフェースでライブラリを呼

リスト6　音を測定してFFTで周波数成分をLCDにグラフ表示するプログラムprogram4.py

```cpp
#include <M5Stack.h>
#include "arduinoFFT.h"

#define MIC 36

#define SAMPLING_FREQUENCY 40000
const uint16_t FFTsamples = 256;   // サンプル数は2のべき乗

double vReal[FFTsamples];   // vReal[]にサンプリングしたデータ
                                    を入れる
double vImag[FFTsamples];
arduinoFFT FFT = arduinoFFT(vReal, vImag, FFTsamples,
        SAMPLING_FREQUENCY);   // FFTオブジェクトを作る

unsigned int sampling_period_us;

void sample(int nsamples) {
    for (int i = 0; i < nsamples; i++) {
        unsigned long t = micros();
        vReal[i] = (double)analogRead(MIC) / 4095.0 *
            3.6 + 0.1132;  // ESP32のA-Dコンバータの特性を補正
        vImag[i] = 0;
        while ((micros() - t) < sampling_period_us) ;
    }
}

int X0 = 30;
int Y0 = 20;
int _height = 240 - Y0;
int _width = 320;
float dmax = 5.0;

void drawChart(int nsamples) {
    int band_width = floor(_width / nsamples);
    int band_pad = band_width - 1;

    for (int band = 0; band < nsamples; band++) {
        int hpos = band * band_width + X0;
        float d = vReal[band];
        if (d > dmax) d = dmax;
        int h = (int)((d / dmax) * (_height));
        M5.Lcd.fillRect(hpos, _height - h, band_pad,
                                            h, WHITE);
```

```cpp
        if ((band % (nsamples / 4)) == 0) {
            M5.Lcd.setCursor(hpos, _height + Y0 - 10);
            M5.Lcd.printf("%.1fkHz", ((band * 1.0 *
            SAMPLING_FREQUENCY) / FFTsamples / 1000));
        }
    }
}

void setup() {
    M5.begin();
    Serial.begin(115200);
    while (!Serial) ;
    M5.lcd.setBrightness(20);

    sampling_period_us = round(1000000 * (1.0 /
                            SAMPLING_FREQUENCY));

    pinMode(MIC, INPUT);
}

void DCRemoval(double *vData, uint16_t samples) {
    double mean = 0;
    for (uint16_t i = 1; i < samples; i++) {
        mean += vData[i];
    }
    mean /= samples;
    for (uint16_t i = 1; i < samples; i++) {
        vData[i] -= mean;
    }
}

void loop() {
    sample(FFTsamples);

    DCRemoval(vReal, FFTsamples);
    FFT.Windowing(FFT_WIN_TYP_HAMMING, FFT_FORWARD);
                                            // 窓関数
    FFT.Compute(FFT_FORWARD);  // FFT処理（複素数で計算）
    FFT.ComplexToMagnitude();  // 複素数を実数に変換
    M5.Lcd.fillScreen(BLACK);
    drawChart(FFTsamples / 2);
}
```

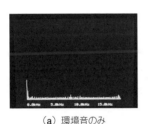

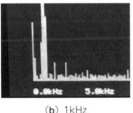

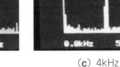

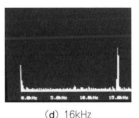

| (a) 環境音のみ | (b) 1kHz | (c) 4kHz | (d) 16kHz |

写真4　M5StackのLCDに周波数ごとの音の強さを表示できた

んでいますが，ライブラリのソースコードを見るとこれらの呼び方は非推奨（deprecated）と書かれているので，推奨されているインターフェースを使っています．

　プログラムは，loop関数の中で音をサンプリングし，FFT処理で音の周波数成分を求め，LCDに周波数ごとの音の強さを表示しています．プログラム全体はリスト6のようになります．

　プログラムをビルドして，M5Stackに転送し，動かします．音源を用意していない状態，Audio Tone Generator LITEで1kHz，4kHz，16kHzの音を出したときの画面は**写真4**のようになりました．

　スマートフォンの「トーンジェネレーター」というアプリで周波数を1kHz～10kHzに変化させて音を出したときの，FFTの画面をYouTubeに載せました．

`https://youtu.be/Hc9ZwXMnWX0`

音の周波数変化に対応してグラフが変化しています．

しもじま・たけひこ

第9章

液晶が小さいだけ，6軸加速度センサも付いている

M5Stackの小型版 M5StickC Plusを動かす

下島 健彦

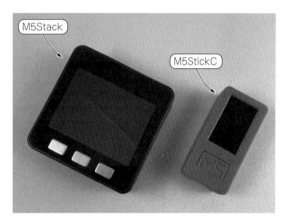

写真1　M5StickCは従来M5Stackよりかなり小型
48.2×25.5×13.7mm

M5Stackの小型版M5StickC Plus（**写真1**）を使って環境センサ端末を作ります．

製品名はM5StickC Plusですが，本稿ではM5StickCと記載します．

特徴

M5StickCは，**写真1**の右側のように48.2×25.5×13.7mmのスティック状の小型端末です．マイコンはM5Stackで使われているESP32と同じアーキテクチャのESP32-PICO-D4が使われています．マイコンの他に135×240ピクセルのカラー液晶画面，ボタン2個，LED，赤外線送信機，マイク，6軸加速度＆ジャイロ・センサなどが搭載されています．

プログラムはArduino IDEかUIFlowという開発環境を使ってBlocklyまたはMicroPythonで開発します．

表1にM5StickCの仕様をM5Stackシリーズと併せてまとめました．

開発環境

● ボードの設定

まず最初にArduino IDEの環境設定の「追加のボー

表1　小型M5StickCの仕様

項目	M5Stack			M5StickC Plus
	Basic V2.6	Fire V2.6	Core2	
CPU	ESP32 240MHz デュアルコア，520Kバイト SRAM			
通信	Wi-Fi，Bluetooth			
フラッシュ［バイト］	16M			4M
PSRAM［バイト］	なし	8M		なし
LCD［ピクセル］	320×240			135×240
インターフェース	USB Type-C Grove ポート×1 microSD スロット I/O ピン×14	USB Type-C Grove ポート×3 microSD スロット POGO ピン	USB Type-C Grove ポート×1 microSD スロット	USB Type-C Grove ポート×1 I/O ピン×3
慣性計測ユニット［IMU］	なし	6軸 MPU6886		
バッテリ［Ah］	110m	500m	390m	120m
ボタン	ボタン×3	ボタン×3	電源ボタン リセット・ボタン 静電容量ボタン×3	ボタン×2
内蔵スピーカ	1W	1W	1W	ブザー
サイズ［mm］	54×54×18	54×54×30.5	54×54×16	48.2×25.5×13.7

図1　追加のボードマネージャのURLを指定する

図2　M5Stackのボード情報をインストールする

図3　ボードとしてM5Stick-C-Plusを選択する

図4　M5StickCPlus ライブラリをインストールする

ドマネージャのURL」に下記のURLを追加します（**図1**）.

```
https://m5stack.oss-cn-shenzhen.
aliyuncs.com/resource/arduino/
package_m5stack_index.json
```

すでに他のURLが設定されている場合は，その次の行に追加します.

次にArduino IDEの「ツール」メニュー→「ボード」→「ボードマネージャ…」を選択して，ボードマネージャを立ち上げ，検索窓に「m5stack」と入力して，「M5Stack by M5Stack official」をインストールします（**図2**）.

M5Stackのボード情報をインストールすると，Arduino IDEの「ツール」メニュー→「ボード：…」に「M5Stack Arduino」が現れるようになるので，その中から「M5Stick-C-Plus」を選択します（**図3**）.

「M5Stick-C」はビルドしたスケッチを転送する速度が最高1.5Mbpsに高速化されています. ボード情報を「M5Stick-C」に設定すると，転送速度（Upload Speed）は1.5Mbpsに設定されます.

● ライブラリのインストール

M5StickCでは，LCDなどを扱うシステム関数がライブラリとして提供されているので，インストールします. Arduino IDEの「ツール」メニュー→「ライブラリを管理…」でライブラリ・マネージャを立ち上げ，検索窓に「m5stickc」と入力します. 検索結果に現れた「M5StickCPlus by M5Stack」をインストールします（**図4**）.「M5StickC by M5Stack」というライブラリがありますが，これは旧来機種用のライブラリです.「Plus」とついている方をインストールしてください.

動かす①…温度/湿度/気圧を測る

● センサ・ユニットをつなぐ

M5StickC用のArduino環境がセットアップできたらセンサをつないでみます. M5StickCにはGroveポートと拡張ソケットがあり，そこにセンサをつなげられます.

M5Stackのセンサ・ユニットで，温度/湿度/気圧が測れる「温湿度気圧センサ・ユニット Ver.3（ENV Ⅲ）」ユニットがあります. 今回はこの「ENV Ⅲ」ユニットをM5StickCにつないで，温度/湿度/気圧を測ってみます.

「ENV Ⅲ」ユニットは，I²CのGroveポートで接続するので，M5StickCのGroveポートに挿すだけで接続完了です（**写真2**）.

「ENV Ⅲ」ユニットにはSHT30という温度/湿度センサと，QMP6988という気圧センサが内蔵されています.「ENV Ⅲ」をアクセスするライブラリはM5Stack社が提供しています. Arduino IDEのライブラリマネージャを立ち上げ，検索窓から「m5unit」と入力して検索し，「M5Unit-ENV」をインストールします［**図5（a）**］. 関連するライブラリのインストールを促されたら「Install all」で必要なライブラリを全てインストールします［**図5（a）**］.

写真2 「ENV Ⅲ」ユニットはM5StickCのGroveポートに挿すだけで接続完了する

（a）「M5Unit-ENV」をインストール

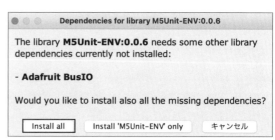

（b）「Install all」で必要なライブラリを全てインストールする

図5 ENV Ⅲをアクセスするライブラリをインストールする

● 測るためのプログラム

「ENV Ⅲ」ユニットで温度，湿度，気圧を測るプログラムは**リスト1**のようになります．M5Stackのプログラムは M5StackPlus.h をインクルードしますが，

リスト1 温度，湿度，気圧を測る`program1.ino`

```
#include <M5StickCPlus.h>  // ----①
#include "M5_ENV.h"

SHT3X sht30;
QMP6988 qmp6988;

float tmp = 0.0;
float hum = 0.0;
float pressure = 0.0;

void setup() {
  M5.begin(); // M5StickCを初期設定する
  M5.Axp.ScreenBreath(10);
                   // 画面の輝度を少し下げる ----②
  M5.Lcd.setTextSize(2); // 文字サイズを2にする
  M5.Lcd.setRotation(3); // 左を上にする ----③
  Wire.begin();          // I2C通信の初期設定
  qmp6988.init();        // 気圧センサQMP6988の初期設定
  M5.Lcd.println(F("ENV Unit III test"));
}

void loop() {
  pressure = qmp6988.calcPressure();
                   // 気圧センサから気圧値を取得
  if(sht30.get()==0){ // 温湿度センサSHT30からデータを取得
    tmp = sht30.cTemp;     // SHT30から温度を取得
    hum = sht30.humidity; // SHT30から湿度を取得
  }else{
    tmp=0,hum=0;
  }
  M5.Lcd.fillScreen(BLACK); // 液晶をクリア
  M5.Lcd.setCursor(0, 0);
  M5.Lcd.printf("Temp: %4.1f'C  \r\nHumi: %2.0f%%
                     \r\n", tmp, hum);
  M5.Lcd.printf("Press:%4.0fhPa\r\n", pressure /
                            100);
  delay(5 * 1000);
}
```

M5StickCのプログラムは M5StickCPlus.h をインクルードします（**リスト1**の①）．

M5.Axp.ScreenBreath(10) はスクリーンの輝度を制御するAPIで，7～15の値が指定できます．10に設定して，最高輝度よりやや輝度を落としています（**リスト1**の②）．

M5StackではM5.Lcd.setBrightnessというAPIでしたが，M5StickCではM5.Axp.ScreenBreathに変更になりました．

M5.Lcd.setRotation(3)は画面を90°単位で回転させるAPIです（**リスト1**の③）．引き数に3を指定すると，M5StickCの左側が上になり，画面を横長に使えます．M5StickCは画面が小さいので，表示したい情報に合わせて，画面を有効に使います．I2Cを制御するWireライブラリなどはM5Stackと同じように使えます．

このプログラムをビルドして実行すると，**写真3**のように温度，湿度，気圧がLCDに表示されます．

写真3 温度，湿度，気圧がLCDに表示される

リスト2　Wi-Fiに接続しAmbientにデータを送信program2.ino

```
#include <M5StickCPlus.h>
#include "M5_ENV.h"
#include "Ambient.h"

SHT3X sht30;
QMP6988 qmp6988;

#define uS_TO_S_FACTOR 1000000
#define TIME_TO_SLEEP 300 // Deep sleep時間(秒)

WiFiClient client;
Ambient ambient;

const char* ssid = "ssid";
const char* password = "password";

unsigned int channelId = 100; // AmbientのチャネルID
const char* writeKey = "writeKey"; // ライトキー

float tmp = 0.0;
float hum = 0.0;
float pressure = 0.0;

void setup() {
  M5.begin();                     // M5StickCを初期設定する
  M5.Axp.ScreenBreath(10); //  画面の輝度を少し下げる
  M5.Lcd.setTextSize(2);          // 文字サイズを2にする
  M5.Lcd.setRotation(3);          // 左を上にする
  Wire.begin();                   // I2C通信の初期設定
  qmp6988.init();                 // 気圧センサQMP6988の初期設定

  pressure = qmp6988.calcPressure();
                    // 気圧センサから気圧値を取得
  if(sht30.get()==0){  // 温湿度センサSHT30からデータを取得
    tmp = sht30.cTemp;     // SHT30から温度を取得
    hum = sht30.humidity;  // SHT30から湿度を取得
```

```
  }else{
    tmp=0,hum=0;
  }
  M5.Lcd.fillScreen(BLACK); // 液晶をクリア
  M5.Lcd.setCursor(0, 0);
  M5.Lcd.printf("Temp: %4.1f'C  \r\nHumi: %2.0f%%
                                \r\n", tmp, hum);
  M5.Lcd.printf("Press:%4.0fhPa\r\n", pressure /
                                            100);

  WiFi.begin(ssid, password);    // Wi-Fi APに接続----①
  while (WiFi.status() != WL_CONNECTED) {
                                // Wi-Fi AP接続待ち
    delay(500);
    M5.Lcd.print(".");
  }
  M5.Lcd.print("WiFi connected\r\nIP address: ");
  M5.Lcd.println(WiFi.localIP());

  ambient.begin(channelId, writeKey, &client);
  // チャネルIDとライトキーを指定してAmbientの初期化

  // 温度, 湿度, 気圧の値をAmbientに送信する----②
  ambient.set(1, tmp);
  ambient.set(2, hum);
  ambient.set(3, pressure / 100);

  ambient.send();

  esp_deep_sleep(TIME_TO_SLEEP * uS_TO_S_FACTOR);
                                        // ----③
}

void loop() {
}
```

動かす②…
Wi-Fiでクラウドにデータを送る

● 接続プログラムはM5Stackと同じ

　M5StickCに搭載されているマイコン，ESP32はWi-FiとBluetoothで通信ができます．ここではWi-Fiでセンサ・データをクラウド・サービスに送信して，可視化してみます．クラウド・サービスとしては，筆者が運営するシンプルなIoTデータ可視化サービス「Ambient」を使います．

　Wi-Fiに接続する方法，Ambientにデータを送信する方法はM5Stackのときと全く同じです．プログラムはリスト2です．

　WiFi.begin関数でWi-Fiのアクセス・ポイントに接続します（リスト2の①）．

　Ambientにデータを送信するには，ambient.set関数で送信するデータをセットし，ambient.send関数で送信するだけです（リスト2の②）．

　リスト2では，センサからデータを取得し，Wi-Fiアクセス・ポイントに接続してデータをクラウド・サービスに送信した後，ディープ・スリープ・モードに移行しています（リスト2の③）．

　指定した時間経過した後に，再びプログラムの先頭

から動き始めます．ディープ・スリープの方法もM5Stackと同じです．

　このようにM5StackとM5StickCは，同じESP32マイコンを使っているため，ほとんど同じ感覚でプログラミングできます．

動かす③…
BLEでM5Stackにデータを送る

　次にデータをBluetooth Low Energy（BLE）で送ってみます．BLE通信は，センサ端末（ペリフェラル）とセンタ側の端末（セントラル）がコネクトしてデータを送受信するコネクト・モードと，ペリフェラルがセンサ・データなどをアドバタイジング・パケットに載せて送り，セントラルがそれを受信するブロードキャスト・モードがあります．今回はセンサ端末の通信に向いたブロードキャスト・モードを使います．

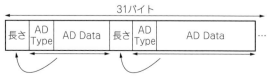

図6　アドバタイジング・パケットは最大31バイトのデータ

表2　アドバタイジング・データの中身をこのように定義した

項　目		値
長さ		0x0C
AD Type		0xFF
カンパニーID	L	0xFF
	H	0xFF
シーケンス番号		0～255までの数字
温度	L	温度［℃］× 100
	H	
湿度	L	湿度［%］× 100
	H	
気圧	L	気圧［hPa］× 10
	H	

● センサ端末側プログラム

ブロードキャスト・モードでは，センサ端末がセンサ・データをアドバタイジング・パケットの中のアドバタイジング・データという最大31バイトのデータ領域に載せて発信します（図6）.

アドバタイジング・データの「AD Type」というフィールドを0xFFにすることで，メーカ独自のデータが定義できます.「カンパニーID」には0xFFFFというテスト用のIDがあるので，今回はテスト用IDを使います.それ以降のフィールドは，表2のように定義して使います.

ブロードキャスト・モードでアドバタイジング・パケットを送信するプログラムをリスト3に示します.温度，湿度は値を100倍，気圧は10倍してアドバタイジング・パケットにセットし，受信側でそれぞれ100

リスト3　ブロードキャスト・モードでアドバタイジング・パケットを送信するprogram3.ino

```
#include <M5StickCPlus.h>
#include "M5_ENV.h"
#include "BLEDevice.h"
#include "BLEServer.h"
#include "BLEUtils.h"

SHT3X sht30;
QMP6988 qmp6988;

#define T_PERIOD    10   // Transmission period
#define S_PERIOD    20   // Silent period
RTC_DATA_ATTR static uint8_t seq;
            // remember number of boots in RTC Memory

uint16_t temp;
uint16_t humid;
uint16_t press;

void setAdvData(BLEAdvertising *pAdvertising) {
  BLEAdvertisementData oAdvertisementData =
                          BLEAdvertisementData();

  oAdvertisementData.setFlags(0x06);
  // BR_EDR_NOT_SUPPORTED | LE General Discoverable Mode

  std::string strServiceData = "";
  strServiceData += (char)0x0c;  // 長さ
  strServiceData += (char)0xff;
          // AD Type 0xFF: Manufacturer specific data
  strServiceData += (char)0xff;
                    // Test manufacture ID low byte
  strServiceData += (char)0xff;
                    // Test manufacture ID high byte
  strServiceData += (char)seq;  // シーケンス番号
  strServiceData += (char)(temp & 0xff);
                          // 温度の下位バイト
  strServiceData += (char)((temp >> 8) & 0xff);
                          // 温度の上位バイト
  strServiceData += (char)(humid & 0xff);
                          // 湿度の下位バイト
  strServiceData += (char)((humid >> 8) & 0xff);
                          // 湿度の上位バイト
  strServiceData += (char)(press & 0xff);
                          // 気圧の下位バイト
  strServiceData += (char)((press >> 8) & 0xff);
                          // 気圧の上位バイト

  oAdvertisementData.addData(strServiceData);
  pAdvertising->setAdvertisementData(
                          oAdvertisementData);
}

void setup() {
  M5.begin();                   // M5StickCを初期設定する
  M5.Axp.ScreenBreath(10);  // 画面の輝度を少し下げる
  M5.Lcd.setTextSize(2);        // 文字サイズを2にする
  M5.Lcd.setRotation(3);        // 左を上にする
  Wire.begin();                 // I2C通信の初期設定
  qmp6988.init();               // 気圧センサQMP6988の初期設定

  press = (uint16_t)(qmp6988.calcPressure() / 100
                * 10);   // 気圧センサから気圧値を取得
  if(sht30.get()==0){   // 温湿度センサSHT30からデータを取得
    temp = (uint16_t)(sht30.cTemp * 100);
                        // SHT30から湿度を取得
    humid = (uint16_t)(sht30.humidity * 100);
                        // SHT30から湿度を取得
  }else{
    temp=0,humid=0;
  }
  M5.Lcd.fillScreen(BLACK);  // 液晶をクリア
  M5.Lcd.setCursor(0, 0);
  M5.Lcd.printf("Temp: %4.1f'C  \r\nHumi: %2.0f%%
        \r\n", (float)temp / 100, (float)humid / 100);
  M5.Lcd.printf("Press:%4.0fhPa\r\n", (float)press /
                                                10);

  BLEDevice::init("AmbientEnv-02");  // デバイスを初期化
  BLEServer *pServer = BLEDevice::createServer();
                        // サーバを生成

  BLEAdvertising *pAdvertising = pServer->
   getAdvertising();  // アドバタイズ・オブジェクトを取得
  setAdvData(pAdvertising);
                    // アドバタイジング・データをセット

  pAdvertising->start();    // アドバタイズ起動
  delay(T_PERIOD * 1000);  // T_PERIOD秒アドバタイズする
  pAdvertising->stop();     // アドバタイズ停止

  seq++;                    // シーケンス番号を更新
  delay(10);

  esp_deep_sleep(1000000LL * S_PERIOD);
                    // S_PERIOD秒Deep Sleepする
}

void loop() {
}
```

リスト4　パケットから温度，湿度，気圧を取り出しM5StackのLCDに表示する`program4.ino`

```
#include <M5Stack.h>
#include "BLEDevice.h"

uint8_t seq; // remember number of boots in RTC Memory
#define MyManufacturerId 0xffff
                          // テスト・マニュファクチャID

BLEScan* pBLEScan;

void setup() {
  M5.begin();

  M5.Lcd.setTextSize(3);

  BLEDevice::init("");
  pBLEScan = BLEDevice::getScan();
  pBLEScan->setActiveScan(false);
}

void loop() {
  float temp, humid, press;

  BLEScanResults foundDevices = pBLEScan->start(3);
                                    // スキャンする
  int count = foundDevices.getCount();
  for (int i = 0; i < count; i++) {z1
    BLEAdvertisedDevice d = foundDevices.getDevice(i);
    if (d.haveManufacturerData()) {
      // ManufacturerDataがあるパケットを探す
      std::string data = d.getManufacturerData();
      int manu = data[1] << 8 | data[0];
      if (manu == MyManufacturerId && seq != data[2])
{  // カンパニーIDが0xFFFFで.
        // シーケンス番号が新しいものを探す
        seq = data[2];
        temp = (float)(data[4] << 8 | data[3])
                / 100.0;   // パケットから温度を取得
        humid = (float)(data[6] << 8 | data[5])
                / 100.0;
        press = (float)(data[8] << 8 | data[7])
                * 10.0 / 100.0;

        M5.Lcd.fillScreen(BLACK);
        M5.Lcd.setCursor(20,  20); M5.Lcd.printf(
                          "seq: %d\r\n", seq);
        M5.Lcd.setCursor(20,  60); M5.Lcd.printf(
                          "temp: %4.1f'C\r\n", temp);
        M5.Lcd.setCursor(20, 100); M5.Lcd.printf(
                          "humid:%4.1f%%\r\n", humid);
        M5.Lcd.setCursor(20, 140); M5.Lcd.printf(
                          "press:%4.0fhPa\r\n", press);
      }
    }
  }
}
```

分の1，10分の1にすることで，アドバタイジング・パケットではデータを16ビット整数で扱っています．

　10秒間アドバタイジング・パケットを送信し，20秒間ディープ・スリープするようにしました．

● センタ側プログラム

　アドバタイジング・パケットを受信するセンタ側はM5Stackを使いました．アドバタイジング・パケットをスキャンし，AD Typeが0xFFで，カンパニーIDが0xFFFFのデータを探します．送信側でパケットにシーケンス番号を付加してあり，1つ前に受信したシーケンス番号と比較してシーケンス番号が新しいパケットのときだけパケットを処理します．こうすることで，10秒間送信されるアドバタイジング・パケットを複数回処理してしまうことを避けています．

　最後に，パケットから温度，湿度，気圧を取り出し，M5StackのLCDに表示しています（**リスト4**）．

　M5StickC，M5Stack，それぞれにプログラムをダウンロードして，実行すると，M5StickCで測定したデータがBLEでM5Stackに送られて，表示されるのが確認できます（**写真4**）．

M5StickCの拡張性

　M5StickCにはUSBポートと拡張ソケットがあります．M5Stackのボトム・モジュールにあるピン・ソケットと同じように，ジャンパ・ワイヤを使ってセンサなどをつなぐこともできますが，ここに接続する専

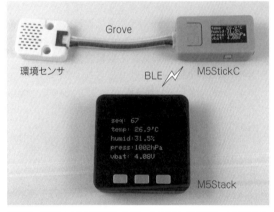

写真4　M5StickCで測定したデータがBLEでM5Stackに送られて表示された

用のハットが用意されています．

　センサ・ハットを使うと，非常にコンパクトなセンサ端末が作れるので，M5StickCの用途もさらに広がりそうです．

しもじま・たけひこ

クランプ式AC電流センサで作る

第10章　AC消費電力モニタを作る

下島 健彦

モニタ対象…AC消費電流

● 活動量のログとして使える

家庭やオフィス，工場などでは非常に多くの機器が電気で動いています．機器の電気の使用状態を測り，データを蓄積して見える化することは，省エネやコスト削減に効果的です．

例えば，家庭での電気の使用状況を可視化すると，省エネ意識も高まるでしょう．毎日の傾向を調べれば，見守りサービスのデータとしても使えそうです．

工場の工作機械などの消費電流は機械の稼働状態を示しています．工場全体の機械の稼働状態を調べると，ボトルネックになっている機械を発見できることもあり，稼働率の改善にもつなげられます．

本章では，M5Stackと電流センサを使って，機器が消費する電流値を測り，消費電力を可視化してみます（図1）．

● 電流を測る主な方法

電流を測るには2つの方法があります．

▶抵抗器を使う

1つ目は測定する回路の中に抵抗値が小さい抵抗器を入れる方法です．抵抗器の両端の電圧と抵抗値から電流値を求めます．

この方法は直流も交流も測ることができます．しかし回路に抵抗器を追加しなければならず，ここを流れる電流により電力ロスが起き，発熱するといったデメリットがあります．

▶磁気コアを使うクランプ式

もう1つは電流が流れる線を磁気コアで挟む方法です．電線を流れる電流によって磁気コア内に磁束が発生し，それに応じて2次巻き線に2次電流が流れます．この電流を抵抗器を使って測ります．

この方法は交流しか測れませんが，2つに分かれた磁気コアで電線を挟むことで，測定対象の回路を変更することなく測定できます．

この方式のセンサをクランプ式電流センサと言います．

● 使うのはクランプ式センサ

「クランプ式AC電流センサ30A」を使います（写真1）．センサ部の特性を表1に示します．測定対象の電流に対して2000：1の2次電流が得られます．つまり20Aの電流が流れているとき，1/2000の10mAの2次電流が得られることになります．測定できる電流は定格値で30A（最大60A），クランプの内径は10mmです．

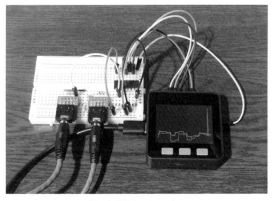

（a）電流値をLCDに表示

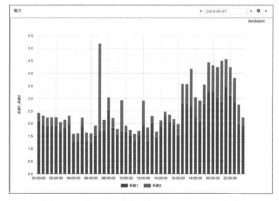

（b）Wi-Fi送信して消費電力をクラウド上で可視化

図1　消費電流を測定し手のひらデバイスM5Stackで表示したりクラウド表示したりする

写真1　今回使用するクランプ式AC電流センサ

表1　今回使用する「クランプ式AC電流センサ30A」の概要

項　目		値など
製品名		クランプ式AC電流センサ30A
メーカ		SparkFun Electronics社
センサ	型名	ECS1030-L72（ECHUN Electronic社）
	定格電流	30A
	最大電流	60A
	巻数比	1：2000
	誤差	2%
	直線性	0.5%
	位相差	4°以下
参考価格		1,343円（スイッチサイエンス）

ハードウェア

● 電流測定回路

　クランプ式電流センサを使って電流を測定する回路を図2に示します．

　交流を測定するので，クランプ式電流センサの一端をグラウンドにつなぐと，負荷抵抗の両端の電圧はプラスとマイナスになります．

　A-Dコンバータはマイナス側の電圧を直接測れないので，電源電圧3.3Vの半分の電圧（1.65V）を中心にして電圧が変化するようにしました．4.7kΩの抵抗器を2つ使って1.65Vを作り，電流センサの一端をグラウンドの代わりにここにつないでいます．

　クランプ式電流センサが測れるのは30Aまでですが，センサ端末としては50Aまで測れるようにしま

す．50Aの電流が流れたときのクランプ式電流センサの2次電流は25mAです．負荷抵抗を66Ω以下にすれば25mAの電流が流れたときの抵抗両端の電圧は1.65V以下になり，A-Dコンバータで測れるようになります．実際の負荷抵抗は51Ωにしました．

　負荷抵抗の両端の電圧をA-Dコンバータで測ります．今回は，10ビット分解能のA-DコンバータMCP3004（マイクロチップ・テクノロジー）を使いました．入力が0〜V_{ref}（＝3.3［V］）のときに0〜1023の値を出力します．A-Dコンバータから読み出した値をeとすると，負荷抵抗の両端の電圧V_rは次のようになります．

$$V_r = (e - 512)/1024 \times 3.3$$

　V_rが0のときにA-Dコンバータの出力は1.65Vに相当する512という値になるので，512を引いています．負荷抵抗が51Ω，クランプ式電流センサの1次電流と2次電流の比率が2000：1なので，1次電流Iは次のように計算できます．

$$I = V_r/51 \times 2000$$

　日本の多くの家庭へは，単相3線式という方式で電

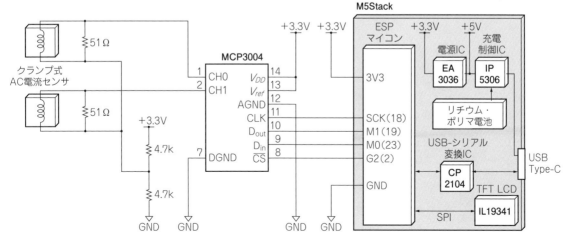

図2　M5Stackを使った電流計の構成

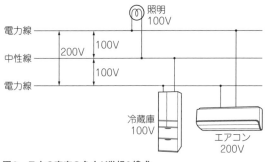

図3　日本の家庭の多くが単相3線式

力が供給されています（**図3**）．家全体の電流の使用状態を測定するためには，2系統の電流値を測る必要があります．このため今回の回路（**図2**）では2つの電流センサをつないでいます．

MCP3004は4チャネルのA-Dコンバータなので，4つまで拡張できます．

A-DコンバータとM5StackはSPIで通信します．

ブレッドボードを使って作成した電流計測回路を**写真2**に示します．

● M5Stackに装着できる拡張モジュールに載せる

M5Stackにはオリジナルの拡張モジュールが開発できる「プロトモジュール」があります．

ブレッドボードで動作確認した回路を，プロトモジュールを使って作りました（**写真3**）．

電流センサは4個まで接続できるようにしました．

M5StackはGPSモジュールなどの拡張モジュールで機能拡張できますが，プロトモジュールを使うと独自の機能拡張もできて，さらに応用範囲が広がります．

プログラミングのステップ1…交流の電流を測定する

日本の家庭で使われている電気は100Vの交流で，東日本は50Hz，西日本は60Hzです．交流の電流値を測るに当たり，まず1ms間隔で100回，電流値を測定してみます．1［ms］×100［回］＝100［ms］なので，50Hzだと5周期分，60Hzだと6周期分の電流を測定することになります．

測定プログラムを**リスト1**に示します．

● 1msの周期処理…タイマ

1ms間隔で周期処理をするために，タイマを使います．タイマの主なAPIを**図4**に示します．

リスト1では，timerBeginで分周比80，つまり1μsのタイマを作り，割り込みハンドラonTimer0を指定し，タイマ値として1000を書いて1msごとに割り込みハンドラが起動されるようにしています．

forループの先頭でフラグが0の間待つようにして，onTimer0関数でフラグを1にすることで，1ms間隔でforループを実行するようにします．

forループの中でA-DコンバータMCP3004を読み，値をバッファに格納することで，1ms間隔で電流値を測定します．

リスト1を作成する過程で，最初のプログラムは交流のサンプリングがうまくできているかどうかを確認するために，サンプリングしたデータをプリント・アウトしていました．

● ライブラリ化

A-DコンバータのMCP3004を初期化したりデータを読み出したりする部分はライブラリ化しています．

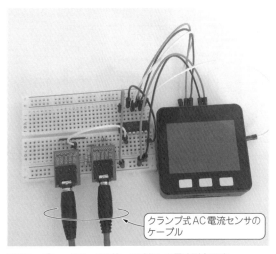

写真2　ブレッドボードを使って試作した電流測定回路

クランプ式AC電流センサのケーブル

写真3　電流測定回路をM5Stackに装着できるようにする
拡張用プロトモジュールを使う

リスト1　電流計測プログラム**MCP3004_test.ino**

```
/*
 * M5Stackの電流センサーテスト
 * MCP3004で1m秒毎に100回サンプリング
 * 3秒毎にサンプリング値や電流値をシリアルに表示
 * 測定値をシリアルプロッタで確認
 */
#include <M5Stack.h>
#include <SPI.h>
#include "MCP3004.h"

#define TIMER0 0

#define SAMPLE_PERIOD 1      // サンプリング間隔（ミリ秒）
#define SAMPLE_SIZE 100      // 1ms x 100 = 100ms

hw_timer_t * samplingTimer = NULL;

const int MCP3004_CS = 2;
MCP3004 mcp3004(MCP3004_CS);

const float rl = 51.0;  // 負荷抵抗

struct amp {
  short amp_ch[4];
} amps[SAMPLE_SIZE];

volatile int t0flag;

void IRAM_ATTR onTimer0() {   // タイマ割り込み関数
  t0flag = 1;
}

void ampRead(uint8_t ch) {   // chのチャネルをサンプリングする
  timerAlarmEnable(samplingTimer);     // タイマを動かす
  for (int i = 0; i < SAMPLE_SIZE; i++) {
    t0flag = 0;
    while (t0flag == 0) {
                          // タイマでt0flagが1になるのを待つ
      delay(0);
    }
    amps[i].amp_ch[ch] = mcp3004.read(ch);
                                      // chの電圧値を測る
  }
  timerAlarmDisable(samplingTimer);   // タイマを止める
}

void setup(){
  M5.begin();

  Serial.begin(115200);
  while (!Serial);
  SPI.begin();      // SPIを初期化
  mcp3004.begin();  // MCP3004のオブジェクトを初期化

  samplingTimer = timerBegin(TIMER0, 80, true);
                              // 分周比80、1μsのタイマを作る
  timerAttachInterrupt(samplingTimer, &onTimer0,
true);
                          // タイマ割り込みハンドラを指定
  timerAlarmWrite(samplingTimer, SAMPLE_PERIOD *
                      1000,true);   // タイマ周期を設定
}

void loop() {
  ampRead(0);   // チャネル0をサンプリング
  for (int i = 0; i < SAMPLE_SIZE; i++) {
    Serial.println(amps[i].amp_ch[0]);
  }
  delay(3000);
}
```

ヘッダ・ファイルを**リスト2**に，プログラム本体を**リスト3**に示します．

MCP3004をアクセスする部分をクラスにしています．MCP3004::beginメソッドでは，スレーブ・セレクトに使うピンを出力モードにして，スレーブ・セ

レクトを"H"にしてデバイスを選択していない状態に初期化しています．

MCP3004::readメソッドでは，まずSPI通信の初期化をしています．MCP3004の通信クロック周波数は10k〜1.35MHzなので，その範囲の適当な周波

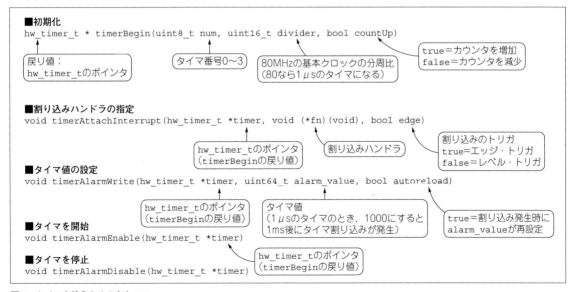

図4　タイマを使うための主なAPI

リスト2　A-DコンバータMCP3004アクセス用プログラムのヘッダ・ファイルMCP3004.h

```
#ifndef MCP3004_H
#define MCP3004_H

#ifdef ARDUINO_M5Stack_Core_ESP32
#include <M5Stack.h>
#endif
#include <SPI.h>

class MCP3004
{
public:
  MCP3004(uint8_t);
  virtual ~MCP3004();

  void begin(void);
  uint16_t read(uint8_t ch);
private:
  uint8_t _ss;
};

#endif // MCP3004_H
```

リスト3　A-DコンバータMCP3004アクセス用プログラムの本体MCP3004.cpp

```
#include <Arduino.h>
#include "MCP3004.h"

MCP3004::MCP3004(uint8_t ss) {
  _ss = ss;
}

MCP3004::~MCP3004() {
}

void MCP3004::begin(void) {
  pinMode(_ss, OUTPUT);
  digitalWrite(_ss, LOW);
  digitalWrite(_ss, HIGH);
}

uint16_t MCP3004::read(uint8_t ch) {
  byte MSB, LSB;

  SPI.beginTransaction(SPISettings(200000, MSBFIRST,
                                   SPI_MODE0));
  digitalWrite(_ss, LOW);  // デバイスを選択
  SPI.transfer(0x01);      // スタートビットを送る
  MSB = SPI.transfer((0x08 | ch) << 4);
                           // チャネルを送り，上位バイトを得る
  LSB = SPI.transfer(0x00);
                     // 適当なデータを送り，下位バイトを得る
  digitalWrite(_ss, HIGH); // デバイスの選択を解除
  SPI.endTransaction();

  return (MSB & 0x03) << 8 | LSB;
}
```

数を選びます．今回は200kHzに設定しました．

SPI通信でチャネルを指定してMCP3004からA-D変換した値を読んでいます．

リスト1のメイン・プログラムでは，MCP3004のヘッダ・ファイルをインクルードし，MCP3004クラスのインスタンスを作り，mcp3004.beginメソッドを呼び出してデバイスを初期化し，mcp3004.readメソッドでA-D変換した値を取得しています．

ヘッダとC++プログラムをそれぞれ別ファイルにすることでライブラリ化でき，別のプログラムでも再利用できて便利です．

プログラムは，以下のウェブ・ページからダウンロードできます．

https://github.com/AmbientDataInc/M5Stack_PowerMonitor/tree/master/MCP3004_test

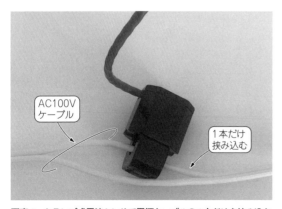

写真4　クランプ式電流センサで電源ケーブルの1本だけを挟み込む

● **動作確認**

電源ケーブルは2本の線があります．2本の線をクランプで挟んでしまうと，行きの電流による磁束と帰りの電流による磁束が打ち消しあってしまうため，電流を計測できません．**写真4**のように2本の線の一方だけを挟んで測定します．

プログラムをビルドしてM5Stackに転送し，Arduino IDEの「シリアルプロッタ」を起動します．

電源ケーブルの先に適当な電気製品をつなげます．実験では1200Wのドライヤをつなげました．ドライヤを動かしたり止めたりすると，シリアルプロッタに**図5**のような波形が描かれます．

波形はつないだ機器によって異なりますが，交流波形が測定できているのが確認できました．

シリアルプロッタは，Serial.printでシリアルに数値を出力するだけでグラフ化してくれるので，センサ値の確認などにはとても便利です．

プログラミングのステップ2…電流値を求めてLCDに表示

▶交流電流を電流値

プラス/マイナスに振れる交流の電流値を求めるには，何周期か測定したサンプリング値をそれぞれ2乗して平均値を求め，平方根を取ります．その処理を**リスト4**に示します．

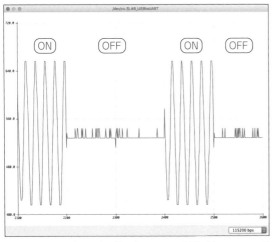

図5　シリアルプロッタで描いた1200WのドライヤON/OFF時の消費電流

初めはサンプリングした値を確認するために値を全てバッファに記録していましたが，電流値を計算するだけならその必要はありません．サンプリングするたびにサンプル値を2乗して足し算していき，最後に平均して平方根を求めます．

この処理を例えば1分ごとに呼び出せば，1分ごとの電流値を測れます．

リスト4　交流電流を計測するためのサンプリング処理pmon.ino

```
float ampRead(uint8_t ch) {
  int vt;
  float amp, ampsum;
  ampsum = 0;

  timerAlarmEnable(samplingTimer);      // タイマを動かす
  for (int i = 0; i < SAMPLE_SIZE; i++) {
    t0flag = 0;
    while (t0flag == 0){
                       // タイマでt0flagが1になるのを待つ
      delay(0);
    }
    vt = mcp3004.read(ch); // chの電圧値を測る
    amp = (float)(vt - 512) / 1024.0 * 3.3 / rl *
                       2000.0;// 電流値を計算
    ampsum += amp * amp;     // 電流値を2乗して足し込む
  }
  timerAlarmDisable(samplingTimer);   // タイマを止める

  return ((float)sqrt((double)(ampsum /
      SAMPLE_SIZE)));// 電流値の2乗を平均し、平方根を計算
}
```

● LCDにグラフ表示

1分ごとの電流値が得られたので，これをM5StackのLCDに表示します．

単相3線式の2系統の電流値を折れ線グラフで表示します．LCDに表示する部分のプログラムをリスト5に示します．

リスト5　電流値を折れ線グラフでLCDに表示するプログラムpmon.ino

```
#define NDATA 100   // リング・バッファの件数
struct d {
  bool valid;
  float d1;
  float d2;
} data[NDATA]; // リング・バッファ
int dataIndex = 0; // リング・バッファのインデックス

void putData(float d1, float d2) {
                    // リング・バッファにデータを挿入する
  if (++dataIndex >= NDATA) {
    dataIndex = 0;
  }
  data[dataIndex].valid = true;
  data[dataIndex].d1 = d1;
  data[dataIndex].d2 = d2;
}

#define X0 10

int data2y(float d, float minY, float maxY, int
               HEIGHT) {// データの値からy軸の値を計算する
  return HEIGHT - ((int)((d - minY) / (maxY - minY)
                     * (float)HEIGHT) + 1);
}

void drawChart() {
           // リング・バッファからデータを読み、グラフ表示する
  int HEIGHT = M5.Lcd.height() - 10;
  float mind = 0.0, maxd = 10.0;
  for (int i = 0; i < NDATA; i++) {
                   // リング・バッファ中の最大値を探す
    if (data[i].valid == false) continue;
    if (data[i].d1 > maxd) maxd = data[i].d1;
    if (data[i].d2 > maxd) maxd = data[i].d2;
  }
  maxd *= 1.1;
  for (int i = 0, j = dataIndex + 1; i < (NDATA - 1);
                                    i++, j++) {
    if (data[j % NDATA].valid == false) continue;
    int d10 = data2y(data[j % NDATA].d1, mind, maxd,
                                         HEIGHT);
    int d11 = data2y(data[(j + 1) % NDATA].d1, mind,
                                    maxd, HEIGHT);
    M5.Lcd.drawLine(i * 3 + X0, d10, (i + 1) * 3 +
                  X0,d11, BLUE);   // 系統1のグラフを描く
    int d20 = data2y(data[j % NDATA].d2, mind, maxd,
                                         HEIGHT);
    int d21 = data2y(data[(j + 1) % NDATA].d2, mind,
                                    maxd, HEIGHT);
    M5.Lcd.drawLine(i * 3 + 1 + X0, d20, (i + 1) * 3
             + 1+, X0, d21, RED);   // 系統2のグラフを描く
  }
}

void loop() {
  unsigned long t = millis();   // 開始時刻を記録する
  float a0, a1;
  a0 = ampRead(0);   // 系統1の電流値を測定する
  a1 = ampRead(1);   // 系統2の電流値を測定する

  putData(a0, a1);   // 電流値をリング・バッファに挿入する

  M5.Lcd.fillScreen(BLACK);   // LCDをクリアする
  drawChart();   // LCDにグラフを表示する

  while ((millis() - t) < PERIOD * 1000) {
    delay(0);
  }
}
```

リスト6　測定値をAmbientへ送信するプログラムpmon_ambient.ino

```
void setup(){
    // 諸々の初期化

    WiFi.begin(ssid, password);
    while (WiFi.status() != WL_CONNECTED) {
        delay(500);
        Serial.print(".");
    }

    ambient.begin(channelId, writeKey, &client);
                // チャネルIDとライトキーを指定してAmbientの初期化
}

void loop() {
    unsigned long t = millis();
    float a0, a1;
    a0 = ampRead(0);
    a1 = ampRead(1);

    ambient.set(1, a0);
    ambient.set(2, a1);
    ambient.send();

    while ((millis() - t) < PERIOD * 1000) {
        delay(0);
    }
}
```

100件のリング・バッファを用意し，loop関数の中で1分ごとに2系統の電流値を測定し，リング・バッファに追加し，リング・バッファのデータをdrawChart関数でLCDに表示します．

M5StackのLCDは横320ピクセル，縦240ピクセルです．横軸は，左右に余白を10ピクセル取り，最新100件のデータを，1つの系統の電流値を$3 \times x$ピクセル，もう1つの系統の値を$3 \times x + 1$ピクセルの位置に表示することにしました．

縦軸はリング・バッファに格納されているデータの最大値を計算し，data2y関数でその最大値が縦軸の一番上になるようにy軸の値を計算します．

リング・バッファから順番にデータを取り出し，M5.Lcd.drawLine関数でグラフを描画します．2

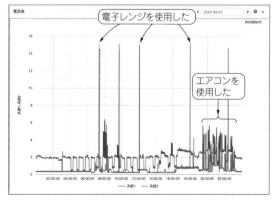

図6　Ambientで見た電流値

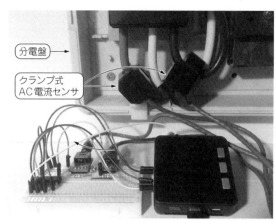

写真5　家庭用分電盤への取り付け

系統のグラフを青と赤の線で描きました．

プログラムは，以下のウェブ・ページからダウンロードできます．

```
https://github.com/AmbientDataInc/
M5Stack_PowerMonitor/tree/master/
pmon
```

プログラミングのステップ3…
IoTクラウドへの送信＆可視化

IoTデータの可視化サービスAmbientを使って可視化します．

1分ごとの電流値をAmbientへ送ります．データ送信は簡単です．setup関数でWi-Fiに接続し，Ambientオブジェクトをambient.begin()で初期化します．

loop関数の中で電流値を測定し，ambient.set()でデータをセットし，ambient.send()に送信します．

Ambientに送信するのに関係する部分のプログラムをリスト6に示します．

プログラム全体は，以下のウェブ・ページからダウンロードできます．

```
https://github.com/AmbientDataInc/
M5Stack_PowerMonitor/tree/master/
pmon_ambient
```

家庭の消費電流量を測る

開発した電流センサ端末を実際に分電盤に取り付けた様子を写真5に示します．取り付けはブレーカを落とした状態で，十分気を付けて行ってください．

● 測定した電流値の表示

測定した電流値をAmbientで見ると，図6のようなグラフが表示されます．

チャート設定でグラフ・サイズを「large」にして，d1とd2を同じチャートで表示し，日付指定を設定しています．

グラフは筆者の自宅の電流値です．系統1（青い線）に冷蔵庫が接続されています．ON/OFFを繰り返しながら常時動いているのが分かります．

系統2には電子レンジが接続されています．7時半や12時，18時ごろに使っています．

19時半ぐらいからはエアコンを使いました．

このように家全体の電流の消費状態を調べるとどの家電製品がどのくらい電気を使っているのかがよく分かります．

● 30分ごとの平均値の表示

Ambientには1分ごとに送られる電流値を折れ線グラフで表示する機能の他に，30分ごとの平均値を計算する機能があります．

チャート設定で集計を「30分間」の「平均値」に設定し，グラフ種類を「棒グラフ（縦積み）」に設定します（図7）．

● 消費電力の計算

電力は電圧×電流です．家庭の交流の電圧は100Vなので，電流値に100Vを掛けると電力値になるかと言うと，そうなりません．

交流の場合は電圧と電流の位相のずれがあるため，実際に使われた電力（有効電力）は，

有効電力＝電圧×電流×力率

になります．今回は正確な電力値を求めるよりも，機器の電気の利用パターンを調べることを目的に，電流値を使って電力使用の傾向を把握することにしました．

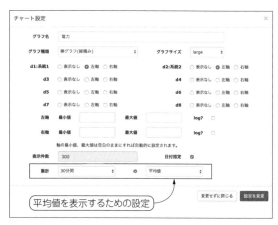

図7　消費電流の30分間平均値をグラフ表示するための設定

● 消費電力量の計算

30分間の平均電流値から，次のような関係で電力量に読み替えることができます．

電力量 [kWh] ＝縦軸の値×100 [V] /1000/2

ただし，この関係は力率を考慮していないので，概算としての電力量になります．

30分間の平均電流値から計算した消費電力量のグラフは，図1（b）に示した通りです．

◆参考・引用＊文献◆

(1) Split Core Current Transformer ECS1030-L72, ECHUN Electronic.

(2) MCP3004/3008　2.7V 4-Channel/8-Channel 10-Bit A/D Converters with SPI Serial Interface, Microchip Technology.

しもじま・たけひこ

赤外線アレイ温度センサを使ったサーモグラフィ

第11章

8×8エリアの温度分布を色分け表示する

下島 健彦

　本章では非接触温度センサを使い，離れたところの温度を測ります（**写真1**）．

　物体は温度に応じて放射エネルギーを放出しています．これをサーモパイル（Thermopile）と呼ばれる素子で測定することで，温度を知ることができます．

　サーモパイル素子を格子（アレイ）状に並べて，2次元の温度分布を測定できるようにしたものを赤外線アレイ・センサと言います．赤外線アレイ・センサは，2次元の温度分布を画像として出力するサーモグラフィ・カメラで使われています．部屋の温度分布を2次元で調べて，エアコンの風の向きを制御するといった使われ方もしています．

回路

● 使用する温度センサ「赤外線アレイ・センサ」

　M5Stackで使える非接触温度センサの例を**表1**に示します．左の3つのセンサは2次元の温度分布が測れる赤外線アレイ・センサです．一番右のMLX90614

は1点の温度が測れるセンサです．

　ここでは画素数が8×8のAMG8833（パナソニック）を選択しました．筆者は2.54mmピッチの変換基板に搭載された「Conta サーモグラフィ AMG8833搭載」（スイッチサイエンス，**写真2**）を使用しました．

　AMG8833は8×8のメッシュで温度が測定でき，精度は±2.5℃です．

　マイコンとはI²Cで通信します．AMG8833のデフォルトのI²Cアドレスは0x68です．M5Stackシリーズでは6軸IMUとして使われるMPU6886のI²Cアドレスと同じなので，サーモグラフィ・モジュールの基板表面のはんだジャンパSJ1の中央のパッドを"H"側と接続して，I²Cアドレスを0x69に変更します．

● 手のひらデバイスM5Stackから動かす

　サーモグラフィ・モジュールとマイコンとは，シリアル・データ（SDA）とシリアル・クロック（SCL），電源，グラウンドの4本で接続します．マイコン側はESP32の標準になるSDAピン（21番）とSCLピン（22番）につなぎます（**図1**）．接続にはM5Stackに同梱されていた10芯フラット・ケーブルから4芯分を割いて使いました（**写真1**参照）．

　サーモグラフィ・モジュールはSDAとSCLはプルアップされていないので，プログラムで内蔵プルアッ

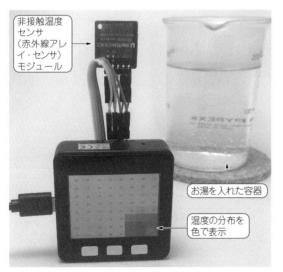

非接触温度センサ（赤外線アレイ・センサ）モジュール

お湯を入れた容器

温度の分布を色で表示

写真1　非接触で離れたところの温度を手のひらデバイスM5Stackに表示してサーモグラフィにする

表1　M5StackとI²C接続で使用できる非接触温度センサ

型　名	D6T-44L-06	AMG8833	MLX90640	MLX90614
メーカ	オムロン	パナソニック	Melexis社	Melexis社
温度測定範囲[℃]	+5〜+50	0〜+80	−40〜+300	−70〜+382.2
精度[℃]	±1.5	±2.5	±1.5	±0.5
画素数（横×縦）	4×4	8×8	32×24	1
視野角（横×縦）[°]	45.7×44.2	60×60	110×75	72
電源電圧[V]	4.5〜5.5	3.3	3.3	3.3
I²Cアドレス	0x0a	0x68または0x69	0x33	0x5a

AMG8833搭載のモジュールは秋月電子通商でも扱っています．（編集部）

プを有効にします.

Arduinoプログラム

● ステップ1…非接触温度センサからデータを取得する

非接触温度センサからデータを取得し,シリアル・モニタに出力するプログラムをリスト1に示します.

▶センサから得られるデータの構造

8×8に並んだ非接触温度センサAMG8833の各画素は,カメラのように使うことを考えてセンサ裏面から見ると,右下から左上に向かって画素1,画素2,…,画素64になります(図2).

各画素の温度データは12ビット(11ビット+符号ビット)で,1画素当たり2バイトで表されます.1ビットが0.25℃に対応します.

I²C通信では,次のように連続した128バイト(8×8×2バイト)のデータとして読み出せます.

画素1の下位バイト,画素1の上位バイト,画素2の下位バイト,画素2の上位バイト,…,画素64の下位バイト,画素64の上位バイト

▶10フレーム/sで移動平均値を出力

setup関数ではスイッチサイエンスのサンプル・プログラムを参考に,AMG8833の初期化を行っています.フレーム・レートを10フレーム/sに,割り込みを無効に,移動平均値を出力するように設定しています.

温度データはWireライブラリのrequestFrom関数で読み込みます.標準のWireライブラリのバッファ・サイズは32バイトなので,32バイト以上のデータを読むときは複数回に分けて読む必要がありますが,ESP32のWireライブラリのバッファ・サイズは128バイトなので,AMG8833のデータを一気に読むことができます.

loop関数ではAMG8833から128バイトの温度の生データを読み取り,64個の温度データに変換し,8×8の左上の画素64のデータから順番に温度データをシリアルに出力しています.

▶動作確認

プログラムは,以下のウェブ・ページからダウンロードできます.

https://github.com/AmbientDataInc/
measuringwithM5Stack/tree/master/9_
Thermography

M5StackとPCをUSBケーブルでつなぎ,PC上でArduino IDEを起動して,リスト1を開きます.M5Stack-Core-ESP32ボードとUSBのシリアル・ポートを選択し,ビルドして書き込むと,シリアル・モニタに図3のような温度のマトリクスが表示されます.

容器にお湯を入れて測定したので,右下に45.8℃といった高い数字が表示されました.

● ステップ2…温度をLCDに色で表示する

数字のマトリクスだと直感的に分かりづらいので,温度データをM5StackのLCDに色のマトリクスで表示します.プログラムをリスト2に示します.

▶数値を色で表現する関数

値を色で表現するためにheat関数を使います[2].値を色で表現するheat関数は第4部第6章でも作りましたが,第4部第6章では値の範囲をif文で切り分けてcos関数を使っていました.今回はtanh関数を使い,if文なしにすっきり実現できています.

非接触温度センサから温度データを読み,LCDに表示する部分をリスト3に示します.

loop関数の中で非接触温度センサAMG8833から温度データを取得します.Arduinoのmap関数とconstrain関数で0～60℃の範囲の温度データを0～1の数値にしてheat関数に渡し,16ビットの色データに変換します.

Arduinoのmap関数の結果は整数で,小数点以下は切り捨てられてしまうので,注意が必要です.ここではmap関数で温度データをいったん0～100に変換

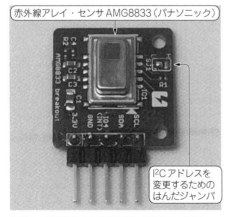

写真2 今回使用する赤外線アレイ温度センサ「Conta
サーモグラフィ AMG8833搭載」

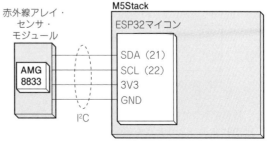

図1 M5Stackと赤外線アレイ温度センサはI²Cでつなぐ

リスト1　非接触で測った温度を数値で表示するプログラムprogram1.ino

```
#include <M5Stack.h>
#include <Wire.h>

#define FPSC 0x02
#define INTC 0x03
#define AVE 0x07
#define T01L 0x80

#define AMG88_ADDR 0x69 // in 7bit

void write8(int id, int reg, int data) {
                        // idで示されるデバイスにregとdataを書く

  Wire.beginTransmission(id);
                // 送信先のI2Cアドレスを指定して送信の準備をする
  Wire.write(reg);      // regをキューイングする
  Wire.write(data);     // dataをキューイングする
  uint8_t result = Wire.endTransmission();
                        // キューイングしたデータを送信する
}

void dataread(int id, int reg, int *data, int datasize) {
  Wire.beginTransmission(id);
                // 送信先のI2Cアドレスを指定して送信の準備をする
  Wire.write(reg);   // regをキューイングする
  Wire.endTransmission();  // キューイングしたデータを送信する
  Wire.requestFrom(id, datasize);
                // データを受信する先のI2Cアドレスとバイト数を指定する
  int i = 0;
  while (Wire.available() && i < datasize) {
    data[i++] = Wire.read();// 指定したバイト数分, データを読む
  }
}

void setup() {
  M5.begin();
  Serial.begin(115200);
  while (!Serial) ;

  pinMode(21, INPUT_PULLUP);  // SDAをプルアップする
  pinMode(22, INPUT_PULLUP);  // SDAをプルアップする
```

```
  Wire.begin();

  write8(AMG88_ADDR, FPSC, 0x00);  // 10fps
  write8(AMG88_ADDR, INTC, 0x00);  // INT出力無効
  write8(AMG88_ADDR, 0x1F, 0x50);
                        // 移動平均出力モード有効(ここから)
  write8(AMG88_ADDR, 0x1F, 0x45);
  write8(AMG88_ADDR, 0x1F, 0x57);
  write8(AMG88_ADDR, AVE, 0x20);
  write8(AMG88_ADDR, 0x1F, 0x00);  // (ここまで)
}

void loop() {
  float temp[64];   // 8 x 8 の温度データ

  int sensorData[128];
  dataread(AMG88_ADDR, T01L, sensorData, 128);
                        // 128バイトのピクセル・データを読む
  for (int i = 0 ; i < 64 ; i++) {
    int16_t temporaryData = sensorData[i * 2 + 1] *
                        256+ sensorData[i * 2];
                        // 上位バイトと下位バイトから温度データを作る
    if(temporaryData > 0x200) {  // マイナスの場合
      temp[i] = (-temporaryData +  0xfff) * -0.25;
    } else {                     // プラスの場合
      temp[i] = temporaryData * 0.25;
    }
  }

  for (int y = 0; y < 8; y++) {
                // 8 x 8の温度データをシリアルモニタに出力する
    for (int x = 0; x < 8; x++) {
      Serial.printf("%2.1f ",
                temp[(8 - y - 1) * 8 + 8 - x - 1]);
    }
    Serial.println();
  }
  Serial.println("------------------------------");
  delay(5000);
}
```

赤外線アレイ・センサ・モジュール(裏面)

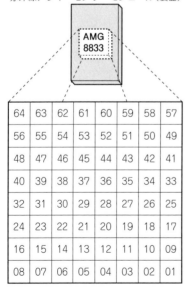

図2　AMG8833の画素番号

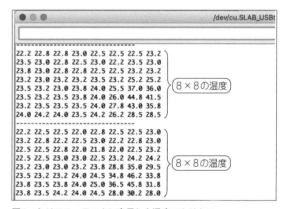

図3　シリアル・モニタに表示した温度マトリクス

し，結果を100で割って0〜1の数値にしています．
　LCDに色のマトリクスを表示する部分はM5.Lcd.fillRect関数を使っています．

```
M5.Lcd.fillRect(x, y, width,
height, color);
```

　また，矩形の中心に温度データを数値で表示しています．このとき，setTextColor関数で文字の色を黒，背景色をheat関数で計算した色に指定することで，文字の背景色と矩形に塗った色が同じになるようにしています．

```
M5.Lcd.setTextColor(文字色, 背景色);
```

リスト2　数値を色で表示する関数 program2.ino

```
float gain = 10.0;
float offset_x = 0.2;
float offset_green = 0.6;

float sigmoid(float x, float g, float o) {
  return (tanh((x + o) * g / 2) + 1) / 2;
}

// 0.0～1.0の値を青から赤の色に変換する
uint16_t heat(float x) {
  x = x * 2 - 1;  // -1 <= x < 1 に変換

  float r = sigmoid(x, gain, -1 * offset_x);
  float b = 1.0 - sigmoid(x, gain, offset_x);
  float g = sigmoid(x, gain, offset_green)
    + (1.0 - sigmoid(x, gain, -1 * offset_green))
                                            - 1;

  return ((((int)(r * 255)>>3)<<11)
        | ((((int)(g * 255)>>2)<<5) | ((int)(b *
                                        255)>>3));
}
```

リスト3　温度データを読み込んでLCDに表示するプログラム program2.ino

```
#define WIDTH (320 / 8)
#define HEIGHT (240 / 8)

void loop() {
  float temp[64];

  M5.Lcd.fillScreen(BLACK);
          // AGM8833から温度データを読み、temp[]にセットする
  int x, y;
  for (y = 0; y < 8; y++) {
    for (x = 0; x < 8; x++) {
      float t = temp[(8 - y - 1) * 8 + 8 - x - 1];
      uint16_t color = heat(map(constrain((int)t,
          0, 60),0, 60, 0, 100) / 100.0);
      M5.Lcd.fillRect(x * WIDTH, y * HEIGHT, WIDTH,
                                     HEIGHT, color);
      M5.Lcd.setCursor(x * WIDTH + WIDTH / 2, y *
                          HEIGHT + HEIGHT / 2);
      M5.Lcd.setTextColor(BLACK, color);
      M5.Lcd.printf("%d", (int)t);
    }
  }
  delay(500);
}
```

リスト4　M5Stack上でウェブ・サーバを動かしウェブ・ブラウザに文字列を表示するプログラム program3.ino

```
#include <M5Stack.h>
#include <WiFi.h>  // 必要なヘッダ・ファイルをインクルードする
#include <WiFiClient.h>
#include <WebServer.h>
#include <ESPmDNS.h>

WebServer server(80);
          // ポート番号を指定してWebServerのインスタンスを作る

const char *ssid = "ssid";
const char *password = "password";

void serverRoot() {
  String msg = "hello";  // レスポンス・メッセージを用意
  Serial.println(msg);
  server.send(200, "text/plain", msg);  // レスポンスを送る
}

void handleNotFound(){
  String msg = "";
  server.send(404, "text/plain", "");
}

void setup() {
  M5.begin();
  Serial.begin(115200);

  while (!Serial) ;

  WiFi.begin(ssid, password);     // Wi-Fiネットワークに接続
  while (WiFi.status() != WL_CONNECTED) {
    delay(500);
    Serial.print(".");
  }
  Serial.print("\r\nWiFi connected: ");
  Serial.println(WiFi.localIP());

  if (MDNS.begin("esp32")) {
    Serial.println("MDNS responder started");
  }

  server.on("/", HTTP_GET, serverRoot);
              // URLを指定して処理する関数を登録する
  server.onNotFound(handleNotFound);
          // 指定していないURLへのアクセスを処理する関数を登録する
  server.begin();  // ウェブ・サーバを起動する
  Serial.println("access: http://esp32.local");
}

void loop() {
  server.handleClient();
              // クライアントからのリクエストを処理する
}
```

▶動作確認

　プログラムをビルドしてM5Stackにダウンロードして動かすと，**写真1**に示したような温度分布がLCDに表示されます．

● ステップ3…ウェブ・ブラウザに文字を表示

　非接触温度センサで測った温度分布をウェブ・ブラウザから見られるようにしていきます．

　まず，M5Stack上でウェブ・サーバを動かし，ウェブ・ブラウザに文字列を表示できるようにしてみます．プログラムを**リスト4**に示します．

▶ウェブ・サーバの起動

　M5Stack上でウェブ・サーバを動かし，ブラウザからアクセスされたら温度データを返すようにします．そのためにまず，M5Stack上にウェブ・サーバを動かします．

　Arduino IDEのスケッチ例の中のWebServerというフレームワークを使います．WebServerの中に，ブラウザからアクセスされたらhelloという文字列を返す例があります（「ファイル」→「スケッチ例」→「WebServer」→「HelloServer」）．

　WebServerのインスタンスを作ります．setup関

リスト5　/captureというURLにアクセスされたらHTMLを返す関数program4.ino

```
// /captureをアクセスされたときの処理
void handleCapture() {
  char buf[400];

  // thermal.svgというファイルをアクセスするHTMLを作る
  snprintf(buf, 400,
   "<html>\
    <body>\
      <div align=\"center\">\
      <img src=\"/thermal.svg\"\
        width=\"400\" height=\"400\" />\
      </div>\
    </body>\
    </html>"
  );
  server.send(200, "text/html", buf);// HTMLを返信する
}
```

リスト6　/thermal.svgにアクセスされたときの処理関数program4.ino

```
// /thermal.svgの処理関数
void handleThermal() {
  String out = "";
  char buf[100];   // AMG8833の画素データ
  out += "<svg xmlns=\"http://www.w3.org/2000/svg\"
                      version=\"1.1\">\n";
  for (int y = 0; y < 8; y++) {
    for (int x = 0; x < 8; x++) {
      float t = temp[(8 - y - 1) * 8 + 8 - x - 1];
      uint32_t color = heat(map(constrain((int)t,
                  0, 60), 0, 60, 0, 100) / 100.0);
      sprintf(buf, "<rect x=\"%d\" y=\"%d\"
          width=\"50\" height=\"50\" fill=\"#%06x\"
                   />\n",x * 50, y * 50, color);
      out += buf;
    }
  }
  out += "</svg>\n";

  server.send(200, "image/svg+xml", out);
}
```

数では，onメソッドでアクセスされたURLに対応する処理関数を登録し，beginメソッドでウェブ・サーバを起動します．

loop関数では，handleClientメソッドでクライアントからのリクエストを処理します．

onメソッドで指定したURLにブラウザからのアクセスがあると，登録した処理関数が呼ばれ，アクセスを処理します．この例では「/」にアクセスすると「hello」というメッセージを返しています．

このプログラムではmDNS（multicast DNS）というサーバも動かしています．これはローカル・ネットワーク内で動作するDNSサーバで，名前をIPアドレスに変換してくれます．IPアドレスの代わりに，指定した名前esp32に.localを付けたesp32.localというアドレスでこのウェブ・サーバにアクセスできます．

▶動作確認

プログラムをビルドして実行し，ウェブ・ブラウザでhttp://esp32.localというアドレスにアクセスすると，helloという文字列が表示されるのが確認できます．

● ステップ4…温度データを画像として表示する

M5Stackでウェブ・サーバが動いたので，非接触温度センサのデータを返すようにします．

まず，/captureというURLにアクセスされたらHTMLを返す関数handleCapture（リスト5）を作り，on関数で登録します．

/captureにアクセスしてHTMLが返されたら，ブラウザはHTMLの中にある/thermal.svgにアクセスします．

/thermal.svgにアクセスされたときの処理関数handleThermalをリスト6に示します．

画素数が8×8と多くないので，JPEGなどの画像データは作らず，SVG（Scalable Vector Graphics）で画面に色を塗っています．

SVGはベクタ形式の画像フォーマットで，直線，四角形，多角形，円，楕円などを描画するタグが用意されています．このプログラムでは四角形を描くrectタグを使い，8×8の画素の1つ1つに対して次のようなrectタグを作り，ブラウザ画面上に64個の四角を描き，温度に対応した色を塗っています．

```
<rect x="0" y="0" width="50"
height="50" fill=color />
```

▶動作確認

このプログラムをビルドして動かし，ブラウザでhttp://thermoCam.local/captureにアクセスすると，非接触温度センサの画像データが表示されます（図4）．

● ステップ5…MicroPythonで動かしてみる

非接触温度センサから温度データを読み，LCDに色のマトリクスで表示するプログラムをリスト7に示します．MicroPythonで書いています．

I^2Cでデバイスと通信するのはmachineモジュールのI2Cクラスを使います．machineモジュールからI2CクラスとPinクラスをインポートし，SDAとSCLに使うピンを指定してインスタンスを作ります．

```
from machine import I2C, Pin
i2c = I2C(sda = Pin(21), scl =
Pin(22))
```

デバイスの内部メモリ・アドレスaddrにデータを書くのはwriteto_memメソッドを使います．AMG8833のI2Cアドレス0x69を指定し，リセット・レジスタのアドレス0x02にデータ0x00を書き込むとAMG8833がリセットできます．

```
i2c.writeto_mem(0x69, 0x02, b'\
x00')
```

リスト7　非接触温度センサから温度データを読んでLCDに色のマトリクスで表示するプログラム program2.ino

```
from m5stack import lcd
from machine import I2C, Pin
import struct
import time
import math

AMG8833_i2c = 0x69

i2c = I2C(sda = Pin(21), scl = Pin(22))

i2c.writeto_mem(AMG8833_i2c, 0x02, b'\x00')
i2c.writeto_mem(AMG8833_i2c, 0x03, b'\x00')
i2c.writeto_mem(AMG8833_i2c, 0x1f, b'\x50')
i2c.writeto_mem(AMG8833_i2c, 0x1f, b'\x45')
i2c.writeto_mem(AMG8833_i2c, 0x1f, b'\x57')
i2c.writeto_mem(AMG8833_i2c, 0x07, b'\x20')
i2c.writeto_mem(AMG8833_i2c, 0x1f, b'\x00')

gain = 10.0
offset_x = 0.2
offset_green = 0.6

def sigmoid(x, g, o):
    return (math.tanh((x + o) * g / 2) + 1) / 2

def heat(x):    # 0.0～1.0の値を青から赤の色に変換する
    x = x * 2 - 1   # -1 <= x < 1 に変換

    r = sigmoid(x, gain, -1 * offset_x)
    b = 1.0 - sigmoid(x, gain, offset_x)
    g = sigmoid(x, gain, offset_green) +
        (1.0 - sigmoid(x, gain, -1 * offset_green)) - 1.0
    return (int(r * 255)<<16) + (int(g * 255)<<8) +
                                 int(b * 255)

WIDTH = int(320 / 8)
HEIGHT = int(240 / 8)

def loop():
    while True:
        sensordata = i2c.readfrom_mem(AMG8833_i2c,
                                         0x80, 128)
        raw = struct.unpack('<hhhhhhhhhhhhhhhhhhhhhh
            hhhhhhhhhhhhhhhhhhhhhhhhhhhhhhhhhhhhhhhhhhhh',
                                         sensordata)
        temp = list(map(lambda x: (-x + 0xfff) *
            -0.25 if x > 0x200 else x * 0.25, raw))
        for x in range(8):
            for y in range(8):
                # print('%.1f ' % temp[(8 - y - 1) *
                                8 + 8 - x - 1], end='')
                t = temp[(8 - y - 1) * 8 + 8 - x - 1]
                color = heat(t / 60)
                lcd.rect(x * WIDTH, y * HEIGHT,
                            WIDTH, HEIGHT, color, color)
                lcd.print('{:.0f}'.format(t), x *
                    WIDTH + int(WIDTH/4), y * HEIGHT +
            int(HEIGHT/4), lcd.BLACK, transparent=True)
            # print('')
    # print('')
    time.sleep_ms(500)

loop()
```

データの読み込みは readfrom_mem メソッドを使います.

`i2c.readfrom_mem(0x69, 0x80, 128)`

I²Cアドレス0x69を指定し，温度データのレジスタアドレス0x80から128バイトを読み出すと，データがバイト型で返ります.

struct.unpackで128バイトのデータを64個の2バイト・データのタプルに変換します. 1ビットが0.25℃なので，0.25を掛けて温度データに変換します.

温度を色で表現する heat 関数はArduinoのものとほとんど同じです. MicroPythonではLCDの色は16ビットではなく，24ビット・カラーで指定します.

LCDのアクセスはm5stackモジュールの lcd クラスを使います. LCDに色のマトリクスを表示するのは lcd.rect メソッドを使います.

heat関数で計算した色を四角形の枠の色と塗りつぶす色（fillcolor）の両方に指定します. 四角の中に温度データを表示するのは lcd.print メソッドを使います. 文字色に黒（lcd.BLACK）を指定し，transparent=Trueを指定すると，文字部分だけが黒で表示され，背景色は rect メソッドで塗った色が残されます.

本章で使った非接触温度センサは，2次元の温度分布を画像のように調べられるセンサです. 見守りサービスなどでも活用できますし，ドローンに搭載して害

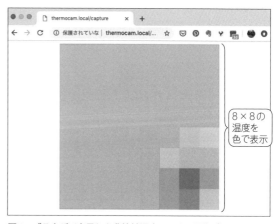

図4　ブラウザで表示した非接触温度センサの画像データ

獣検知などに使われる事例もあります. アイデア次第でいろいろな使い方ができそうです.

◆参考・引用＊文献◆
(1) 参考仕様書 赤外線アレイセンサ "Grid-EYE"，パナソニック，2016年2月4日.
(2) サーモグラフィ風の色変化をシグモイド関数で再現する，
https://qiita.com/masato_ka/items/
c178a53c51364703d70b

しもじま・たけひこ

距離測定のための3種類のセンサで作る

第12章 レーザ方式／超音波方式センサで距離を測る

下島 健彦

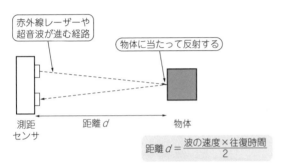

図1　測距センサは光や音がセンサと物体を往復する時間から距離を測る

$$距離 d = \frac{波の速度 \times 往復時間}{2}$$

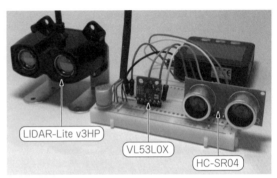

写真1　今回実験する3つの測距センサ

　ここまでM5Stackを使い，いろいろなセンサを使った簡易モニタを作ってきました．この章では3つの方式で距離を測ります．

測距センサあれこれ

　距離を測る測距センサは，赤外線レーザや超音波などを物体に向けて発信し，反射したレーザなり音波なり

表1　3つの測距センサの仕様

項　目	LIDAR-Lite v3HP	VL53L0X	HC-SR04
方　式	レーザ	レーザ	超音波
測定可能距離	5cm〜40m	〜2m	2〜400cm
分解能	1cm	1mm	0.3cm
精　度	±5cm（2m未満）±2.5cm（2m以上）	4%（120cm離れた白い物体）7%（70cm離れた灰色の物体）	－
ビーム拡散	8mRad（0.46°）	－	－
電源電圧	4.5〜5.5V	3.3〜6V	5V
インターフェース	I²C（アドレス：0x62）PWM	I²C（アドレス：0x52）	Trig/Echo端子
価　格	27,298円	1,540円	706円

価格（スイッチサイエンス，2022年11月時点）

を受信して，往復にかかった時間を測定し，それを光や音の速度で割って距離を計算するものです（**図1**）．

　光の速度は約30万km/sですので，1mの距離を往復するのに6.7nsしかかかりません．1cmの精度で距離を測定するためには，100psの単位で時間を測る必要があります．そのためレーザを使った測距センサは，特別な回路を内蔵して時間を測っています．

　一方，音の速度は15℃のときに約340m/sです．1m往復するには5.9msかかります．ESP32 Arduinoには，microsというμs（マイクロ秒）を計測できるシステム関数があるぐらいで，ms（ミリ秒）はマイコンのプログラム上でも測れるオーダです．

　今回は，

- LIDAR-Lite v3HP（**写真1**，ガーミン）
- VL53L0X（STマイクロエレクトロニクス）
- HC-SR04（SparkFun）

を使って距離を測ってみます．3つのセンサの仕様を**表1**にまとめました．

● その1：40mまで測定可能なLIDAR

　LIDAR-Lite v3HPはレーザを使ったセンサで，測定可能距離はなんと5cm〜40mです．精度は距離が2m未満のときは5cm，2m以上のときは2.5cmです．LIDAR-Lite v3HPのすごいところは，照射する赤外

VL53L0XとHC-SR04は秋月電子通商でも扱っています．互換品かどうかは確認しておりません（編集部）

表2　M5Stackとレーザ方式測距センサLIDAR-Lite v3HP・VL53L0X はI²C信号でつなぐ
同じ行に書かれた端子を接続する

項　目		M5Stack	LIDAR-Lite v3HP	VL53L0X
信号線		GPIO21	SDA	SDA
		GPIO22	SCL	SCL
電　源		3V3	−	V_{DD}
		5V	$5V_{DC}$	−
グラウンド		GND	GND	GND

表3　M5Stackと超音波方式測距センサHC-SR04の接続端子
同じ行に書かれた端子を接続する

項　目	M5Stack	HC-SR04
電　源	5V	V_{CC}
信号線	GPIO2	Trig
	GPIO5	Echo
グラウンド	GND	GND

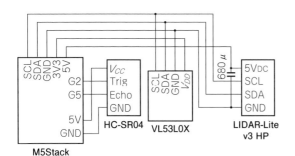

図2　M5Stackと3つの測距センサ・モジュールの回路

図3　Arduino IDEのライブラリマネージャでセンサ用ライブラリ「LIDAR-Lite by Garmin」をインストールする

線のビーム拡散が8mrad，角度にすると0.46°という点です．10m先で8cmに広がる程度で，ピンポイントに対象を絞って距離を測定できます．

● その2：2mまで測れる低価格レーザ方式

VL53L0Xはレーザを使ったセンサで，2mまでの距離が測れ，分解能は1mmです．最短の測定可能距離はデータシートからは分かりませんでした．精度は測定対象の反射率で異なり，白い物だと120cm離れたところで4%の5cm程度，灰色の物だと70cm離れたところで7%の5cm程度です．

レーザを使った測距センサはセンサ内部に時間測定回路を内蔵し，距離を計算した結果をI²Cインターフェースでマイコンに通信します．

● その3：超音波方式

HC-SR04は超音波を使った測距センサで，2cm〜4mの距離が測れ，分解能は0.3cmです．HC-SR04は物体までの超音波の往復時間をプログラムで測り，距離を計算します．

ハードウェア

● M5Stackに測距センサをつなぐ

3つのセンサをM5Stackにつなぎ，同時に距離を測って比べてみます．

VL53L0XとLIDAR-Lite v3HPはI²C接続なので，そ

れぞれのSDAをM5StackのGPIO21に，SCLをGPIO22につなぎます．VL53L0Xの電源電圧は3.3〜6Vなので電源は3.3Vに，LIDAR-Lite v3HPは4.5〜5.5Vなので5Vにつなぎました（表2）．また，LIDAR-Lite v3HPのデータシートにあるように，5VとGNDに間に680µFのコンデンサを入れています．

HC-SR04はトリガ端子（Trig）とエコー端子（Echo）があります．トリガ端子を10µs以上"H"にすると超音波パルスを発信し，発信してから反射波を受信するまでエコー端子が"H"になります．トリガ端子，エコー端子はM5StackのGPIO2とGPIO5につなぎました（表3）．

M5StackとLIDAR-Lite v3HP，VL53L0X，HC-SR04を接続した回路を図2に示します．

ソフトウェア

● LIDAR-Lite v3HP

LIDAR-Lite v3HPのライブラリはガーミンが公開しています．Arduino IDEを立ち上げ，スケッチ・メニューの「ライブラリをインクルード」→「ライブラリを管理」でライブラリマネージャを立ち上げ，「lidar-lite」で検索し，「LIDAR-Lite by Garmin」の最新版をインストールします（図3）．

基本的な使い方はリスト1のようになり，手順は下記の通りになります．

- ヘッダ・ファイルをインクルードし，インスタンスを作ります
- setup関数で，初期設定します
- loop関数で，センサがビジーの間待ち距離を測定し，データを取得します

リスト1　LIDAR-Lite v3HPのライブラリの基本的な使い方

```
#include <LIDARLite_v3HP.h>
                        // ヘッダ・ファイルをインクルード

LIDARLite_v3HP myLidarLite;  // インスタンスを作る

void setup() {
    pinMode(21, INPUT_PULLUP);  // SDAをプルアップする
    pinMode(22, INPUT_PULLUP);  // SDAをプルアップする
    Wire.begin();  // I2Cを初期化
    Wire.setClock(400000UL);  // I2C周期を400kHzに

    myLidarLite.configure(0);
}

void loop() {
    myLidarLite.waitForBusy();  // ビジーの間，待つ
    myLidarLite.takeRange();  // 距離を調べる
    v3HP_d = myLidarLite.readDistance();
                                // データを取得
}
```

リスト3　HC-SR04で距離を測るクラス HCSR04.hpp（宣言部）

```
#ifndef HCSR04_H
#define HCSR04_H

#include <Arduino.h>

class HCSR04 {
public:
    HCSR04(void) {};
    virtual ~HCSR04() {};

    void begin(int, int);
    float distance(void);
private:
    uint8_t _trig;
    uint8_t _echo;
};

#endif // HCSR04_H
```

リスト4　HC-SR04で距離を測るクラス HCSR04.cpp（実装部）

```
#include "HCSR04.h"

void HCSR04::begin(int Trig, int Echo) {
    _trig = Trig;
    _echo = Echo;
    pinMode(_trig, OUTPUT);
    pinMode(_echo, INPUT);
}

float HCSR04::distance(void) {
    int Duration;
    float Distance;

    digitalWrite(_trig, LOW);
    delayMicroseconds(1);
    digitalWrite(_trig,HIGH);
    delayMicroseconds(11);
    digitalWrite(_trig,LOW);
    Duration = pulseIn(_echo,HIGH);
    if (Duration <= 0) {
        return -1;
    }
    Distance = Duration/2;
    Distance = Distance*340*100/1000000;
// ultrasonic speed is 340m/s = 34000cm/s = 0.034cm/us
    return Distance;
}
```

図4　Arduino IDEのライブラリマネージャで「VL53L0X by Pololu」の最新版をインストールする

リスト2　VL53L0Xのライブラリの基本的な使い方

```
#include <VL53L0X.h>  // ヘッダ・ファイルをインクルード

VL53L0X vl53l0x;  // インスタンスを作る

void setup() {
    pinMode(21, INPUT_PULLUP);  // SDAをプルアップする
    pinMode(22, INPUT_PULLUP);  // SDAをプルアップする
    Wire.begin();  // I2Cを初期化
    Wire.setClock(400000UL);  // I2C周期を400kHzに

    vl53l0x.init();  // VL53L0Xを初期化
    vl53l0x.setTimeout(500);  // タイムアウト値を設定
    vl53l0x.startContinuous();  // 連続測定を開始
}

void loop() {
    // 測定結果をmmで取得
    uint16_t VL53L0X_d = vl53l0x.readRangeContinuou
                                sMillimeters();
}
```

● VL53L0X

　VL53L0Xで距離を測るライブラリはPololu社が公開しているので，それを使います．Arduino IDEを立ち上げ，スケッチ・メニューの「ライブラリをインクルード」→「ライブラリを管理」でライブラリ・マネージャを立ち上げ，「VL53L0X」で検索し，「VL53L0X by Pololu」の最新版をインストールします（**図4**）．ライブラリ・インターフェースはGitHubのページにあ

りますが，基本的な使い方は**リスト2**のようになります．また，手順は下記の通りになります．

- ヘッダ・ファイルをインクルードしインスタンスを作ります
- setup関数で初期化し，タイムアウト値を設定し，startContinuousで連続測定を開始します
- loop関数で，readRangeContinuousMillimetersで測定結果をmmで取得します

● HC-SR04

　HC-SR04はトリガ端子を10μs以上"H"にすると超音波パルスを発信し，発信してから反射波を受信するまでエコー端子が"H"になります．"H"の時間が物体までの往復時間なので，それを測り，その半分（片道）を音速で割ると距離が求められます．

　エコー端子が"H"になる時間はArduinoのpulseIn関数で測れます．

```
pulseIn(pin, value[, timeout]);
```

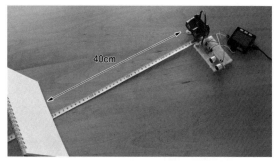

写真2 40cmの距離を3つのセンサで測る実験の様子

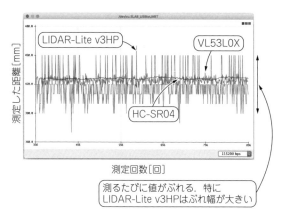

図5 40cmの距離を3つのセンサで測定した結果. センサによって値のぶれ幅が異なる

pulseIn関数は, ピン番号 "pin" が "value" で指定した "H" または "L" である時間を測り, 結果をμsで返します. timeoutを指定した場合, "timeout" μs経過すると0が返ります. HC-SR04で距離を測るプログラムは**リスト3**, **リスト4**のようにライブラリにしました.

実験

3つのセンサをM5Stackにつなぎ, 40cm程度の距離に物を置き (**写真2**), 距離を測ってシリアルでPCに表示してみました. 測定結果をArduino IDEのシリアル・プロッタに表示したのが**図5**です.

センサを置いた位置やセンサから対象物までの距離が微妙に違うので, 絶対値には差があります. HC-SR04は値が比較的安定しているのに対し, 特にLIDAR-Lite v3HPは測るたびに5～6cmの幅で値がぶれました. 測定に使った個体の問題なのか, センサの特性なのか不明ですが, LIDAR-Lite v3HPは数cmのぶれがあるようです. そこでVL53L0Xは10回, LIDAR-Lite v3HPは20回測定して平均を取るようにしました. 測定結果をM5StackのLCDに表示するプログラムが**リスト5**です.

リスト5 平均処理を追加してM5StackのLCDに値を表示するようにしたプログラム**program1.ino**

```
void loop() {
    float HCSR04_d = hcsr04.distance();
    Serial.printf("%.0f ", HCSR04_d * 10);

    uint16_t VL53L0X_d = 0;
    for (int i = 0; i < 10; i++) {
        VL53L0X_d += vl53l0x.readRangeContinuousMil
                                        limeters();
    }
    VL53L0X_d /= 10;
    Serial.printf("%d ", VL53L0X_d);

    float v3HP_d = 0;
    for (int i = 0; i < 20; i++) {
        myLidarLite.waitForBusy();
        myLidarLite.takeRange();
        v3HP_d += myLidarLite.readDistance();
    }
    v3HP_d /= 20;
    Serial.printf("%.0f\r\n", v3HP_d * 10);

    M5.Lcd.fillScreen(BLACK);
    M5.Lcd.setCursor(20, 50);
    M5.Lcd.print("HC-SR04:");
    M5.Lcd.setCursor(170, 50);
    M5.Lcd.printf("%.0f mm", HCSR04_d * 10);

    M5.Lcd.setCursor(20, 120);
    M5.Lcd.print("VL53L0X:");
    M5.Lcd.setCursor(170, 120);
    M5.Lcd.printf("%d mm", VL53L0X_d);

    M5.Lcd.setCursor(20, 190);
    M5.Lcd.print("v3HP:");
    M5.Lcd.setCursor(170, 190);
    M5.Lcd.printf("%.0f mm", v3HP_d * 10);
}
```

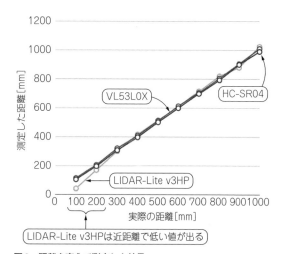

図6 距離を変えて測定した結果

対象物までの距離を10cmから100cmまで変えて, 3つのセンサで測った結果が**図6**です. 10～100cmの範囲ではHC-SR04とVL53L0Xは比較的正しい値が得られているのに対し, LIDAR-Lite v3HPは特に10～20cmといった近距離では実際の距離よりも低めの値になるようです.

しもじま・たけひこ

加速度/ジャイロ・センサで作る

第13章 姿勢データを生かした3D表示の世界

下島 健彦

● やること…姿勢データの3D豪華表示

M5Stack FireやCore2, M5StickC Plusなどには3軸加速度/3軸ジャイロ・センサ（IMU）のMPU6886が搭載されています. 本稿ではM5Stack Core2を使います. IMUとは慣性計測ユニット「Inertial Measurement Unit」の略で, 加速度や角速度が測れるデバイスです. 今回はこのIMUを使って端末の姿勢を計算します. さらに姿勢データをPCに送り, PC上に作ったM5Stackの3Dモデルを実際のM5Stackの動きに合わせて動かしてみます（図1）.

これができるようになると, M5Stackで取得したいろいろなセンサの値を視覚的に見やすく, また格好良く表示できるようになります.

● 開発ステップ

開発は次のステップで進めます.

1. IMUを使い端末の姿勢を計算する
2. PC上にM5Stackの3Dモデルを作り動かす
3. 姿勢データをPCに送り3Dモデルを制御する

ステップ1…慣性センサを使って姿勢を計算する

最初にM5StackのIMUを使って, M5Stack自身の姿勢を計算します.

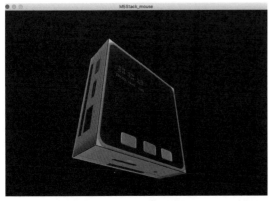

図1 X, Y, Z値を受けてM5Stackの3Dモデルをクルクルと動かす

● 姿勢はx/y/z軸回転角で表す

物体の姿勢を表すには, 図2のように,

- x軸を中心とした回転角度ロール（roll）
- y軸を中心としたピッチ（pitch）
- z軸を中心としたヨー（yaw）

を使います.

図2のx軸/y軸/z軸の向きは右手系といって, 右手の親指/人差し指/中指を互いに直交するように開いたとき, 親指がx軸, 人差し指がy軸, 中指がz軸に対応します. M5Stackに内蔵されるIMU（MPU6886）のx軸, y軸, z軸の向きも同じように右手系です.

● x/y/z軸回転角計算ライブラリ

姿勢を表すロール/ピッチ/ヨーは加速度/ジャイロ・センサの値から計算できます. 以前は独立したライブラリが必要でしたが, 今はM5Stackの標準ライブラリに組み込まれ, 簡単に扱えるようになりました.

● プログラム

M5StackでMPU6886からx, y, z, 3軸の加速度とジャイロの値, 姿勢を表すロール/ピッチ/ヨーを取得してLCDに表示するサンプル・プログラムが提供されています. 図3のようにArduino IDEの「ファイル」メニュー→スケッチ例→M5Core2→Basics→mpu6886とたどるとプログラムを開けます.

ちょっと見ると複雑そうに見えるプログラムですが, 大丈夫です. 第7章の表2に示したIMUライブラリを使い, `setup`関数で`M5.IMU.Init`関数でIMUの初期化を行い, `loop`関数内で10msごとに

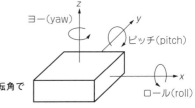

図2
姿勢は軸と回転角で表す

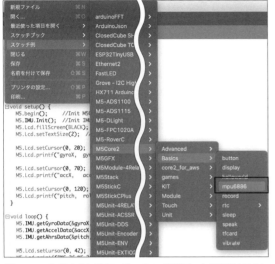

図3　MPU6886から加速度，ジャイロ，姿勢データを取得するサンプル・プログラムの場所

リスト1　IMUから姿勢データ（ロール／ピッチ／ヨー）を取得し，LCDとシリアルに出力する`list1`

```
/*
 * MPU6886の姿勢データを読んでLCDとシリアルに値を表示する
 */
#include <M5Core2.h>

float pitch = 0.0F;
float roll = 0.0F;
float yaw = 0.0F;

void setup() {
    M5.begin();
    M5.IMU.Init();
    M5.Lcd.setCursor(0, 0, 2);
    M5.Lcd.fillScreen(BLACK);
    Serial.begin(115200);
}

void loop() {
    M5.IMU.getAhrsData(&pitch, &roll,&yaw);
    M5.Lcd.fillScreen(BLACK);
    M5.Lcd.setCursor(0, 75);
    M5.Lcd.printf("%6.2f %6.2f %6.2f",
                  roll, pitch, yaw);
    Serial.printf("%6.2f, %6.2f, %6.2f\r\n",
                  roll, pitch, yaw);
}
```

M5.IMU.getAccelData関 数 で 加 速 度 を，M5.IMU.getGyroData関数でジャイロ値を，M5.IMU.getAhrsData関数で姿勢データを取得して，LCDに表示しています．

このサンプル・プログラムを参考に，IMUから姿勢データ（ロール／ピッチ／ヨー）を取得し，LCDとシリアルに出力するようにしたプログラムをリスト1に示します．このプログラムをビルドして，M5Stackに書き込んで実行し，Arduino IDEのシリアル・モニタを立ち上げると，LCDとシリアル・モニタにロール，ピッチ，ヨーの値が表示されるのが確認できます．

ステップ2…
PC上に3Dモデルを作る

M5Stackの姿勢はライブラリを使うと簡単に得られますが，これだけだとあまり面白くないのでPC上にM5Stackの3Dモデルを作り，姿勢データでそれを制御してみます．

3Dモデルを作れるツールはいろいろありますが，センサ・データを使ってモデルをグルグル回転させられる使いやすいツールということで，今回はProcessingを使うことにします．Processingは線や図形，画像などが簡単に扱えるプログラミング言語と統合開発環境です．

● Processingをインストールする

ProcessingはWindows/macOS/Linuxで動作します．macOSの場合，ダウンロードしたZIPファイルを展開し，出てきたアプリケーション・ファイルをア

プリケーション・フォルダに入れればインストール完了です．

アプリケーションを起動すると，図4のような画面が現れます．どこかで見たような画面です．画面が上下に分割されていて，上の方には実行ボタンがあり，タブには「sketch_190821a」と書かれています．そう，Arduino IDEにとてもよく似ています．

プログラムの構造もArduinoとよく似ていて，setup関数があると最初に1度だけ実行され，その後Arduinoのloop関数にあたるdraw関数が繰り返し実行されます．

setup関数で画面サイズなどの初期設定を行い，draw関数で線や図形などを実際に描画します．draw関数は繰り返し実行されるので，実行のたびに

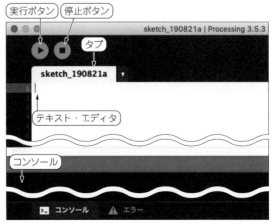

図4　Processingの画面はArduino IDEによく似ている

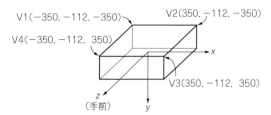

図5　700×700×225ピクセルの直方体でM5Stackを表す

線や図形の位置や大きさなどを変えると動画を表示することも可能です.

● 3Dモデルを作る

M5Stackケースの3Dモデルを作ります. Processingでは Shapes 3D というライブラリを使うと, いろいろな形の3Dの物体にテクスチャを貼り付けられます. しかし, Shapes 3D は仕様に不明なところがあるので, もっと単純にM5Stackの前後/左右/上下の6枚の画像を3次元空間に貼り付けることにします.

まず最初に, M5Stackの前後/左右/上下の6面から写真を撮ります. 撮った写真を調べると前後の写真は700×700ピクセルほど, 上下左右の写真は700×225ピクセルほどだったので, M5Stackを表す直方体の大きさを700×700×225ピクセルに決めました.

前後の写真は700×700, 上下左右の写真は700×225ピクセルぴったりになるように画像ソフトウェア(Macであればプレビューなど)を使って画像サイズを調整しておきます.

次にProcessingでM5Stackのモデルを作ります. 図5のようにM5Stackを表す直方体を考えます. 直方体の大きさはM5Stackの縦/横/高さと同じ比率にしますが, 分かりやすいように写真のピクセル数に合わせて700×700×225にしました. この直方体の中心が3次元空間の原点に来るように置くと, M5Stackの前面の座標は左上からコの字の順番に次のようになります.

- V1：(−350, −112, −350)
- V2：(350, −112, −350)
- V3：(350, −112, 350)
- V4：(−350, −112, 350)

● 作った3Dモデルをマウスで動かす

この座標にM5Stackの画像を貼り付け, マウスで動かしてみます.

Processingを立ち上げて**リスト2**を入力し, M5Stack_mouseのような適当な名前で保存します. プログラムを保存したフォルダの場所をProcessingの「環境設定」で確認します. Macの場合, 標準では/Users/ユーザ名/Documents/Processing/スケッチ名

リスト2　M5Stack前面の画像をマウスで動かす list2

```
PImage front, back, right, left, top, bottom;

void setup() {
  size(800, 600, P3D);
  front = loadImage("front.jpg");
  back = loadImage("back.jpg");
  right = loadImage("right.jpg");
  left = loadImage("left.jpg");
  top = loadImage("top.jpg");
  bottom = loadImage("bottom.jpg");
  textureMode(IMAGE);
}

void draw() {
  background(0);
  translate(width / 2, height / 2);
  scale(0.4);

  pushMatrix();
  float rotationX = map(mouseY, 0, height, PI, -PI);
  float rotationY = map(mouseX, 0, width, -PI, PI);
  rotateX(rotationX);
  rotateY(rotationY);
  drawM5Stack();
  popMatrix();
}

void drawM5Stack() {
  beginShape();
  texture(front);
  vertex(-350, -112, -350,   0,   0); //V1
  vertex( 350, -112, -350, 700,   0); //V2
  vertex( 350, -112,  350, 700, 700); //V3
  vertex(-350, -112,  350,   0, 700); //V4
  endShape();

  beginShape();
  texture(back);
```

```
  vertex( 350,  113, -350,   0,   0); //V1
  vertex(-350,  113, -350, 700,   0); //V2
  vertex(-350,  113,  350, 700, 700); //V3
  vertex( 350,  113,  350,   0, 700); //V4
  endShape();

  beginShape();
  texture(right);
  vertex( 350, -112, -350,   0,   0); //V1
  vertex( 350,  113, -350, 225,   0); //V2
  vertex( 350,  113,  350, 225, 700); //V3
  vertex( 350, -112,  350,   0, 700); //V4
  endShape();

  beginShape();
  texture(left);
  vertex(-350,  113, -350,   0,   0); //V1
  vertex(-350, -112, -350, 225,   0); //V2
  vertex(-350, -112,  350, 225, 700); //V3
  vertex(-350,  113,  350,   0, 700); //V4
  endShape();

  beginShape();
  texture(top);
  vertex( 350, -112, -350,   0,   0); //V1
  vertex(-350, -112, -350, 700,   0); //V2
  vertex(-350,  113, -350, 700, 225); //V3
  vertex( 350,  113, -350,   0, 225); //V4
  endShape();

  beginShape();
  texture(bottom);
  vertex(-350, -112,  350,   0,   0); //V1
  vertex( 350, -112,  350, 700,   0); //V2
  vertex( 350,  113,  350, 700, 225); //V3
  vertex(-350,  113,  350,   0, 225); //V4
  endShape();
}
```

です．このフォルダにdataというフォルダを作り，dataの中に6面の画像ファイルを

front.jpg, back.jpg, right.jpg, left.jpg, top.jpg, bottom.jpg

という名前で置きます．

Processingの「実行」ボタンを押すと画像ウィンドウが現れ，中にM5Stackの画像が表示されます（**図1**）．マウスを動かすとマウスの動きに合わせてM5Stackの画像が動くのが確認できます．これで3次元空間で画像をマウスで回転できました．

ステップ3…慣性センサによる姿勢データ通りに3Dモデルを制御する

PC上に3Dモデルができたので，姿勢データをPC上のProcessingで受信して3Dモデルを動かしてみます．

● 姿勢データをシリアル・ケーブルで送り，3Dモデルを制御する

Processingでシリアルからデータを取得するプログラムを**リスト3**に示します．シリアル・モジュールをインポートし，setup関数で，使えるシリアル回線のリストを出力しています．

このプログラムを実行すると，次のような結果がProcessing IDEのメッセージ・エリアに表示されます．
表示内容はお使いのPCによって変わります．M5StackをPCにつないだときだけ表示されるポート番号を探し，メモしておいてください．

```
0：/dev/cu.ambient-WirelessiAPv2
1：/dev/cu.Bluetooth-Incoming-Port
2：/dev/cu.debug-console
3：/dev/cu.M5StickCPlus-ESP32SPP
4：/dev/cu.usbserial-01E4F557
5：/dev/cu.wlan-debug
6：/dev/tty.ambient-WirelessiAPv2
7：/dev/tty.Bluetooth-Incoming-Port
8：/dev/tty.debug-console
9：/dev/tty.M5StickCPlus-ESP32SPP
10：/dev/tty.usbserial-01E4F557
11：/dev/tty.wlan-debug
```

シリアルから取得したデータでM5Stackの画像を動かすプログラムを**リスト4**に示します．21行目でM5Stackが接続されたシリアル・ポートをオープンしています．

文字データの読み込みはavailable関数でデータがあることを確認し，データがあればread StringUntil('\n')関数で改行文字まで1行分のデータを読み込みます．trim関数で空白文字を取り除き，split関数でカンマで区切られたトークン

リスト3　Processingでシリアルからデータを取得する list3

```
import processing.serial.*;

Serial port;

void setup() {
  String[] ports = Serial.list();

  for (int i = 0; i < ports.length; i++) {
    println(i + ": " + ports[i]);
  }
}

void draw() {
}
```

を取り出しています．float関数で文字列をfloatデータに変換します．M5Stack上のx軸/y軸/z軸の向きとProcessingでの向きを合わせるために，pitchとyawの値は符号を反転させたり，180°反転させたりしています．roll/pitch/yawデータを元にProcessingのデータを回転するロジックはArduinoの「Arduino/Genuino 101 CurieIMU Orientation Visualiser（https://www.arduino.cc/en/Tutorial/Genuino101CurieIMUOrientationVisualiser）」というチュートリアルを参考にしました．

M5Stackを水平なところに置いて**リスト1**のプログラムをM5Stack上で動かしておきます．

21行目のports[4]の添字（例では4）を**リスト3**で見つけたポート番号で書き直し，**リスト4**のプログラムを起動します．PCの画面にM5Stackの3Dモデルが現れ，実際のM5Stackの動きに合わせて3Dモデルが動くのを確認できます．

M5Stackのプログラムを動かしたとき，Arduino IDEでシリアル・モニタを動かしていると，Processingのプログラムを起動した時に次のようなPort busyというエラーになります．

RuntimeException: Error opening serial port /dev/cu.usbserial-01E4F557: Port busy

この場合，Arduino IDEのシリアルモニタ画面を閉じてから，Processingのプログラムを起動してください．

同じように，Processingのプログラムを動かしていると，シリアル・ポートが使われた状態になります．この状態でArduino IDEでM5Stackにプログラムを書き込もうとすると，エラーになります．Processing側のプログラムを停止してから，Arduino IDEでプログラムを書き込むようにしてください．

● 姿勢データをBluetoothで送り，3Dモデルを制御する

ここまではM5StackとPCとをUSBケーブルでつ

リスト4　取得した姿勢データを元に3Dモデルを動かすlist4

```
PImage front, back, right, left, top, bottom;
import processing.serial.*;

Serial port;

void setup() {
  size(1460, 860, P3D);
  front = loadImage("front.jpg");
  back = loadImage("back.jpg");
  right = loadImage("right.jpg");
  left = loadImage("left.jpg");
  top = loadImage("top.jpg");
  bottom = loadImage("bottom.jpg");
  textureMode(IMAGE);

  String[] ports = Serial.list();

  for (int i = 0; i < ports.length; i++) {
    println(i + ": " + ports[i]);
  }
  port = new Serial(this, ports[4], 115200);
}

void draw() {
  if (port.available() == 0) return;

  String str = port.readStringUntil('\n');
  if (str == null) return;

  String toks[] = split(trim(str), ",");
  if (toks.length != 3) return;

  float roll = float(toks[0]);
  float pitch = -float(toks[1]);
  float yaw = 180 - float(toks[2]);
  print(yaw); print(", ");
  print(pitch); print(", ");
  println(roll);

  background(0);
  translate(width / 2, height / 2);
  scale(0.4);

  pushMatrix();
  float c1 = cos(radians(roll));
  float s1 = sin(radians(roll));
  float c2 = cos(radians(pitch));
  float s2 = sin(radians(pitch));
  float c3 = cos(radians(yaw));
  float s3 = sin(radians(yaw));
  applyMatrix(c2*c3, s1*s3+c1*c3*s2, c3*s1*s2-c1*s3, 0,
              -s2, c1*c2, c2*s1, 0,
              c2*s3, c1*s2*s3-c3*s1, c1*c3+s1*s2*s3, 0,
              0, 0, 0, 1);
```

- シリアル・ポートをオープンしている
- ポート番号を書き直す
- データがあることを確認する
- 改行文字まで1行分のデータを読み込む
- 文字列をfloatデータに変換する

```
  drawM5StickC();
  popMatrix();
}

void drawM5StickC() {
  beginShape();
  texture(front);
  vertex(-350, -112, -350,   0,   0); //V1
  vertex( 350, -112, -350, 700,   0); //V2
  vertex( 350, -112,  350, 700, 700); //V3
  vertex(-350, -112,  350,   0, 700); //V4
  endShape();

  beginShape();
  texture(back);
  vertex( 350,  113, -350,   0,   0); //V1
  vertex(-350,  113, -350, 700,   0); //V2
  vertex(-350,  113,  350, 700, 700); //V3
  vertex( 350,  113,  350,   0, 700); //V4
  endShape();

  beginShape();
  texture(right);
  vertex( 350, -112, -350,   0,   0); //V1
  vertex( 350,  113, -350, 225,   0); //V2
  vertex( 350,  113,  350, 225, 700); //V3
  vertex( 350, -112,  350,   0, 700); //V4
  endShape();

  beginShape();
  texture(left);
  vertex(-350,  113, -350,   0,   0); //V1
  vertex(-350, -112, -350, 225,   0); //V2
  vertex(-350, -112,  350, 225, 700); //V3
  vertex(-350,  113,  350,   0, 700); //V4
  endShape();

  beginShape();
  texture(top);
  vertex( 350, -112, -350,   0,   0); //V1
  vertex(-350, -112, -350, 700,   0); //V2
  vertex(-350,  113, -350, 700, 225); //V3
  vertex( 350,  113, -350,   0, 225); //V4
  endShape();

  beginShape();
  texture(bottom);
  vertex(-350, -112,  350,   0,   0); //V1
  vertex( 350, -112,  350, 700,   0); //V2
  vertex( 350,  113,  350, 700, 225); //V3
  vertex(-350,  113,  350,   0, 225); //V4
  endShape();
}
```

リスト5　BluetoothSerialは有線のSerialと同じ使い方ができる

```
#include "BluetoothSerial.h"

BluetoothSerial SerialBT;
void setup() {
    SerialBT.begin("M5Stack"); //Bluetoothデバイス名
}
```

ないで姿勢データを送っています．M5Stackには Bluetoothモジュールが搭載されているので，次は Bluetoothで姿勢データを送ります．

　BluetoothにはSPP（Serial Port Profile）という仮想 のシリアル・ポートを作って通信をする規格がありま す．ArduinoではBluetoothSerialというライブラリを 使うとBluetoothでのシリアル通信ができます．

　BluetoothSerialは**リスト5**のように使います．最初

にBluetoothSerial.hヘッダ・ファイルをイン クルードし，BluetoothSerialのオブジェクトを作りま す．setup関数の中でSerialBTのbegin関数で初 期設定を行います．パラメータにはデバイス名を渡し ます．初期設定ができたら，後は有線のSerialと同じ ようにprintやprintln，printfといった関数 で文字の出力ができます．

　MPU6886から姿勢データを取得し，シリアルに出 力するプログラム（**リスト1**）に，BluetoothSerialへの 出力を追加したプログラムが**リスト6**です．

　このプログラムをビルドして，M5Stackで動かします．

　次にPC側でM5Stackとペアリングします．Macの 場合はシステム環境設定のBluetoothを選択すると， **図6**のようにSerialBT.beginで指定した名前の Bluetoothデバイスが表示されるので「接続」ボタンを

クリックします．すると「M5Stack」の状態が「接続済み」に変わります．しばらくすると状態が「未接続」に変わりますが問題ありません．この状態でProcessingでリスト3を動かすと，使えるシリアル回線が次のように変化します．

- 0：/dev/cu.Bluetooth-Incoming-Port
- 1：/dev/cu.M5Stack-ESP32SPP
- 2：/dev/cu.SLAB_USBtoUART
- 3：/dev/tty.Bluetooth-Incoming-Port
- 4：/dev/tty.M5Stack-ESP32SPP
- 5：/dev/tty.SLAB_USBtoUART

　この例では1番に/dev/cu.M5Stack-ESP32SPPというデバイスが表示されています．これがBluetooth Serialの回線ですので，この回線をオープンするようにリスト4の21行目を書き直します．M5StackのUSBケーブルをパソコンから外しても，最初に掲載した動画のように実際のM5Stackの動きに合わせてPC上の3Dモデルが動くのが確認できます．

　PC側のBluetoothでM5Stackとペアリングする操作はシステム環境設定でやってしまうので，Processingは有線のシリアル回線からデータを受信するものと全く同じスケッチでBluetoothからデータを受信できます．

しもじま・たけひこ

リスト6　BluetoothSerialへの出力を追加したプログラムlist6

```
/*
 * MPU6886の姿勢データを読んでLCDとBluetoothシリアルに値を
                                              出力する
 */
#include <M5Core2.h>
#include "BluetoothSerial.h"

BluetoothSerial SerialBT;

float pitch = 0.0F;
float roll = 0.0F;
float yaw = 0.0F;

void setup() {
    M5.begin();
    M5.IMU.Init();
    M5.Lcd.setCursor(0, 0, 2);
    M5.Lcd.fillScreen(BLACK);
    Serial.begin(115200);
    SerialBT.begin("M5Stack");
}

void loop() {
    M5.IMU.getAhrsData(&pitch, &roll,&yaw);
    M5.Lcd.fillScreen(BLACK);
    M5.Lcd.setCursor(0, 75);
    M5.Lcd.printf("%6.2f %6.2f %6.2f",
                roll, pitch, yaw);
    SerialBT.printf("%6.2f, %6.2f, %6.2f\r\n",
                roll, pitch, yaw);
}
```

図6　PCのシステム環境設定のBluetoothでM5Stackが表示されるので接続する

マイコンやるなら押さえておきたい

第1章

プログラム実行速度

藤井 裕也

リスト1　メイン・プログラムから呼び出される行列演算用の関数

```
void inline gemm(float *a, float *b, float *c,
        const int p, const int q, const int r) {
  for (int i=0; i<p; i++) {
    for (int j=0; j<r; j++) {
      for (int k=0; k<q; k++) {
        c[i*r+j] += a[i*q+k]*b[k*r+j];
      }
    }
  }
}
```

リスト2　メイン・プログラムの計測処理部分

```
const int p=59;
const int q=60;
const int r=61;
float *a = (float*)malloc(p*q*sizeof(float));
float *b = (float*)malloc(q*r*sizeof(float));
float *c = (float*)malloc(p*r*sizeof(float));

  ┊ //初期化処理

int64_t prev_time = esp_timer_get_time();
gemm(a, b, c, p, q, r);
printf("val: %f, time: %lld\n", c[0],
        (esp_timer_get_time()-prev_time));
```

ESP32でアプリケーションを開発する場合，さまざまなプログラミング言語が使えます．開発者は自身の好みや，処理の内容と言語の得意不得意が合っているか，言語に必要なライブラリが備わっているか，などによって実際に使用する言語や開発環境を選んでいると思います．

ここでは，言語選択の一助となるよう，行列積の計算を題材に，ESP-IDFとArduino IDE，MicroPythonによる開発・実行環境の違いによるプログラムの性能差を比べてみます．

比較の条件として，Arduino IDEはデフォルトの設定，ESP-IDFは公式のサンプル・プログラムであるhello_worldと同じオプションで試してみます．

比較に使った，行列演算用のプログラムをリスト1に，メインのプログラムの抜粋をリスト2に示します．

Arduino IDEの実力

● 予想を裏切る結果…Arduino IDEの方が純正ESP-IDFより高速

同じコンパイラを使っているので，オプションの差はあれどどちらもあまり変わらないと予想していましたが，Arduino IDEの方が純正ESP-IDF開発環境より高速という意外な結果となりました．
- Arduino IDE：5,668μs
- ESP-IDF：13,728μs

要因は以下の2つです．
①デフォルトのクロック周波数の差
②ループに使われる命令の差

▶①デフォルト・クロック周波数の差

Arduino IDEではデフォルトのクロック周波数は最大の240MHzになっていますが，ESP-IDFのサンプル・プログラムの設定（sdkconfig）では160MHzになっています．

▶②ループに使われる命令の差

ESP32は，通常の分岐命令の他にzero-overheadループと呼ばれる命令を持っています．単純なループであれば，これを使って分岐命令のオーバヘッド[注1]なしで実行できます．

コンパイル・オプションを変えることでコンパイラによるプログラム最適化の程度を指示できます．

gccでは，-O3を指定してもこのzero-overheadループ命令を使ってくれないケースがあるのですが，g++を使うように変更するだけで-Osでもzero-overheadループ命令を使うようになる場合があり，今回はそのケースでした（xtensa-esp32-elf-gcc 5.2.0時点で確認）．

Arduino IDEではスケッチをC++のプログラムとして扱うため，コンパイルにはg++が使われるに対して，ESP-IDFのサンプルであるhello_world.cはCのプログラムなので，通常はgccが使われます．

● 条件をそろえるとだいたい同じくらい

試しにESP-IDFでもg++を使うように変更してみると，zero-overheadループが使われるようになりま

注1：目的とする処理に直接関係のない2次的な作業．

リスト3　MicroPythonで行列演算する場合

```
import array
import utime as time
p=59
q=60
r=61
a=array.array('int', [i for i in range(p*q)])
b=array.array('int', [i for i in range(q*r)])
c=array.array('int', [i for i in range(p*r)])

t = time.ticks_ms()
for i in range(p):
  for j in range(r):
    for k in range(q):
      c[i*r+j]  += a[i*q+k] * b[k*r+j]
time.ticks_ms() - t
```

リスト5　MicroPythonのプログラムから組み込んだ行列演算を使う

```
import numpy as np
import utime as time

p=59
q=60
r=61
a = np.arange(p*q).reshape((p,q))
b = np.arange(q*r).reshape((q,r))
t = time.ticks_us()
c = np.dot(a,b)
time.ticks_us() - t
```

リスト4　MicroPythonに組み込むCの行列演算プログラム

```
STATIC mp_obj_t numpy_dot(const mp_obj_t lhs_obj,
const mp_obj_t rhs_obj) {
  mp_obj_nparray_t* lhs = MP_OBJ_TO_PTR(lhs_obj);
  mp_obj_nparray_t* rhs = MP_OBJ_TO_PTR(rhs_obj);
  if (!(lhs->ndims == 2 && rhs->ndims == 2)) {
    nlr_raise(mp_obj_new_exception_msg(&mp_type_
              ValueError, "Shape not supported"));
  }
  if (lhs->dims[1] != rhs->dims[0]) {
    nlr_raise(mp_obj_new_exception_msg(&mp_type_
                     ValueError, "Shape mismatch"));
  }
  size_t shape[2];
  shape[0] = lhs->dims[0];
  shape[1] = rhs->dims[1];

  mp_obj_nparray_t* r = make_nparray(lhs->base.type,
                                      2, shape);
  for (size_t i=0; i<lhs->dims[0]; i++) {
    for (size_t j=0; j<rhs->dims[1]; j++) {
      r->array[i*rhs->dims[1] + j] = 0.0;
      for (size_t k=0; k<lhs->dims[1]; k++) {
        r->array[i*rhs->dims[1] + j] +=
                    lhs->array[i*lhs->dims[1] + k] *
                    rhs->array[k*rhs->dims[1] + j];
      }
    }
  }
  return MP_OBJ_FROM_PTR(r);
}
```

した．その状態でクロック周波数を240MHzにそろえて実行するとArduino IDE版とESP-IDF版の速度がほぼ一致しました．

Arduino IDE版，ESP-IDF版ともにデフォルトのコンパイル・オプションは-Osですが，-O2以上を指定すると4,761μsぐらいまで速くなります．

● コンパイル・オプションの変え方

ESP-IDFはサンプルに従うと各プロジェクトのcomponent.mkを修正することで，ファイルごとのコンパイル・オプションを制御できます．

Arduino IDE 2.0の場合は下記のファイル[注2]を修正することで全プロジェクトの[注3]全ファイルのオプションを変更することになります．

C:¥Users¥ユーザ名¥AppData¥Local¥Ardu ino15¥packages¥esp32¥hardware¥e sp32¥バージョン¥platform.txt

● アセンブラ

当初はアセンブラとも比較するつもりでしたが，前

注2：ユーザ名やバージョンは環境に合わせて読み替えてください．
注3：Arduino IDE 1系ではC：¥Users¥ユーザ名¥Document s¥ArduinoData¥packages¥esp32¥hardware¥e sp32¥バージョン¥platform.txt

出のオブジェクト・ファイルをobjdumpで見てみると，ほぼ理想のアセンブリ命令列だったので，アセンブラとの比較はやめました．

MicroPythonの実力

● やっぱり遅いけど可能性はある

ESP32ではMicroPythonが動作しますが，NumPyなどの計算ライブラリがないため，先ほどと同じ行列演算をリスト3のようなコードで実現すると8秒ほどかかってしまいます．

そこで，C言語で書いたプログラム（リスト4，リスト5）をライブラリとしてMicroPythonに組み込むと，13,819μsで実行できました．

objdumpでバイナリを確認したところ，コンパイラが前述のzero-overheadループ命令を使ってくれていませんでした．

そこで，インライン・アセンブラで記述すると5,934μsで実行できました．

MicroPythonでも，C言語のライブラリを適切に使えば速度低下をかなり抑えることができそうです．

ふじい・ゆうや

データの置き場所で実行速度チューニング

第2章 メモリ読み書き速度

藤井 裕也

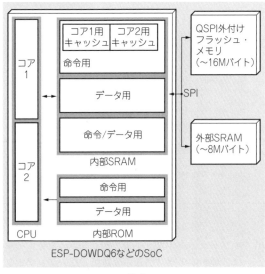

図1　ESP32の大まかなメモリ構成

ESP32には，内部メモリとしてROMとSRAM，外部メモリとしてSRAMとフラッシュ・メモリがあり，CPUと外部メモリの間にはキャッシュがあります．ただし，キャッシュの実体は内部SRAMの一部です．

プログラムを組む際に，上記のメモリ間でどのようにデータを配置するかによって，全体の処理速度や反応速度に差が出ます．

ここでは，プログラミングの参考になるよう，これらのメモリ速度を比較してみます．

ESP32のメモリ周りの詳しい情報はEspressifのページ[1]で公開されています．

測定にはM5Cameraを使いました．名称にはCameraの文字が付いていますが，ESP32マイコン・ボードとして使えるものです．

メモリの構成

ESP32のCPUとメモリの構成を**図1**に示します．

● 内部メモリ

内部メモリには448KバイトのROMと520KバイトのSRAMがあります．

448KバイトのROMのうち，384Kバイトは命令用で64Kバイトはデータ用です．

520KバイトのSRAMのうち，192Kバイトは命令用，200Kバイトはデータ用，残りの128Kバイトはどちらにも使えます．

命令用の192Kバイトのうち先頭64Kバイトは外部メモリとのキャッシュとして使うかメモリとして使うかを選べます．

内部メモリはとても高速で，読み込みに使うload
か，書き込みに使うstoreともに1サイクルで完了します．

● 外部SRAM

外部RAMのサイズは最大8Mバイトで，実際にどれだけ載っているかはモジュールによって異なります．

CPUとはSPIで接続されており，SPIの周波数は40MHzか80MHzから選べます．

CPU周波数240MHz，SPIの周波数80MHzで，データがキャッシュに載っていない場合，s32i命令とl32i命令（32ビットのload命令とstore命令）の実行に65サイクル程度かかりました．SPIの周波数を40MHzにするとアクセスに必要な時間は倍になりますが，CPU周波数を落としてもアクセスに必要な時間はほとんど変わりません．

● フラッシュ・メモリ

フラッシュ・メモリのサイズは最大16Mバイトで，実際にどれだけ載っているかは製品によって異なります．

ファイル・システムを介してアクセスする例は，ESP-IDFのexamples/storage/spiffsに，C言語の変数でデータをやり取りする例は，examples/storage/nvs_rw_blobにあります．

● キャッシュ

外部メモリ（PSRAMおよびフラッシュ・メモリ）

表1　メモリ別のデータ読み込み時間差［μs］

測定データ・サイズ	内部SRAM	キャッシュ	外部RAM	フラッシュ・メモリ
4バイト	1	1	1	753
1Kバイト	10	14	49	3,298
2Kバイト	20	24	95	5,901
4Kバイト	40	50	186	11,302

表2　メモリ別のデータ書き込み時間差［μs］

測定データ・サイズ	内部SRAM	キャッシュ	外部RAM	フラッシュ・メモリ
4バイト	1	1	1	2,431
1Kバイト	12	15	53	30,361
2Kバイト	22	29	102	61,672
4Kバイト	43	61	199	121,297

とCPUの間には64Kバイトのキャッシュがあります．2つのCPUコアそれぞれに32Kバイトずつのキャッシュが割り当てられます．

load/storeともに2サイクルかかります．

キャッシュの実装は内部SRAMなので，CPUと同じクロックを使っており，CPU周波数やSPI_SRAM周波数がどんな設定でも2サイクルでアクセスできます．

各メモリへの読み書き速度を測る

内部SRAM，キャッシュ，SPI外部SRAM，フラッシュ・メモリへの読み込みと書き込みの速度を比較しました．

読み込みは連続する領域から4バイトずつ値を読むだけのプログラム，書き込みは連続する領域に対して4バイトずつ1を加算するだけのプログラムで測定しました．

● プログラムからデータを各メモリに配置するには

内部SRAMにデータを置くには特に設定は不要です．スタック上の変数（ローカル変数）やmallocで領域確保した変数などは内部SRAMに配置されます．

外部RAMは，

```
heap_caps_malloc(sizeof(int)*len,
                 MALLOC_CAP_SPIRAM);
```

のようにして領域を確保します．

フラッシュ・メモリは，幾つか方法があるようですが，今回の測定ではNVS（non-volatile storage）と呼ばれるAPIを使っています．nvs_flash_initでアクセスのための初期化，nvs_flash_eraseで内容を消去，nvs_openでread/writeの準備をします．

データの書き込みにはnvs_set_blobを使い，測定プログラムでは"data"という名前の領域をフラッシュ・メモリに確保しています．そのデータにアクセスするには，2回nvs_get_blobを呼び出す必要があります．1回目は"data"がどれだけのサイズのデータか，2回目は実際に"data"の内容をコピーします．

FreeRTOSの設定の中には，mallocをしたときに外部RAMを使うように変更するオプションもあったと思いますが，今回は未確認です．

● メモリ読み書きプログラム

プログラムのメモリ読み書きの部分を以下に示します．

・読み込み

```
for (int i=0; i<len; i++) {
    sum += buf[i];
}
```

・書き込み

```
for (int i=0; i<len; i++) {
    buf[i] += 1;
}
```

CPU周波数は240MHz，SPIの周波数は80MHzで測定しています．

● 測定結果

10回ずつ測定した結果を示します．表1が読み込み，表2が書き込みの結果となります．4種類のデータ・サイズで測定しています．

メモリ・アクセスにかかる時間が占める割合がそれ以外の処理に比べて大きい場合は，外部RAMのデータにキャッシュを介してアクセスするよりも，いったん内部SRAMにデータを持ってきた方が良い場合もあるかもしれません．

メモリ間でデータをコピーするmemcpyの実装はzero-overheadループが使われていてループ・アンローリング（処理を並列化させるアルゴリズム）により4展開されています．十分速いため，コピーだけならmemcpyを使うのがお勧めです．

フラッシュ・メモリへの書き込みは，読み込みに比べてかなり時間がかかるようです．ばらつきも大きく，速いときと遅いときで10倍ぐらいの差があったので，リアルタイム性が要求される場合はフラッシュ・メモリへの書き込みは多めに時間を見積もった方が良さそうです．

◆参考文献◆
(1) Espressifテクニカル・リファレンス．
https://espressif.com/sites/default/files/
documentation/esp32_technical_reference_
manual_en.pdf

ふじい・ゆうや

プログラミング言語でけっこう変わってくる

第3章 メモリ消費量

宮田 賢一

　マイコンにおいてRAM容量は貴重です．PCであれば数G～数十GバイトというオーダでRAMが使えますが，マイコンの場合は数十K～数百Kバイトしか使えません．ESP32は他のマイコンに比べて比較的多い方ですが，それでも520Kバイトしかありません．RAMはプログラム実行時に使用するデータや，プログラミング言語によってはユーザが作成したプログラムを中間言語に変換したバイナリ・データを格納するために使われます．つまりSRAMの空き容量はユーザが作れるプログラムの規模に直結します．

　そのような背景があるため，マイコン向けに開発されたプログラミング言語の多くは，実行時に使用するメモリ量が小さいことをうたっています．

　ここではプログラミング言語ごとのメモリ使用量の違いを実測し比較してみます（図1）．

メモリ使用量の測り方

● 着眼点

　メモリ使用量の観点として，ファームウェア・ビルド時に決まる静的なメモリ使用量（プログラムとデータ）と，実行時に決まる動的なメモリ使用量（ヒープ使用量）があります．それぞれに含まれるデータは以下の通りです．

● 静的なメモリを使うもの

• プログラム（格納先：フラッシュ・メモリ）
　プログラム・コード，割り込みベクタ・テーブル
• データ（格納先：フラッシュ・メモリ）
　static変数，配列など

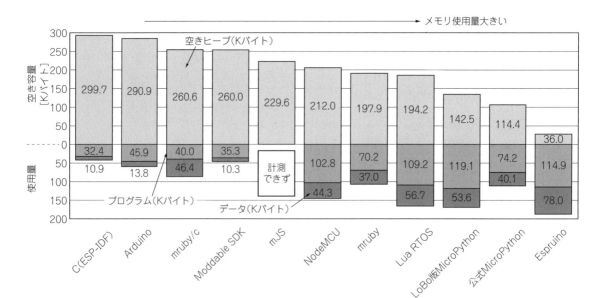

図1　プログラミング言語別メモリ使用量

リスト1　idf_size_pyを使ってメモリ消費量を測る

```
$ idf_size.py application.map
Total sizes:
DRAM .data size:   12552 bytes
DRAM .bss  size:   27552 bytes
Used static DRAM:   40104 bytes ( 140632 available, 22.2% used)
Used static IRAM:   74235 bytes (  56837 available, 56.6% used)
  Flash code:  789737 bytes
  Flash rodata:  219604 bytes
Total image size:~1096128 bytes (.bin may be padded larger)
```

リスト2　elfファイルのメモリ・セクションを見てメモリ消費量を調べる

```
$ readelf.py -S xs_esp32.elf
There are 56 section headers, starting at offset 0x35ae7c

Section Headers:
  [Nr] Name       Type      Addr      Off    Size   ES Flg Lk Inf Al
(中略)
  [ 6] .iram0.vectors    PROGBITS    40080000 012ce0 000400 00  AX  0   0  4 ★
  [ 7] .iram0.text       PROGBITS    40080400 0130e0 0085e5 00 WAX  0   0  4 ★
  [ 8] .dram0.data       PROGBITS    3ffb0000 011800 0014e0 00  WA  0   0 16 ★
(中略)
  [10] .dram0.bss    NOBITS    3ffb14e0 012ce0 001370 00  WA  0   0  8 ★
(中略)
Key to Flags:
  W (write), A (alloc), X (execute), M (merge), S (strings), I (info),
  L (link order), O (extra OS processing required), G (group), T (TLS),
  C (compressed), x (unknown), o (OS specific), E (exclude),
  p (processor specific)
```

● 動的なメモリを使うもの

- ヒープ［格納先：SRAM，SPI外付けSRAM（疑似SRAM）］
  関数呼び出しスタック，動的確保メモリ

それぞれのメモリに応じた方法で使用量を計測していきます。

静的メモリ使用量を知る方法

ESP-IDFに付属する次のいずれかのツールを用います。どれを使うかは，調査対象のプログラミング言語がどのように実装されているかで決めます。

- (1) makeコマンドのオプション（make size）
- (2) idf_size_py
- (3) readelf.py

● 方法1：idf_size_pyを使う

（1）は（2）を内部的に呼んでいるので，実質的には同じものです。（2）は対象の言語をビルドしたときに生成されるmapファイルを入力として与えると静的メモリ使用量が得られます。

実行例を**リスト1**に示します。6行目と7行目を見るとDRAM（プログラム中で定義されるデータ領域）として40104バイトが割り当てられ，IRAM（プログラ

ムと割り込みベクタ）として74235バイトが割り当てられています。

● 方法2：elfファイルのメモリ・セクションを見る

mapファイルがない場合は，ファームウェア本体のelfファイルを入力としてメモリ・セクションの値から計算することもできます。

（3）はこの方式です。実行例を**リスト2**に示します。iram0.*がプログラム用のデータが格納されているセクションを意味し，dram0.*がデータが格納されているセクションを意味します。これらのSizeフィールドの値を合計すると，それぞれのメモリ使用量が求められます。

この例の場合はプログラムに35301バイト（0x400+0x85e5），データに10320バイト（0x14e0+0x1370）が使用されています。

動的メモリ使用量（空き容量）を知る方法

動的メモリの観点で欲しい情報は使用量ではなく空き容量になりますので，以下では空き容量を求める方法を検討していきます。

空き容量を求める主な方法は，次の2つがあります。

- (1) ESP-IDFが提供するxPortGetFreeHeap Size()関数（正確にはESP-IDFのOSコアであるFreeRTOSが提供する関数）の呼び出しをソースコードに挿入する．挿入する場所は，ユーザが作成したプログラムの実行開始直前とする．
- (2) 対象の言語がREPLで実行でき，かつ空きメモリを求めるコマンドが用意されている場合は，REPL起動直後にそのコマンドを呼び出す．

測定結果

以上の方法を用いてそれぞれのプログラミング言語のメモリ使用量を計測した結果を**図1**に示します．計測に当たり，それぞれのプログラミング言語実行系の既定の設定でビルドしています．つまり各言語で使えるライブラリは原則として全て有効な状態です．縦軸の0から上が空きヒープ容量，0から下がプログラムとデータの使用量です．

今回調査した全てのプログラミング言語は，ESP-IDFをベースに作られているため，ESP-IDFを直接呼び出しているC言語の測定値が，理論的な最小メモリ使用量（最大空き容量）となります．特に空きメモリ使用量はユーザが作れるプログラムの規模を決めるため，この大きさに特に注目したいと思います．

● XS/Moddable SDKの小ささが際立つ

XS/Moddable SDKはES2019というJavaScriptの最新規格（執筆当時）をほぼ全て実装しているにもか

かわらず，ESP-IDFとほぼ変わらない値が出ました．XSとはサイズ表記でよく使われるS，M，Lを参考に，Sより特に小さいという意味でXSと名乗っているのですが注1，その言葉通りの結果が得られています．

● Luaとmrubyもコンパクト

Lua（Lua RTOS，NodeMCU）とmruby（mruby，mruby/c）もおおむね200Kバイトの空きメモリを確保できています．mruby/cはmruby VMから最小限の機能だけを切り出したものであることが，プログラム使用量の値を見ると確認できます．これだけメモリが使えれば，組み込み機器である程度複雑な処理を行っても余裕がありそうだと言えます．

● MicroPythonは高機能なだけにメモリ使用量が大きめ

組み込み向けとはいってもMicroPythonはプログラミング言語としての機能が豊富なことから，プログラム，データとも大きく，空きメモリも他に比べると少なめであることが分かりました．しかしMicroPythonの2つの実装はどちらも外付けのSRAM（PSRAM，疑似SRAM）に対応していることから，PSRAMを有効にしたときのメモリ使用量も調べてみることにします．PSRAM対応版MicroPythonはESP32-WROVER-Bにインストールして計測しました．

結果を**図2**に示します．PSRAM対応版では公式版もLoBo版も4Mバイト程度のヒープがあることがグラフから分かります．しかしESP32-WROVER-BのPSRAMは8Mバイトありますので，その全量を使えていません．まだhimem APIに対応していないことが見て取れます．また，静的メモリ，動的メモリ共にLoBo版の方が多く容量を消費しています．これはLoBo版がFTPサーバ，SSHクライアント（ssh，scp，sftp）といったネットワーク接続用モジュールやTFT LCD制御用のモジュールなど，公式にはないモジュールを多く組み込んでいることが要因と考えられます．

以上の結果から，大量のデータ処理を行う場合にはPSRAMの恩恵を受けられるESP32-WROVER-BとMicroPythonとの組み合わせがベストそうです．

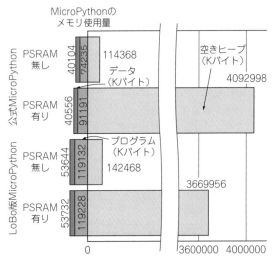

図2　外付けSRAM（PSRAM，疑似SRAM）の有無によるMicro Pythonのメモリ使用量

注1：https://www.moddable.com/XS7-TC-39.php

みやた・けんいち

ラズパイは不得意な世界

第4章 ESP32リアルタイム処理

井田 健太

研究すること…ESP32マイコンの「正確な周期処理」

センサからデータを読み取ったり，モータなどを制御する場合，十分な正確さで周期的に処理を実行する必要があります．こういった周期処理を実行するために，大抵のマイクロ・コントローラはハードウェア・タイマによるタイマ割り込み機能を持っており，ESP32にも同様の機能があります．

一方，ESP32の標準開発環境であるESP-IDFには，リアルタイムOSであるFreeRTOSが組み込まれており，開発したプログラムでは，ユーザが記述した処理以外にもESP-IDFの処理が実行されています．このため，前述のセンサやモータに関する処理を行うために十分な正確さで周期的な処理を実行するためには，幾つか注意する点があります．

特に，ESP32の無線通信処理と並行して，十分な正確さで周期的な処理を実行するためには，幾つか注意点があります．これらの注意点を押さえておくことにより，ESP32でセンサやモータの処理を実装できるようになります．

● 環境

実験環境や機材は以下の通りです．

OS：Ubuntu 18.04 LTS
開発環境：ESP-IDF v3.3[注1]
デバイス：M5StickC（ESP32-PICO）×2

タイム・スタンプ関数の時間精度を調べる

タイマの正確性を測定する前に，ESP32の機能を使って，どれくらい正確に時間を調べられるのか検討しなければなりません．ESP32の時間取得関数を使ってタイマ精度の測定を行うからです．この時間取得関数の精度が悪ければ，測定には別の方法を使わなければなりません．

注1：ESP-IDF v4.4.3でビルドして動作することも確認しています．

ESP-IDFには，タイム・スタンプを取得するAPIとして，esp_timer_get_timeが用意されています．このAPIはESP32が起動してからの経過時間をμs（マイクロ秒）単位で返します．μs単位のタイム・スタンプを返すという仕様だけを見れば，タイマの精度の測定に十分使えるように見えます．しかし，処理時間を計る場合，次の2つの要素を考慮する必要があります．

- esp_timer_get_timeを呼び出してからAPIの内部で実際のタイム・スタンプの取得までにどれくらいの時間がかかるか
- esp_timer_get_timeの処理にかかる時間はどれくらいか

この2点について，それぞれ十分に短い時間である必要があるので，esp_timer_get_timeがどのように実装されているのかを確認し，その精度を見てみます．

● タイム・スタンプ取得関数の実装を見てみる

esp_timer_get_timeはESP-IDFのcomponents/esp32/esp_timer.cで定義されています．内部では単にesp_timer_impl_get_timeを呼び出しています．

```
int64_t IRAM_ATTR esp_timer_get_time()
{
    return (int64_t) esp_timer_impl_get_
                                    time();
}
```

esp_timer_impl_get_timeはESP-IDFのcomponents/esp32/esp_timer_esp32.cで定義されています（リスト1）．この関数の内部では一定間隔でカウントし続けるフリー・ランニング・カウンタのカウンタ値やフラグを読み取っています．このカウンタは，ESP32のペリフェラル・バス（APB）のクロックである80MHzでカウントし続けているので，分解能は$1/80\mu s$（12.5ns）です．

esp_timer_impl_get_time内で呼び出されているtimer_overflow_happened関数は，上記カウンタのレジスタを幾つか読んだ上で，条件を満たすかどうかを返しています．

リスト1　ESP-IDFのタイム・スタンプ取得関数

```
uint64_t IRAM_ATTR esp_timer_impl_get_time()
{
  uint32_t timer_val;
  uint64_t time_base;
  uint32_t ticks_per_us;
  bool overflow;

  do {
    /* Read all values needed to calculate current time */
    timer_val = REG_READ(FRC_TIMER_COUNT_REG(1));
    time_base = s_time_base_us;
    overflow = timer_overflow_happened();
    ticks_per_us = s_timer_ticks_per_us;

    /* Read them again and compare */
    /* In this function, do not call timer_count_
                        reload() when overflow is true.
     * Because there's remain count enough to allow
                        FRC_TIMER_COUNT_REG grow
     */
    if (REG_READ(FRC_TIMER_COUNT_REG(1)) > timer_val &&
        time_base == *((volatile uint64_t*)
                                    &s_time_base_us) &&

        ticks_per_us == *((volatile uint32_t*)
                                &s_timer_ticks_per_us) &&
        overflow == timer_overflow_happened()) {
      break;
```
```
    }

    /* If any value has changed (other than the
                        counter increasing), read again */
  } while(true);

  uint64_t result = time_base +
                            timer_val / ticks_per_us;
  return result;
}
// Check if timer overflow has happened (but was not
                        handled by ISR yet)
static inline bool IRAM_ATTR timer_overflow_happened()
{
  if (s_overflow_happened) {
    return true;
  }

  return ((REG_READ(FRC_TIMER_CTRL_REG(1)) &
                        FRC_TIMER_INT_STATUS) != 0 &&
    ((REG_READ(FRC_TIMER_ALARM_REG(1)) == ALARM_
     OVERFLOW_VAL && TIMER_IS_AFTER_OVERFLOW(REG_READ(
     FRC_TIMER_COUNT_REG(1))) && !s_mask_overflow) ||
    (!TIMER_IS_AFTER_OVERFLOW(REG_READ(FRC_TIMER_
        ALARM_REG(1))) && TIMER_IS_AFTER_OVERFLOW(
        REG_READ(FRC_TIMER_COUNT_REG(1)))))));
}
```

ESP32のCPUコア Xtensa LX6の詳細な資料は入手できないため，CPUの命令ごとのサイクル数は正確には分かりません．ここでは少なくとも1命令当たり1CPUサイクルかかると仮定します．timer_overflow_happenedおよびesp_timer_impl_get_time関数はそれぞれ40命令と29命令の機械語にコンパイルされることを確認しています．

またesp_timer_impl_get_time内では，1度カウンタ値を読み出した後，再度カウンタ値を読み出し，値が異なっていないか比較します．異なっていた場合は，最初から処理をやり直しますが，2周目の処理ではカウンタ値が不一致になることはまずないため，このループ内の処理は最大2回実行されると考えられます．ループが2周回った場合，タイム・スタンプの元となるカウンタ値は，ループ1回分の処理が終わった後に取得された値となりますので，その分タイム・スタンプの時間がずれます．ループ1回分の命令は多く見積もってもtimer_overflow_happenedとesp_timer_impl_get_time関数の命令数を超えないため，多くとも40+29命令です．

実際には1サイクルで実行できる命令ばかりではありませんが，仮に平均2サイクルかかるとしても，

$$(40+29) \times 2 = 138 サイクル$$

となります．CPUの動作周波数が160MHzの場合，

$$138[サイクル]/160[\mu MHz] = 0.8625[\mu s]$$

ですので，タイム・スタンプの時刻は，ばらついたとしても1μs弱のずれとなります．

以上の考察より，160MHz動作の場合，esp_timer_get_time関数で取得できるタイム・スタンプは，

1μs程度の精度があると考えてよいことが分かりました．次はESP32のタイマ機能を見ていきます．

周期的に処理を呼び出す方法

ESP-IDFおよびArduino core for the ESP32（以下 Arduino IDE）上で一定周期で処理を呼び出す方法として，以下の4つがあります．

● 方法1：vTaskDelayで次の周期の開始時刻まで待つ

ESP-IDFやArduino IDEで周期的な処理を行う1番単純な方法は，FreeRTOSのAPIであるvTaskDelay関数で次の周期の開始時刻まで待つことです．

ただし，この方法ではFreeRTOSのTickの分解能より細かい周期で処理を行うことができません．ESP-IDFのデフォルトでは，FreeRTOSのTickの周期は10msに設定されていますので，10msよりも低い分解能で十分な場合はこの方法を使うことができます．

● 方法2：FreeRTOSのソフトウェア・タイマ機能を使う

FreeRTOSは指定した時刻や一定周期で処理を実行するソフトウェア・タイマ機能があります．機能としては，方法1と同様の処理をFreeRTOS側で自動的に行ってくれる機能となります．従って，方法1と同じように，FreeRTOSのTickより細かい周期での処理を行うことはできません．

リスト2　実験用の無線LANアクセス・ポイント・プログラム（抜粋）

```
static esp_err_t event_handler(void *ctx,
                               system_event_t *event)
{
  switch(event->event_id) {
  // (省略)
  case SYSTEM_EVENT_AP_STAIPASSIGNED:
                    // クライアントにIPアドレスを割り当てた
    ESP_LOGI(TAG, "station:"IPSTR" assigned",
        IP2STR(&event->event_info.ap_staipassigned.ip));
    // UDP送信先として接続したクライアントのIPアドレスを保存
    client_address =
                  event->event_info.ap_staipassigned.ip;
    // クライアント接続フラグをセット
    is_client_connected = true;
    break;
  default:
    break;
  }
  return ESP_OK;
}
// (省略)
void app_main()
{
  //Initialize NVS
  esp_err_t ret = nvs_flash_init();
  if (ret == ESP_ERR_NVS_NO_FREE_PAGES || ret ==
                     ESP_ERR_NVS_NEW_VERSION_FOUND) {
    ESP_ERROR_CHECK(nvs_flash_erase());
    ret = nvs_flash_init();
  }
  ESP_ERROR_CHECK(ret);

  ESP_LOGI(TAG, "ESP_WIFI_MODE_AP");
  wifi_init_softap();

  // M5StickCの本体のボタンA(GPIO37)入力用にGPIOを初期化
  gpio_config_t config_gpio_button;
  config_gpio_button.pin_bit_mask = (1ull<<37);
  config_gpio_button.mode = GPIO_MODE_INPUT;
  config_gpio_button.pull_up_en = GPIO_PULLUP_ENABLE;
  config_gpio_button.pull_down_en =
                          GPIO_PULLDOWN_DISABLE;
  config_gpio_button.intr_type = GPIO_INTR_DISABLE;
  ESP_ERROR_CHECK(gpio_config(&config_gpio_button));

  // UDP送信の準備
  const uint16_t buffer_size = 10240;
  udp_init();
  struct udp_pcb* pcb = udp_new();
                        // lwIPのUDP処理コンテキストを作成
  // 送信データのバッファを作成
  struct pbuf* buf = pbuf_alloc(PBUF_TRANSPORT,
                          buffer_size, PBUF_RAM);

  // 送信バッファを0～255のデータで埋める
  for(uint16_t i = 0; i < buffer_size; i++) {
    pbuf_put_at(buf, i, i);
  }

  // 最終送信時刻を初期化する
  uint64_t start_time = esp_timer_get_time();
  // 送信データ量を初期化する
  size_t total_bytes_sent = 0;

  bool transfer_enabled = true;
  bool last_button_pressed = false;

  while(true) {
    // ボタンの状態を読み取る
    bool is_button_pressed =
                    gpio_get_level(GPIO_NUM_37) == 0;
    if( !last_button_pressed && is_button_pressed ) {
      // ボタンが押されたらUDP送信の有効・無効を切り替える
      transfer_enabled = !transfer_enabled;
      ESP_LOGI("MAIN", "transfer: %s",
            transfer_enabled ? "enabled" : "disabled");
    }
    last_button_pressed = is_button_pressed;

    if( is_client_connected ) { // クライアントが接続している?
      if( transfer_enabled ) {  // UDP送信が有効?
        ip_addr_t address;
        address.type = IPADDR_TYPE_V4;
        address.u_addr.ip4 = client_address;

        // 送信バッファのデータ (10240バイト) を送信
        err_t err = udp_sendto(pcb, buf, &address,
                                             10000);

        if( err == 0 ) {
          // 送信成功したなら送信バイト数を加算
          total_bytes_sent += buffer_size;
        }
      }
      uint64_t timestamp = esp_timer_get_time();
      uint64_t elapsed_us = timestamp - start_time;
      if( elapsed_us >= 1000000ul ) {
        ESP_LOGI("MAIN", "transfer rate: %0.2lf",
              (total_bytes_sent*1000000.0)/elapsed_us);
        start_time = timestamp;
        total_bytes_sent = 0;
      }
    }
    // 20[ms] 待つ
    vTaskDelay(pdMS_TO_TICKS(20));
  }
}
```

● 方法3：ESP-IDFの高分解能タイマ機能を使う

ESP-IDFにはFreeRTOSのTickよりも細かい周期で処理を行うための機能として，高分解能タイマ（High Resolution Timer）が用意されています．高分解能タイマの仕様やAPIについては，ESP-IDFのドキュメントに記載されています[1]．

高分解能タイマ機能はesp_timer_で名前が始まるAPIとして提供されています．仕様としては最小$50\mu s$間隔で処理を実行することができます．ただし，$50\mu s$の周期で処理を実行する場合，高分解能タイマを管理するための処理によるオーバーヘッドに多くの時間をとられるため，あまり実用的ではありません．$100\mu s$周期程度が限界と考えておくのがよいでしょう．

● 方法4：ESP32のハードウェア・タイマ割り込みを使う

ESP32には幾つかのハードウェア・タイマがありま

す．そのうち，ESP-IDF上でアプリケーションが自由に使えるハードウェア・タイマが合計4つあり，2グループ，2つずつに分けられます．

ハードウェア・タイマの機能はtimer_で名前が始まるAPIで制御します．詳細はESP-IDFのドキュメントに記載されています[2]．

ハードウェア・タイマは高分解能タイマと異なり，直接割り込み処理を扱う必要があるので，高分解能タイマよりも扱いにくい半面，より細かな設定を行えます．

● 時間的な精度を求めるなら

方法1～4のうち，1と2は扱いは簡単ですが，そもそも分解能が10ms程度と低いため，精度の良い周期処理が必要な場合には使えません．精度を求めるなら3か4の方法を使う必要がありそうです．

以降，方法3を高分解能タイマ，方法4をハードウェア・タイマと呼び，それぞれの精度を実測していきます．

実験の条件

● FreeRTOSの動作状態によってタイマ精度が影響を受ける

タイマの精度を測定するとき，気になるのがシステムがこなす他の処理がタイマに与える影響です．ESP32の場合，ESP-IDFやArduino IDEを使って開発すると，ユーザ・プログラムはFreeRTOS上で動きます．FreeRTOSの動作状態によってタイマの精度が影響を受けることが考えられますので，今回4つの動作状態を作って，それぞれの状態でタイマの精度を測定してみます．

● FreeRTOS処理に影響を与える無線通信を使う

実験用に，無線LANのアクセス・ポイントとして機能し，無線LANのクライアントに一定レートでデータを送信し続けるESP32用プログラムを作成します．ESP-IDFに付属しているサンプルexamples/wifi/getting_started/softAPをもとに必要な機能を追加して作ります．リスト2にプログラムの一部を示します．

処理の内容は大きく分けて以下の2つです．

- M5StickCのボタンAの入力を監視し，ボタンAが押されるたびにUDP送信処理の有効/無効を切り替える
- クライアントがアクセス・ポイントに接続しており，UDP送信処理が有効な場合，およそ512Kバイト/sの速度になるようにUDPでクライアントにデータを送信する

● 2台のM5StickCでタイマの精度を実験する

前述のアクセス・ポイント用プログラムを書き込んだM5StickCと，この後説明するタイマ性能測定用プログラムを書き込んだM5StickCを使って，以下の手順でシステムの動作状態を変えながら測定を行います（図1）．

- ①アクセス・ポイント用M5StickCの電源を入れ，アクセス・ポイントとして動作する状態にします
- ②タイマ性能測定用M5StickCの電源を入れます．測定結果が数回出力され，安定したところの結果を"通信あり"での測定結果として記録します
- ③アクセス・ポイント用M5StickCのボタンAを押し，UDPデータ送信を停止します
- ④測定結果が数回出力され，安定したところの結果を通信なしでの測定結果として記録します
- ⑤アクセス・ポイント用M5StickCの電源を切ります
- ⑥タイマ性能測定用M5StickCのログ出力で"retrying AP connection"と表示されている間の

図1　Wi-Fi通信しながらタイマ精度をM5StickCで測定する

測定結果を記録し，アクセス・ポイント検索中（AP検索中）の測定結果として記録します
- ⑦"retrying AP connection"が5回表示された後，アクセス・ポイントの検索処理が停止してしばらくたったところの測定結果を記録し，"無線なし"の測定結果として記録します

実験1：高分解能タイマの性能

ESP-IDFの高分解能タイマは処理周期がどれくらい正確なのかを調べるため，ESP-IDF付属の無線LAN接続サンプル・コードを変更して，実験用プログラムを作成しました．元にしたサンプル・コードはESP-IDFのexamples/wifi/getting_started/station以下にあるプログラムです．測定用のM5StickCに書き込んで使用します．

測定は次の流れで行います．

● 実験の流れ

- ①高分解能タイマを初期化し，$500\mu s$間隔で処理を実行するように設定します
- ②無線通信を有効にして測定する場合は，無線LANを初期化し，アクセス・ポイントに接続します
- ③周期処理ルーチンから後述の通知があるまで待機します
- ④タイマの周期処理の中で，esp_timer_get_time関数を使ってタイム・スタンプを取得し，前回周期処理を実行してからの経過時間を計算します．計算した経過時間を配列に保存しておきます
- ⑤16384回，周期処理を終えたら，③で通知を待機しているメイン・タスクに通知します
- ⑥④で計測した結果をシリアル通信経由でターミナルに出力します

● システムの動作状態を変えながら測定

次の4つの状態で上記の実験用プログラムを実行して，周期処理の間隔が，どのように変化するかを測定します．

- a 無線LAN通信あり（500Kバイト/sくらいのレートでUDPパケット受信）
- b 無線LAN通信なし（アクセス・ポイントに接続だけ）

表1　呼び出しの周期が通信状態で大きく変わる

状　態	動作パターン	平均［μs］	最大［μs］	最小［μs］
a	通信あり	500	1356	6
b	通信なし	500	2339	7
c	AP検索中	500	12226	6
d	無線なし	500	550	450

- c 無線LANアクセス・ポイント検索中（以降AP検索中と表記）
- d 無線LAN接続なし

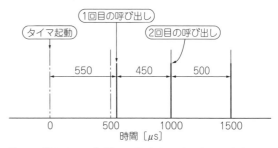

図2　周期タイマの呼び出しに遅延があると，次回の呼び出しまでのインターバルにも影響を与える

● 結果：高分解能タイマは使い物にならない

　表1に測定結果を示します．動作状態が通信なしの行を見ると，無線通信無効時は最小450μs, 最大550μsとなっています．一定周期でコールバック関数を呼び出すモードで高分解能タイマを使う場合，前回の呼び出し時間に関係なく，予定時刻（タイマを起動した時刻を起点に計算）を過ぎている場合はコールバック関数が呼び出されるようになっています．前の呼び出しから550μs経ってコールバック関数が呼び出された場合，次に呼び出されるまでのインターバルは450μsとなってしまいます（図2）．

　500μsのインターバルに対して550μsとなるだけでも用途によっては問題になりますが，無線通信有効時の周期処理の間隔はさらに大きくずれています．特にアクセス・ポイント検索処理中には12,000μsの間隔となる場合がありました．これでは高分解能タイマを使う意味がありません．

　なぜこのような結果になるのか，ESP-IDFの高分解能タイマの実装を追いかけてみます．

● 高分解能タイマはどのように実装されているか

　ESP-IDFの高分解能タイマは，32ビット・ハードウェア・タイマとソフトウェアの64ビット・カウンタを組み合わせて，1μs分解能の64ビット・タイマとなっています．

　高分解能タイマ・モジュールは，処理を行う時刻が早い順のリストを持っています．ある時刻に処理を実行するタイマを追加すると，処理を実行するために必要な情報がリストに登録されます．また，追加した処理の実行予定時刻がリストの中で最も早い場合，その時刻にハードウェア・タイマの割り込みが発生するように設定します．

　割り込みハンドラから呼び出される関数では，esp _timer_create_args_tのdispatch_methodフィールドに指定した値に応じた方法で，callbackフィールドに指定したコールバック関数を呼び出します．

　dispatch_method に指定できる値は列挙体で定義されていますが，現在のところESP_TIMER_TASKしか定義されていません．ESP_TIMER_

TASKを指定した場合は，割り込みハンドラ内でコールバック関数を直接実行するのではなく，専用のタスクで実行します．

　割り込みハンドラ内ではコールバック関数実行用のタスクに対して通知を行い，現在のタスクの実行を中断してタスクの再スケジュールを行います．

　コールバック関数実行用のタスクは，PRO_CPUで優先度，

configMAX_PRIORITIES - 3 (22)

のタスクとなっています．一方，ESP-IDFで無線通信を行うタスクは，PRO_CPUで優先度，

configMAX_PRIORITIES - 2 (23)

で実行されています．無線通信処理の方が優先度が高いため，無線通信処理が実行されている間は，高分解能タイマのコールバック関数呼び出しは実行されません．このため，無線通信機能が有効な場合，高分解能タイマのコールバック関数の呼び出しタイミングが大きくずれる場合があります．

　対策としては，

- コールバック関数実行用タスクの優先度を無線通信処理より高くする
- コールバック関数実行用タスクをAPP_CPUで実行する
- 割り込みハンドラで直接コールバック関数を実行する

といった方法が考えられます．

　ただし，現時点のESP-IDF v3.3では，コールバック関数実行用タスクの優先度を変更する機能や，コールバック関数を割り込み関数から直接実行する機能は実装されていません．従って現時点で無線通信を使う場合，高精度な周期処理を実装するためには，高分解能タイマは使えないということになります．

実験2：ハードウェア・タイマの性能

　前述の実験で，無線通信機能が有効な場合，現状のESP-IDFの高分解能タイマはあまり使い物にならないことが分かりました．そこで，代わりにハードウェ

リスト3　ハードウェア・タイマを使った周期処理の実装

```
#if CONFIG_TARGET_HARDWARE_TIMER_GROUP_0
#define TIMER_GROUP TIMER_GROUP_0
#define TIMERG TIMERG0
#elif CONFIG_TARGET_HARDWARE_TIMER_GROUP_1
#define TIMER_GROUP TIMER_GROUP_1
#define TIMERG TIMERG1
#endif

#define TIMER_CLOCK_DIVIDER 400
#define TIMER_COUNTER_PERIOD ((uint64_t)100)
#endif
#if CONFIG_PLACE_CALLBACK_ON_IRAM
#define CALLBACK_PLACE_ATTR IRAM_ATTR
#else
#define CALLBACK_PLACE_ATTR
#endif

// 割り込みハンドラ
static IRAM_ATTR void hardware_timer_isr(void* arg)
{
  if( TIMERG.int_raw.t0 == 0 ) {
    return;
  }
  // 割り込みフラグをクリア
  TIMERG.int_clr_timers.t0 = 1;
  // カウンタをクリア
  TIMERG.hw_timer[0].load_high = 0;
  TIMERG.hw_timer[0].load_low = 0;
  TIMERG.hw_timer[0].reload = 0;
                          // set counter to zero.

  // タイム・スタンプを取得
  int64_t timestamp = esp_timer_get_time();
  // 次の割り込み時刻を設定
  TIMERG.hw_timer[0].alarm_high =
               (uint32_t) (TIMER_COUNTER_PERIOD >> 32);
  TIMERG.hw_timer[0].alarm_low =
               (uint32_t) TIMER_COUNTER_PERIOD;
  TIMERG.hw_timer[0].config.alarm_en = TIMER_ALARM_EN;
  // タイム・スタンプを保存
  if( interval_index < NUM_INTERVALS &&
             intervals[interval_index].interval == 0 ) {
    isr_timestamp = timestamp;
    intervals[interval_index].interval =
                       timestamp - last_timer_timestamp;
  }
  last_timer_timestamp = timestamp;

  // 周期処理を行うタスクに通知
  TaskHandle_t timer_task = (TaskHandle_t)arg;
  xTaskNotifyFromISR(timer_task, 1, eSetBits, NULL);
  // スケジューラ実行
  portYIELD_FROM_ISR();
}

// タイマ処理タスクの本体
static CALLBACK_PLACE_ATTR void timer_task(void* arg)
{
  // タイマ初期化
  timer_config_t timer_config = {
    .alarm_en = true,
    .counter_en = false,
    .intr_type = TIMER_INTR_LEVEL,
    .counter_dir = TIMER_COUNT_UP,
    .auto_reload = true,
```

```
    .divider = TIMER_CLOCK_DIVIDER,
  };
  ESP_ERROR_CHECK(timer_init(TIMER_GROUP, 0,
                                     &timer_config));
  ESP_ERROR_CHECK(timer_set_counter_value(TIMER_GROUP,
                                               0, 0));
  ESP_ERROR_CHECK(timer_set_alarm_value(TIMER_GROUP,
                        0, TIMER_COUNTER_PERIOD));
  ESP_ERROR_CHECK(timer_isr_register(TIMER_GROUP, 0,
                            hardware_timer_isr,
             xTaskGetCurrentTaskHandle(),
                      ESP_INTR_FLAG_IRAM, NULL));
  ESP_ERROR_CHECK(timer_start(TIMER_GROUP, 0));

  while(true) {
    uint32_t notification_value = 0;
    // 割り込みハンドラからの通知を待つ
    xTaskNotifyWait(0, 1, &notification_value,
                                portMAX_DELAY);
    TaskHandle_t main_task = (TaskHandle_t)arg;
    int64_t timestamp = esp_timer_get_time();
    // 割り込みハンドラからの遅延時間を計算して保存
    if( interval_index < NUM_INTERVALS ) {
      if( intervals[interval_index].interval != 0 ) {
        intervals[interval_index].delay = (uint32_t)
                        (timestamp - isr_timestamp);
        interval_index++;
      }
    }
    else {
      // NUM_INTERVALS回計測したらメイン・タスクに通知
      xTaskNotify(main_task, 1, eSetBits);
    }
  }
}

void app_main()
{
  // （省略）

  ESP_LOGI(TAG, "ESP_WIFI_MODE_STA");
  wifi_init_sta();
  initialize_udp();
  ESP_LOGI(TAG, "Waiting AP connection...");
  xEventGroupWaitBits(s_wifi_event_group,
            WIFI_CONNECTED_BIT, 0, 0, portMAX_DELAY);

  // タイマ処理タスクを起動
  ESP_LOGI(TAG, "Use hardware timer, priority=%d,
          cpu=%d", CONFIG_HARDWARE_TIMER_TASK_PRIORITY,
                  CONFIG_HARDWARE_TIMER_TASK_CPU);
  TaskHandle_t timer_task_handle = NULL;
  xTaskCreatePinnedToCore(timer_task, "HW_TIMER",
             4096, xTaskGetCurrentTaskHandle(),
    CONFIG_HARDWARE_TIMER_TASK_PRIORITY,
                      &timer_task_handle,
          CONFIG_HARDWARE_TIMER_TASK_CPU); // (1)
                        [優先度やCPUを設定]
  while(true) {
    uint32_t notification_value = 0;
    xTaskNotifyWait(0, 1, &notification_value,
                                portMAX_DELAY);
    // 省略
  }
}
```

ア・タイマを直接使った周期処理を試してみます.

　前述の通り，高分解能タイマでは，タイマ処理用タスクの優先度や実行するCPUが適切でないことが問題の原因となっていました．ハードウェア・タイマでも，同じように割り込みハンドラ内で行うには時間のかかり過ぎる処理を，専用のタスク（以降タイマ処理タスクと呼ぶ）に分離して実行します．このタスクの優先度や実行するCPUをどのように設定したらよいのかを確認するため，優先度とタイマ処理を行うCPUの組み合わせを変えて，複数回測定を行いました．

　M5StickCに内蔵されるESP32のCPUはPRO_CoreとAPP_Coreという2つのコアを持っています．タイマの処理をどちらのコアで行うかによって性能に差が出ることが考えられます．表2にこれらの組み合わせを示します.

● 測定プログラム

　リスト3に測定に使用したプログラムを示します.

　まず，xTaskCreatePinnedToCoreを呼び出して，timer_task関数を実行するタイマ処理タスクを起動します．この時，タスクの優先度と実行

表2　条件の組み合わせを変えて測定する

パラメータ名	マクロ名	値
タイマ処理タスクの優先度	CONFIG_HARDWARE_TIMER_TASK_PRIORITY	22, 24
タイマの処理タスクと割り込み処理のCPU	CONFIG_HARDWARE_TIMER_TASK_CPU	0, 1

表3　パラメータの組み合わせごとにそれぞれ4つの状態で測定した
無線通信処理タスク（優先度23）より優先度が高いか低いかで遅延時間が変わることがある

コア	優先度	動作パターン	遅延 [μs]			インターバル [μs]		
			平均	最大	最小	平均	最大	最小
PRO	22	通信あり	20	919	14	500	513	497
	22	通信なし	20	1816	14	500	514	498
	22	AP検索中	20	12432	14	500	775	497
	22	無線なし	14	16	14	500	502	498
	24	通信あり	14	33	14	500	513	497
	24	通信なし	14	32	13	500	696	497
	24	AP検索中	14	32	14	500	949	497
	24	無線なし	14	14	14	500	500	499
APP	22	通信あり	14	321	14	500	509	498
	22	通信なし	14	24	14	500	501	498
	22	AP検索中	14	24	13	500	502	498
	22	無線なし	14	19	14	500	501	499
	24	通信あり	14	30	13	500	509	497
	24	通信なし	14	19	14	500	502	498
	24	AP検索中	14	26	13	500	502	498
	24	無線なし	14	17	14	500	500	500

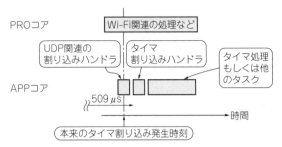

図3　他の割り込み処理が行われているとタイマ割り込みの呼び出しが遅れる

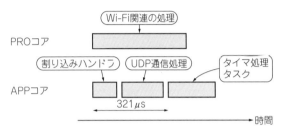

図4　タイマ処理タスクの優先度によって大きく遅延が発生する場合がある

CPUの組み合わせを変えて，さまざまなパターンで実験を行います．［リスト3の(1)］

タイマ処理タスクの先頭で，timer_で始まるESP-IDFのAPIを呼び出して，ハードウェア・タイマを初期化します．タイマ割り込みハンドラは，timer_isr_register関数を呼び出したときのCPUで実行されます．

今回はタイマ処理タスクの先頭で呼び出しているので，タイマ割り込みハンドラはタイマ処理タスクを実行するCPUと同じCPUで実行されます．

測定は高分解能タイマのときと同じように，システムの4つの状態（a，b，c，d）で行います．

● 結果：ハードウェア・タイマがダントツで優秀

表3に各パラメータでのハードウェア・タイマ割り込みが呼ばれてから，タイマ処理タスクが呼ばれるまでの遅延時間（以降，単に遅延時間と表す），およびハードウェア・タイマの割り込み処理のインターバル（以降，単にインターバルと表す）を示します．

表3を見ると，PRO_CPUでタイマ処理を実行した場合，無線通信を処理するタスク（優先度23）よりも優先度の低い22に設定すると，無線通信実行時に大幅な遅れが発生します．ただし，平均値としてはあまり大きく変わりません．基準となる500μsに対して平均値にずれが起きないのは，周期処理のほとんどの呼び出しには，ずれが発生しておらず，遅延が発生するのは確率的にはわずかだからです．

一方，PRO_CPUで実行する場合のタイマ割り込みのインターバルは，アクセス・ポイント検索時に最大775μsと大きくずれてしまっています．これについては，無線通信部分のソースコードは公開されていないため確認できていませんが，おそらく無線通信処理に関連する割り込み処理が，タイマ割り込みよりも高い優先度となっており，タイマ割り込み処理を即座に実行できない場合があるためと思われます．

APP_CPUでタイマ割り込み処理を実行する場合，インターバルは最大で509μsとなっています．UDP通信時に最大となっていますので，UDP通信処理の一部がAPP_CPUの他の割り込みハンドラで実行されているか（図3），割り込みを無効化している箇所があるのではないかと思われます．

タイマ処理タスク実行までの遅延時間は，優先度22でUDP通信時の321μsが最大です（図4）．

同じ条件で優先度を24にした場合，表3を見ると遅延時間が短くなっています．タイマ処理タスクとUDP通信処理のタスクの実行順序が入れ替わっているからだと思われます（図5）．

図6に遅延時間とインターバルの最大値，最小値，平均値を処理内容ごとにプロットしたものを示します．

図7に今回最も成績の良かったAPP_CPU，優先度

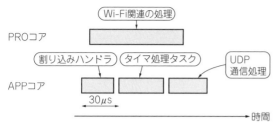

図5　優先度を上げたので遅延が短くなった

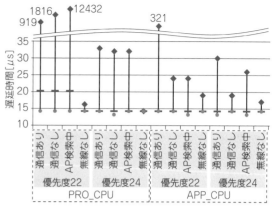

図6　高精度なタイマとして使えそうなCPUコアとタスク優先度の組み合わせが分かる

24というパラメータで測定した際の測定値をプロットしたものを示します．遅延時間のばらつきが13～30μsという少ない範囲に収まっています．

高精度な周期処理を実現するには

　実験結果より，ハードウェア・タイマを使う場合は，割り込みハンドラおよびタイマ処理タスクをAPP_CPUで使う必要があると言えそうです．

　タイマ処理タスク実行までの遅延はAPP_CPUで実行していても発生する場合があるため，タイミングがシビアな処理は，可能であれば割り込みハンドラ内で処理をしてしまうのがよいことが分かります．ただし，割り込みハンドラであまり長い処理を実行すると，他の割り込み処理に影響が出ますので，必要最小限の処理だけ行うようにします．

　例えば，周期的にA-Dコンバータから値を読み取り何かしらの処理をする場合，A-D変換を開始するタイミングがばらつくと測定結果に影響します．一方，A-Dコンバータの変換結果を使った計算処理は，平均的にA-Dコンバータのサンプリング・レートと同じか速いレートで処理できればよいとします．こういった場合，割り込みハンドラ内でA-D変換開始処理を行い，残りの計算処理を専用のタスクで実行するようにします．このとき，計算処理はAPP_CPUで実行しているタスクで実行し，確実に必要な処理レートを下回らないようにします．

● Arduino IDE使用時の対策

　EDP32をArduino IDEで使う場合，周期的な処理を実装するためのモジュールとしてTickerおよびハードウェア・タイマを使用するためのtimerで始まる関数が用意されています．

　このうち，前者のTickerモジュールはESP-IDFの高分解能タイマを用いて実装されています．従って常に正確な周期で処理をしたい場合には使用できません．

　timerで始まる関数はESP-IDFのtimer_系関数と同様の機能があります．使い方については，Arduino core for the ESP32のRepeatTimerサンプルに例が記

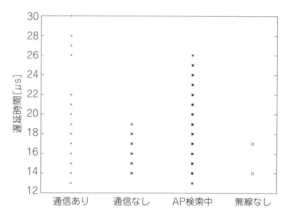

図7　APP側のCPUコアで優先度24にすれば高精度なタイマとして使える

載されています．Arduino coreで正確な周期で処理をしたい場合も，ESP-IDFの場合と同じようにハードウェア・タイマを使うことを検討した方がよいでしょう．

◆参考文献◆
(1) 高分解能タイマの仕様やAPIについて．
https://docs.espressif.com/projects/esp-idf/en/stable/api-reference/system/esp_timer.html
(2) ハードウェア・タイマのドキュメント．
https://docs.espressif.com/projects/esp-idf/en/stable/api-reference/peripherals/timer.html?highlight=Timer
(3) Espressif Inc, ESP32 Technical Reference Manual V2.3.
http://espressif.com/sites/default/files/documentation/esp32_technical_reference_manual_en.pdf
(4) Espressif Inc, ESP-IDF Programming Guide v3.3.
https://docs.espressif.com/projects/esp-idf/en/v3.3/

いだ・けんた

1200円のJTAGアダプタでGUIも使える

第5章 オープンソースの本格デバッグ環境を作る

石原 和典

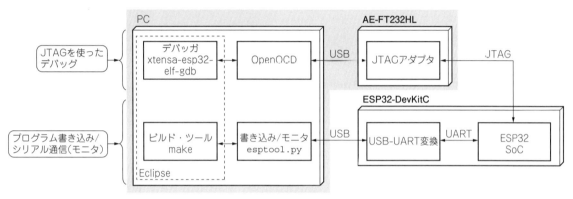

図1 複数のオープンソース・ツールを組み合わせてデバッグ環境を構築する

ESP32でプログラミングする際，どのようなデバッグ手法を思い浮かべるでしょうか．プログラムの中にprintfなどを埋め込み，見たい情報をシリアルなどに出力して確認する，いわゆる「printfデバッグ」が多く使われているのではないでしょうか．

この方法はもちろん有用ですが，扱うプログラムによっては，ブレーク・ポイントを仕掛けて止め，ステップ実行したり，変数の中身を確認したりといった，もっと効率の良いデバッグを行いたい場合もあると思います．本稿では，ESP32でも高機能なデバッグができるよう，統合開発環境であるEclipseにOpenOCDとJTAGを組み合わせた，プログラム開発環境を構築してみます．

JTAGとはマイコンのデバッグで使われる標準的なインターフェースです．ESP32に限らずさまざまなマイコンの開発で使われています．そのJTAGを開発環境やデバッグ・ツールから使いやすいようにサービスを提供するのがOpenOCDです．JTAGとも開発環境とも独立しているので，開発するマイコン（CPU）を切り替えたり，開発環境を切り替えたりすることもできます．

● システム全体の構成

今回のシステムは統合開発環境のEclipse以外に，

Linux上で使われるデバッガgdb，OpenOCD，JTAGといった要素で構成します（**図1**）．

システムの前提条件は次の通りです．

- PCのOS
  Windows 10 64ビット版
- 開発環境
  ESP-IDF 3.3
- マイコン・ボード
  ESP32-DevKitC（秋月電子通商など）
- JTAGアダプタ
  AE-FT232HL（秋月電子通商など）

公式のESP-IDFを使った開発環境をお使いでも，OpenOCDと，JTAG adapterを未導入の方が多いと思います．OpenOCDはビルド済みバイナリが提供されているので，PCのディスクに展開するだけで使えます．JTAGアダプタはAE-FT232HL（秋月電子通商）が利用可能なので，1,500円程度のハードウェアだけで実機のマイコンでプログラムを動かしながらデバッグする（オンチップ・デバッグ）環境構築が可能です．

gdbやOpenOCDはLinuxなどUnix系のOS用のデバッグ・ツールですが，今回はWindows 10で使いますので，Windows上で動くLinuxのシェル環境が必要になります．

現在，ESP-IDFのWindowsへのインストール方法

は安定版（stable）を使う方法と，最新版（latest）を使う方法の2種類があります．安定版ではMSYS2を使いLinuxのシェル環境を構築して，その上でGNU makeビルド・システムを使います．

最新版では，MSYS2環境が不要となっており，ESP-IDFをインストールするだけで，Windowsのコマンド・プロンプトの上でCMakeビルド・システムを使えるようになります．

最新版を使いたいところですが，Eclipseと組み合わせて使うことに対応していないため，本稿では安定版のESP-IDF 3.3を利用します．

環境構築手順1：
ESP-IDFのインストール

● ①：MSYS2のインストール

次のファイルをダウンロード注1し，C:¥msys2に展開します．

```
https://dl.espressif.com/dl/esp32_
win32_msys2_environment_and_
toolchain-20181001.zip
```

展開したら，C:¥msys2¥mingw32.exeを起動するとMSYS2シェルが開きます．これ以降，コマンドはMSYS2シェルで入力していきます．

● ②：ESP-IDFのインストール

下記の通り，MSYS2のシェルでコマンドを入力し，ESP-IDFをgit cloneします．

```
$ cd /opt⏎
$ git clone -b v3.3 --recursive
https://github.com/espressif/esp-
idf.git⏎
```

▶環境変数IDF_PATHの設定

以下の内容でテキスト・ファイルを作成します．

```
export IDF_PATH="C:/msys32/opt/esp-
idf"
```

これをC:/msys32/etc/profile.d/export_idf_path.shとして保存します．

設定した環境変数を読み込ませるため，MSYS2シェルを一度終了させ，再度開きます．

MSYS2が起動したら，次のコマンドを入力して，IDF_PATHが正しく設定されているかどうか確認します．

```
$ printenv IDF_PATH⏎
```

次の通り環境変数IDF_PATHの内容が表示されれば，正しく設定されています．

```
C:/msys32/opt/esp-idf
```

● ③：Pythonパッケージのインストール

次のコマンドで，Pythonのパッケージのうち，ESP-

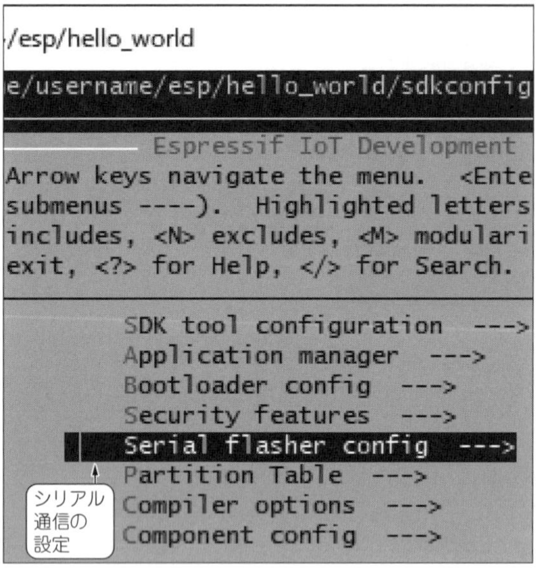

図2　キーボードの上下キーでカーソルを操作しSerial flasher configを選択する

IDFに必要なものをインストールします注2（PythonそのものはMSYS2に含まれている）．

```
$ python -m pip install --user -r
$IDF_PATH/requirements.txt⏎
```

● 動作を確かめる

サンプル・プロジェクトをビルドし，デバイスへ書き込みができるかどうか確認します．

PCとESP32をUSBケーブルで接続し，Windows上での仮想COMポートの番号を確認しておきます．

まず作業用にディレクトリを作成し，次のコマンドで，hello_worldプロジェクトを作業用ディレクトリにコピーします．

```
$ mkdir -p ~/esp⏎
$ cd ~/esp⏎
$ cp -r $IDF_PATH/examples/get-
started/hello_world .⏎
```

次のコマンドでプロジェクトの設定画面を起動します．

```
$ cd hello_world⏎
$ make menuconfig⏎
```

設定画面が起動したらシリアル・ポートの設定をします（**図2**）．Serial flasher configの中の一番上のDefault serial portを設定します．ESP32を接続している仮想COMポートを入力します（例えばCOM3など）（**図3**）．

注1：20190611版も存在するが，ESP-IDF 3.3のインストール，ビルドに失敗する．

注2：20181001のツール・チェーンでは既にインストールされているようです．

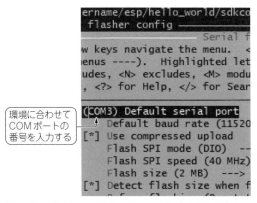

環境に合わせてCOMポートの番号を入力する

図3　使っているPCに合わせてCOMポートの設定をする

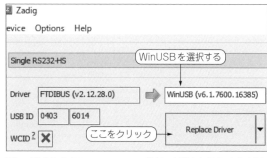

WinUSBを選択する

ここをクリック

図4　設定したらReplace Driverボタンを押すとドライバが入れ替わる

指定したら<Exit>を選んで設定画面を抜けます．最後に，下記のコマンドでビルドと，デバイスへの書き込みを行います．

```
$ make flash⏎
```

hello_worldプロジェクトのプログラムは，1秒おきにシリアルへログを出力し，10秒ごとにリセットするものです．下記コマンドでその様子を見ることができます．

```
$ make monitor⏎
```

環境構築手順2：OpenOCDのインストール

● JTAG接続ケーブルを作る

ここからJTAGのハードウェアの配線をします．ESP32と接続するJTAG基板として，FT232HLハイスピードUSBシリアル変換モジュール［AE-FT232HL］（秋月電子通商）を用います．この用途にはMPSSE（JTAG）機能が使えることが条件なので，ESP32のプログラム書き込みによく用いられているFT232RLは使用できません．

● ドライバ・インストール

FT232HLのドライバをインストールします．JTAG基板をPCのUSBポートに挿すと，最初は仮想COMポートとして認識されると思いますが，それではJTAGの機能が使えないので，ドライバを置き換える必要があります．

ドライバの置き換えは手動でやると面倒なのですが，置き換え専用の便利なアプリケーションが存在します．https://zadig.akeo.ie/からzadig-2.4.exeをダウンロードして使います．ダウンロードしたZadigを起動し，画面上部のメニューから「Options」→「List All Devices」を選択し，ON状態にします．

USBデバイス一覧（一番上のドロップダウン・リス

ト）から「Single RS232-HS」を選び，置き換え後のドライバに「WinUSB」を選択し，［Replace Driver］をクリックします（図4）．

ドライバを置き換えると，Windowsのデバイス マネージャーから見えていた仮想COMポートが消えて，ユニバーサル・シリアル・バス・コントローラーの下に，Single RS232-HSが現れます．

● デバッガ用JTAG基板とつなぐ

JTAG基板（AE-FT232HL）とESP32の配線は図5の通り5本の線をつなぎます．

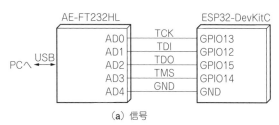

（a）信号

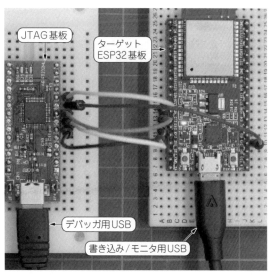

JTAG基板

ターゲットESP32基板

デバッガ用USB

書き込み／モニタ用USB

（b）実験

図5　デバッガ用JTAG基板とつなぐ

リスト1　正しく動くと以下のメッセージが表示される

```
$ bin/openocd -s share/openocd/scripts -f interface/ftdi/um232h.cfg -f board/esp-wroom-32.cfg⏎
Open On-Chip Debugger  v0.10.0-esp32-20190708 (2019-07-08-11:04)
Licensed under GNU GPL v2
For bug reports, read
        http://openocd.org/doc/doxygen/bugs.html
adapter speed: 20000 kHz
Info : Configured 2 cores
esp32 interrupt mask on
Info : Listening on port 6666 for tcl connections
Info : Listening on port 4444 for telnet connections
Info : ftdi: if you experience problems at higher adapter clocks, try the command "ftdi_tdo_sample_edge falling"
Info : clock speed 20000 kHz
Info : JTAG tap: esp32.cpu0 tap/device found: 0x120034e5 (mfg: 0x272 (Tensilica), part: 0x2003, ver: 0x1)
Info : JTAG tap: esp32.cpu1 tap/device found: 0x120034e5 (mfg: 0x272 (Tensilica), part: 0x2003, ver: 0x1)
```

リスト2　gdbのコンフィグ・ファイルgdbinitを用意する

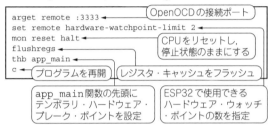

● OpenOCDのインストールと実行

OpenOCDはコンパイル済みのバイナリがあるため，インストール作業はzipファイルを展開するだけです．

```
https://github.com/espressif/
openocd-esp32/releases
```

から，openocd-esp32-win32-0.10.0-esp32-20190708.zipをダウンロードして，C:¥msys2¥opt¥openocd-esp32に展開します（このファイル・パスはWindows上のパス）．

make monitorを実行したMSYS2とは別のMSYS2シェルを開き，下記のコマンドを実行します．

```
$ cd /opt/openocd-esp32/⏎
$ bin/openocd -s share/openocd/
scripts -f interface/ftdi/um232h.
cfg -f board/esp-wroom-32.cfg⏎
```

正しく動くと，リスト1のようなメッセージが表示されます．

● コマンド・ラインでデバッガ（gdb）の動作確認

OpenOCDとJTAGおよび，ESP32の接続が正しく行われているか確認するため，gdbでブレークがかけられるか確認します．

ここからmake monitor，openocdとは別の，3つ目のMSYS2シェルを開いて作業します．

```
$ cd ~/esp/hello_world⏎
```

デバッガを起動するときに実行させる，幾つかのコマンドをコンフィグ・ファイルに記述しておきます．リスト2の内容でgdbinitというファイルを作成してください．

この中でflushregsというコマンドがあります．GDBは，CPUのレジスタの値をレジスタ・キャッシュに保持しています．CPUをリセットすると，CPU内部のレジスタは初期化されますが，デバッガが持つレジスタ・キャッシュには反映されません．flushregsコマンドの実行でレジスタ・キャッシュをフラッシュすることで，CPU内部のレジスタと同期させています．

次のコマンドを入力してgdbを起動します．

```
$ xtensa-esp32-elf-gdb -x gdbinit
build/hello-world.elf⏎
```

正しく動くと，esp32のプログラム実行にブレークがかかり，make monitorでモニタしているシリアル・ターミナルの出力が止まります．cコマンドで再開すると，シリアル・ターミナルの出力も再開します．

問題なく動けば，OpenOCDとgdbの動作確認は完了です．

次はオープンソースの統合開発環境Eclipseを使えるようにします．

環境構築手順3：統合開発環境でデバッグしてみる

Eclipseはオープンソース・ソフトウェアです．改変や配布が自由に行えるため，いろいろな派生バージョンがあります．今回は日本語環境などが整っているPleiades All in One Eclipseを使用します．次の場所からダウンロードできます．

```
https://mergedoc.osdn.jp/
```

使用するプログラミング言語に合わせて，複数のダウンロード・パッケージが用意されています．今回はCDTプラグインが必須ですので，筆者はC/C++版をインストールしました．Ultimate版でも動作すると思われます．

インストール方法は，ダウンロードしたファイルを

任意のフォルダで展開するだけです．ここでは
C:¥pleiadesに配置したものとして説明していき
ます．

　Eclipseでは開発するアプリケーションをプロジェク
トという単位で扱います．今回は，hello_worldと
いうプロジェクトを作り，デバッグの動作を確認します．

● デバッグするプログラムを読み出す

　C:¥pleiades¥eclipse¥eclipse.exeをダブ
ルクリックしてEclipseを起動し，以下の操作をします．
- 「ファイル」→「インポート」
- 「C/C++」→「Makefileプロジェクトとしての既存
コード」を選び，［次へ］
- 図6を参考に，既存コードのロケーションに，C:¥
msys32¥home¥username¥esp¥hello_
worldを入力（usernameは適宜お使いの環境に
合わせる）
- 「インデクサー設定のツールチェーン」は「Cross
GCC」を選択
- ［完了］ボタンをクリックする

● プロジェクトの設定をする

　「hello_world」プロジェクトを右クリックし，
プロパティを選択します．ここからプロジェクトの設
定をしていきます．
▶ C/C++ビルド
- デフォルト・ビルド・コマンドを使用のチェック・
ボックスをOFF
- ビルド・コマンドの欄に下記を入力

```
python ${IDF_PATH}/tools/windows/
eclipse_make.py
```

▶ C/C++ビルドの配下の環境
- 追加ボタンから名前：BATCH_BUILD値：1
- 追加ボタンから名前：IDF_PATH値：C:¥msys
32¥opt¥esp-idf
- PATHをダブルクリックし，既存の値を削除し，次
の通り入力

```
C:¥msys32¥mingw32¥bin;C:¥msys32¥
opt¥xtensa-esp32-elf¥bin;C:¥msys32¥
usr¥bin
```

▶ C/C++一般の配下のプリプロセッサに含めるパ
ス，マクロなど
- 「プロバイダー」タブをクリック
- 「CDT Cross GCC Built-in Compiler
Settings」を選択し，下に出てくる「Command
to get compiler specs」にxtensa-esp
32-elf-gcc ${FLAGS} -std=c++11 -E
-P -v -dD "${INPUTS}"を入力
- 「CDT GCC Build Output Parser」を選択し，

図6　既存コードのロケーション欄にコピーした
サンプルのhello_worldを設定する

下に出てくる「Compiler command pattern」
にxtensa-esp32-elf-(gcc|g\+\+|c\+
\+|cc|cpp|clang)を入力
▶ C/C++一般の配下のインデクサー
- プロジェクト固有の設定を可能にするのチェック・
ボックスをON
- インクルードの発見的解決を許可 のチェック・ボッ
クスをOFF
▶ C/C++ビルド振る舞いタブ
- 並列ビルドを使えるにするのチェック・ボックスを
ON
- 最適なジョブを使用するのラジオ・ボタンを選択
「適用して閉じる」ボタンを押してダイアログを閉
じる

● テスト・アプリケーションをビルドする

- メニューの「プロジェクト」→「プロジェクトのビルド」
または，
- プロジェクト・エクスプローラの「hello_world」
プロジェクトを右クリックして「プロジェクトのビ
ルド」
　手順通り正しくできていれば，ビルドが完了し，
ソース（hello_world_main.c）にエラーのマーク

図7　デバッグ構成ダイアログに必要な情報を入力していく

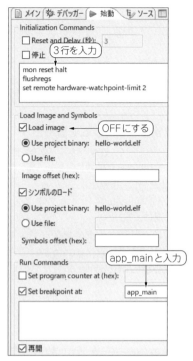

図9　始動時のコマンドやブレーク・ポイントの設定をする

図8　「デバッガー」タブを選んだら GDB Command とポート番号を入力する

が付いていない状態になります．ビルドの成果物は，build フォルダの下の hello-world.elf です．

● ESP32へ書き込む

プログラムの書き込みは，コマンドラインからだと make flash というコマンドを使います．もちろんこの操作も Eclipse 上からできます．

- プロジェクト・エクスプローラの「hello_world」プロジェクトを右クリックして「ターゲットをビルドする」→「作成」
- ターゲット名に flash を入力して［OK］

これで，プロジェクト配下にターゲットをビルドする→flash という項目が出来上がります．ダブルクリックすると，ESP32への書き込みが始まります．

● Eclipseを使ったデバッグの設定をする

Eclipse 上で次の通りに操作します．

- プロジェクトを右クリックして「デバッグ」→「デバッグの構成」
- 「GDB Hardware Debugging」を選択し，左上の［新規］ボタンをクリック
- 「メイン」タブをクリック（図7）
- C/C++アプリケーションに「build/hello_world.elf」
- 「自動ビルドを使用可能にする」選択
- 「デバッガー」タブを選択（図8）
- GDB Command に「xtensa-esp32-elf-gdb」を入力
- ポート番号に「3333」を入力
- 「始動」タブをクリック（図9）
- Initialization Commands の Reset and Delay と停止のチェック・ボックスをOFFにし，下のテキスト・ボックスに次の3行を入力

```
mon reset halt
flushregs
set remote hardware-watchpoint-
limit 2
```

- Load image チェック・ボックスをOFF
- Set breakpoint at: に「app_main」を入力
- 再開チェック・ボックスをON

Eclipse の設定は以上で終わりです．ここで「デバッグ」を押したいところですが，別の作業があります．

再開　ステップ・イン　ステップ・オーバー　ステップ・リターン

図10　EclipseではGUIボタンでステップ実行などを行う

OpenOCDが別途動いている必要がありますので，MSYS2のシェルでOpenOCDを動かします（先ほど動かしていたものを閉じていなければそのままで大丈夫）．

前述の通り，下記コマンドで起動できます．

```
$ cd /opt/openocd-esp32/⏎
$ bin/openocd -s share/openocd/
scripts -f interface/ftdi/um232h.
cfg -f board/esp-wroom-32.cfg⏎
```

もう1つMSYS2シェルを開き，次のコマンドを入力します．

```
make monitor⏎
```

これでシリアル通信をモニタして，デバッグ動作の様子が見られます．

Eclipseの操作に戻り，［デバッグ］ボタンを押すと，プログラムのapp_mainの行でブレークがかかることを確認できると思います．

ここまでくれば，ブレーク・ポイントを仕掛けたり，ステップ実行したり，変数の中身をのぞいたりできます．

● GUIでデバッグしてみる

Eclipseの画面上部にある［再開］ボタン（または［F8］キー）を押下するとプログラムの実行が再開されます（図10）．

▶プログラムを動かしたり止めたりする

行番号の左側をダブルクリックすると，ブレーク・ポイントが設定されます．ここではループ内のprintf（34行目）で止めてみたいので、34の左側をダブルクリックします（図11）．

再開ボタンを押して，プログラムを再開します．プログラムが34行目に差し掛かると，そこでブレーク（一時停止）します．

▶実行時の変数の中身を見てみる

この状態で，変数タブ内で変数の内容を確認することができます（図12）．

［ステップ・オーバー］ボタン（または［F6］キー）を押すと，プログラムの実行が1行ぶん進みます．

何回か押すと，変数iの値がカウント・ダウンされていくのが確認できます．

▶関数単位でステップ実行する

ステップ・インは関数の中に入っていきます．ステップ・リターンは関数から呼び出し元のプログラム本体へ制御が戻るまで実行します．

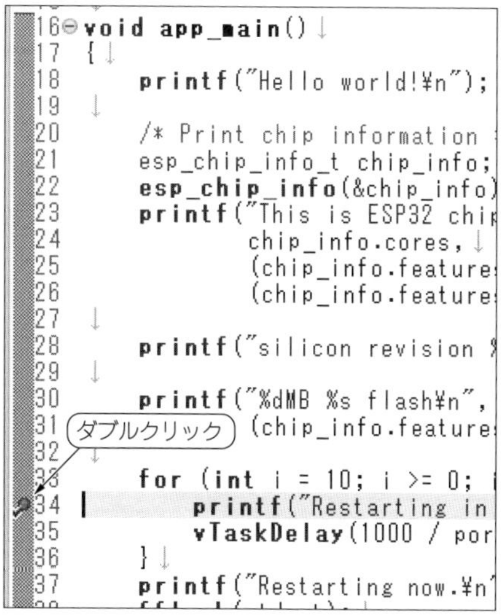

図11　プログラム・エディタでダブルクリックするとブレーク・ポイントを設定できる

図12　実行時に変数の中身をチェックできる

今回使ったサンプルのプログラムでは34行目でステップ・インするとprintf()関数の中に入っていこうとしますが，ソース・ファイルがないため，ソース・ファイル指定画面が表示されます．ソース・ファイルを指定しないままステップ・リターンすると，hello_world_main.cに戻ってきます．

ここまで見てきた、ブレーク・ポイントの設定、変数の内容の確認，ステップ・オーバー，ステップ・イン，ステップ・アウトで，デバッガの基本的な使い方ができると思います．

◆参考文献◆
(1) ESP-IDF Get Started.
https://docs.espressif.com/projects/esp-idf/en/stable/get started/index.html
(2) ESP-IDF JTAG Debugging.
https://docs.espressif.com/projects/esp-idf/en/stable/api-guides/jtag-debugging/index.html

いしはら・かずのり

低消費電力化のために

Appendix1

四つのスリープ・モード

長谷川 司

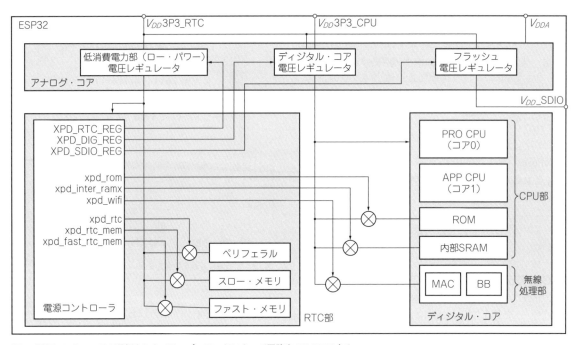

図1 電源コントローラが選択されたスリープ・モードによって回路をON/OFFする

表1 スリープ・モードごとの回路ブロックON/OFF状態

動作モード	RF	CPU	ULP	RTC	消費電流［A］	詳　細
Active	ON	ON	ON	ON	無線通信 状態に依存	RF部を含む全ての回路を起動した状態．下記のいずれのスリープ・モードからもActiveモードに直接遷移できる．Wi-Fi通信時の消費電流は平均で180〜240mA程度に達する．ピーク電流はさらに大きくなるので少なくとも500mA以上の給電能力が必要である
モデム・ スリープ	OFF	ON	ON	ON	20m〜68m	この状態ではCPUコアの消費電流が支配的となる．240MHzで動作するESP32の場合で最大68mA程度，動作クロック160MHzの場合は最大44mA程度となる．高速な処理を必要としないのであれば，動作クロックを下げる手もある
ライト・ スリープ	OFF	Pause	ON	ON	0.8m	CPUコアのクロックを停止して待機状態にしたもの．各種の割り込みによりCPUコアの動作を再開させることが可能．このモードの消費電流は約0.8mA
ディープ・ スリープ	OFF	OFF	ON	ON	10〜150 μ	CPUコアを含むディジタル・コア部全体の電源を停止したもの．この状態では基本的にCPUのメモリやレジスタは保存されない．一部のレジスタとRTCメモリだけが保持される．この状態では，ULP（Ultra low power）co-processerは動作可能
ハイバネー ション	OFF	OFF	OFF	ON	5 μ	RTC以外の全ての動作を停止したもの．この状態からはRTCタイマによる割り込みでだけ動作を再開できる．いずれのモードからもActiveモードに直接遷移できる．ESP32を使い電池で動作するような低電力な機器を作る場合はディープ・スリープ・モードまたはハイバネーション・モードを使うことが推奨されている
パワー・オフ	OFF	OFF	OFF	OFF	0.1 μ	外部から電源制御端子を操作し（CHIP_PU="L"），電源回路を停止した状態．RTCを含む全ての回路ブロックの動作は停止され，揮発性メモリの値は全て失われる

コラム　A-Dコンバータ使用時の消費電力を見る

長谷川 司

ESP32には，逐次比較型のA-Dコンバータ（Analog-to-digital convertor）が2つ内蔵されています．分解能は最大12ビットです．この2つのA-Dコンバータの接続先は切り替え可能になっており，外部に出てるパッド18個に対して接続先を選択することで18チャネルのA-Dコンバータとして使用できます．また，ESP32が内蔵するホール・センサの値を取得するのにも使われます．

ADC1はパッド8個とホール・センサを入力源として選択できます．また，A-Dコンバータへの入力をロー・ノイズ・アンプで増幅することも可能となっています．

ADC2はパッド10個に接続することが可能となっています．

このように，ADC1とADC2では機能が異なっていることには注意が必要です．サンプリングに用いるクロックは，RTCからとディジタル部から与えることが可能で，それぞれ，サンプリング速度は200kSpsと2MSpsになります．

● 実験結果

このA-Dコンバータの消費電流について，ESP32のデータシートに記載されていないようです．そこで，実測してみました．Arduino IDEを用いて**リストA**のスケッチをESP32で実行しました．ESP32でも，Arduino Unoなどと同じように`analogRead`関数でADC値を取得可能です．このスケッチでは，電源が投入され，イニシャライズが終了した後は，A-Dコンバータを約1秒間の連続測定する状態と，測定せずに約5秒間待つ状態を繰り返します．この2つの状態の電流波形を実測することでA-Dコンバータの消費電流を測定しました．消費電流の波形を**図A**に示します．この測定では，A-Dコンバータを連続動作させた場合の消費電流は約46.6mA，測定しない間は約40.2mAとなり，つまり，A-Dコンバータの消費電流はこの差をとって約6.4mAと実測されました．

連続測定をあまり必要としない温度センサなどの用途では，特に気にならないと思いますが，音，加速度，振動などのように連続測定を必要とする場合は，決して少なくない消費電流の増加となります．電池で動作させるときなど，電源に制約がある用途の場合は注意が必要です．

リストA　A-Dコンバータを使って定期的にアナログ値を取り込む

```
void setup() {
  Serial.begin(115200);
  delay(1000);
  Serial.println("Start!");
  delay(5000);
}

void loop() {

  while(1){
    for(int i=0;i<100000;i++)  analogRead(A17);
    delay(5000);
  }
}
```

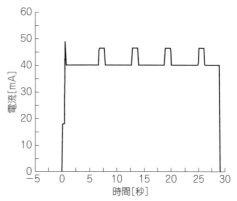

図A　A-Dコンバータの消費電流測定結果

ESP32はIoTなどの用途をターゲットとしているため，できるだけ低消費低電力で動作できるように設計されています．**図1**はESP32のデータシートから抜粋した電源コントローラのブロック図です．低消費電力部用の電圧生成部とCPUやメモリ用の電圧生成部が分離されており，無線部とCPUコア部とリアルタイム・クロック部の，それぞれの電源を制御できるようになっています．ESP32では4つのスリープ・モードを定義しており，**図1**の各ブロックをモードに応じて必要な部分だけ動かすことで，できるだけ低消費電力

でシステムを動作させることが可能になります．

ESP32の動作時，電源OFF時と各スリープ・モードの消費電流について，テクニカル・リファレンス・マニュアルの記載を整理したものが**表1**です．動作時の消費電流は，無線部が最も大きくなります．無線通信を行った場合，その平均消費電流は約300mAまで到達します（この値は平均値なので，瞬時値では，より大きくなることがあることに注意）．

はせがわ・つかさ

スマホでWi-Fi設定/ESP32同士の直接通信

Appendix2 Wi-Fi通信を行う際に知っておくと便利な技

らびやん

ESP32の特徴にWi-Fi機能があります．ここではアプリケーションでWi-Fi通信を行うときに知っておくと便利なテクニックを紹介します．

便利機能1：スマホで簡単Wi-Fi設定

Wi-Fiを使用する場合，アクセス・ポイントのSSIDとパスワードを設定する必要があります．しかし，マイコン応用機器はキーボードなどの入力装置を持たない場合が多く，それらの入力に手間のかかる場合もあると思います．

そこでスマートフォン用の，ESP32用Wi-Fi設定アプリケーションを利用すると，手軽に設定できます．

iOS用とAndroid用があり，ソースコードがGitHubで公開されています注1．本記事執筆時点では，iOS用はアプリ・ストアにEspressif公式アカウントで登録されていますが，Android用はEspressif公式アカウントでの登録がなく，第三者がビルドしたものが登録されています．

● 試してみる

リスト1にArduino IDE用のサンプル・コード（スケッチ）を示します．このプログラムをESP32に書き込んで起動すると，まず記憶済みのSSIDとパスワードで接続を試み，5秒間待機します．この記憶済みというのは，最後に起動した際に接続したアクセス・ポイントのデータのことで，ESP32のNVS領域に自動的に記憶されているものです．

5秒以内に接続できない場合は，ESP32のWi-Fiをアクセス・ポイント＋ステーション・モードに変更してSmartConfigを起動（WiFi.beginSmartConfigを呼ぶ）し，以後，設定が完了するまで受信待機します．

この状態で，スマートフォンのアプリにて，現在接続中のアクセス・ポイントのパスワードを入力して送

信を行うとESP32の設定が完了します．

このように，ESP32がアクセス・ポイントに接続できない場合にSmartConfigを起動するようにしておくと，アクセス・ポイント設定済みの場合は，特別な操作を必要とせず，通常動作へ移行でき，アクセス・ポイント未設定の場合は，SmartConfigの受信待機状態に移行できるので便利です．

ただしこの方法では，別のアクセス・ポイントへ接続先を変更したい場合でも，既に設定済みのアクセス・ポイントに接続しようとしまいます．それに対処するためには，例えばボタンを押しながら起動した場合にSmartConfigを起動するなど，必要に応じて実装方法を工夫してください．

便利機能2：ESP32同士の直接通信

ESP32（およびESP8266）同士での通信は，ESP-NOWというWi-Fiを用いた通信機能が利用できます(1)．

- Wi-Fi接続は不要で相手のMACアドレスを指定して送信する
- 相手のMACアドレスに全て0xFFを指定するとブロードキャスト（一斉配信）できる
- 電波が直接届く範囲のESP32に送信できる
- 1回の送信データ・サイズは最大250バイトまで
- 送信側で受信の成否判定ができる

Wi-Fiの接続状態を維持する必要がなく，消費電力を抑えた小規模な通信に向いています．基本的には一方向通信ですが，送信と受信の両方を実装することで相互通信も可能です．

● まずは通信を試してみる

受信側のMACアドレスを送信側のソースコードに直接記述する場合の例を示します．

リスト2に送信側のプログラムを，リスト3に受信側のプログラムを示します．

送信側は1秒ごとに1バイトのデータを送信します．

注1：iOS用：https://github.com/EspressifApp/
　　　EsptouchForIOS
　　　Android用：https://github.com/EspressifApp/
　　　EsptouchForAndroid

リスト1 スマートフォンでESP32のWi-Fi簡単設定するプログラム

```
#include <WiFi.h>

void setup(void) {
  Serial.begin(115200);
  WiFi.mode(WIFI_MODE_STA);
  WiFi.begin();
  Serial.println("WiFi begin.");

  // APと接続できるまで最大5秒待機
  for (int i = 0; i < 50; i++) {
    if (WiFi.status() == WL_CONNECTED) break;
    delay(100);
  }

  // 接続できない場合はSmartConfigを開始
  if (WiFi.status() != WL_CONNECTED) {
    WiFi.mode(WIFI_AP_STA);
    WiFi.beginSmartConfig();
    Serial.println("SmartConfig start.");

    while (WiFi.status() != WL_CONNECTED) {
      delay(100);
    }
    WiFi.mode(WIFI_MODE_STA);
    WiFi.stopSmartConfig();
  }

  // IPアドレスをシリアル出力
  Serial.println(String("IP:") + WiFi.localIP().toString());
}

void loop(void) {}
```

リスト2 ESP32間で独自規格通信するESP NOWの送信側プログラム

```
#include <esp_now.h>
#include <WiFi.h>

// 受信側のMACアドレス
// 全て0xFFとした場合はブロードキャスト送信となる
const uint8_t peer_addr[6] = { 0xFF,0xFF,0xFF,0xFF,
                               0xFF,0xFF };
esp_now_peer_info_t slave;
uint8_t data;

void OnDataSent(const uint8_t *mac, esp_now_send_
                                status_t status)
{ // 送信時のコールバック関数で受信の成否判定が可能
  Serial.printf("Send to : %02x:%02x:%02x:%02x:%02x:
                  %02x ",mac[0], mac[1], mac[2],
                  mac[3], mac[4], mac[5]);
  Serial.println(status == ESP_NOW_SEND_SUCCESS ?
                            "Success" : "Fail");
}

void setup(void) {
  Serial.begin(115200);
  memset(&slave, 0, sizeof(slave));
  memcpy(slave.peer_addr, peer_addr, 6);

  WiFi.mode(WIFI_STA);
  WiFi.disconnect();
  esp_now_init();
  esp_now_register_send_cb(OnDataSent);
  esp_now_add_peer((const esp_now_peer_info_t*)
                                      &slave);
}

void loop(void) {
  esp_now_send((const uint8_t*)slave.peer_addr,
                            &data, sizeof(data));
  data++;
  delay(1000);
}
```

● 公式のサンプルで始める

　次に，GitHubにあるArduino-ESP32の公式リポジトリのexamplesに用意されているサンプル・プログラムを例に解説します[2]．

1. 受信側でWi-Fiを特徴的なSSIDを付与してアクセス・ポイント・モードで起動する
2. 送信側でWi-Fiスキャンを行い，受信側のアクセス・ポイントを見つける
3. 見つけたアクセス・ポイントのBSSIDを元に，受信側のアクセス・ポイントのMACアドレスを取得する
4. 以後，送信側はそのMACアドレスにデータを送信する

　上記のexamplesの手順では，受信側をアクセス・ポイント・モードのままにし，いつでも送信側から見つけられるようにしています．

● 相互通信を試せる

　最初の設定時だけアクセス・ポイント・モードを利用し，MACアドレスが取得できたらステーション・

リスト3 ESP32間独自通信ESP NOWの受信側プログラム

```
#include <esp_now.h>
#include <WiFi.h>

void OnDataRecv(const uint8_t *mac, const uint8_t
                              *data, int data_len)
{ // 受信時のコールバック関数で受信したデータを取得可能
  Serial.printf("Recv from:%02x:%02x:%02x:%02x
      :%02x  Data:%d\r\n",mac[0], mac[1], mac[2],
                  mac[3], mac[4], mac[5], *data);
}

void setup(void) {
  Serial.begin(115200);
  WiFi.mode(WIFI_STA);
  WiFi.disconnect();
  uint8_t mac[8];
  esp_base_mac_addr_get(mac);
  // 自身のMACアドレスを表示
  Serial.printf("my mac addr: 0x%02x,0x%02x,0x%02x,
      0x%02x,0x%02x,0x%02x\r\n", mac[0], mac[1],
              mac[2], mac[3], mac[4], mac[5]);
  esp_now_init();
  esp_now_register_recv_cb(OnDataRecv);
}
void loop(void) { taskYIELD(); }
```

リスト4　通信速度は遅いが低遅延な通信ができる

```
#include <esp_now.h>
#include <WiFi.h>

const char *ESPNOW_SSID = "ESPNOW_AP";
esp_now_peer_info_t slave;
bool slaveFound = 0;
uint8_t data;

void setSlave(const uint8_t* mac)
{ // 引数のMACアドレスを通信相手として設定する
  Serial.printf("setSlave:%02x:%02x:%02x:%02x:%02x:%0
          2x \r\n", mac[0], mac[1], mac[2], mac[3],
                                  mac[4], mac[5]);

  memset(&slave, 0, sizeof(slave));
  for (int i = 0; i < 6; i++ ) { slave.peer_addr[i] =
                                  mac[i]; }
  slaveFound = 1;
  if (!esp_now_is_peer_exist(slave.peer_addr)) {
    esp_now_add_peer(&slave);
  }
  WiFi.mode(WIFI_STA);
  WiFi.disconnect();
}

void OnDataSent(const uint8_t *mac, esp_now_send_
                                  status_t status)
{ // 送信時のコールバック関数で受信の成否判定が可能
  Serial.printf("Send to :
      %02x:%02x:%02x:%02x:%02x:%02x  ",mac[0], mac[1],
                        mac[2], mac[3], mac[4], mac[5]);
  Serial.println(status == ESP_NOW_SEND_SUCCESS ?
                                  "Success" : "Fail");
}

void OnDataRecv(const uint8_t *mac, const uint8_t
                                  *data, int data_len)
{ // 受信時のコールバック関数で受信したデータを取得可能
  Serial.printf("Recv from:%02x:%02x:%02x:%02x:%02x:%
    02x  Data:%d\r\n",mac[0], mac[1], mac[2], mac[3],
                        mac[4], mac[5], *data);

// 通信相手が未設定なら送信元を通信相手に設定
  if (!slaveFound) { setSlave(mac); }
}

void setup(void)
{
  Serial.begin(115200);

  WiFi.mode(WIFI_AP_STA);
            // 自身のMACアドレスを知らせるためAPモードを併用
  WiFi.softAP(ESPNOW_SSID, "DUMMY_PASSWORD");
  WiFi.disconnect();
  esp_now_init();
  esp_now_register_recv_cb(OnDataRecv);
  esp_now_register_send_cb(OnDataSent);
}

void loop(void)
{
  if (!slaveFound) { // 通信相手が未設定なら探す
    int8_t scanResults = WiFi.scanNetworks();
    for (int i = 0; i < scanResults; i++) {
      if (WiFi.SSID(i).indexOf(ESPNOW_SSID) != 0)
                                          continue;
      uint8_t mac[6];
      if (6 == sscanf(WiFi.BSSIDstr(i).c_str(),
          "%x:%x:%x:%x:%x:%x%c",  &mac[0], &mac[1],
          &mac[2], &mac[3], &mac[4], &mac[5] ) ) {
        mac[5]--;
            // MACアドレス末尾を1減らしてSTAモードのアドレスを求める
        setSlave(mac);
      }
      break;
    }
    WiFi.scanDelete();
  }

  if (slaveFound) {
    esp_now_send(slave.peer_addr,&data, sizeof(data));
    data++;
  }
  delay(1000);
}
```

モードに変更したい場合，次のような手順になります．

1. 受信側でWi-Fiを特徴的なSSIDを付与してAP_STAモード（アクセス・ポイント＋ステーション・モード）を起動する
2. 送信側でWi-Fiスキャンを行い，受信側のAPを見つける
3. 見つけたアクセス・ポイントのBSSIDを元に，受信側のアクセス・ポイントのMACアドレスを取得する（このとき，MACアドレス末尾の値から1引き，ステーションのMACアドレスを求める）
4. 以後，送信側はそのMACアドレスにデータを送信する
5. 受信側はデータ受信に成功した際にステーション・モードに変更する

手順の3番目でMACアドレスを求める際に，BSSIDから得たMACアドレスは受信側がアクセス・ポイント・モードを終了すると使用できなくなります．

ステーションとアクセス・ポイントのMACアド

スは連番になっているので，末尾の値から1引くことでステーション・モードのMACアドレスを求めます．

また，相互にデータの送受信を行いたい場合は，手順の3番および5番で相手が見つかった時点でステーション・モードへ変更できます．

上記の手順で送受信を実装したソースコードの例を**リスト4**に示します．

送信側・受信側の区別なく，2個のESP32で動作させることで相互通信が行われます．

◆参考文献◆
(1) ESP NOW,
    https://docs.espressif.com/projects/esp-idf/en/latest/esp32/api-reference/network/esp_now.html
(2) ESP NOWの公式リポジトリ,
    https://github.com/espressif/arduino-esp32/tree/master/libraries/ESP32/examples/ESPNow/Basic

らびやん

得意技いろいろ

第1章 ESP32ボード百科

宮田 賢一（コラム 井田 健太）

ESP32を搭載するマイコンが，格安のノーブランド品から著名なオープンソース・ハードウェア・メーカによるものまで，世界中でどんどん増えています（写真1，表1）.

ESP32ボードの主なタイプ

ボードの形態によって以下のように分類しています.

▶その1：省電力・省スペースの追求なら単体モジュール

ESP32モジュールに，実際に使用する回路だけを加えて使うタイプです．最小限の回路を自作することができるので，省電力・省スペースを図ることができます.

▶その2：プロトタイプ作成，回路の実験なら開発ボード

ESP32を使ったプロトタイプを作るのに適している形態です．この形態の特徴は以下の通りです.

- ESP32のファームウェア書き込み用USB-シリアル・インターフェースをボード上に標準搭載
- ESP32のペリフェラル（GPIO，A-Dコンバータ，I²C，SPIなど）にアクセスするためのピンが外部に出ている
- ブレッドボードで扱いやすいよう，2.54mmピッチのピン・ヘッダ，ピン・ソケット用端子が付いている
- 外付けデバイスを簡単に接続するためのインターフェースを備えているものもある（Grove, Qwiicなど）

またオールインワン型のマイコンであれば，ソフトウェア作成に集中できるので，マイコンを使った応用アプリケーションの開発に集中したい場合に最適です.

▶その3：既存マイコンの使いどころを拡大するなら通信機能アドオン

ESP32を使って，無線機能を持たないマイコン・ボードに簡単にWi-Fi/BLE機能を追加できるため，既存マイコンの応用の幅が広がります．特にインターネットに接続できるようになると，IoTデバイスとして活用できるようになります.

章末に各ボードをまとめた表を掲載しています.

写真1 ESP32搭載ボードは種類が豊富（国内販売ぶん）

表1 ESP32ボードや提供メーカはいろいろある

番号	製品名	メーカ
1	ESP32-DevKitC	Espressif
2	ESP32-WROVER-B	Espressif
3	ESPrDeveloper 32	スイッチサイエンス
4	NodeMCU-32S	NodeMCU
5	HUZZAH32	Adafruit
6	ESP32 Thing PlusS	parkfun
7	Lolin ESP32 OLED	dotstduio
8	Neonious one	wemos
9	NefryBT	Olimex
10	ESP32-PIKO-Kit	Espressif
11	ESP32-POE-ISO	Neonious GmbH
12	ESPr One 32	スイッチサイエンス
13	IoT Express MkII	CQ出版社
14	GR-LYCHEE	ルネサス エレクトロニクス
15	Metro M4 Express AirLift	Adafruit
16	Sipeed Maixduino	Sipeed
17	Obniz	Cambrian Robotics
18	Moddable Two	Moddable
19	PyPortal	Adafruit
20	ESP-WROVER-Kit-VB	Epsressif
21	AirLift	Adafruit

なおマイコンの選択基準は原則として以下としました.

- 国内で購入できること
- 搭載しているモジュールが，国内で使用するため必要な技術適合認証（技適）を取得していることが確認できたもの

ユニバーサル/ブレークアウト・タイプ

向いているモジュール
- ESP32-WROOM-32（D）
- ESP32-WROVER-B

写真2　1.27mmピッチ基板にESP32を載せられるが下部が少しずれるので注意

　ESP32の省電力性と省スペース性を追求するならESP32モジュール単体での使用が適しています．フラッシュ・メモリやPSRAMの容量の違いによって，いろいろなモジュールが販売されています．その中でも特にこの2種類のモジュールが入手しやすく価格も手ごろです．ファームウェア（プログラム）の書き込みには別途USB-シリアル変換ボードなどが必要ですが，一度ファームウェアを書き込んでおけば，必要最低限の回路構成として電源だけつなげば動作します．

　モジュールのピン・ピッチは1.27mmのため，モジュール単体だけで回路を組む場合は1.27mmピッチの基板を用意する必要があります．写真2は1.27mmピッチ・ユニバーサル基板（秋月電子通商）にESP32-WROOM-32Dモジュールを載せてみたところです．両サイドのピンはモジュールと基板でぴったり合うのですが，下部は半ピッチ分くらいずれるので，はんだ付けの際に工夫が必要です．

　面倒な場合は2.54mmピッチのユニバーサル基板やブレッド・ボードに取り付けられるようにしたブレークアウト基板があるのでそちらを使うとよいでしょう．

　ブレークアウト基板の例を写真3と表2に示します．

　表2の「⑨ESP32-DevKitC専用プロトタイプ基板」は開発ボードESP32-DevKitCと組み合わせて使う基板です．写真4はピン・ソケットが上向きに搭載されているESP32-DevKitC-Fにプロトタイプ基板を組み合わせてみたところです．ぴったり合わさることが分かります．

　形状以外の注意点として，モジュール単体使用の場合には技適表示の確認があります．現在はいずれのモジュールも技適を取得していますが，モジュール上への表示がなく国内での使用がグレーなものが

表2　ブレークアウト基板の説明

ボード名	特　徴	参考価格[円]
①ESP-WROOM-32ピッチコンパクト注1	全ピン引き出している最小クラスのブレークアウト基板．必要最低限の回路を作るのに最適	286
②ESP32SAdapter Board注1	ほぼノーブランド品だが非常に安価．ESP32のリセットとファームウェア書き込み時に使うスイッチ回路付属	45
③ESP-WROOM-32ピッチ変換基板ロング注1	ブレッドボード対応．ESP32の全ピンを引き出している	260
④E32-Bread Plus注1	ブレッドボード対応．引き出し部分は300mil幅．リセットとプログラム書き込みモード切り替え回路パターン搭載のためブレッドボードでの作成不要	690
⑤ESP-WROOM-32用2.54mmピッチ変換基板注1	ブレッドボード対応．引き出し部分が細身（300mil）のため，ブレッドボードに挿したときに余裕がある	240
⑥フリスク基板 forESP-WROOM-32注1	フリスクのケースにぴったりはまる	346
⑦ミンティア基板 for ESP-WROOM-32 with micro USB注1	ミンティアのケースにぴったりはまる．Micro-USB端子が付属する（付属しないモデルもあり）	387
⑧変換基板 ESP32-WROVER-D38注2	ESP32-WROVER-B用のブレークアウト基板はこれ以外に見かけない	198
⑨ESP32-DevKitC専用プロトタイプ基板注3	ESP32-DevKitCと同じサイズの基板に自由に回路を作れる	346

注1：対応モジュールはESP32-WROOM-32系
注2：対応モジュールはESP32-WROVER系
注3：ESP32-DevKitC専用

写真3　ESP32ブレークアウト基板

あります．国内の店舗や通販サイトで購入する場合はほぼ問題ありませんが，海外の通販サイトで購入する場合は商品説明に技適の有無が明記されているか確認するか，販売者に問い合わせるなどしてください．

また，外部アンテナ・モデルも要注意です．技適はモジュールとアンテナをペアで取得するものですので，認証されたものと同じアンテナを使う必要があります．特段の理由がない限り，アンテナ同梱型のモジュールを使うのが無難でしょう．

写真4　ESP32-DevKitC専用プロトタイプ基板と実装例．ESP32-DevKitCとぴったり組み合わせられる

ケース入り M5Stack

向いているボード
- M5Stack シリーズ
- M5Camera（販売終了）

M5Stack シリーズは，ESP32 モジュールの周りに，320×240 の TFT カラー LCD，プッシュ・ボタン，スピーカ，microSD カード・スロット，150mAh バッテリを収めたオールインワン型のマイコン・キットです（写真5）．Stack という名前の通り，拡張モジュールをブロックのように積み重ねることで，容易に機能拡張ができるようになっています（写真6）．

また M5Camera は ESP32 が組み込まれたスマート・カメラです（写真7）．ESP32 の Wi-Fi 機能を使って，カメラで撮影中の動画を Wi-Fi 経由でストリーミング配信できます．もちろん ESP32 としての機能もそのまま使えるので，例えば M5Camera で撮影しながらリアルタイムで顔を検出するといったことも可能です（写真8）．M5Camera は 2022 年 11 月現在，販売終了になってしまいましたが，ESP32 にカメラを搭載した製品としては Timer Camera などが入手可能です．

写真6　M5Stack のモジュール（左上：メイン・モジュール，右上：大容量バッテリ，左下：プロトタイピング・モジュール，右下：標準バッテリ＋下蓋モジュール）

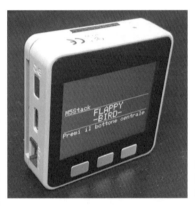
写真5
M5Stack Gray
本体

写真7　M5Camera の全面．レゴブロックと組み合わせられるようになっている

写真8
Arduino 用動画取り込みサンプルを実行しているところ

拡張向きタイプ

向いているボード
- IoT Express Mk II（Arduino）
- M5Stack（Grove対応）
- Nefry BT（Grove対応）

マイコン・ボードの開発ベンダの中には，自社の
マイコン・ボードと拡張ボードとを容易に接続でき
るように，ピン配置や基板形状を独自に定義してい
るものがあります．そのような規格としてESP32
ボードが対応しているものは以下です．

▶ Arduinoフォームファクタ

基板形状とピン・ソケットの配置にArduino Uno
と互換性を持たせてあり，Arduino Uno用の拡張
ボード（シールドとも呼ぶ）を組み合わせられるも
のです．

ESP32系としてはIoT Express MkIIがあります
（**写真9**）．形状だけではなく，いずれもピン配置が
Arduino Uno互換となるよう考慮されているため，
Arduino Uno用の拡張ボードやアプリケーション
がそのまま使える可能性があります．

I²CやSPIといった拡張ボードでよく使われるピ
ンはESP32の当該機能を提供するピンに割り当て
られています．

ただし完全な互換ではないので，例えばGPIOや
アナログ機能を使うアプリケーションの場合に，電
圧の違いなどに気をつけてください．

写真10はArduino Uno用のTFT LCDをIoT
Express MkIIに載せてみた実例です．

▶ Adafruit Feather Wingフォームファクタ

Adafruit Feather WingはAdafruit社のFeather
ボード（マイコン本体）の拡張ボード規格（**写真11**）
です．Arduino Unoの場合と同じように，Feather
ボードにFeather Wing対応ボードを積み重ねるこ
とができます．

写真9　Arduino Uno, IoT Express MkII

写真10　ESP32搭載のボードIot Express MkIIにArduino Uno用のTFT LCDを付けた

Feather互換のESP32ボードがHUZZAH32です．
Feather Wing用のピン・ソケットを取り付けるこ
とで，他のFeather Wingボードを積み重ねて利用
できるようになります（**写真12**）．

写真11　対応ボードが4枚刺せる

写真12　ベース・ボード（下段）にリアルタイム・クロック（中段），7セグLED（上段）を積み上げて時計を作成

拡張向きタイプ（つづき）

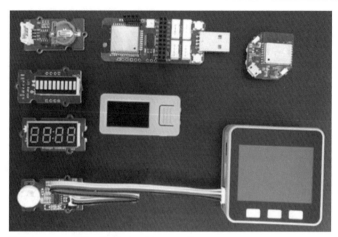

写真13　Grove規格に対応したモジュールが色々ある

▶ Grove コネクタ

　Grove は信号線2本と電源2本の4ピン・コネクタです（**写真13**）．I²Cだけではなく，汎用的にディジタル信号やアナログ信号を扱えます．複数のデバイスを接続する場合はコントローラとなるホスト・ボードに並列に接続します．

　ESP32では，Nefry BTとM5StackシリーズがGroveコネクタに対応しています．またESP32以外にもGrove対応のマイコン・ボードが市販されているため，同じGroveデバイスを複数のマイコンから相互利用可能です．

マイコン・プログラミング不要タイプ

向いているボード
- Obniz

Obnizボードはひと言で言うとインターネットから制御できるIoTマイコンです（**写真14**）．Obnizボード内部で動作している独自OSが，インターネットからObnizボードにつながっているデバイスを制御するための仕掛け（API）を提供しています．つまり開発者は任意のプログラミング言語とObnizが提供するAPIを使ってプログラミングできるということです．ESP32自身のプログラムを書き込む必要がありません．手慣れた開発環境でIoT制御の開発をしたい場合に最適でしょう．

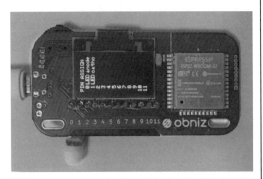

写真14　ObnizにLEDをつないでインターネットからLチカ実行

安価タイプ

向いているボード
- Lolin ESP32 OLED
- その他中国製ノーブランドのボード

安さを追求するならノーブランドのESP32搭載開発ボードがあります（**写真15**）．AmazonやAliExpress，Banggoodといった通販サイトでESP32を検索すると，非常に安価なESP32開発ボードがヒットすることでしょう．ただし安価な代わりに取扱説明書の類は一切付属していなかったり，不良品だった場合の取り扱いも不明瞭だったりするので，既にESP32の開発経験があるか，インターネットの情報を元に自分でトラブル・シューティングできる人向けです．

写真15　OLEDディスプレイ付きのLolin ESP32の互換品

PoEタイプ

向いているボード
- ESP32-PoE (-ISO)

Power over Ethernet（PoE）を使うとLANケーブルで電源と通信を併用できます．またPOEの規格上，100mまでLANケーブルを引き回せることもあって，電源確保が困難な場所であってもIoTデバイスの設置を容易にできます．

ESP32でPoEに対応したボードがOlimex ESP32-PoE (-ISO)（**写真16**）です．ネットワーク機能という観点では有線LANと無線（Wi-Fi，Bluetooth/BLE）通信の両方が使えると見なせます．そのため，無線LANと有線LAN間のルータや，Bluetooth/BLEと有線LANとのゲートウェイとしての活用が考えられます．

写真16
Ethernetケーブルだけで給電できる

ディスプレイ・タイプ

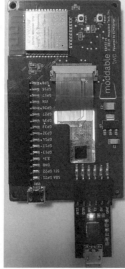

写真17　ESP32へのファームウェア書き込みは外付けのモジュールから行う

向いているボード
- M5Stack
- Moddable Two
- Adafruit PyPortal

ネットワークに接続できるESP32とディスプレイを組み合わせるとスマート・ディスプレイやディジタル・サイネージを作れます(**写真17**). 天気情報を取得できるOpenWeatherという公開APIと連携して地元限定の天気予報を常時表示したり, Twitter APIと連携して気になるキーワードに関係するツイートをリアルタイムで流し続けたりといった使い方が考えられます.

ディスプレイが組み込まれているESP32マイコンの代表がM5Stackです. M5Stackの魅力については項を改めて紹介します.

タッチ対応で表示が美しいIPS液晶を持つModdable Twoであれば, ちょっと高級感のあるスマート・ディスプレイを作れそうです. また公式の開発言語がJavaScriptというインターネットAPI連携との親和性が高い言語が使えますので, 特に開発効率の高さが特徴になると思います.

PyPortalはESP32を通信機能を提供する専用モジュールとして利用している例です(**写真18**). PyPortalのメイン・マイコンはATSAMD51J20(Cortex-M4Fコア)であり, 公式開発言語は

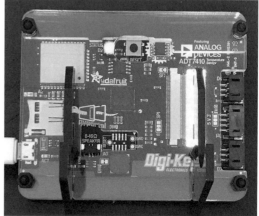

写真18　専用スタンド(別売)を使ってみたところ

CircuitPythonです. とかく面倒な通信関係の処理を全てESP32にお任せして, 本当に作りたい機能やユーザ・インターフェースの設計・開発だけをCircuitPythonで行うことができます. なおCircuitPythonはAdafruit社の製品向けにカスタマイズされたMicroPython処理系のため, PyPortalとの親和性が高く, 必要なライブラリを探して回る手間が省けるのがありがたいです.

画像処理/機械学習キット

向いているボード
- GR-LYCHEE
- Sipeed Maixduino

　この用途では，高性能のLSIや専用にカスタマイズされた超高速なチップにメインの処理を任せて，ESP32には通信専用の処理をさせるのがよいでしょう．このようなコンセプトに従っているのが，MaixduinoやGR-LYCHEEです（**写真19**）．これらのボードはいずれも高度な画像処理を行うことを目指しており，LCDとカメラ接続用のインターフェースをボード上に備えています．

　GR-LYCHEEはクロック周波数384MHzのRZ/A1LU（Arm Cortex-A9コア）と3Mバイトの内蔵RAMを持つため，OpenCVによる画像処理を可能とする高性能マイコン・ボードです．

　一方，Maixduinoは64ビットのデュアルコアRISC-Vプロセッサにニューラル・ネットワーク処理プロセッサKendryte K210を追加したAI特化型マイコンです．

　いずれもESP32は通信用のモジュールとして使われており，メイン・プロセッサは本来の画像処理などにリソースを集中できます．

写真19　通信用にESP32を使っているマイコン・ボード（メイン・チップはESP32以外）

無線モジュールとして使いやすいタイプ

向いているボード
- Adafruit AirLift（独自インターフェース）
- Adafruit AirLift Shield（Arduino基板互換）
- WIFI BLE CLICK（Mikro Click Board互換）
- Pmod ESP32（Digilent Pmod互換）

　ESP32をWi-FiやBLEの無線通信機能の提供に特化させたアドオン・ボードもあります．これらのボードでは，ESP32の工場出荷時に通信機能のプログラムが書き込まれており，SPIやUARTで接続して通信用のAPIを呼び出すだけで，既存のマイコンで通信ができるようになります（**写真20**）．開発者は面倒な通信処理の作り込みをせずに，本当に作りたいプログラムの開発に集中できます．

　独自のインターフェース，Arduino Uno互換のフォームファクタ，Click Board互換，Pmod互換のそれぞれが市販されているので，手持ちの環境に合わせて選択するとよいでしょう．

**写真20
小型ESP32ボードの例**

（a）Adafruit AirLift．SPIで
　　既存マイコンと接続する

（b）Arduino nanoにAdafruit AirLiftをつないだところ

小型開発ボードESP32-PICO-Kit

ESP32 SoC，フラッシュ・メモリ，水晶発振器などをパッケージ化したSiP（System in Package）であるESP32PICO-D4を搭載した，小型の公式開発ボードです（**写真21**）．ESP32-DevKitCの横幅を2列ぶん抑えたボードであり，ブレッドボードでのプロト開発がより楽に行えると思います（**写真22**）．

写真22　ESP32-PICO-Kitとの比較．左はArduino Nano，右はESP32-DevKitC

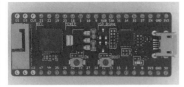

写真21
ESP32-PICO-Kit

Arduino公式，Arduino Nano 33 IoT

Arduino公式からも，u-blox NINA W102を無線機能のコプロセッサとして搭載するArduino Nano 33 IoTがリリースされています（**写真23**）．NINA W102の実体はESP32ですが，Espressif公式のESP32-WROOM32モジュールと比べるとその小ささが際立っており（**写真24**），Arduino Nanoの小さなフォームファクタにぴったりです．マイコン・ボードとしては本物のArduinoですので，Arduino環境での開発を安心して行うことができます．

写真23　Arduino Nano 33 IoT

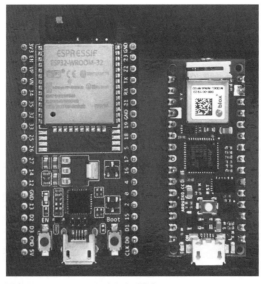

写真24　NINA W102の小ささが際立つ

世界のESP32マイコン・ボード

　日本の技適を取得していなかったり，モジュール自体は技適を取得しているものの，モジュールやボードに技適マークの表示がなく，国内で使用できないボードの中から，特徴のあるものを紹介します．

　海外で販売されているボードに関する注意点として

ESP32には電源投入時から物理的にWi-FiおよびBluetoothを無効にする機能がないため，ここで紹介するボードは通電してのテストは行っていません．技適（技術適合証明）の取れていないモジュールを使用することは法律で禁じられています．

Node.js互換 Neonious one [ドイツ]

　ドイツのマイコン・メーカneonious社が開発したマイコン・ボード（**写真25**）です．開発環境はマイコン向けNode.js（low.js）で，JavaScriptでの開発が可能です．ボード上にはESP32-WROVERとLPC822（NXPセミコンダクターズ）を搭載し，ESP32はJavaScript（low.js）の処理，LPC822はGPIOやADCなどのI/O処理を担当しています．また，ボード上のフラッシュ・メモリを4Mバイトから12Mバイトのチップに換装する方法を公式サイトで案内している珍しいボードでもあります．Node.jsとして使うためには多くのJavaScriptパッケージをインストールするための格納領域が必要であるため，背に腹は変えられないということかもしれません．ESP32-WROVERはモジュールとして技適が取得されて

いますが，ボード上のモジュールにもボード上にも技適マークがありません．

写真25　neonious one

ボード一覧表

　表3に示すのはESP32単体モジュールの一覧です．
　表4に示すのはファームウェア書き込み用USB-シリアル・インターフェースを備えた開発ボードです．

　表5に示すのはESP32ではなくESP8266を搭載したモジュールおよび開発ボードです．
　表6はESP32を何らかの機能追加のためにボード上に搭載している，ESP32以外のマイコン・ボードの一覧です．

みやた・けんいち

表5　ESP8266搭載マイコン・ボード一覧

ボード名	概　要	モジュール	サイズ [mm]	参考価格 [円]
ESP8266-DevKitC-02D-F	ESP-WROOM-02D を搭載した公式開発ボード	ESP-WROOM-02D	25.4 × 44.9	1,160
ESP8266-DevKitC-02U-F	ESP8266-DevKitC-02D-Fのアンテナを外部アンテナにしたモデル	ESP-WROOM-02U	25.4 × 44.9	1,160
ESP-WROOM-02 開発ボード	ベーシックな開発キット．USB-シリアル変換チップを搭載し，すぐに開発が可能	ESP-WROOM-02	−	1,280
ESPr developer	ベーシックな開発キット．コンパクトな基板にUSBシリアル変換チップを搭載	ESP-WROOM-02	26.8 × 37.5	1,980
ESPr One	Arduino Unoフォームファクタに ESP-WROOM-02 を搭載	ESP-WROOM-02	68.6 × 53.4	3,035
Moddable One	Moddable SDK が動く ESP8266搭載マイコン・ボード．IPS LCDを搭載しGUIプログラミングが容易．技適×	ESP-12S	48 × 77	($24.99)
Moddable Three	Moddable SDK が動く ESP8266搭載マイコン・ボード．2.13インチのePaperを搭載．技適×	ESP8266MOD	34 × 77	($23.99)

表3　ESP32単体モジュール一覧

#	ボード名	特　徴	メモリ注1	サイズ[mm]	参考価格[円]
1	ESP32-WROOM-32	ESP32モジュール単体. フラッシュ・メモリ4Mバイト搭載	4/0	18 × 25.5	550
2	ESP32-WROOM-32E	ESP32-WROOM-32内蔵チップが小型化. 仕様の変更はなし	4/0	18 × 25.5	815
3	ESP32-WROOM-32E (8MB)	ESP32-WROOM-32Eのフラッシュ・メモリ8Mバイト版	8/0	18 × 25.5	479
4	ESP32-WROOM-32E (16MB)	ESP32-WROOM-32Eのフラッシュ・メモリ16Mバイト版	16/0	18 × 25.5	522
5	ESP32-WROOM-32U	ESP32-WROOM-32のアンテナを外部アンテナ化した モデル	4/0	18 × 25.5	457
6	ESP32-WROOM-32U (8MB)	ESP32-WROOM-32Uのフラッシュ・メモリ8Mバイト版	8/0	18 × 25.5	634
7	ESP32-WROOM-32U (16MB)	ESP32-WROOM-32Uのフラッシュ・メモリ16Mバイト版	16/0	18 × 25.5	674
8	ESP32-WROVER	メインRAMとして使えるPSRAMを64Mバイト搭載. 大規模プログラム向き	4/8	18 × 31.4	650
8	ESP32-WROVER-B	ESP32-WROVERの内蔵チップを小サイズ化. 国内での入手が容易	4/8	18 × 31.4	653
9	ESP32-WROVER-B (8MB)	ESP32-WROVER-Bのフラッシュ・メモリ8Mバイト版	8/8	18 × 31.4	709
10	ESP32-WROVER-IB	ESP32-WROVER-Bのアンテナを外部アンテナ化した モデル	4/8	18 × 31.4	699
11	ESP32-SOLO-1	シングル・コア版ESP32	4/0	18 × 25.5	528
12	NINA-W101	産業用アプリケーション向け. 外部アンテナ・モデル. 技適の表示なし	4/0	10 × 10.6	1,030
13	NINA-W102	産業用アプリケーション向け. 内部アンテナ・モデル. 技適の表示なし	4/0	10 × 10.6	1,095

注1：フラッシュ・メモリ容量/PSRAM容量［Mバイト］

表6　通信機能追加のためにESP32を搭載するマイコン・ボード（CPUを別途搭載しておりそちらがメイン）

ボード名	概　要	メイン・マイコン	用　途	サイズ[mm]	参考価格[円]
GR-Lychee	カメラと無線を搭載したIoTプロトタイピング・ボード. 付属カメラとOpenCVを使ってコンピュータ・ビジョンの実験も可能	RZ/A1LU	Wi-Fi, BLE	53.3 × 68.6	10,665
Sipeed Maixduino	RISC-VデュアルコアCPUとニューラルネット・プロセッサを備えたAI開発ボード	Sipeed M1	Wi-Fi, BLE	54 × 69 （実測）	8,590
Adafruit AirLift Feather Wing	CircuitPython対応のFeatherフォームファクタ・マイコン・ボード	ATSAMD51	Wi-Fi	23.0 × 50.0	2,356
AirLift	他のマイコンにWi-Fi機能を追加するためのアドオン専用ボード. マイコンとはSPIを通してコマンドやデータの送受信を行う	無し	Wi-Fi	33.0 × 31.8	1,811
Adafruit AirLift Shield	Arduino用シールド. microSDカード・スロットも備える	無し	Wi-Fi	53.4 × 68.6	3,014
PyPortal	CircuitPythonで制御するインターネット・ディスプレイ	ATSAMD51J20	Wi-Fi	64.3 × 88.3	11,066
Pmod ESP32	Pmodコネクタに対応. Renesas Synergy Platformでサポートされる. スタンドアローンでの使用も可能	無し	Wi-Fi, BLE	20.3 × 50.8	5,353
Arduino MKR WIFI 1010	Wi-Fiに接続できるArduino. NINA-W102モジュール搭載	ATSAMD21	Wi-Fi	25.0 × 61.5	6,600
Arduino MKR VIDOR 4000	FPGAを搭載したArduino. NINA-W102モジュール搭載注1	ATSAMD21	Wi-Fi, BLE	25 × 83	12,600
Arduino Nano33 IoT	Wi-FiとBLEが使えるArduino. NINA-W102モジュール搭載注1	ATSAMD21 G18A	Wi-Fi, BLE	18 × 45 （推定）	4,932
WA-MIKAN	GR-CITRUS用のWi-Fi機能アドオン・ボード（GR-KURUMI, Arduino ProMini基板でも動作可）	GR-CITRUS	Wi-Fi	20 × 50 （実測）	650
WiFi ESP click	Clickボード互換のESP8266アドオン・ボード	無し	Wi-Fi	25.4 × 42.9	2,731

注1：技適表示なし

表4　ESP32搭載マイコン・ボード一覧

ボード名	特徴や内蔵デバイスと技適対応	サイズ [mm]	参考価格 [円]
ESP32-DevKitC-32E	Espressis社公式開発ボード．ESP32-DevKitCの内蔵チップを5mm角版に変更．外部仕様は変わらず．技適○	27.9 × 54.4	1,600
ESP32-DevKitC-VE	ESP32-DevKitCのメインRAMを8Mバイト強化．大規模プログラムの実行には必須．技適○	27.9 × 54.4	1,600
ESP32-DevKitC-S1	シングル・コアの開発キット．技適△（対応のはずだが表示なし）	27.9 × 54.4	1,450
ESP32-PIKO-Kit	最小クラスのボード・サイズ．技適△	20.3 × 52.0	1,249
ESP32-LyraT	オーディオ処理に特化した開発向けボード．PSRAM 8Mバイト，LED，オーディオ・コーデック機能，マイク×2，バッテリ，micro SDカード・スロットなどを持つ．技適△	80.6 × 95.5	2,900
ESP32-LyraTD-DSPG	スマート・スピーカ作成用ボード．PSRAM 8Mバイト，LED，音声処理プロセッサ，オーディオ・コーデック機能，マイクなどを持つ．技適○	85 × 65（メイン）直径90(サブ)	6,960
ESP32-LyraTD-MSC	ノイズ・リダクションとノイズ・キャンセリングのためのマイク・アレイと発話認識のためのDSPを搭載した高機能スマート・スピーカ作成向き．PSRAM 8Mバイト，LED，DSPチップ，マイク，バッテリなどを持つ．microSD対応．技適○	90 × 90	8,700
ESP32-ETHERNET-KIT-VE	基板上にイーサネット・コネクタを持ちイーサネットとWi-Fiを相互接続できる．Power over Ethernetにも対応．PSRAM 8Mバイト搭載．技適○	－	9,135
M5Stack Basic	LCD，スピーカ，バッテリ，microSDカード・スロット，Groveコネクタなどをパッケージ化した超小型オールインワン・マイコン	54 × 54 × 17	6,800
M5Stack Fire	16Mバイトのフラッシュ・メモリ，4MバイトのPSRAMを持つハイエンドM5Stack	54 × 54 × 21	7,950
M5StickC Plus	ウェアラブルM5Stack．省パッケージながらLCDとセンサを備えM5Stackの基本構成を踏襲．LED，LCD，6軸センサ，Groveコネクタを搭載	48 × 26 × 14	4,200
Moddable Two	Moddable SDKが動く公式マイコン・ボード．IPS LCDを搭載しGUIプログラミングが容易．技適○	47 × 81	($29.99)
Nefry BT	そのままPCのUSB-Aポートに挿せる．Groveコネクタを4個も持ち，気軽にESP32で実験できる．技適○	27 × 66（基板）	4,980
IoT Express MkII	トランジスタ技術誌の誌面を参考にしながら実験が可能．LED，microSDカード・スロット搭載．技適○	68.6 × 53.4	2,780
Obniz	Obniz OSによりインターネットを介したインタラクティブな制御が可能．LCD，モータ・ドライバ搭載．技適○	74.5 × 36.3	6,090
NodeMCU-32S	Lua言語のインタプリタを公式ファームウェアとする開発キット（ファームウェアは自力でインストールする）．通常通りArduinoIDEやESP-IDFでのプログラミングも可能．技適○	26 × 48（実測）	1,280
Neonious one	内蔵のIDEとNode.jsで開発する．PSRAM 8Mバイト，LED，イーサネット・コネクタ搭載	27 × 58	($100)
ESP32-POE	Power over Ethernetで給電できる．UEXT，バッテリ，microSDカード・スロット搭載．技適○	28 × 75	3,261
ESP32-POE-ISO	Power over Ethernetで給電できる．イーサネットとUSBの電源回路が分離されているタイプ．UEXT，バッテリ搭載．技適○	28 × 100	4,534
ESP32-GATEWAY	イーサネット用のRJ45コネクタを搭載し，無線LANと有線LANのゲートウェイを構築することが可能．LED，UEXT，microSDカード・スロット搭載．技適○	50 × 62	3,080
ESP32-EVB	CAN，赤外線送受信，リレーを搭載するIoT制御向け開発ボード．他にイーサネット(RJ45)，UEXT，CAN，赤外線モジュール，バッテリ，microSDカード・スロット搭載．技適○	75 × 75	3,624
EVK-NINA-W101	NINA-W101の開発キット．技適△	－	15,805
EVK-NINA-W102	NINA-W102の開発キット．技適△	－	14,355
WiPy 3.0	MicroPythonを内蔵する最小クラスの基本ボード．フラッシュ・メモリ8Mバイト搭載．技適×	42 × 20	3,116
LoPy 4.0	Wi-Fi，BLEにさらにLoRa，Sigfoxもサポートするハイエンドボード．フラッシュ・メモリ8Mバイト搭載．技適×	55 × 20	5,394

コラム **新しいESP32系SoC「ESP32-S3」登場**　　　　　　　　　井田 健太

　Espressif社 は2020年12月31日に，ESP32-S3を
リリースしました．このESP32-S3は，従来のESP
32と幾つか異なる点があります．主な変更点を**表A**
に示します．

● CPU周りの変更点

▶コアがLX6からLX7に変更

　ESP32はXtensa LX6のコアを2つ搭載していま
したが，ESP32-S3はXtensa LX7のコアを2つ搭載
しています．
最大動作周波数は240MHzと変化はありません．

▶40ビットMAC命令の記載がない

　Xtensa LX6とXtensa LX7は，あまり大きな違
いはなさそうですが，ESP32には記載されていた
40ビットMAC命令がESP32-S3では記載されてい
ません．ESP32-S3で使っているLX7の構成では40
ビットMAC命令を使えない可能性があります．

▶128ビットSIMD命令が追加されデータバスが
　128ビットに

　特筆すべきなのは，ESP32-S3では新たに128ビッ
ト SIMD命令が追加されており，同時にCPUとメ
モリ間のデータバスも128ビット幅に拡張されたよ
うです．SIMD命令を有効活用すると，メモリの
ロードストアや演算処理を高速化できます．

　ESP32でもJTAGによるデバッグ機能がありまし
たが，ESP32-S3では16Kバイトのトレース・メモ
リを内蔵しており，CPUでのイベントをトレース
できるようです．

表A　新しいESP32-S3と従来のESP32との違い

項　目		ESP32-S3	ESP32-S2	ESP32
CPU	アーキテクチャ	Xtensa LX7	Xtensa LX7	Xtensa LX6
	コア数	2	1	2
	最大周波数 [MHz]	240	240	240
	トレース・メモリ [Kバイト]	16	16	0
	演算命令	32ビット乗算/除算, 128ビット SIMD	32ビット乗算/除算	32ビット乗算/除算, 40ビットMAC演算
ROM	容量 [Kバイト]	384	128	448
RAM	容量 [Kバイト]	512	320	520
外部メモリ IF		SPI, QSPI, OSPI	SPI, QSPI, OSPI	SPI, QSPI
パッケージ内 メモリ	フラッシュ	最大 8Mバイト (QSPI)	−	−
	PSRAM	最大 8Mバイト (OSPI)	−	−
GPIO	ピン数 [本]	45	43	34
ADC	12ビット ADCハードウェア数	2	2	1
	ADCチャネル数 (マルチプレクサ経由)	20	20	18
タッチ・センサ	対応I/Oピン数 [本]	14	14	10
I²S	チャネル数	2	1	2
SPI	チャネル数	4	4	4
	データ線数	1, 2, 4, 8	1, 2, 4, 8	1, 2, 4
	データ・サンプル・タイミング	SDR, DDR	SDR, DDR	SDR
	LCD対応チャネル	1	1	0
USB	USB フル・スピード OTG	1	1	0
	USBシリアル/JTAG	1	0	0
Security	OTP (Total) [ビット]	4096	4096	1024
	OTP (User) [ビット]	1792	1792	768
RMT※1	チャネル数	4	4	8
LED PWM	チャネル数	8	4	8
無線機能	Wi-Fi	あり	あり	あり
	Bluetooth	5.0 LE	−	4.2 BR/EDR, LE

※：赤外線リモコン送受信

● メモリ周りの変更点

ESP32-S3の内蔵メモリは, ESP32と比較して ROM, RAMともに若干容量が減っていますが, ROMそのものはユーザが内容を変更できるものではないので影響はないでしょう. RAMも8Kバイト減っていますが, SRAMのブロック構成がESP32と比較して柔軟になっており, 実質的にユーザが利用可能なメモリはあまり変わらないと思われます.

外部メモリとしては, ESP32と同様, 外付けフラッシュ・メモリとSRAMをサポートしています. また, 従来からサポートしているデータ線数が1本, 2本, 4本 (QSPI) のメモリとの通信方式に加えて, データ線数8本 (OSPI) をサポートしています.

加えて, 1クロックあたり2回のデータ転送を行うDDR方式での通信を行うこともできます. ただし, SDR動作の場合はクロック上限が80MHzなのに対し, DDR動作の場合はクロックの上限が40MHzまでと半減しますので, 実質的なデータレートはどちらでも変わりません.

OSPI接続による外部メモリのデータレートの向上により, ネックになりやすかった命令メモリの読み出し速度の向上が期待できます.

● 無線通信の変更点

▶ Wi-Fi通信

ESP32-S3はESP32と同じようにWi-Fiによる通信をサポートしています.

無線LANの機能の変更点としては, 新たにIEEE 802.11mc FTMによりパケットの通信時間を正確に測定する機能がサポートされています. この機能を使うと, 通信対象のデバイスとの距離を測定できるようになるため, 今後ESP-IDFに距離測定用の機能が実装されるのではないかと思われます.

▶ Bluetooth通信

ESP32-S3はESP32と異なり, Bluetooth 5.0 LE をサポートしています. ESP32ではBluetooth 4.2 LEに加えてBR/EDR (いわゆるClassic Bluetooth) をサポートしていましたが, ESP32-S3はLE (Low Energy) のみサポートします.

ただし, ESP32のLE機能に加えて, Bluetooth 5.0で追加された高データレートの物理層 (2.0Mbps PHY) や, データレートは下がるものの前方誤り訂正符号を用いて通信距離を延ばすCoded PHYをサポートしています.

● 周辺回路の変更点

▶ 機能が拡張されている周辺回路

GPIOとして使えるピンの本数は, 従来34本だったのが, 43本に増加しています. また, タッチ・センサとして使えるピン数も10本から14本に向上しています.

SPIのチャネル数は従来どおり4チャネルですが, 前述のとおり一部のチャネルで8線式のSPI通信 (OSPI) やDDR方式での通信機能が追加されています.

また, DMAによる転送との違いは現時点では不明ですが, SPIモジュールにLCDコントローラとの通信機能が追加されているようです.

ADCのハードウェアは1つから2つに増えています. また, マルチプレクサにより最大20チャネルのADC入力をサポートします.

▶ 機能が縮小されている周辺回路

赤外線リモコン用の信号を送受信するためのRMTモジュールは, ESP32では最大8チャネルの信号を送受信できましたが, ESP32-S3では4チャネルに削減されています.

ただし, 赤外線信号のキャリアの変調信号を除去する復調機能や, 受信FIFOの半分が使用された時点での割り込みの送出機能といった機能の追加やバグ修正が行われています.

▶ USB OTG (On-The-Go) 機能

USB Full Speeedまでの通信速度でUSBペリフェラルまたはUSBホスト機能 (OTG) をサポートするUSBモジュールが追加されています.

▶ USBシリアル/JTAG機能

前述のUSB OTG機能とは別に, 専用のUSB機能として, USBシリアル/JTAG機能が追加されています. この機能により, ESP32-S3と開発用のマシンを外部のUSBシリアル変換ICを用いずに直接USBで接続可能になります. 接続したPCからは, USBシリアル変換機能として見えるため, 外付けのUSBシリアル変換ICを用いる場合と同じ使い勝手となります.

また, 特筆すべきなのが, USB JTAG機能です. ESP32でも外部のJTAGアダプタを特定のピンに接続すればJTAG経由でのデバッグを行えましたが, ESP32-S3では, USBでPCと接続するだけで, USB経由でソフトウェアのデバッグを行うことが可能です. なお, 同様の機能はESP32-C3にも搭載されています.

コラム　新しいESP32系SoC「ESP32-S3」登場（つづき）

● 大幅に強化されたULPコプロセッサ

従来のESP32には，ULP（Ultra Low Power）コプロセッサが搭載されており，メインCPUがディープ・スリープ中で動作していない間もセンサのデータ取得といった処理をULP行い，必要に応じてメインCPUを起こすことができました．

ただし，ESP32のULPはEspressif独自のCPUコアとなっており，C言語のコンパイラがないため，実行したい処理をアセンブリ言語で記述する必要がありました．また，非常に限られた命令しか持たず，実現したい処理に対する命令数の効率もあまり良くありませんでした．

一方，ESP32-S3のULPコプロセッサはCPUコアがRISC-Vプロセッサ（RV32IMC）に変更されています注1．このため，gccなどの一般的なCコンパイラを用いて処理を記述できる可能性が高いです．仮にアセンブリ言語で記述する必要があったとしても，素直なRISC命令なので，従来のULPコアと比較して書きやすいはずです．また，RV32IMCの命令セットを扱えるようになったため，命令効率が向上しているようです．

データシートにULPプロセッサを使ってセンサからの値の読み取りを行った場合の消費電力が記載されています．CPUコアの規模が大きくなったため，ULPプロセッサ動作時の消費電流は150μAから220μAに増加しています．一方，センサからの値の読み取り処理を行った場合の平均消費電流は100μAから7μAに大幅に減少しています．これは，まともなRV32IMCのまともなCPUコアになったことにより処理時間が大幅に短くなったため，ULPプロセッサを動かす時間が短くなったからと

思われます．

現時点ではESP32-S3のULPコプロセッサの最大動作周波数は不明ですが，ESP32のULPがRTCモジュール用の内蔵8MHz発振器で動作しており，ESP32-S3もRTCモジュール用の発振器の構成が変わっていないことから，最大8MHzとなるのではないかと思います．

低消費電力用のコプロセッサとしての役割以外にも，軽い演算処理をオフロードするためのコプロセッサとして使うことも期待できます．

注1：RISC-VプロセッサはInterface誌2019年12月号の特集で詳しく解説しています．

◆参考文献◆
(1) ESP32-S3 Datasheet v1.4.
https://www.espressif.com/sites/default/files/documentation/esp32-s3_datasheet_en.pdf
(2) ESP32-S3 Technical Reference Manual.
https://www.espressif.com/sites/default/files/documentation/esp32-s3_technical_reference_manual_en.pdf
(3) ESP32-S2 Datasheet V1.4.
https://www.espressif.com/sites/default/files/documentation/esp32-s2_datasheet_en.pdf
(4) ESP32 Datasheet V4.0.
https://www.espressif.com/sites/default/files/documentation/esp32_datasheet_en.pdf
(5) ESP32 Technical Reference Manual V4.7.
https://www.espressif.com/sites/default/files/documentation/esp32_technical_reference_manual_en.pdf
(6) Announcing ESP32-S3 for AIoT Applications.
https://www.espressif.com/en/news/ESP32_S3
(7) Tensilica Xtensa LX7 Processor.
https://ip.cadence.com/uploads/1099/TIP_PB_Xtensa_lx7_FINAL-pdf

便利なライブラリが公開されている

第2章 ESP32ライブラリ百科

宮田 賢一

ESP32で使えるライブラリは，公式のものや，有志によって作られたものを含めると，いまや非常に多数のものがあり，目的に合ったものを見つけ出すのもひと苦労です．そこで欲しいライブラリを探す足がかりとなるよう，最もよく使われるであろう，以下の2種類の開発環境用ライブラリを紹介します．

- （1）Arduino開発環境用ライブラリ（表1）
- （2）純正ESP-IDF開発環境用ライブラリ（表2）

Arduinoにしても ESP-IDF にしても，表を眺めてみると思いもよらないライブラリを発見し，新たなアイデアが湧いてくることもあるかもしれません．読者

の皆様の開発の参考になれば幸いです．

● その1：Arduino開発環境用ライブラリ

Arduino IDEのライブラリ・マネージャには，Arduino公式が用意したものだけではなく，ハードウェア・ベンダが提供する自社デバイス向けのデバイス・ドライバや，個人開発者が作成したユーティリティ・ソフトも登録されています．ユーザはこのリポジトリから必要なライブラリを読み出して，自分のプロジェクトに取り込むことができます．使いたいライブラリが決まっていれば，この仕組みはとても便利で

表1　Arduino IDE の ESP32 対応ライブラリ

カテゴリ	名　称	説　明	作　者
クラウド・サービス連携	Adafruit IOArduino	Adafruit ESP8266，ESP32，M0 WINC1500，WICED，MKR1000，イーサネット，またはFONAハードウェアを使って，Adafruit IOにアクセスするためのArduinoライブラリ	Adafruit
	esp8266-google-home-notifier	Google翻訳サービスを利用してESP8266/32からGoogle Homeに通知を送信する．esp8266-google-ttsが必要	horihiro
	esp8266-google-tts	Google翻訳サービスを使用して，ESP8266/32で音声mp3へのリンクを生成する	
	Espalexa	ESP8266およびESP32で動作する，Alexa音声アシスタントでESPモジュールを制御するライブラリ	Christian Schwinne
	FauxmoESP	ESP8266およびESP32でAmazon Alexaを使うためのライブラリ	Xose Perez
	IFTTTWebhook	IFTTTウェブ・フックをトリガし，最大3つの値を送信する．Arduino Stringライブラリを使用しない	John Romkey
	IoTtweetESP32	IoTtweet.comにデータを送信するためのIoT向けライブラリ	Isaranu Janthong
	iSYNC	iSYNC IoTクラウド・プラットフォーム向けIoTライブラリ．Arduino Ethernet，ESP32，ESP8266をサポートする	Sonthaya Boonchan
	KickstarterStats	キックスターターの統計情報を取得するライブラリ（ESP8266/ESP32およびその他をサポート）	Brian Lough
	mDash	IoTバックエンドであるmdash.netを介したESP32のリモート・コントロールとOTA機能を提供する．ESP32でMQTT，デバイス・シャドウ，OTA，ファイル・システムなどが利用可能となる	Cesanta Software Limited
	ThingSpeak	クラウド内のライブ・データ・ストリームを集約，視覚化，および分析する，IoTプラットフォーム・サービスThingSpeak用ライブラリ	MathWorks
	TindieApi	DIY通販サービスTindie APIをラップするライブラリ（ESP8266/ESP32およびその他をサポート）	Brian Lough
	TridentTD_Linenotify	LINE Nofity用ライブラリ	TridentTD
	TwitchApi	Twitch APIをラップするライブラリ（ESP8266/ESP32およびその他をサポート）	Brian Lough
	ThingSpeak_asukiaaa	クラウド・サービスThingSpeakに情報を送信するためのライブラリ	Asuki Kono
	THiNX32	THiNXクラウドに接続するためのライブラリ．ユーザへの問い合わせ無しのアップデート，コールバック，強制アップデートを行うことができる	MatejSychra
	WifiLocation	Googleマップ・ジオロケーションAPIの呼び出しを実装し，周囲のWi-Fiネットワークの情報から現在地を取得する．使用にはGoogleマップのAPIキーが必要．https://developers.google.com/maps/documentation/geolocation/intro を参照して，独自のキー取得方法を確認する	German Martin

表1　Arduino IDE の ESP32 対応ライブラリ（つづき）

カテゴリ	名　称	説　明	作　者
IoT 開発	Cloudchip IoT	ESP8266，ESP32 デバイス用の Cloudchip_v2 IoT プラットフォームに接続するためのライブラリ	Narsimulu Cinasi
	ESP Logger	IoT プロジェクト向けのデータ収集ライブラリ．ローカル・ストレージでのロギングでは必ずしも十分ではないため，ネットワーク上にデータを送信する機能もある	Fabiano Riccardi
	FirebaseESP32 Client	ESP32 用の Firebase 用ライブラリ．リアルタイム・データベースの読み取り，保存，更新，削除，バックアップ，および復元の機能を提供する	Mobizt
	Homeyduino	イーサネットまたは Wi-Fi 接続を使用して，ホームオートメーションシステム Homeyduino の Homey アプリと通信し，簡単に Homey とプロジェクトを接続できる．Homeyduino は，全てのスタンダードな Arduino ボード，ESP8266 と ESP32 ベースのボードと互換性がある	Athom B.V.
	KONNEKTING Device Library	Arduino を搭載したホームオートメーション・システム KNX デバイスを作成するライブラリ．UART 経由で接続された KNX トランシーバが必要	Alexander Christian
	Module Interface	Arduino および同様のデバイスからのデータ・ロギングの設定，及び実行するためのオープンソース・システム．データベースとマイコンの間で値を交換するモジュールを簡単に作成する	Fred Larsen
	The IoT Guru integration	リアルタイム・チャート，デバイス・カタログ，バックアップ，バッテリとオフライン・アラート，MQTT ブローカ，HTTP REST，データ・ストア機能などを提供する	The IoT Guru
	thinger.io	IoT デバイスにセンサなどを接続して使用するオープンソース・プラットフォーム・ライブラリ．ESP8266，ESP32，Arduino Ethernet，Arduino Wi-Fi などのデバイスで動作する	Alvaro Luis Busta mante
	ThingerCore32	手元の IoT デバイスをリモート・センサに接続できる．このライブラリは，Thinger Core32 デバイスの基本ファームウェアです	Alvaro Luis Bustamante
	webthing-arduino	Mozilla の Web of Things(WoT) API を処理するシンプルなサーバ．ESP8266，ESP32，および WiFi101 ボード用	Mozilla IoT
スマホ開発	Blinker	スマートフォン・アプリケーション Blinker と連携できるよう，スマホとの通信機能を簡単に追加する．Arduino，ESP8266，ESP32 などのデバイスに対応する．通信は Wi-Fi，BLE をサポートしている	i3water
	Blynk	短時間でスマホ・アプリケーションを構築できるライブラリ．Wi-Fi，BLE，Bluetooth，イーサネット，GSM，USB，シリアル通信に対応する．ESP8266，ESP32，Arduino UNO/Nano/Due/Mega/Zero などのマイコン・ボードで動作する	Volodymyr
	Blynk For Chinese	数分でスマートフォン・アプリケーションを構築できる．Wi-Fi，BLE，Bluetooth，イーサネット，GSM，USB，シリアル通信に対応する．ESP8266，ESP32，Arduino UNO/Nano/Due/Mega/Zero，Raspberry Pi，Intel Edison/Gallileo，BBC micro:bit などで動作する	
	DabbleESP32	Dabble アプリは，スマートフォンを仮想 I/O デバイスに変換し，内蔵の Bluetooth（BLE）または evive を使用して ESP32 ボードなどと通信する．アプリは，センサ（加速度計，GPS，マイクなど），カメラなどのスマートフォンの機能へのアクセスを提供するモジュールで構成され，ハードウェア制御やユーザ・インターフェースなどを提供する	STEMpedia

（a）IoT 関係

す．しかし，欲しいライブラリがあるかどうかが分からない場合は，いろいろなキーワードであれこれ検索することとなり意外と大変です．しかもほぼ全ての情報が英語なので，専門用語の英単語を知らないと欲しい情報にたどりつけないということもよくあります．

そこで Arduino 公式リポジトリから ESP32 というキーワードにマッチするライブラリを抽出し，日本語化してみたのが**表1**です．

ライブラリの取得は半自動で行っています．Arduino サイトから全ライブラリの情報が JSON 形式で格納されているファイルを取得し[注1]，キーワード「ESP32」にマッチするものを，Azure Translator Text API を使って一括自動翻訳した後，自然な日本語となるように手動で修正しています．Arduino の分類に従ってカテゴリ分けしていますので，利用用途をとっかかりとして探してみるとよいでしょう．

注1：http://downloads.arduino.cc/libraries/
　　　library_index.json

● その2：純正 ESP-IDF 開発環境用ライブラリ

ESP-IDF（Espressif IoT Development Framework）は，ESP32 の開発元である Espressif 社が ESP32 向けに提供しているライブラリです．**表2**は ESP-IDF の API リファレンスから抽出したものです．Arduino では対応していないような ESP32 の機能でも，ESP-IDF を使うと C 言語や C++ 言語を使ってプログラミングすることができるので，ESP32 を最大限に活用するには ESP-IDF が必須となります．ESP-IDF は基本的にコマンドラインから使うもので，以前は ESP32 用のツールチェイン（コンパイラやリンカ）をセットアップしたり，コンパイル時に使う Python の環境を整えたり，プログラム編集用のエディタを用意したりといった事前準備が必要でした．しかし今では Visual Studio Code 用のプラグイン・ツールもありますので，GUI での開発も可能となっています．

みやた・けんいち

カテゴリ	名　称	説　明	作　者
Wi-Fi	AutoConnect	ESP8266の無線LAN接続設定用ウェブ・インターフェースを実装するライブラリ．ハードコードされたSSIDとパスワードなしで，ESP8266/ESP32でアクセス・ポイントに接続するための設定を動的に行う．ウェブ・インターフェース・スケッチを作成できる	Hieromon Ikasamo
	ConfigManager	ESP8266及びESP32用Wi-Fi接続用ライブラリ	Nick Wiersma
	Esp32Wifi Manager	ESP32から別のESP32をWi-Fi経由で制御するためのライブラリ	Kevin Harrington
	IotWebConf	アクセス・ポイント・モードで起動し，Wi-Fi接続やその他のユーザ設定を入力するための設定ポータルを提供する．設定はEEPROMに保存される．Wi-Fi接続が確立された後も，設定ポータルは引き続き使用できる．Wi-Fi Managerの代替手段として使用できる	Balazs Kelemen
	PersWiFiManager	いつでもネットワークの変更を可能にする，ESP8266の非ブロッキング，無線LANマネージャ	Ryan Downing
	WiFiConnect	OLEDディスプレイに情報を表示しながらWi-Fi設定をするためのマネージャ	Stuart Blair
Bluetooth/BLE/LoRa	ESP32 BLE Arduino	ESP32用BLE関数	Neil Kolban
	LoRaNow	LoRa技術を使用したノード／ゲートウェイ通信を理解しやすくするオープンソース通信プロトコル．次のデバイスをサポートする（RFM95＋Arduino／ESP）	Luiz Henrique Cassettari

（b）無線通信関係

カテゴリ	名　称	説　明	作　者
通信プロトコル	AllWize	無線モジュールRC1701HP-OSP/WIZE用のArduino互換ライブラリ	Xose Perez
	AstroMech	オーディオ上で少量のデータを交換するためのプロトコル	Volker Weckbach
	ChirpSDK	サウンドでデータを送受信するChirp SDK	Asio Ltd
	CMMC MQTT Connector	ESP8266/ESP32用のMQTTコネクタ・ライブラリ	Nat Weerawan
	EspMQTTClient	Wi-FiネットワークとMQTTブローカへの接続を管理できる．ESP8266とESP32で使用することを目的としている．PubSubClientライブラリに依存している	Patrick Lapointe
	ESP32 Mail Client	ESP32をメール・クライアントとして動作させるArduinoライブラリ．電子メールを送信し，SMTPおよびIMAPサーバを介して電子メールを受信する	Mobizt
	ESP8266 MQTT Mesh	OTA更新をサポートするESP8266, ESP32用のMQTTプロトコルを中心とする自己構成メッシュ・ネットワーク・ライブラリである	Phractured Blue
	ESPiLight	434MHz-RF帯域とインターネット・プロトコル間のIoTブリッジの実装用．ESP8266で開発され，テストされている	Puuu
	Esp32Simple PacketComs	ESP32用の単純なパケット通信をサポートしている	Kevin Harrington
	EspSoftware Serial	ESP8266/ESP32用のArduinoソフトウェア・シリアルの実装	Peter Lerup, Dirk Kaar
	IBusBM	Flysky iBUSプロトコル（TGY-IA6Bなど）をサポートする任意のRCレシーバに接続できる．Flysky iBUSは，115200 bpsで半二重非同期プロトコル形式を使用する	Bart Mellink
	munet	ESP32/ESP8266WLANクライアント，NTP, OTA, MQTT用モジュール．ミューアーク・スケジューラと互換性がある	Dominik Schlosser, Leo Moll
	MySensors	AVR, ESP32, ESP8266, nRF5xなどのマイコン・ボード用．RFM69およびRFM95無線を使用して，独自のワイヤレス・センサ・メッシュを作成できる．20以上のホーム・オートメーション・コントローラによるOTAアップデートができる	The MySensors Team
	Painless Mesh	ESP8266およびESP32デバイスでメッシュをセットアップするためのライブラリ	注1
	RF24	初心者が使いやすく，かつ上級者にも多くの機能を提供するnRF24L01（＋）用に最適化されたライブラリ．ライブラリの使用方法の実例も多数含んでいる	TMRh20
	RFM69_Low PowerLab	RFM69トランシーバを制御するための使いやすいArduinoライブラリ．Moteinoボード用に設計されている．Arduino, STM32, SAMDボードでもテスト済み	Felix Rusu
	RichHttpServer	ESP8266ウェブ・サーバのアドオンとして用いられ，リッチREST APIを開発するためのライブラリ．変数を含むルート（/things/:thing_idなど）に応答する豊富なアプリケーションREST サーバを簡単に構築したり，認証機能を追加できる	Chris Mullins
	WebSerial	コードをリモートでロギング，監視，またはデバッグするウェブ・ページ・ベースのシリアル・モニタである．ESP8266およびESP32用	Ayush Sharma
OTA	ArduinoOTA	Wi-Fiまたはイーサネット・ライブラリを使用してArduinoボードにネットワーク上のスケッチをアップロードする．WiFi101OTAライブラリに基づいている．イーサネット，UIPEthernet, WiFi101, WiFiNina, WiFiLink, WiFiなどの通信を使い，ESP8266やESP32などのマイコンにアップロードする	Arduino, Juraj Andrassy
	AsyncElegant OTA	ESP8266のOTA更新に対話型要素を提供するユーザ・インターフェース・ライブラリ．UIのサイズはわずか50Kバイト．このライブラリはAsyncウェブ・サーバを使用する	Ayush Sharma
	ESP32 httpUpdate	ESP8266向けhttpUpdateのESP32向けクローン（HTTPS要件なし）	Matej Sychra
	esp32FOTA	ファームウェアをウェブ・サーバからOTA更新するライブラリ	Chris Joyce
	IOTAppStory-ESP	ESP8266およびESP32モジュールをOTA更新する	SensorsIot
	JeVe_EasyOTA	プロジェクトでプログラムのOTA更新が簡単にできる．ESP8266およびESP32で動作する	jeroenver meulen

表1　Arduino IDEのESP32対応ライブラリ（つづき）

カテゴリ	名　称	説　明	作　者
汎用I/O	Commanders	ボタン，Dcc（鉄道モデリング），CAN，I²Cバス，シリアル・インターフェースのような入力デバイスに命令を与えることができるライブラリ	Thierry Paris-Locoduino
	CS5490	Cirrus LogicのIC CS5490を制御するライブラリ．電気量を測定するためにUARTでシリアル通信を行う	Tiago Britto Lobao
	Dimmable Light for Arduino	電球の調光用に作られたが，Thryristクラスは電気ヒータのような他のAC負荷のために再利用可能．ESP8266，ESP32およびAVRで動作する	Fabiano Riccardi
	DIO2	高速ディジタル入出力機能を提供する	Thierry Paris -Locoduino
	ESP32 AnalogWrite	LEDC機能を使用してESP32用のアナログ書き込みポリフィルを提供する	ERROPiX
	ESP32 Encoder	割り込みを使用したESP32のエンコーダ・ライブラリ	Kevin Harrington
	GPIO40 PCA9698	FaBo GPIO用ライブラリ	FaBo
	IRremoteESP8266	ESP8266またはESP32で複数のプロトコルで赤外線信号を送受信できる	注2
	OneWireNg	古典的なArduino OneWireライブラリの代替となるライブラリ．オープン・ドレイン特性に関連する1-wireバスの低レベル・アクティビティの固定処理などができる	Piotr Stolarz
	PJON	I²Cや1-Wire，CANの代替となるオープンソースのプロトコルPJON用ライブラリ．255台までのArduinoボードをシングル・ワイヤで接続可能で，マルチ・マスタ，マルチメディア・バス・ネットワークに対応する	Giovanni Blu Mitolo
	PWM PCA9685	FaBo PWM用のライブラリ．PCA9685はI²C PWMドライバである	FaBo
	Switch	長押し，ダブルクリック，シングル・クリックの検出をサポートしている．コールバック関数の定義をサポートする	Albert van Dalen
CAN	ACAN2515	MCP2515 CANコントローラ用のArduino CANネットワーク・ドライバ．ACAN，ACAN2517，ACAN2517FDライブラリと互換性がある．ユーザは簡単に受信フィルタを定義することができる．バージョン1.1.2からESP32をサポートする	Pierre Molinaro
	ACAN2517	CAN 2.0BモードのMCP2517FD用のArduino CANネットワーク・ドライバ．ACAN，ACAN2515，ACAN2515Tiny，ACAN2517FDライブラリと互換性がある．受信フィルタ（32まで）は容易に定義することができる．リリース1.1.0からESP32をサポートする	
	ACAN2517FD	CAN FDモードのMCP2517FD CANコントローラのArduino CANネットワーク・ドライバ．ACAN，ACAN2515，ACAN2517ライブラリと互換性がある．受信フィルタ（32まで）は容易に定義することができる．バージョン1.1.0からESP32と互換性がある	
	CAN	マイクロチップMCP2515ベースのボード/シールドとESP32の内蔵SJA1000互換CANコントローラをサポートしている	Sandeep Mistry

注1：Coopdis，Scotty Franzyshen，Edwin van Leeuwen，German Martin
注2：Sebastien Warin，Mark Szabo，Ken Shirriff，David Conran

（c）通信&I/O関係

カテゴリ	名　称	説　明	作　者
システム管理	AceRoutine	Arduinoプラットフォーム上のスタックレス・コルーチンを使用した，低メモリ，高速スイッチング，マルチタスク・ライブラリ．サポートされるマクロには，COROUTINE()，COROUTINE_BEGIN()，COROUTINE_YIELD()，COROUTINE_DELAY()，COROUTINE_AWAIT()，COROUTINE_LOOP()，COROUTINE_END()が含まれる．AVR（Nano，UNOなど），Teensy ARM，ESP8266，ESP32で動作することが確認されている．AUnitを使用してテストされている	Brian T. Park
	AESLib	128ビットCBC暗号化を備えたAESライブラリ用Arduino/ESP8266ラッパ	MatejSychra
	Arduino UniqueID	マイクロコントローラから製造シリアル番号を取得する．ESP8266やESP32以外にも複数のマイクロコントローラをサポートする	Luiz Henrique Cassettari
	Basecamp	Wi-Fi管理，ウェブ・インターフェースの生成，MQTTブローカへの接続，構成データの保存などの基本的なタスクを抽象化する	注3
	Bleeper	汎用のコンフィグレーションを格納するライブラリ．構成階層，各プロパティの種類を簡単に定義できる	Diego Ernst
	DeepSleep Scheduler	タスクのスケジュール，CPUのスリープなどを管理する使いやすいAPIを提供する．タスクは割り込みからスケジュールすることができる	Pete
	Task Scheduler	ArduinoおよびESP8266マイクロコントローラのための軽量なマルチタスク・ライブラリ．定期的なタスクの実行やスリープ処理の他，さまざまな機能を持つ	Anatoli Arkhipenko
	TridentTD_Easy FreeRTOS32	ESP32のFreeRTOSを扱うためのライブラリ．簡単な方法でマルチタスクやタスク中での割り込み処理をサポート	TridentTD
	uTimerLib	小型およびクロス・デバイス互換タイマ・ライブラリ．Arduino AVR，SAM，STM32，ESP8266，ESP32およびSAMD21マイクロコントローラをサポート	Naguissa
ユーティリティ	PageBuilder	簡単にHTMLページを生成し，クライアントに送信するできる．ESP8266/ESP32ウェブ・サーバ用のHTML文字列組み立て補助ライブラリ．	Hieromon Ikasamo
	PathVariable Handlers	URLなどに埋め込まれた変数などの値を簡単に処理する方法を提供する．ESP8266用ウェブ・サーバおよびESP32用ESPAsyncウェブ・サーバと互換性がある	Chris Mullins
	SPIFFS IniFile	ESP8266やESP32プラットフォーム上で，Windowsの.iniファイルを読み取り，解析するライブラリ．SPIFFSIniFileは最小限のメモリで動くよう設計されており，使用されるバッファは，ユーザが管理するメモリ領域にある	注4

カテゴリ	名　称	説　明	作　者
デバッグ	ArduinoUnit	柔軟なテスト・フレームワーク．Arduino，ESP8266およびESP32だけでなく，en vitro開発システム（組み込みターゲット）テストをサポートしている	Matthew Murdoch
	AUnit	エミュレータではなく，組み込みコントローラで単体テストを実行する．ArduinoUnitのプラグインとして，タイムアウトとテスト・フィクスチャをサポートする	Brian T. Park
	RemoteDebug	Arduino，ESP8266，ESP32のtelnet経由によるリモート・デバッグを可能とする	Joao Lopes
	RemoteDebugger	SerialDebugライブラリ・ベースのリモート・デバッグ・アドオン	Joao Lopes
データ格納	EEPROM32_Rotate	パーティションのローテーションを処理するESP32用EEPROMラッパ	Xose Perez
	M5Stack-SD-Updater	M5Stack用SDカード・アップローダ	tobozo
	Redis for Arduino	Redisデータベース接続用ライブラリ．ESP8266およびESP32プラットフォームをサポートする．修正なしで他のプラットフォームもサポートできる可能性がある（ドキュメントを参照）	注5
	SPIFlash_Low PowerLab	SPIフラッシュ・メモリ用のシンプルなArduinoライブラリ．MoteinoボードのWinbond W25X40CLSNIGチップ用に特別に設計されている．次のライブラリと混同しないように注意（https://github.com/Marzogh/SPIFlash/）	Felix Rusu
	SPIMemory	Arduino用SPIメモリ・ライブラリ（旧SPIFlash）．v3.2.0以降，全てのSFDP互換フラッシュ・チップで読み取り，書き込み，消去，および電源機能を使える．古いバージョンでは，使えるチップが限られている	Prajwal Bhattaram
	Sqlite3Esp32	ESP32からSqlite3データベースへのアクセスを有効にする（Shox96 String圧縮拡張機能を使用）	Arundale Ramanathan
	uEEPROMLib	I²C EEPROM ライブラリ．uRTCLib（https://github.com/Naguissa/uRTCLib）から分割したもの．Arduino AVR，STM32，ESP8266，ESP32およびその他のマイクロコントローラをサポートする	Naguissa

注3：Stuart Baker, Mike Dunston, Balazs Racz　　　　　注5：Ryan Joseph&Remi Caumette
注4：Yuri Lopes, Steve Marple

（d）システム関係

カテゴリ	名　称	説　明	作　者
GUI・グラフィックス	ESP-DASH	ESP8266及びESP32用のインターネットを必要としない機能的で美しいダッシュボードを作成できる	Ayush Sharma
	ESPNexUpload	ESPを使用してNextionにUIファイルをアップロードする．ESP8266およびESP32で使用するように修正されたオリジナルITEAD Nextionライブラリの一部	Ville Vilpas
	ESPUI	ESP32用のウェブ・グラフィカル・ユーザ・インターフェースを実装する単純なライブラリ．使い方が簡単で，スケッチと並行して動作する	Lukas Bachschwell
	ESPxRGB	高速RGB，RGBW，HSV変換機能，Xtensaアセンブラでのガンマとクロミエンス補正機能を提供する	technosf
	GUIslice	タッチ・スクリーンが組み込まれたGUIスライス・ライブラリ．ESP32以外にも，さまざまなマイコン向けにTFT_eSPIグラフィックス・ドライバをサポートしている	Calvin Hass
	LCDMenuLib	複数の入れ子を持つモデルに基づいてメニューを生成するライブラリ．シリアル・モニタ，液晶，I²C，グラフィックス・ディスプレイ（u8glib）に対応する	Nils Feldkaemper
	LCDMenuLib2	スクリーン・セーバとマルチ・レイヤを備えたツリー・ベースのメニューを簡単に作成できる．基本機能と異なる出力タイプをサポートする	Nils Feldkaemper
	M5Stack_OnScreen Keyboard	M5Stack用のオンスクリーン・キーボード．3つのボタンだけで操作できるM5Stackの画面にピッタリのオンスクリーン・キーボードを提供する	lovyan03
	M5Stack_TreeView	M5Stackのツリービュー・メニューUI．M5Stack用に作成された高機能なユーザ・インターフェース，ツリービューを提供する	lovyan03
	Mini Grafx	フレーム・バッファを持つ，組み込みデバイス用グラフィックス・ライブラリ	Daniel Eichhorn
	SvgParser	ESP8266用のSVG GUIライブラリ．タッチ・ディスプレイに出力し，ウェブ・サービスとしても出力する．リンクを処理でき，コールバック・システムを提供する	maxpau tsch
	TinyFont Renderer	TrueTypeフォントを小さなフォントに変換するには，小さなフォント・ツールGUI http://informatix.miloush.net/microframework/Utilities/TinyFontTool.aspxを使用する	Darrek Kay
表示系デバイス	ESP8266/ESP32 OledDriver for SSD1306 display	ESP8266またはESP32に接続されたSSD1306 OLEDディスプレイ用のI²Cディスプレイ・ドライバ	Daniel Eichhorn, Fabrice Weinberg
	INA2xx	SparkFun ESP32 DMX LEDシールド用ライブラリ．多数のINA2xxデバイス（混合サポート型）を同時に読み取りおよび制御できる	SV- Zanshin
	M5ez	M5Stack，ESP32ベースのミニティンカー・コンピュータ用の完全なインターフェース・ビルダ．Https://github.com/ropg/M5ezの詳細を参照	Rop Gonggrijp
	NeoPixelBus by Makuna	ESP8266やESP32など，ほとんどのArduinoプラットフォームをサポートしている．フル・カラーLED制御用ライブラリ．ESP8266の場合，NeoPixelにデータを送信する方法としてDMA，UART，ビットバンをサポートしており，DotStarに対してはハードウェアSPIとソフトウェアSPIで送信する方法をサポートしている	Michael C. Miller
	SparkFun DMX Shield Library	ESP32 DMX LEDシールド用のArduinoライブラリ．シリアルを通したDMX通信を実現	SparkFun Electronics
	TFT_eSPI	ESP8266プロセッサおよびArduino IDE用の高速TFTライブラリ．ハードウェアSPIで動作するドライバ（ILI9341など）を使用してTFTディスプレイをサポートする	Bodmer

（e）グラフィックス/表示関係

表1　Arduino IDE の ESP32 対応ライブラリ（つづき）

カテゴリ	名　称	説　明	作　者
センサ	202 9Axis MPU9250	9軸IMUセンサ，FaBo 9Axis I²C Brick用ライブラリ	FaBo
	203 Color S11059	カラー・センサ，FaBo カラー I²C Brick のためのライブラリ	
	206 UV Si1132	紫外線センサ，FaBo UVセンサ I²C Brick のためのライブラリ	
	207 Temperature ADT7410 (FaBo)	16ビット・ディジタル I²C 温度センサ ADT7410用のライブラリ	
	217 Ambient Light ISL29034	FaBo環境光 I²C Brick のためのライブラリ．ISL29034 はインターシルのディジタル光センサである	
	222 Environment BME680	FaBo環境センサの I²C Brick用ライブラリ．BME680は温度，湿度，ガスの値を取得する	
	223 Gas CCS811	CO_2 と TVOC の値を取得する CCS811 センサ用ライブラリ	
	230 Color BH1749NUC	FaBoのディジタル・カラー・センサ I²C Brick用ライブラリ	
	Blinker_PMSX003ST	プランタワー PMSX003ST ファミリ・センサ用 Arduino ライブラリ．PMSX003ST センサ（5003ST/G5ST），Arduino，ESP8266，ESP32 をサポートしている	i3water
	DHT sensor library for ESPx	DHT11，DHT22 などの温度/湿度センサ用ライブラリ．ESP32に合わせて最適化され，ESP8266の互換性が追加された	beegee_tokyo
	esp_sds011	SDS011粒子状物質センサ用 ESP8266/ESP32 ライブラリ	Dirk O. Kaar
	ESP8266 Weather Station	ESP8266ベースのインターネット接続気象ステーション	Daniel Eichhorn
	Joba Tsl2561 Library	Tsl2561輝度センサ用の IoT ライブラリ．ESP8266及びESP32用のオート・ゲインによる輝度測定機能を提供する	joba-1
	NeoGPS	NMEAと ublox GPS パーサ．たった10バイトのRAMで設定可能．他の全てのGPSパーサよりも高速かつ小型である	SlashDevin

(f)　センサ関係

カテゴリ	名　称	説　明	作　者
M5Stack	M5Stack	M5Stackコア開発キット用ドライバ．詳しくは http://M5Stack.com を参照	M5Stack
	M5Stack_Avatar	M5Stackのためのもう1つのアバター・モジュール．詳しくは http://M5Stack.com を参照	Shinya Ishikawa
	M5StickC	M5StickCコア開発キット用ライブラリ．詳しくは http://M5Stack.com を参照	M5StickC
サーボ・モータ	ESP32Servo	ESP32ボードがArduinoセマンティクスを使用してサーボ・モータを制御できるようにする．内部ではESP32PWMタイマを使用し，個々のチャネルで最大16台のサーボを制御できる	注6
	Motor DRV8830	FaBoモータ・ライブラリ．DRV8830はモータ・ドライバである	FaBo
	ServoEasing	myServo.write() の代わりに myServo.easeTo() を使い，スムーズにサーボを動かせる．Arduinoサーボ・ライブラリに接続される，全てのサーボの非ブロッキングの移動は，Arduinoサーボ・タイマの割り込みを利用して実装されている	Armin Joachim smeyer
	VNH3SP30	モータ・コントローラを制御できる．AVRアーキテクチャ用に作成されたライブラリだが，PWM信号を生成する analogWrite() 関数をサポートする任意のアーキテクチャで動作可能である（AVR，STM32，ESP32など）	Bart Mellink
その他の開発ボード	ArduinoLearning KitStarter	ピンの定義と周辺の初期化を持つロボティクスBrnoによるPCB ArduinoLearningKitStarter（ALKS）のためのライブラリ	注7
	DFRobot_ESP_EC_BY_GREENPONIK	ESP32互換性のために作られた DFROBOT ライブラリの更新版	GREEN PONIK
	DFRobot_ESP_PH_WITH_ADC_BY_GREENPONIK	ESP32向けにADC機能の互換性のために作られた DFROBOT ライブラリの更新版	
	ESPectro32	Arduino IDEでESPectro32開発ボードでの開発を高速に立ち上げるためのライブラリ．ESPectro32は，インドネシアのDycodeX社によって設計されている	Andri Yadi
	Heltec ESP32 Dev-Boards	Helltec ESP32（または ESP32+LoRa）ベースのボード用ライブラリ．詳しくは http://heltec.cn を参照	Heltec Automation
	OROCA-EduBot	ESP32をサポートしている OROCA-EduBot 用ライブラリ	OROCA
その他のデバイス	JTAG	JTAG操作を実行し，XSVFファイルを再生するためのAPI	Marcelo Jimenez
	Sparthan gForce	GForceアームバンド，ストリーミング・ステータス，IMUおよびジェスチャ・データとのBluetooth（BLE）通信用ESP32ベース・ライブラリ	Davide Asnaghi
	uRTCLib	Arduinoで動作する基本的なRTCとEEPROM機能ライブラリ．DS1307とDS3231 RTCがAT24C32EEPROMとともにサポートされる．Arduino AVR，STM32，ESP8266，ESP32およびその他のマイクロコントローラをサポートしている	Naguissa

注6：John K.Bennet，Kevin Harrington
注7：Jan Mrazek，Jaroslav Paral

(g)　その他のデバイス関係

表2 公式開発環境ESP-IDFのライブラリ

カテゴリ	API	内容
Blue tooth	Controller && VHCI	Bluetooth HCI
	Bluetooth Common	Bluetooth 共通ライブラリ
	Bluetooth LE	Bluetooth Low Energy 制御
	Bluetooth Classic	Bluetooth 制御/Bluetooth プロファイル
	NimBLE	BT SIG 認定のBLEスタック
Net working	Wi-Fi	Wi-Fi ライブラリ
	ESP-NOW	コネクション・レスのWi-Fi通信プロトコル
	ESP Mesh	複数のESPデバイスによる自己修復型ネットワーク
	Ethernet	有線LAN制御
	TCP/IP Adapter	TCP/IPのための基本ライブラリ
Peripheral API	ADC	ADC（アナログ-ディジタル・コンバータ）
	CAN	CAN（通信機能）
	DAC	DAC（ディジタル-アナログ・コンバータ）
	GPIO	GPIO（汎用I/O）
	I2C	I2C
	I2S	I2S
	LED Control	LED制御用PWM
	MCPWM	モータ制御用PWM
	Pulse Counter	入力信号のエッジをカウント
	Remote Control	赤外線リモコンの制御
	SD SPI Host	SPI接続のSDカード制御
	SDIO Slave	SDIOカード制御（スレーブ）
	SDMMC Host	SDMMC接続のSDカード制御
	Sigma-delta Modulation	デルタ・シグマ変調によるパルス変調
	SPI Master	SPIマスタ
	SPI Slave	SPIスレーブ
	Timer	ESP32内蔵のハードウェア・タイマ制御
	Touch sensor	ESP32内蔵のタッチ・センサ制御
	UART	UART
Protocols	ASIO	C++での非同期通信モデル
	ESP-MQTT	MQTTライブラリ
	ESP-TLS	TLSライブラリ
	HTTP Client	HTTPクライアント
	HTTP Server	HTTPサーバ
	HTTPS Server	HTTPSサーバ
	ESP Local Control	Wi-Fi/BLE経由でのESP32制御
	Creating a property	ESP Local Control用のプロパティ定義
	Client Side Implementation	ESP Local Control用通信スタック
	mDNS	マルチキャストによるホスト検索サービス

カテゴリ	API	内容
Protocols	Modbus	Modbus プロトコル
	Websocket Client	websocket プロトコルのクライアント
Pro visioning	Protocol Communication	プロビジョニングのためのネットワーク・トランスポート管理
	Unified Provisioning	ESPを任意の設定で構成するための統合ライブラリ
	Wi-Fi Provisioning	Wi-FiまたはBLEを介してWi-Fi視覚情報を構成
Storage	FAT Filesystem	FATファイル・システム
	Mass Manufacturing Utility	大量生産を目的としたNVSパーティションの一括設定
	Non-Volatile Storage	ESP内蔵のフラッシュ・メモリに対するデータベース・サービス
	NVS Partition Generation Utility	パーティション・テーブル生成ユーティリティ
	SD/SDIO/MMC Driver	SDカード/SDIOカード/SDMMCカード用ドライバ
	SPI Flash and Partition APIs	SPIフラッシュとパーティション管理API
	SPIFFS Filesystem	SPIFFSファイル・システム
	Virtual Filesystem	仮想ファイル・システム
	Wear Levelling	ウェア・レベリング制御
System	Application Level Tracing	アプリケーション・レベルでのトレース生成
	eFuse Manager	eFuse 管理
	ESP HTTPS OTA	HTTPS経由でのOTA
	ESP pthread	pthreadライブラリ
	Event Loop Library	イベント・ループ
	FreeRTOS	FreeRTOSコア・ライブラリ
	FreeRTOS Additions	ESP-IDF向け独自FreeRTOSライブラリ
	Heap Memory Allocation	ヒープ・メモリ管理
	Heap Memory Debugging	ヒープ・メモリ・デバッグ・ライブラリ
	High Resolution Timer	高精度タイマ
	Himem API (large external SPI RAM)	外部SPI接続RAM制御
	Inter-Processor Call	プロセッサ間通信
	Interrupt Allocation	割り込み割り当て
	Logging	デバッグ・ログ用ライブラリ
	Mischellaneous System APIs	システム管理・情報取得
	Over The Air Updates（OTA）	リモートからのファームウェア更新
	Power Management	電源管理
	Sleep Modes	スリープ・モード制御
	Watchdogs	ウォッチドッグ・タイマ制御

メジャーな言語はほとんどOK

第3章

開発環境&処理系百科

宮田 賢一

ここではESP32で使えるプログラミング言語とその開発環境を紹介します.

マイコン向けのプログラミング言語や開発環境の特徴は,限られたCPUリソースでも動かせる実行ファイルを生成できることや,マイコン用の周辺デバイスを使うためのライブラリが用意されていることです.**表1**と**表2**に,ESP32に対応しているプログラミング言語と開発環境を挙げました.スタンダードなArduinoやC言語だけではなく,PythonやJavaScript,Ruby,Luaなど,メジャーなプログラミング言語は網羅されています.対応言語の多さからもESP32がマイコン開発者に注目されていることが分かります.

プログラム実行形態

個々のプログラミング言語を説明する前に,マイコン上でプログラムがどのように実行されるか,その実行形態について説明しておきます.

表1に示した通り,マイコン向けプログラムの実行形態として以下の3通りに分類しました.
①単独実行型
②他言語埋め込み型
③対話型

● その1:単独実行型

そのプログラミング言語だけで全ての処理を記述できるタイプです.ビルドしてできた実行ファイルはESP32に転送することで,ESP32のリセットのたびに自動的に実行されます[**図1(a)**].C言語が代表例です.

● その2:他言語埋め込み型

埋め込み型プログラミング言語で記述したプログラム・コードを,他のプログラミング言語のソースコード中へ埋め込んでコンパイルします[**図1(b)**].

メインの処理はC言語などで記述し,埋め込み言語のプログラム・コードはC言語の文字列として扱います.それを専用のAPIに渡すことで実行するタイプ

です.少し分かりにくいので例を示します.プログラム(**リスト1**)はJavaScriptの一種であるduktapeの利用例です.main関数はCで記述し,"1+2"というJavaScriptのプログラムを文字列としてduktape専用のAPI(duk_eval_string)に渡すと,main関数実行時にこのJavaScriptプログラムが実行されます.

この方式のメリットは,C言語のビルド環境さえあればJavaScriptなどの他の言語のプログラムを実行できることにあります.

● その3:対話型

REPL(Read-Eval-Print Loop)やインタープリタとも言います.あらかじめ対象言語の実行環境だけESP32に転送しておき,プログラムの実行はシリアル・ターミナルなどを使って対話的に入力するタイプです[**図1(c)**].命令に対するデバイスの挙動を少しずつ試しながらプロトタイプを作り上げるような場合に便利です.MicroPythonが代表例です.

対話的に実行する以外にも,PCで作ったMicroPythonのソースコードをESP32のMicroPython実行環境上へ転送し,ESP32のリセット後,自動的に実行することもできます.

3種類の方法それぞれに特徴がありますので,実際に触って試してみてください.

言語処理系

ESP32で使えるプログラミング言語を少し深堀して,それぞれの言語の以下の点について解説します.

● ボードによって対応状況が変わってくる

ESP32という同じモジュールを搭載していても,ボードによって,ESP32モジュールとボード上の周辺回路との接続方法は千差万別です.例えばLEDを搭載したボードはたくさんありますが,LEDが接続されるGPIOはボードによって異なります.

ここで紹介する言語はどのESP32ボードでも動作しますが,一部の開発環境ではボードによる違いをな

表1　ESP32で使えるプログラミング言語

言　語	パッケージ	対応規格・バージョン	実行形態	コメント	サポート元
①Arduino言語	Arduino core for the ESP32	Arduino言語	単独	Sketchと呼ばれる．Arduino環境での開発言語．C言語の構文をベースにC++の機能の一部を取り込んでいる（リンク1参照）	Arduino
②C	xtensa-esp32-elf-gcc	C99	単独	Xtensa LX6向けにポーティングされたGNU Cコンパイラ．ESP-IDFを直接使うプログラムのビルドに必須（リンク2参照）	Espressif
②C++	xtensa-esp32-elf-g++	C++17	単独	Xtensa LX6向けにポーティングされた公式GNU C++コンパイラ．ESP-IDFを直接使うプログラムのビルドに必須（リンク3参照）	Espressif
③C#	nanoFramework	C# 7.0（推定）	単独	.NET Micro Frameworkに基づきマネージド・コードの記述が可能（リンク4参照）	nano Framework Project
④Python系	MicroPython	Micro Python 1.19（Python3.4ベース）	対話	MicroPythonの公式ポーティング．PSRAM搭載版ESP32にも対応（リンク5参照）	Micro Python.org
	MicroPython for ESP32 with support for 4MB of PSRAM support	Micro Python 1.11（Python3.4ベース）	対話	4Mバイト以上のPSRAMを持つESP32用MicroPython．Lobo版MicroPythonとも呼ばれる．公式MicroPythonもPSRAMをサポートしているが，こちらはよりフットプリントが小さい実装となっている．またftpやtelnet，ntpなどのネットワーク・サービスも実装（リンク6参照）	Boris Lovosevic
	Zerynth Python	Python 3.4（CPythonベース）	単独	CPythonベースの独自実装．CPythonベースのため，C言語で作成した独自モジュールをPython VMのリコンパイルなしにインポート可能（リンク7参照）	Zerynth
⑤JavaScript系	Espruino	ES5注1	対話	対話形式（REPL）によるプログラムの入力が可能．Espruino社のマイコン・ボード向けの実装だが，コミュニティによりESP32向けに移植されている．ブロック・エディタもあり．マイコンとJavaScriptの学習向き（リンク8参照）	Pur3 Ltd
	Duktape	ES2015（ES6）注2	埋め込み	C/C++にJavaScriptスクリプトを組み込んで実行するためのエンジン．組み込みシステム向けに小さなフットプリントで実行できることが特徴（リンク9参照）	Duktape
	mJS（Mongoose JS）	ES2015（ES6）	単独	クラウド・サービス接続用のライブラリが充実しておりIoTプロジェクト向き．マルチプラットフォームでの開発が可能（リンク10参照）	Cesanta
	XS/Moddable SDK	ES2021（ES12）	単独	最新のJavaScript規格ES2019の99.8%を移植した本格的なJavaScriptエンジン．豊富なライブラリが用意されており開発が容易（リンク11参照）	Moddable Tech
	low.js	Node.js 10.0	単独	ESP32向けのNode.js移植．8MバイトのPSRAMをもつESP32で動作する．2019年9月時点で，Node.js APIの70%を移植済み．JavaScriptエンジンはDuktapeをベースとしている（リンク12参照）	neonious GmbH
⑥Lua系	LuaRTOS	Lua 5.3.4	対話	オリジナルLua 5.3.4に，ハードウェア制御用のライブラリ（GPIO，ADC，I2C，RTCなど）とミドルウェア（スレッド，LoRa WAN，MQTTなど）を追加したLua実行系（リンク13参照）	Whitecat
	NodeMCU ESP32	Lua 5.1	対話	Armベースのマイコン向けに実装されているeLuaをベースに，NodeMCU向けに移植したもの（リンク14参照）	NodeMcu Team
⑦Ruby系	mruby on the ESP32	mruby 3.0.0	単独	マイコン向けRubyのESP32向け実装（リンク15参照）	
	mruby/c	mruby 3.1	単独	mrubyをさらに軽量化．最小限の機能のみ実装した独自VM上で動作する．コンカレント動作を可能としており，センサなどのデバイスに組み込むのに向いている（リンク16参照）	しまねソフト研究開発センター九州工業大学
⑧Lisp系	uLisp	−	対話	限られたメモリでも動作するように開発されたLisp（リンク17参照）	uLisp
⑨BASIC系	ESP32ROM版TinyBASIC	−	対話	ESP32の内蔵ROMに格納されているBASICインタープリタ．ファームウェアが起動しなくなったときのための緊急保守用に用意されている．ただし現在のESP32モジュールでは利用できない状態で出荷されている（リンク18参照）	Espressif
	豊四季タイニーBASIC 確定版	TinyBASIC	対話	シンプルかつスタンダードなBASIC実行系．ペリフェラル操作はできないが，その代わり機種依存がほとんどなく，どんなボードでも動作する．自前で拡張して育てていくのが好きな方向け（リンク19参照）	Tetsuya Suzuki

注1：ES2015（ES6）の一部を取り込み．
注2：ES6（ES2015），ES7（ES2016）の一部を取り込み

リンク1　：http://www.musashinodenpa.com/arduino/ref/
リンク2　：https://www.espressif.com/
リンク3　：https://www.espressif.com/
リンク4　：https://nanoframework.net/
リンク5　：http://micropython.org/
リンク6　：https://github.com/loboris/MicroPython_ESP32_psRAM_LoBo
リンク7　：https://www.zerynth.com/blog/python-on-esp32-getting-started/#prettyPhoto
リンク8　：https://www.espruino.com/ESP32
リンク9　：https://github.com/nkolban/duktape-esp32
リンク10：https://github.com/cesanta/mjs
リンク11：https://github.com/Moddable-OpenSource/moddable
リンク12：https://www.neonious-iot.com/lowjs/
リンク13：https://github.com/whitecatboard/Lua-RTOS-ESP32
リンク14：https://github.com/nodemcu/nodemcu-firmware/projects/1
リンク15：https://github.com/mruby-esp32/mruby-esp32
リンク16：https://github.com/mrubyc/mrubyc
　　　　　https://www.slideshare.net/shimane-itoc/et2017-mrubymrubyciot
リンク17：http://www.ulisp.com/
リンク18：http://hackaday.com/2016/10/27/basic-interpreter-hidden-in-esp32-silicon/
リンク19：https://github.com/vintagechips/ttbasic_arduino

表2　ESP32に対応している開発環境

開発環境	言語	対応するESP32/言語実装	オンライン開発	ブロック・エディタ	機能			
					編集	書き込み	シリアル端末	デバッガ
Arduino core for the ESP32プラグイン（Arduino IDE）	Arduino言語	汎用	×	×	○	○	○	×
ESP-IDF Platform IO プラグイン（Visual Studio Code, Atom）	C，C++	汎用	×	×	○	○	○	○注1
nanoFramework プラグイン（Visual Studio）	C#	汎用	×	×	○	○	○	○注1
M5 UI Flow	Micro Python	M5Stack	○	○	○	○	×	×
Jupyter Notebook		汎用	×	×	○	−注2	×	×
uPyCraft		汎用	×	×	○	○	○	×
Zerynth Studio	Python	Zerynth Python	×	×	○	○	○	×
Mongoose OS プラグイン（Visual Studio Code）注3	Java Script	mJS	×	×	○	○	○	○注5
xsbug注4		XS/Moddable SDK	×	×	×	×	○	○注5
Espruino Web IDE		Espruino	×	○	○	○	○	×
Obniz Developer's Console		Obniz	○	○	○	−注6	○	×
Whitecat IDE	Lua	Lua RTOS	○	○	○	○	○	×
ChiliPeppr Workspace for ESP32		NodeMCU Lua	×	×	○	○	○	×
なし	Ruby	−	−	−	−	−	−	−
なし	Lisp	−	−	−	−	−	−	−
なし	BASIC	−	−	−	−	−	−	−

注1：JTAGが必要
注2：Jupyter notebookのプログラムはホストPC上に保存される
注3：現在はまだベータ版のため，今後仕様が変わる可能性がある
注4：仮想LCDが使用できる
注5：ソースコード
注6：ObnizのプログラムはObnizクラウド上に用意されている専用のリポジトリに保存する

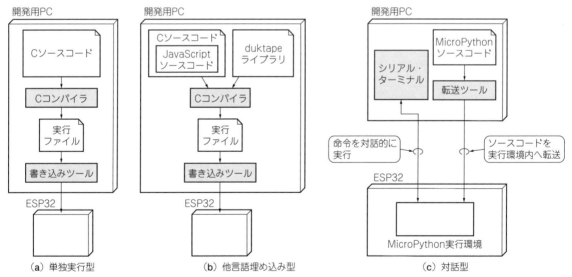

図1　ESP32プログラムは単独実行型も対話型もある形態

るべく吸収するため，ビルド時にターゲットとする
ボード名を指定できるものがあります．

　そこで指定可能なボードの表も示すことにしまし
た．ボードごとに異なるLEDのGPIO番号をLED_
PINのような定数で参照できるようになり便利です
し，周辺回路との接続が全く同じボード同士であれ
ば，同じソースコードを再利用できます．

▶そのプログラミング言語から使えるESP32の機能

　ライブラリが用意されており，その言語から呼び出
せるESP32の機能を表にまとめています．

　ライブラリが提供されていない機能を使うのは，不
可能ではありませんが，その機能を動作させるプログ
ラム（ドライバ）を自分で用意しなければなりません．

　表にあげたライブラリ全ての動作確認はできていま
せんので，実際に使う前に要件を確認してください．

▶特徴

　プログラミング言語の特徴をまとめています．

▶開発環境

　多くのプログラミング言語で，専用または汎用の開
発環境が使えます．画面も掲載しましたので，雰囲気
が分かるかと思います．

リスト1　他言語に埋め込んで使うduktape環境でのプログラム例

```
#include "duktape.h"
int main(int argc, char *argv[]) {
    /* JavaScript の実行コンテキストを取得（おまじない）*/
    duk_context *ctx = duk_create_heap_default();

    /* "1+2"という JavaScript プログラムの実行 */
    duk_eval_string(ctx, "1+2");

    /* 実行結果を取得し C 言語側で表示 */
    print("1+2=%d\n", (int)duk_get_int(ctx, -1));

    /* 実行コンテキストを破棄 */
    duk_destroy_heap(ctx)+
    return 0;
}
```

　ESP32ではさまざまなプログラミング言語が使え
ます．手になじんだ言語，逆に見たこともない言語も
あるでしょう．新たなプログラミング言語への挑戦を
する際に役立つよう，特によく使われる言語ではレチ
カ（LED点滅）のプログラムを掲載しています．マイ
コン・プログラミングとしては最も基本的なGPIO制
御の方法が分かるものと思います．

① Arduino言語

ビルド時に指定できるESP32ボード：表3
プログラムから使えるESP32機能：表4

● ライブラリが最も充実

　ESP32はArduinoに対応しています．Arduinoに慣
れている人ならすぐにESP32の開発に取りかかれる
でしょう．ほとんどのESP32ボードに対応済みです
（表3，表4）．

　Arduinoでの開発言語がArduino言語です．公式の
言語仕様[注1]ではC言語の構文にC++のクラスを取り
込み，Arduino用のライブラリ・セットをひとそろい
同梱したものになっていますが，コンパイラの実体は
GNU g++なので，実際のところはCやC++そのもの
でのプログラミングが可能です．世の中に出回ってい
るArduinoライブラリもC++のクラス・ライブラリ
として提供されているものが多くあります．

● 開発環境

　Arduino IDEがそのまま使えます（図2）．
　リスト2にレチカ・プログラムの例を示します．

表3　Arduinoでプログラム・ビルド時に指定できるESP32ボード

言　語	ESP32ボード
Arduino言語	Adafruit ESP32 Feather
	ESP32 Dev Module
	ESP32 FM DevKit
	ESP32 Pico Kit
	ESP32 Wrover Module
	M5Stack-Core-ESP32
	M5Stack-FIRE
	M5Stick-C
	NodeMCU-32S
	OLIMEX ESP32-DevKit-LiPo
	OLIMEX ESP32-EVB
	OLIMEX ESP32-GATEWAY
	OLIMEX ESP32-PoE
	OLIMEX ESP32-PoE-ISO
	SparkFun ESP32 Thing
	WEMOS LOLIN32
	XinaBox CW02
	u-blox NINA-W10 series (ESP32)

注1：言語リファレンス，
　　　https://www.arduino.cc/reference/jp/

表4 提供されているライブラリ

名 称	機 能
ArduinoOTA	OTAアップデートの待ち受けサービス
AsyncUDP	非同期UDP
AzureIoT	Azure IoT Hubクライアント
BLE	Bluetooth Low Energy
Bluetooth Serial	Bluetoothでのシリアル接続
EEPROM	廃止予定. Preferencesを推奨
ESP32	ESP-IDFを使ったサンプル群. AnalogOut（LEDC, SigmaDelta）, Camera, ChipID, DeepSleep, ESPNow, FreeRTOS, GPIO, Touch, HallSensor, I²S, RMT, ResetReason, Time, Timer
ESPmDNS	マルチキャストDNS
FFat	SPIフラッシュ・メモリ上でのFATファイル・システム
FS	仮想ファイル・システム
HTTPClient	HTTPクライアント
HTTPUpdate	HTTP経由OTA更新
NetBIOS	NetBIOSによるホスト名解決サービス
Preferences	NVS（フラッシュ・メモリ）へのデータ格納
SD	SPIによるSDカード・アクセス
SD_MMC	SDMMCによるSDカード・アクセス
SPI	SPI通信
SPIFFS	SPIFFSファイル・システム
SimpleBLE	BLE動作確認
Ticker	周期的な関数呼び出し
Update	OTAアップデートのメイン処理
WebServer	ウェブ・サーバ
WiFi	Wi-Fi接続
WifiClient Secure	TLS（SSL）を用いたWi-Fi接続
Wire	I²C

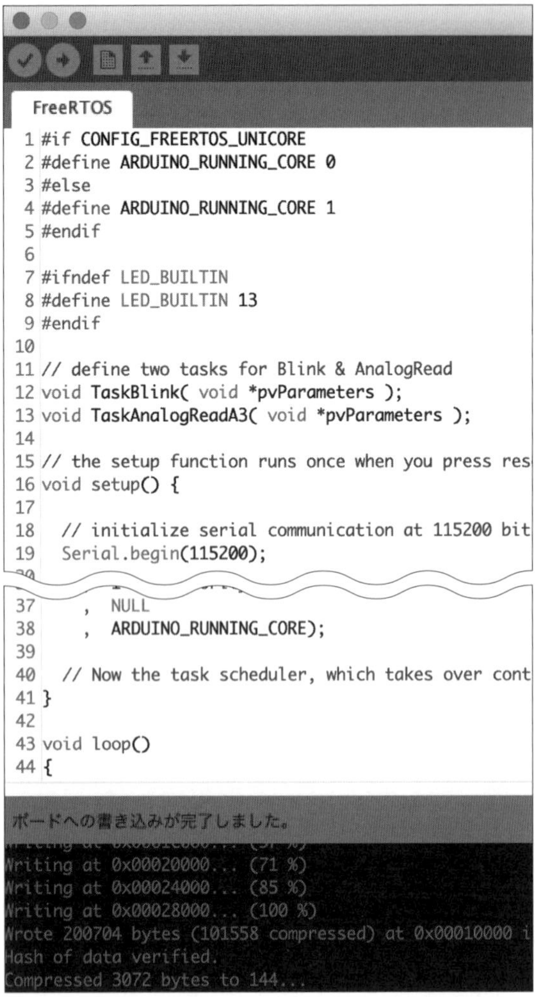

リスト2 Lチカ・プログラム

```
void setup() {
    pinMode(2, OUTPUT);
}
void loop() {
    digitalWrite(2, HIGH);
    delay(1000);
    digitalWrite(2, LOW);
    delay(1000);
}
```

```
FreeRTOS
 1 #if CONFIG_FREERTOS_UNICORE
 2 #define ARDUINO_RUNNING_CORE 0
 3 #else
 4 #define ARDUINO_RUNNING_CORE 1
 5 #endif
 6
 7 #ifndef LED_BUILTIN
 8 #define LED_BUILTIN 13
 9 #endif
10
11 // define two tasks for Blink & AnalogRead
12 void TaskBlink( void *pvParameters );
13 void TaskAnalogReadA3( void *pvParameters );
14
15 // the setup function runs once when you press res
16 void setup() {
17
18   // initialize serial communication at 115200 bit
19   Serial.begin(115200);
37     , NULL
38     , ARDUINO_RUNNING_CORE);
39
40   // Now the task scheduler, which takes over cont
41 }
42
43 void loop()
44 {
```

ボードへの書き込みが完了しました。

図2 慣れた人ならArduino IDEですぐにESP32の開発に取りかかれる

コラム **ESP32版ArduinoにはanalogWrite()がない**　　　　宮田 賢一

ESP32用のArduinoではanalogWrite()関数をサポートしていません．未サポートの理由の公式見解はないようです．そのため筆者による想像になりますが，ArduinoのanalogWrite()関数がPWMのパルス信号を生成するのに対し，ESP32は

・本当のアナログ電圧を生成するDAC
・LED輝度制御用のPWM

・デルタ・シグマ変調によるパルス生成

という3種類のアナログ出力機能を持つため，analogWrite()関数に割り当てる機能を一意に決めたくなかったのだろうと考えます．従ってESP32でアナログ出力を使う場合には，目的に応じていずれかの機能のAPIを呼び出す必要があります．

② C/C++

● Espressif公式の開発ツール

いまやESP32用のArduinoライブラリがカバーしているESP32機能はだいぶ拡大しており，大抵のことはArduinoで可能です．しかしFreeRTOSの機能を使う場合や，細かいチューニングが必要な場合は，C/C++が必要になるでしょう．この場合，ESP32の公式SDKであるESP-IDF（Espressif IoT Development Framework）を利用してプログラミングします．ESP32が搭載する全ての機能を使えます．

C/C++コンパイラであるgccのバージョンは8.2.0となっており，最新のC99，C++17までの規格に対応しています．ただし，出回っているESP32向けライブラリは，まだgcc-5.2系を前提としているものも多く，しばらくは2つのバージョンのコンパイラを併用する必要がありそうです．

● 開発環境

開発環境として，テキスト・エディタとCLI（コマンド・ライン）を使うという組み合わせも，もちろん可能ですが，コード補完機能や動的な文法チェック，プログラム・コードをキーワードで色分けしてくれるIDEを使うと開発効率が向上します．ESP32に対応しているIDEとしてPlatform IOがあります．これをマイクロソフトのVisual Studio Code（図3）やGitHubのAtomエディタに組み込むことで，IDEの機能を使って開発ができます．

Platform IOはESP-IDFを用いたプログラム作成以外にも，以下のようなことができます．

- Arduino形式のプロジェクト作成
- ESP32へのアプリケーションの書き込み
- ESP32のJTAGピンとOpenOCDを使用した実機デバッグ

リスト3にLチカ・プログラムの例を示します．

図3　Visual Studio CodeにESP32用PlatformIOを組み込んで開発できる

リスト3　Lチカ・プログラム

```
#include "freertos/FreeRTOS.h"
#include "freertos/task.h"
#include "driver/gpio.h"
#define LED_PIN 13
void app_main()
{
  gpio_pad_select_gpio(LED_PIN);
  gpio_set_direction(LED_PIN, GPIO_MODE_OUTPUT);
  while(1) {
    gpio_set_level(LED_PIN, 0);
    vTaskDelay(500 / portTICK_PERIOD_MS);
    gpio_set_level(LED_PIN, 1);
    vTaskDelay(500 / portTICK_PERIOD_MS);
  }
}
```

③ C#

ビルド時に指定できるESP32ボード：なし
プログラムから使えるESP32機能：表5

● マイコン用フレームワークで動くC#

マイクロソフトが開発したアプリケーションの実行・開発環境である.NET Frameworkの主要開発言語であるC#もESP32で使えます．ESP32のC#はnanoFrameworkという.NET Framework（正確には.NET Frameworkのマイコン向けサブセットである.NET Micro Framework）の上で動作します．使えるライブラリを表5に示します．

表5　C#で使えるESP32ライブラリ

名　称	機　能
Base Class Library	System.*系 コア・ライブラリ
nanoFramework.Devices.OneWire	1-wireバス
nanoFramework.Hardware.Esp32	GPIOピン番号の定義， 高精度タイマなど
nanoFramework.Runtime.Events	実行時イベント
nanoFramework.Runtime.Native	リアルタイム・クロック
Windows.Devices.Adc	ADC（アナログ-ディジタル・コンバータ）
System.Devices.Dac	DAC（ディジタル-アナログ・コンバータ）
Windows.Devices.I2c	I²C
Windows.Devices.Gpio	GPIO
Windows.Devices.Pwm	PWM
Windows.Devices.SerialCommunication	UART
Windows.Devices.Spi	SPI
Windows.Devices.WiFi	Wi-Fi
Windows.Networking.Sockets	バークレイ・ソケット
Windows.Storage	ファイル入出力

nanoFrameworkは，ビルド時にターゲットとするボードの指定はありません．ですが，ESP32-DevKitCをリファレンス・ボードとしているため，C#でプログラミングすることが決まっている場合，特に理由がなければ，このボードを選定するのがよいでしょう．

● 開発環境

開発環境はVisual StudioのCommunity版や有償版をそのまま使うことができ，nanoFrameworkプラグインをインストールすることでESP32用のC#プログラムの開発が可能となります（図4）．

リスト4にLチカ・プログラムの例を示します．

リスト4　Lチカ・プログラム

```csharp
using Windows.Devices.Gpio;
using System;
using System.Threading;
namespace Blinky {
  public class Program {
    public static void Main()
    {
      GpioPin led = GpioController.GetDefault().
                                     OpenPin(13);
      led.SetDriveMode(GpioPinDriveMode.Output);
      led.Write(GpioPinValue.High);
      while (true) {
        Thread.Sleep(500);
        led.Toggle();
        Thread.Sleep(500);
        led.Toggle();
      }
    }
  }
}
```

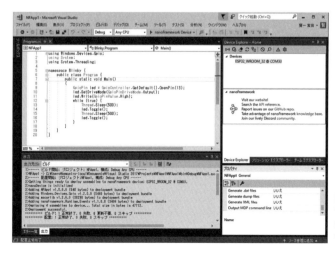

図4
Visual Studioを使って
ESP32向けC#開発も
可能

④Python系

ビルド時に指定できるESP32ボード：表6
プログラムから使えるESP32機能：表7〜10

● その1：ESP32用MicroPython

IoTアプリケーションの開発にはPython（またはPythonのサブセットであるMicroPython）が向いていると筆者は考えています．マイコンに接続したセンサの挙動をトライ＆エラーで確認しながら少しずつ完成させられることや，センサ・データをクラウドに送信するためのライブラリが豊富に用意されているからです．マイコン向けのPythonに対応しているESP32ボードを表6に示します．

ESP32で動作するMicroPython処理系には，MicroPython公式版と，Boris Lovosevic氏によるESP32に特化した版（通称LoBo版MicroPython）があります．言語仕様という点では両者とも同じですが，

用意されているライブラリに差があります（表7，表8，表9）．LoBo版はESP32専用に作られているだけあって，ESP32の機能を使いこなすためのモジュールが多く用意されているのが特徴です．プログラムを他のMicroPython対応ボードと相互利用するのであれば公式版，ESP32だけで使う場合はLoBo版という使い分けが考えられます．

▶開発環境

MicroPythonは対話的なプログラミング環境であるREPLに対応しているので，シリアル端末さえあればプログラムの入力が可能です（図5）．

一方，ESP32で使えるGUI開発環境もあります．uPyCraftはシンプルな画面ながら，簡易なソースファイル管理，キーワードの色付け，シリアル・コンソール，ボードへのファームウェア書き込みなど，基本操作は全て押さえた軽量のMicroPythonエディタです（図6）．

ESP32だけではなく，ESP8266，PyBoard，micro:bitにも対応しています．

表6　マイコン向けPythonに対応しているESP32ボード

言　語	ESP32ボード	
公式 MicroPython	M5Stack	
LoBo版 MicroPython	PSRAM 非搭載モデル	なし
	PSRAM 搭載モデル	M5Stack Fire ESP-WROVER (-B)
ZerynthPython	Adafruit HUZZAH32 ESP32-DevKitC ESP32-PICO-Kit V4 NodeMCU ESP-32S Olimex ESP32 EVB Olimex ESP32 Gateway XinaBox CW02	

表8　公式MicroPythonから使えるライブラリ

カテゴリ	名　称	機　能
Micro Python	btree	BTreeデータベース
	framebuf	フレーム・バッファ（クラス名：FrameBuffer）
	ucryptolib	暗号処理（クラス名：aes）
	uctypes	バイナリ・データ・アクセス（クラス名：struct）
	micro python	MicroPython自身の制御
	machine	ハードウェア処理（クラス名：Pin, Signal, ADC, ADCChannel, UART, SPI, I2C, RTC, Timer, WDT, SDCard）
	network	ネットワーク処理（クラス名：WLAN, AbstractNIC）
ESP32	esp32	ESP32固有のULPの処理（外部割り込み起動，タッチ起動，温度センサ，ホール・センサ，ULP実行）

表7　公式およびLoBo版MicroPythonから使えるライブラリ

名　称	機　能
array	指定した型の配列を生成（クラス名：array）
cmath	複素数用の数学関数群
gc	ガベージ・コレクタの制御
math	実数用の数学関数群
sys	MicroPythonシステム情報
ubinascii	バイナリ・ASCII変換
ucollections	コレクション・コンテナ
uerrno	システムのエラー・コード
uhashlib	ハッシュ・アルゴリズム（sha256, sha1, md5）
uheapq	ヒープ・キュー・アルゴリズム
uio	I/Oストリーム（クラス名：FileIO, TextIOWrapper, StringIO, BytesIO, StringIO, BytesIO）
ujson	JSONエンコード／デコード
uos	OSサービス（ファイル・システム，端末転送）
urc	正規表現
uselect	ストリーム・イベント処理（クラス名：poll）
usocket	ソケット処理（クラス名：socket）
ussl	SSL/TLS
ustruct	プリミティブ・データ型のパッキング
utime	時刻・時間処理
uzlib	zlib解凍（クラス名：DecompIO）
_thread	マルチスレッド

表9　LoBo版MicroPythonから使えるライブラリ

カテゴリ	名　称	機　能
Micro Python	btree	BTreeデータベース
	framebuf	フレーム・バッファ（クラス名：FrameBuffer）
	ucryptolib	暗号処理（クラス名：aes）
	uctypes	バイナリ・データ・アクセス（クラス名：struct）
ESP32	micropython	MicroPython自身の制御
	machine	ESP32固有のハードウェア処理（クロック数取得，リセット，WDT，スタック・サイズ，乱数，ヒープ情報，ディープ・スリープ，NVS，内部温度，ロギングなど）注1
	network	ネットワーク処理（クラス名：WLAN，telnet，ftp，mqtt，mDNS，gsm）
	Display	TFTモジュール操作（ILI9341，ILI9488，ST7789V，ST7735）（クラス名：TFT）
	SSH	ssh，scp，sftpの各クライアント実装
	Curl	以下のプロトコルを使ってデータ転送するための関数群（HTTP，HTTPS，FTP，SMTP）

注1：機能のクラス名は次の通り（Neopixel，ADC，DAC，PWM，Onewire，RTC，Timer，UART，I2C，SPI，Pin）

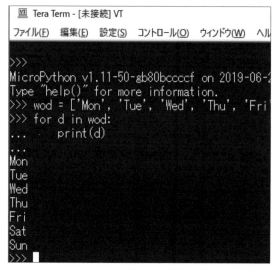

図5　MicroPythonはシリアル端末で対話型プログラミングが可能

● その2：Zerynth Python

　Zerynthプラットフォームでは，Python 3.4のサブセットとしてスクラッチから開発されたPythonが使えます．Zerynthとは，さまざまな32ビット組み込みマイコン向けのIoT開発環境です．執筆時点でESP32/ESP8266の他，STM32F4，NRF52840，Spresense（ソニー）などに対応済みです．表10に示す通り，標準ライブラリの他に特定のセンサやコントロールIC用ラ

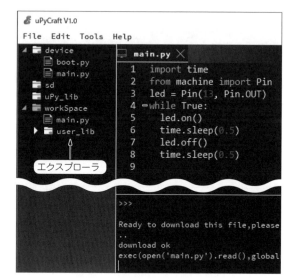

図6　GUIで使えるシンプルな軽量エディタuPyCraft

図7　マイコン用IoT開発環境Zerynth IDE

イブラリ，AWSやGoogle Cloud，Azureなどのクラウド・サービス用ライブラリなど，非常に多くのPythonライブラリが用意されていることが特徴です．また，インターネット経由でのデバイス状態管理やファームウェア更新も可能な仕掛けを提供しています．どちらかというと趣味のプログラミング向けというよりも，プロフェッショナル向けに活用できるものだと思います．

▶開発環境

　専用のIDEが使えます（図7）．無償版では10台までのマイコン・ボードの管理が可能です．さまざまな機能やデバイスのサンプル・プログラムが多数用意されているのがうれしいです．

表10　マイコン用IoT開発環境Zerynthにはデバイス系のPython用ライブラリがたくさん用意されている

マイコン周りの機能		ライブラリ
コア・ペリフェラル		GPIO, ADC, PWM, Input Capture, DAC, I²C, SPI, Infrared, Modbus, Servo, Generic Sensor, Analog Sensor, Digital Sensor, Pool Sensor
システム		Math, Hardware Timer, Garbage Collector, Streams, Threading, Software Timer, Firmware OTA, Power Management, Secure Firmware, Cryptograpy, Bignum, Base64, JSONWeb Tokens, Sstruct, Real Time Clock for ESP32, X509, JSON, CBOR, MsgPack, Requests, Urlparse, MCU, VM, SSL
クラウド・サービス連携		AWS Greengrass, Microsoft Azure IoT Hub, Azure Shaerd Access Signature, Google Cloud IoT Core, IBM Cloud Watson IoT, Mozilla Web Thing, Okdo IoT
通信		Wi-Fi, GSM, BLE, BLE Beacons, Ethernet, Sockets, RTTTL
ネットワーク・プロトコル		MQTT, Lightweight MQTT, NTP Client
ストレージ		Fifo, Queue, Flash, FileIO, fatFS, SpiFlash, QspiFlash, SpiSD
ドライバ	ディスプレイ	MAX7219 (7セグメント), LA6-5DTNWB-PoE (パトライト), Riverdi (ディスプレイ), SSD1306 (OLED), SSD1351 (OLED), WS2812 (NeoPixel)
	センサ (環境)	BME280 (温湿度・気圧), BPM180 (気圧), TSL2561 (光), DS1820 (温度), HTU21D (湿度), MLX90615 (温度), MPL3115A2 (気圧・高度・気温), HTS221 (温湿度), TMP112 (温度)
	センサ (動き・位置)	BNO055 (慣性計測), Fortebit Polaris (車両追跡), FXOS8700CQ (加速度・磁気), FXAS21002C (位置), L76 (GPS), CX56602 (GPS), LIST2HH12 (加速度), Liv3F (GPS), G350 (GPS), VCNL4200 (近接)
	その他センサ	CapSense (タッチ), MAX30101 (心拍)
	通信	Adafruit Bluefruit (BLE), BCM43362 (Wi-Fi), XMC4000 (Ethernet), MCPW1001A (Wi-Fi), RN2483 (LoRa), WINC1500 (Wi-Fi), LBEE5KL1DX (Wi-Fi/Bluetooth), NRF52 BLE (BLE), BG96 (LTE), UG96 (3G), SPWF015A (Wi-Fi), CC3000 (Wi-Fi), Eseye AnyNet (M2M)
	入出力	DS2482 (1-wire), MAX11644/11645 (ADC), MCP2515 (CAN), MCP3201 (ADC), MCP3204/3208 (ADC), MCP4921 (DAC), Siemens S7 (S7プロトコル), ADS1015 (ADC), PCA9536 (I²Cエクスパンダ)
	その他	BT81x (ビデオ), ID20LA (RFID), DS1307 (RTC), ATECCx08A (暗号アクセラレータ), Hexiwear (ウェアラブル), NCV7240 (リレー・ドライバ), Ethereum (ブロック・チェーン)

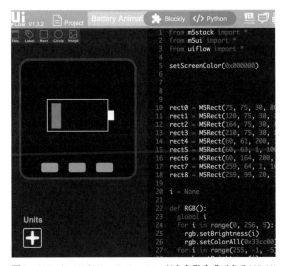

図8　GUIベースでMicroPythonコードを自動生成できるM5 UI Flow
Safariブラウザ上で実行中

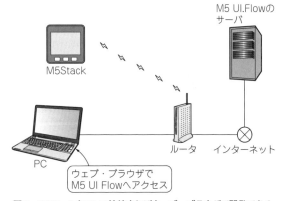

図9　M5StackをWi-Fi接続すればウェブ・ブラウザで開発できる

● その3：M5StackシリーズでPython

　M5Stackシリーズなら，専用のエディタM5 UI Flowがあります．これはM5Stackの仮想LCDディスプレイにGUI部品をマウスで自由に配置してMicroPythonコードを自動生成することができるもの

です．またM5Stack用のモジュールやGroveユニットごとにサンプル・プログラムが用意されているので，とにかく早くプロジェクトを始められます．

　さらにM5 UI Flowにはデスクトップ版に加えウェブ・ブラウザ上で動作するクラウド版アプリがあります（図8）．クラウド版を使うと，ウェブ・ブラウザ上で作成したプログラムをインターネット経由で手元のM5Stackにアップロードできます．M5StackをPCに接続する必要はありません（図9）．

　さらにM5 UI Flowはブロック・エディタにも対応

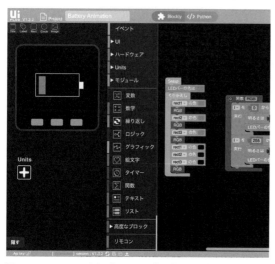

図10　M5 UI Flowならブロック・プログラミングもできる

リスト5　MicroPythonによるLチカ・プログラム

```
import time
from machine import Pin
led = Pin(13, Pin.OUT)
while True:
    led.on()
    time.sleep(0.5)
    led.off()
    time.sleep(0.5)
```

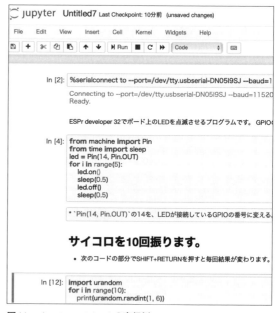

図11　Jupyter notebookの実行例

しています（**図10**）．各ブロックは日本語対応しているのがありがたく，英語に慣れない子供でもプログラミングに取り組めるでしょう．

● その4：Python定番環境Jupyter notebook

　MicroPythonはJupyter notebookに対応している

ことも見逃せません（もちろんESP32用MicroPythonでも対応）．Jupyter notebookはデータ分析の分野で最近注目されているツールです．ページ上に入力したPythonプログラムをその場で実行し，結果を同じページ内に表示できます（**図11**）．またプログラムを修正するとすぐにページ内の結果に反映されます．さらにPythonの実行結果だけでなく，任意のドキュメントも追記できるようになっているため，プログラム，実行結果，プログラムの説明，実行結果の説明，分析結果などをまとめて管理できることが特徴です．

　リスト5にLチカ・プログラムの例を示します．

⑤JavaScript系

ビルド時に指定できるESP32ボード：表11
プログラムから使えるESP32機能：表12

JavaScriptはウェブ系のシステムとの親和性が高い言語です．もともとはウェブ・ブラウザ上で実行されるスクリプト言語でしたが，現在ではサーバ・サイドで実行するための環境が整ってきており，サーバ・アプリケーション開発用の言語としての利用も広まってきています．表11にJavaScriptに対応しているボードを示します．ESP32上で動作するJavaScriptは全てサーバ・サイドの実行環境となります．ESP32で使えるJavaScript実装には5種類あるので，それぞれの特徴を以下に記します．

● その1：本格的なJavaScript開発ならXS/Moddable SDK

XSはJavaScript規格であるES2019を99.8％移植したという本格的なJavaScriptエンジンです．XS上でプログラムを開発するためのランタイム・ライブラリがModdable SDKです．

Moddable SDKはグラフィックス関連ライブラリと各種ドライバが充実しています（表12）．2Dグラフィックスのためのライブラリ群Commodetoやタッチ・ディスプレイ上でのユーザ・インターフェースを構築できるライブラリPiuを使うと，GUI作成の手間を減らせるでしょう．

▶開発環境

Moddable SDKには専用のソースコード・エディタはありません．しかし，xsbugというソースコード・デバッガによって，ブレーク・ポイントの設定や行単位でのステップ実行が可能です（図12）．さらにタッチ対応ディスプレイのエミュレータが用意されていることが大きな特徴で，PC上で実際のディスプレイでの見え方を確認しながらGUIの開発を行えます．

リスト6にLチカ・プログラムの例を示します．

● その2：クラウド・サービス連携が得意なmJS

Moddable SDKほどではないものの，mJSもライブラリが充実しています．特にmJSの最大の特徴と言えるのは，Amazon, Google, Azureなどの主要なクラウド・サービスに接続するためのライブラリを完備していることです．従ってModdableが汎用的なマイコン開発を目指しているのに対して，mJSはクラウド接続が必要なIoT向けのアプリケーション開発に特化していると言えるでしょう．

なおmJSはMongoose OSというリアルタイムOS上で動作します．Mongoose OSのカーネル部分はFreeRTOSそのもので，mJSの実行用のライブラリを組み合わせたものです．

▶開発環境

mJSの場合は，以前は専用のGUI開発環境があったのですが，現在Visual Studioのプラグインに移行中です（図13）．完成するとコーディングからデバッ

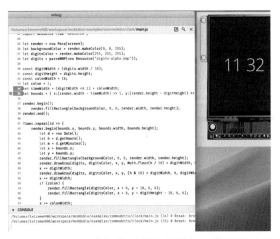

図12 Moddableのデバッガ．実行中の画面イメージを確認しながらデバッグができる．タッチ操作もマウスでエミュレーション可能

表11 JavaScriptに対応しているESP32ボード

言語	ESP32ボード
xs/Moddable SDK	Moddable Two ESP32 Generic M5Stack M5Stack Fire M5StickC
mJS	ESP32 PICO-D4-Kit ESP32-DevKitC
duktape	指定なし
Espruino	指定なし
low.js	Neonious One ESP32-WROVER（PSRAM 8MB必須）

リスト6 Lチカ・プログラム

```
import Timer from "timer";
import Digital from "pins/digital";
let count = 0;
Timer.repeat(() => {
    ++count;
    Digital.write(2, ~count & 1);
    Digital.write(16, count & 1);
}, 200);
```

表12　JavaScriptで使える機能

カテゴリ		Moddable	mJS	duktape	Espruino	low.js
コア・ペリフェラル		ADC, DAC, SPI, Monitor, UART, PWM, Servo, I²C, SMBus, OneWire	ADC, I²C, UART, SPI, PWM, GPIO, IR, OneWire	ADC, I²C, SPI, Serial, GPIO, LEDC, IR	ADC, DAC, I²C, SPI, UART, GPIO, PWM, Pulse, OneWire	I²C, UART, GPIO, signal, CAN, SPI
システム		Time, Timer, Debug, UUID, CLI, Digest, Worker, Base64, Hex など	Timers, System, Bitbang, Config, Net events など	AES, RTOSLinenoise, Console, DUKF, Stream など	Timer, ESP32, Crypto, VT100, RTOS など	console, TTY, crypto, repl, Timers, readline, stream など
クラウド連携		－	注1	－	－	－
通信		Wi-Fi, BLE, Net, Net, WebSocket, Listener	Wi-Fi, BLE, RPC core	Wi-Fi, URL, Bluetooth, Socket, WebSocket	Wi-Fi, Bluetooth, Net, Socket	WebSocket, OPC-UA, net, urldgram
ネットワーク・プロトコル		SNTP, Telnet, mDNS, DNS, Ping, MQTT, HTTP	MQTT	SSL, HTTP	TLS, Telnet, HTTP	DNS, HTTP, HTTPS, TLS
ストレージ		File, Zip, File Iterator, File System, Flash など	－	File System, NetVFS, Partitions, SerialVFS, NVS	Filesytem, FlashFS	sdcard, fs
グラフィックス		Commodeto (Bitmap, JPEGなど)	－	－	font_3x5, font_4x6, font_8x8	－
ドライバ	ディスプレイ	注2	ILI9341, SSD1306	－	注2	－
	カメラ	OV2640	－	－	－	－
	センサ(環境)	注3	注4	－	－	－
	その他	注5	注6	－	NeoPixel	－

注1：Amazon IoT, Blynk, Google IoT Core, IBM Watson, Microsoft Azure IoT, mDash dashboard, Device Shadow
注2：全ての対応デバイスを掲載できないため省略している
注3：GA1AUV100WP(紫外線), BMP280(温度・気圧), MAG3110(磁気), MCP9808(温度), QM1H0P0073(温度・湿度), DS18B20 (温度), DS18S20(温度), Si7021(温度・湿度), TMP102(温度)
注4：BH1730(照度), BME280(温度・湿度・気圧), BMP280(温度・気圧), TMP006(温度), MQ135(ガス), DS18B20(温度), DS18X20(温度), DHTシリーズ(温度・湿度), TSL2561(光)など
注5：NeoPixel/NeoStrand(RGB LED), sakura.io(LTE), AXP192(バッテリ管理), MY92x1(LED電球), AT24/AT25/TCS3472x/ DS2xxx(1-wire EEPROM), LMP91000(ケミカル・センシング), MCP230xx(I2Cエクスパンダ), w3csensor(ジェネリック・センサAPI)
注6：NeoPixel(RGB LED), DS3231(RTC), ADS1015(ADC)

グまで一連の操作をVisual Studioの画面内で完結させられます．今後に期待したいと思います．

● その3：Cに組み込んで使うduktape

duktapeは，メインの処理はC言語で書き，一部の処理だけJavaScriptで書きたいような場合に使えます［図1(b)］．例えばウェブ系のAPIを使ってJSON（ウェブ上でよく使われるデータ構造）の処理をしたいような場合は，JSON処理が得意なJavaScriptでロジックを記述すると，開発の効率が向上するでしょう．なおESP32用のduktapeは実行時にメモリを多く使うため，PSRAMを搭載するESP32-WROVER(-B)の使用を推奨しています．

▶開発環境

duktapeは基本的には他の言語に埋め込んで使うタイプのプログラム実行環境のため，任意のテキスト・エディタとコマンド操作で開発します．ESP32用には

専用のウェブIDEも存在するのですが，コンソール出力部分を含めきちんと動かすにはduktape実行環境のソースコードからのビルドが必須であることや，ESP-IDFとduktapeのバージョンの依存関係と思われる原因で筆者自身ビルドに成功させられていないことから，本項ではGUI未サポートとしました．

● その4：対話的に使えるEspruino

EspruinoはESP32向けJavaScriptで唯一REPLが使える実行環境です．使える機能がコンパクトにまとまっているので，ちょっとしたIoT機器を自作したいような場合に向いていると思います．

▶開発環境

EspruinoにはChromeブラウザのプラグインとして動作するWeb IDEがあります（図14）．ソースコードの編集，ファームウェアの書き込み，シリアル・コンソールが1画面に収まっており使いやすいです．また

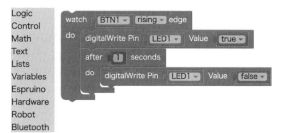

図13 Visual Studio で Mongoose OSプラグインを使うと mJS の開発が容易になる

図15 Espruino Web IDE はブロック・エディタも使える

シリアル・コンソール部分は REPL にも対応しているので，REPL で挙動を試した後，エディタ部分で完成版のソースコードを入力するということが容易です．

さらに Web IDE はブロック・エディタによるプログラミングもできます（**図15**）．英語のブロックしかありませんが，単語レベルで理解できれば難しくありません．

これらの使い勝手を考えると，Espruino は ESP32 と JavaScript の学習をしたいような場合に向いていると考えます．

リスト7 に L チカ・プログラムの例を示します．

● その5：Node.js を試すなら low.js

Node.js は非同期処理により高速なレスポンスを実現している JavaScript のサーバ・サイド実行環境です．low.js は Node.js を ESP32 向けに軽量化して移植したものです．ただし，軽量化したとは言っても疑似 SRAM

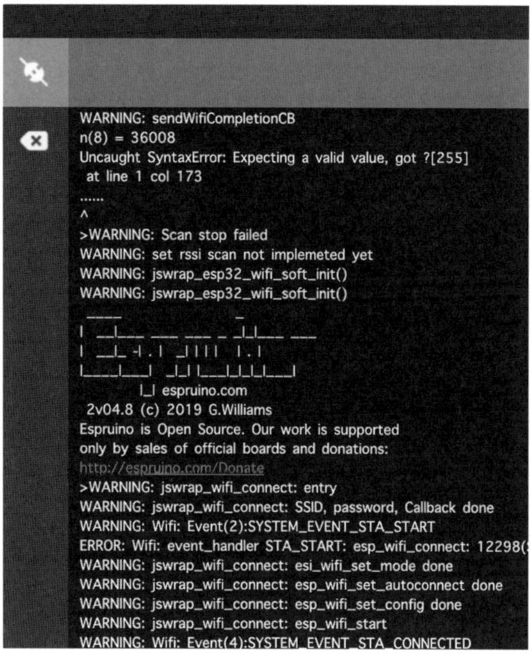

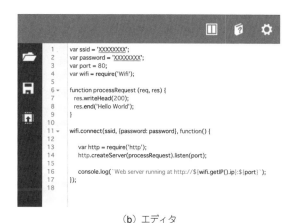

（a）シリアル・コンソール

（b）エディタ

図14 ESP32 で JavaScript が対話的に使える Espruino Web IDE

リスト7 L チカ・プログラム

```
var led
setInterval("digitalWrite(13, led=!led);", 500)

プログラム3-3-59 Lua (LuaRTOS)
thread.start(function()
  pio.pin.setdir(pio.OUTPUT, pio.GPIO2)
  pio.pin.setpull(pio.NOPULL, pio.GPIO2)
  while true do
    pio.pin.setval(1, pio.GPIO2)
    tmr.delayms(100)
    pio.pin.setval(0, pio.GPIO2)
    tmr.delayms(100)
  end
end)
```

```
9262-2485.html  シェア

1  <!-- HTML Example -->
2  <html>
3  <head>
4    <meta name="viewport" content="width=device-width, i
5    <script src="https://obniz.io/js/jquery-3.2.1.min.js
6    <script src="https://unpkg.com/obniz@latest/obniz.js
7  </head>
8  <body>
9
10 <div id="obniz-debug"></div>
11 <h1>LED Switch</h1>
12 <button id="on">ON</button>
13 <button id="off">OFF</button>
14
15 <script>
16   var obniz = new Obniz("9262-2485");
17   obniz.onconnect = async function () {
18     var led = obniz.wired("LED", {anode:0, cathode:1}
19     $("#on").on("click",function(){
20       led.on();
21     });
22     $("#off").on("click",function(){
23       led.off();
24     });
25   };
```

（a）コード・エディタ

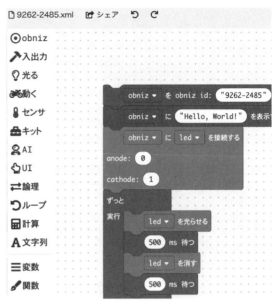

（b）ブロック・エディタ

図16　クラウドJavaScript開発環境Obniz Developer's Console

を8Mバイト持つESP32-WROVER（-B）でないと動きません.

　Node.js環境では，Node Package Manager（npm）というパッケージ管理ツールで，公開されているパッケージ群から必要なパッケージだけを追加できます（依存関係のあるパッケージも自動的に追加してくれる）.Node.jsの移植であるlow.jsでもその仕掛けを使えるのですが，ESP32の容量の関係であまり大きなパッケージは追加できませんでした.例えばIoTでよく使うMQTTプロトコル用パッケージの追加は失敗してしまいます.今後の改善に期待したいと思います.

▶ low.jsの開発環境

　low.jsにはGUIがありません.duktapeと同じように，任意のテキスト・エディタとコマンド操作で開発します.

● その6：ObnizボードのJavaScript

　ObnizボードはESP32を搭載したマイコン・ボードです.このボード自体は，JavaScriptの実行環境ではありませんが，JavaScriptを推奨開発言語としているのでここで取り上げます.

　Obnizボードの内部は公開されていないため推測となりますが，インターネットから呼び出すことのできるAPIを処理するだけのOSがボード上のESP32で動作しているものと思われます.従ってObnizのプログラミングはObnizボード自体にプログラムを書き込むのではありません.インターネットに接続しているPCなどからプログラミングすることになり，そのためのプログラミング言語としてJavaScriptが推奨されています.これが何を意味するかというと，プログラミング言語はマイコン向けの機能制限版ではない，本物のJavaScript環境が使えるということです.さらに，実はAPIを呼び出すことができさえすればよいので，JavaScript以外にも，（Microではない）Pythonや，HTTP/RESTによる呼び出しも可能で，そのためのSDKや呼び出し規約が公開されています.

　Obnizボードが常時インターネットに接続していることが必須要件とはなりますが，プログラミングの幅を広げてくれるものだと思います.

▶ 開発環境

　Obnizの開発は基本的にはクラウド・サービスであるObniz Developer's Console上で行います［図16（a）］.Obniz Developer's Consoleではクライアント・サイドのJavaScriptスクリプト（つまりスクリプトはウェブ・ブラウザが実行する）を使って，ObnizのAPIを呼び出すHTMLファイルを記述できます.

　さらに日本語のブロック・エディタに対応しています［図16（b）］.

⑥Lua 系

ビルド時に指定できるESP32ボード：表13
プログラムから使えるESP32機能：表14

Luaの実装にはLua RTOSとNodeMCU for ESP32の2種類があります．対応ボードや使えるライブラリを**表13**，**表14**に示します．

● その1：Lua RTOS

Lua RTOSはNodeMCU以外のESP32マイコン・ボードにも対応しています．プログラム書き込み時に対象のマイコン・ボードを選択できるので，マイコン・ボードに応じた細かい設定が不要です．

プログラミング言語としての機能の他，UNIXのシェルで行えるような操作が，NodeMCUのREPLに組み込まれていて，下記のようなコマンドを入力することで多くの操作がREPL内で完結します．

- ユーティリティ系：clear, luac（Luaコンパイラ）
- ファイル・システム操作系：cat, cd, cp, edit（テキスト・エディタ）, ls, mkdir, more, mv, pwd, rm
- ネットワーク系：netstat, ping
- システム系：dmesg, passwd, uptime, reboot

● その2：Whitecat IDE

Whitecat IDEはLua RTOS用のクラウドIDEです（**図17**）．ウェブ・ブラウザ上で動作します．機能豊富なREPLをWhitecat IDEに組み込みのシリアル・コンソールから利用できるので，このIDEだけでLua RTOSでの開発が可能です．さらにブロック・エディタも付属しており（**図18**），使いごたえがある開発環境となっています．

● その3：NodeMCU for ESP32

NodeMCU for ESP32は，同名のマイコン・ボードであるNodeMCU専用に作られました．そのためESP32との親和性が高く，ESP32で使える機能の多くがLuaでも利用できるようライブラリが整備されています．また，ディスプレイ系のライブラリがLua RTOSに比べて充実していることも特徴的です．

表13　Luaに対応しているESP32ボード

言　語	ESP32ボード
Node MCU	NodeMCU-ESP32S
Lua RTOS	Espressif Systems ESP32-CoreBoard Espressif Systems ESP32 PICO KIT Espressif Systems ESP-WROVER-KIT SparkFun ESP32 Thing Adafruit HUZZAH32 Olimex ESP32-POE Olimex ESP32-Gateway Olimex ESP32-EVB WeMos ESP32 with 128x64 OLED M5Stack core board Generic ESP32 board

表14　Luaで使えるライブラリ

分　類	Lua RTOS	NodeMCU
ベース	A-Dコンバータ，SPI，PIO，PWM，I²C，CAN，UART，シェル，スレッド（Lua Threads，Pthread）	A-Dコンバータ，SPI，UART，GPIO，time，タイマ，PWM（sigma delta），I²C，CAN，D-Aコンバータ，I²S
ネットワーク	Wi-Fi，イーサネット，LoRa WAN，http	Wi-Fi，イーサネット，Bluetooth HCI，http，MQTT，OTA
ユーティリティ	cjson	sjson，QRコード生成
セキュリティ	SSL	crypto，楕円曲線暗号
ストレージ	FAT/SPIFFSファイル・システム，SDカード	SDMMC
センサ	センサ・モジュール注1	DHTセンサ・モジュール注2，1-Wire
制御	サーボ・モータ，ステッピング・モータ	ロータリ・エンコーダ，パルス・カウント，汎用LED，LEDモジュール注3
ディスプレイ／カメラ	LEDモジュール（WS2812），tft（ILI9341，ST7735），カメラ・モジュール（Arducam-Mini-2MP）	モノクロ・ディスプレイ注4，カラー・ディスプレイ注5

注1：DS1820，BME280
注2：DHT11，DHT21/22/33/43，AM2301/2302/2303
注3：WS2812，WS2812b，APA104，SK6812
注4：ld7032，sh1106，sh1107，sh1108，ssd0323，ssd1305，ssd1306，ssd1309，ssd1318，ssd1325，ssd1326，ssd1327，st7567，st7588，st75256，uc1601，uc1604，uc1608，ux1610，uc1611，hx1230，il3820，ist3020，lc9081，ls013b7dh03，max7219，nt7534，pcd8544，pcf8812，sed1520，ssd1322，ssd1329，ssd1606，ssd1607，st7565，st7567，st7586，st75256，t6963，uc1701
注5：HX8352C，ILI9163，ILI9341，ILI9486，PCF8833，SEPS225，SS1331，SSD1351，ST7735

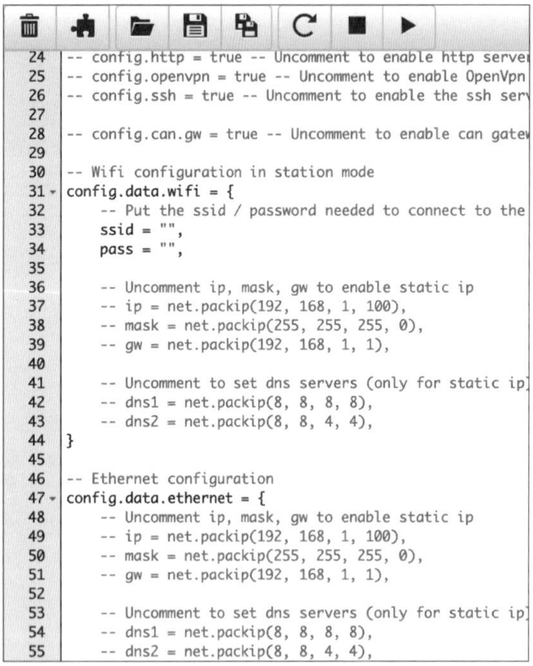

```
24  -- config.http = true -- Uncomment to enable http server
25  -- config.openvpn = true -- Uncomment to enable OpenVpn
26  -- config.ssh = true -- Uncomment to enable the ssh serv
27
28  -- config.can.gw = true -- Uncomment to enable can gatew
29
30  -- Wifi configuration in station mode
31  config.data.wifi = {
32      -- Put the ssid / password needed to connect to the
33      ssid = "",
34      pass = "",
35
36      -- Uncomment ip, mask, gw to enable static ip
37      -- ip = net.packip(192, 168, 1, 100),
38      -- mask = net.packip(255, 255, 255, 0),
39      -- gw = net.packip(192, 168, 1, 1),
40
41      -- Uncomment to set dns servers (only for static ip]
42      -- dns1 = net.packip(8, 8, 8, 8),
43      -- dns2 = net.packip(8, 8, 4, 4),
44  }
45
46  -- Ethernet configuration
47  config.data.ethernet = {
48      -- Uncomment ip, mask, gw to enable static ip
49      -- ip = net.packip(192, 168, 1, 100),
50      -- mask = net.packip(255, 255, 255, 0),
51      -- gw = net.packip(192, 168, 1, 1),
52
53      -- Uncomment to set dns servers (only for static ip]
54      -- dns1 = net.packip(8, 8, 8, 8),
55      -- dns2 = net.packip(8, 8, 4, 4),
```

（a）コード・エディタ

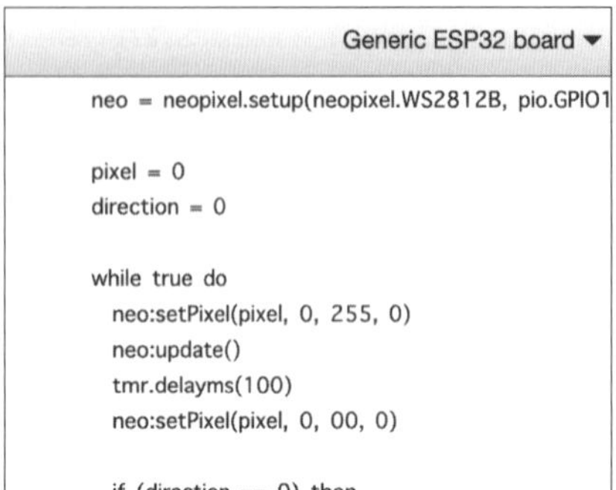

```
Generic ESP32 board ▼

neo = neopixel.setup(neopixel.WS2812B, pio.GPIO1


pixel = 0
direction = 0


while true do
  neo:setPixel(pixel, 0, 255, 0)
  neo:update()
  tmr.delayms(100)
  neo:setPixel(pixel, 0, 00, 0)


  if (direction == 0) then
          if (pixel == 5) then
                  direction = 1
                  pixel = 4
          else
                  pixel = pixel + 1

neopixel.lua                              Ctrl+Y=Help
```

（b）シリアル・コンソールでREPLを利用できる

図17　Whitecat IDE

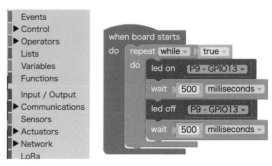

図18　Whitecat ウェブIDEのブロック・エディタ

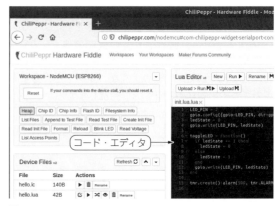

図19　ChiliPeppr Workspace for ESP32

リスト8　Lチカ・プログラム

```
gpio.config({gpio=2, dir=gpio.OUT})
ledState = 0
gpio.write(2, ledState)
toggleLED = function()
  if ledState == 1 then
    ledState = 0
  else
    ledState = 1
  end
  gpio.write(2, ledState)
end
tmr.create():alarm(500, tmr.ALARM_SEMI, toggleLED)
```

▶開発環境

NodeMCU for ESP32に　はChiliPeppr workspace for ESP32というIDE（**図19**）があります（名称のスペルはPepperではなくPepprが正しい）．シリアル・ポート・サーバを介してESP32の制御をすることができ，そのため複数のESP32を切り替えながら開発を行うことができます．

リスト8にLチカ・プログラムの例を示します．

⑦ Ruby 系

ビルド時に指定できる ESP32 ボード：なし
プログラムから使える ESP32 機能：表15

● 少ないメモリでも動く実行環境

　mrubyの実装にはmruby on the ESP32（以下mruby-esp32）とmruby/cの2種類があります．ESP32で使える機能を**表15**に示します．mruby自体がリソースに限りがあるマイコン向けに開発されたものですが，mruby/cはさらにmrubyの機能を限界まで削減し，最小限のメモリで動作するようカスタマイズされたものです．例えば，mrubyの実行環境にはmrubyのソースコードをテキストで受け取り，実行環境内で中間コードに変換して実行するという処理が含まれているのに対して，mruby/cにはソースコードを中間コードに変換する処理が含まれておらず，PCなどで事前にmrubyプログラムを中間コードに変換しておいて，これをmruby/c実行系に渡す必要があります．

　ESP32はマイコン・モジュールの中でもメモリが多くCPU性能も低くない部類に入りますので，mruby/cを使わなければならない場面は少ないかもしれません．

● 開発環境

　現時点ではmruby用のIDEはないようです．テキスト・エディタとESP32用のCコンパイラを使って開発を行う必要があります．

　リスト9にLチカ・プログラムの例を示します．

表15　ESP32で使えるmruby gem

mruby gem[注1]	内　容
system	ESP32システムAPI（delay, sdk_version, restart, deep_sleep_for, available_memory）
bluetooth	Bluetooth API
nvs	不揮発メモリ（NVS）
i2c	I²C
socket	BSDソケット・インターフェース
io	ファイルやストリームの入出力
gpio	GPIO
wifi	Wi-Fi API

注1：API名の先頭にはmruby-esp32-が付く（例えばmruby-esp32-system）

リスト9　Lチカ・プログラム

```
include ESP32::GPIO
led = GPIO_NUM_13
pinMode(led, OUTPUT)
loop {
    digitalWrite(led, HIGH)
    ESP32::System.delay(1000)
    digitalWrite(led, LOW)
    ESP32::System.delay(1000)
}
```

⑧ Lisp 系

ビルド時に指定できる ESP32 ボード：なし
プログラムから使える ESP32 機能：I²C，シリアル，SPI，SDカード，GPIO，Wi-Fi

● 特徴

　筆者を含め，Lisp愛用者はいまだに多いと思います．現在は人工知能記述言語といえばPythonですが，Python登場以前はLispでした．また言語仕様もシンプルかつ奥が深く，歴史のあるプログラミング言語であり，1958年に初めて設計されたにもかかわらず，いまだにファンの多い言語でもあります．そのようなLisp愛用者向けに，ESP32ではuLispが使えます．

　uLispはCommon Lispのサブセットのため，uLispのプログラムは他のCommon Lisp処理系でも動作します．またマイコン向けの関数も用意されており，手になじんだ言語でIoTアプリケーションの開発ができます．ただし現在はまだ低レベルの関数しか実装されていません．未サポートの機能を使うためには，Arduinoのソースコードとして作られているuLispに自前で機能を実装する必要があります．

● 開発環境

　現時点ではuLisp用のIDEはないようです．LispはREPLでシリアル・ターミナルを使って開発を行う必要があります．

　リスト10にLチカ・プログラムの例を示します．

リスト10　Lチカ・プログラム

```
(defun blink ()
  (pinmode 13 t)
  (loop
    (digitalwrite 13 t)
    (delay 500)
    (digitalwrite 13 nil)
    (delay 500)))
(blink)
```

⑨ BASIC系

ビルド時に指定できるESP32ボード：なし
プログラムから使えるESP32機能：なし

● 特徴

ESP32モジュールの内蔵ROMには，実は最初から BASICの処理系が書き込まれています．万が一フラッシュ・メモリからのブートが不可能になった場合に，最後の手段として用意されているものです．しかし，いつごろからかは不明ですが，現在出荷されているESP32は全て，ROM内蔵BASICが起動できないように工場で設定して出荷されているようです．

▶ ROM内蔵BASICの起動可否の確認方法

ESP32内部のeFuse領域にあるCONSOLE_DEBUG_DISABLEフラグによって起動できるかどうかが決まります．このフラグはESP-IDFに付属する espefuse.pyコマンドで調べることができます．ポート名としてESP32がつながっている実際のポート番号を指定し，summaryコマンドを実行したときに，CONSOLE_DEBUG_DISABLEフラグが0なら起動可能，1なら起動不可です．

```
$ espefuse.py  --port /dev/tty.
          SLAB_USBtoUART summary⏎
espefuse.py v2.6
Connecting........_
（中略）
CONSOLE_DEBUG_DISABLE  Disable ROM
          BASIC interpreter fallback
                      = 1 R/W (0x1)◄
（後略）        これが1だと起動不可
```

フラグの初期値は0で，espefuse.pyコマンドで値を1に変更できます．eFuse領域の値は1度値を書き込むと再設定ができなくなるという特性を持っています（チップ内部で物理的に不可逆な状態変化を起こしている）．従ってフラグが1であるということは0に再設定できないということを意味し，その結果ROM内蔵BASICは2度と起動できなくなるということになります．

ROM内蔵BASICが起動できない場合，現在ESP32で使えるBASIC処理系は，豊四季タイニーBASICだけとなっています．ESP32ではArduino版が動作します．ただし豊四季タイニーBASIC自体には機種依存性のある機能は実装されていません．マイコンが持つ機能（GPIOやI²Cなど）は使えませんし，プログラムの保存機能もありません（保存先の選択が機種依存になるため）．従って必要なら機能は自分で実装する必要があります．逆に言えば，自分の好きなようにBASICの拡張関数を追加していくことでオリジナル言語を育てることができるという楽しみがありますので，腕に自信のある方はぜひトライしてみてほしいです．

● 開発環境

開発環境はないようです．シリアル・コンソールを使ってプログラムを入力してください．

みやた・けんいち

モダンなマイコンOSいろいろ使える

第4章

ESP32で使えるOS百科

宮田 賢一

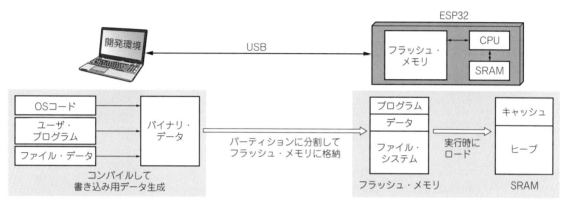

図1　OSはプログラムとひとまとめにしてESP32のフラッシュ・メモリに書き込まれる

マルチコアや大容量メモリを
うまく利用するために

　マイコンにおけるプログラミング・モデルは，大きく2種類に分けられます．
- ベアメタル・モデル
- オペレーティング・システム(OS)ベース・モデル

　ベアメタル・モデルとは，電源を投入してCPUが動作を開始する直後からの全ての動作をプログラミングするモデルです．マイコン・ベンダが用意しているハードウェア・ライブラリやCPUが持つ，割り込み機構などを直接呼び出して，デバイス制御や複数処理の並列実行を実装します．ベアメタル・モデルは余分な処理を作り込まない分，性能やメモリ消費をチューニングできますが，ハード依存性が高いため移植性が低下し，またマルチタスクのような複雑な処理を実装するとバグを作り込むリスクも大きくなります．

　一方OSベース・モデルでは，OSが提供する機能を活用してプログラミングします．

　一般的にオペレーティング・システム(OS)が持つ役割は，ハードウェア資源(CPU，メモリ，記憶装置，各種デバイスなど)を管理することと，ユーザに対する標準的なインターフェースを提供することです．

OSを使うことで個々のハードウェアを意識せずにプログラミングできたり，マルチタスクの処理を簡単に書けたりするようになります．

　つまりOSベース・モデルはベアメタル・モデルの裏返しで，移植性が高くシンプルなプログラムにできる代わりに，性能が犠牲になったり，メモリ消費量が比較的に多くなることを意味します．

　しかしESP32はマイコン向けOSを動かすのに十分なCPU性能とメモリを搭載しているため，性能低下やメモリ消費量増大というデメリットよりも，プログラム開発のしやすさというメリットの方が大きくなります．特にIoT向けアプリケーションでは，ネットワーク処理やデータ処理，センサ処理，ディスプレイやボタンといったユーザ・インターフェース処理など，多くの処理を組み合わせる必要があるので，OSによる開発支援は欠かせません．

　ところで，多くのマイコン応用機器にはキーボードやディスプレイのようなユーザ・インターフェースがありません．つまり，WindowsやLinuxのようなOSをインストールしておいて，OS実行中にマウスやキーボードから実行ファイルをダブルクリックで選ぶというようなことができません．

　そこで，ユーザが作成したプログラムと必要なデー

表1　開発は継続して行われているため，対応デバイスなどは今後増えていくと思われる

OS名	特　徴	対応デバイス	ライセンス	参考サイト
FreeRTOS	ESP32の公式OS．現在Amazon傘下で開発が行われているためAmazonのクラウド・サービスとの親和性が高い．オリジナルのFreeRTOSはシングルコアのCPU向けだが，ESP32用のFreeRTOSはSMP（Symmetric Multiprocessing）向けの改造がなされており，ESP32の持つ2つのコアを使ったプログラミングが可能．FreeRTOSはOSカーネル機能だけを提供し，デバイス・ドライバはハードウェア・ネイティブなSDK（ESP32の場合はESP-IDF）をそのまま使うことになっているため，当然ながらESP32の持つ全ての機能を扱える．開発者が意識しなくとも，ESP-IDFやArduino IDEで開発を行う場合，自動的にFreeRTOSが書き込まれ，その機能が利用されている．ESP32の標準的なOSと言える	全機能	GPL[注1] MIT[注2]	https://www.freertos.org/
Zephyr	Linux Foundationによるプロジェクトで開発されているIoT向きのリアルタイムOS．インテル，ノルディック・セミコンダクター，NXPセミコンダクターズなどがプラチナ・メンバとしてスポンサとなっており，最新バージョン系統のZephyr 2.0.0向けに33,000件のコミットと11,000件あまりのプルリクエストに対応するなど，ホットな開発が行われている．ESP32向けのポーティングもあるが，原稿執筆時点（2019年9月）で対応しているESP32機能はGPIO，I²C，ウォッチドッグ，UARTと限られたものになっている．今後の発展が十分に期待できるOS	GPIO，UARTWatchdog，I²C	Apache 2.0	https://www.zephyrproject.org/
NuttX	POSIX標準を実装することをゴールとする軽量かつリッチな機能を提供するリアルタイムOS．他のマイコン向けRTOSとは異なり，nshというシェルが用意されていたり，サーバ用途で使われるNFSプロトコルによるネットワーク・ファイル・システムに対応していたりと，独自路線の開発が行われている．ESP32向けのポーティングはまだ実験レベル．対応デバイスはGPIOとUARTだけであり，まだ本格活用には難しい状況で今後の発展に期待	GPIO，UART	BSD	http://www.nuttx.org/
MongooseOS	OSのコア部分としてFreeRTOSを採用し，その上にクラウド・インテグレーションを容易にする開発環境を構築したOS．Mongoose OS上のアプリケーション開発言語はCとJavaScript（mJS）で，Amazonやグーグル，マイクロソフトのクラウド・サービスとの接続用のライブラリを完備している．なおMongoose OSのソースコードの多くはオープンソースだが，一部は無償公開されていない．ESP32も商用レベルでサポートされているので，クラウド・サービスとの接続をしたい場合の選択肢として検討するとよい	全機能 （ESP-IDF利用）	Apache 2.0[注3] 商用[注4]	https://mongoose-os.com/

注1：Version9まで
注2：Version10以降
注3：Community版
注4：Enterprise版

タ，OSコードを一体化させたバイナリ・データを開発環境上で作成し，それをマイコンに書き込むという手法をとることが一般的です．これによりマイコンをリセットしてOSが起動すると共にユーザ・プログラムを実行できるようになります（図1）．

　ESP32の場合は，ESP32上のフラッシュ・メモリをパーティションという単位に分割し，用途ごとに特定のパーティションに書き込みます．

　マイコンをリセットすると必要に応じてプログラムやデータをSRAM上にロードし，ユーザ・プログラムを実行します．

　マイコンで使えるOSはいろいろなプロジェクトで開発されており，幾つかはESP32にも移植されています．

　ESP32で動作するOSを表1に示します．それぞれのOSの特徴や開発の背景を解説します．

みやた・けんいち

ワイヤレス＆シリアル利用のコツ

Appendix1　ESP32外部通信百科

長谷川 司

表1　ESP32が対応するWi-Fi規格

IEEE規格	2次変調方式	周波数帯 [GHz]	チャネル幅 [MHz]	公称最大速度 [Mbps]
802.11b	DSSS/ CCK	2.4〜2.5	22	11/22
802.11g	OFDM		20	54
802.11n	OFDM	2.4〜2.5注1 5.15〜5.35 5.47〜5.725	20/40	65〜 600注2

注1：ESP32は2.4〜2.5GHzのみ
注2：ESP32は150Mbps

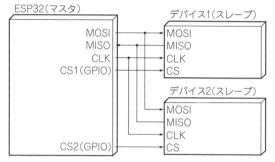

図1　ESP32を使ったSPI通信の構成
チップ・セレクト（CS）信号で通信相手を選択する

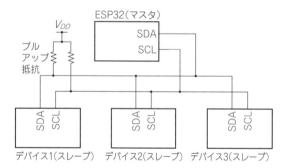

図2　ESP32を使ったI²C通信の構成
I²Cなら接続デバイスが増えても配線はほとんど増えない

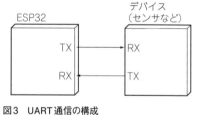

図3　UART通信の構成
送信（TX）と受信（RX）をクロスに接続する

　ESP32の特徴の1つにWi-Fi，Bluetoothに対応した無線インターフェースを内蔵していることがあげられます．特によく使われるWi-Fi通信のうち，ESP32が対応している規格を**表1**に示します．これらの通信を用いることで，数十mの範囲にあるさまざまなデバイスとデータのやりとりができます．I²C，SPI，UARTなどに対応した有線インターフェース回路も内蔵しており，市販されている各種センサやICを，比較的気軽に接続できます（**表2**）．

　ESP32が内蔵するこれらの無線・有線のインターフェースのうち，よく使われているものの構成を**図1**，**図2**，**図3**に示します．

はせがわ・つかさ

表2　ESP32に備わる外部通信インターフェースあれこれ

種　類	あらまし	利用のコツ
Wi-Fi (IEEE 802.11 b/g/n)	ESP32はWi-Fi（無線LAN）に対応した無線インターフェースを内蔵する．IEEE 802.11b/g/nの規格に準拠する．それぞれの違いについて**表1**に示す．無線技術の進歩とともにb，g，nの順に拡張され，それに伴い通信速度も速くなってきた．IEEE 802.11nで接続した場合，ESP32では最大150Mbpsの通信が可能．なおIEEE 802.11nは2.4GHz帯の他，5GHz帯にも対応した規格（ESP32では2.4GHz帯だけに対応）．Wi-Fiのセキュリティについても，ESP32ではIEEE 802.11iに準拠したものを使用できる．具体的にはWPA（Wi-Fi Protected Access）およびWPA2をもちいた認証が可能．セキュリティおよび暗号化の方式としてCCMP（Counter mode with Cipher-block chaining Message authentication code Protocol）とTKIP（Temporal Key Integrity Protocol）を利用できる．ESP32を無線ルータに接続，または，ESP32をサーバとして無線LAN機器から接続する場合に，これらの認証方式を選択できる．ちなみにCCMPは無線ルータなどでは，その暗号化に用いられているアルゴリズムであるAES（Advanced Encryption Standard）と表記されていることが多い	ESP32ではWi-Fi用のライブラリが各種用意されており，サンプル・プログラムも充実していることから，比較的容易にWi-Fi接続するデバイスを開発可能．Arduino IDEを使って開発する場合，WiFi.hをインクルードする．その他，例えばUDPを用いる場合はWiFiUdp.hを，アクセス・ポイントとして動作させる場合はWiFiAP.hをインクルードすることで，それぞれの機能を利用できる．Arduino IDEのメニューで下記の操作を行うとライブラリをインクルードできる． スケッチ→ライブラリをインクルード→Wi-Fi 11個のライブラリがインクルードされるため，必要なものを選択する．機能別にサンプル・スケッチが用意されている．これらを利用することですぐに実験できる
Bluetooth	各種デバイスと無線で通信する規格の1つ．ヘッドホン，マウス，キーボードの入出力機器とPCやスマートフォンとの接続などに広く用いられている．ESP32はBluetoothのバージョン4.2に対応した無線インターフェースを内蔵する．比較的高速に通信するBR（Basic Rate）/EDR（Enhanced Data Rate）の他，消費電力を抑えたBLE（Bluetooth Low Energy）にも対応する．電波強度はBluetoothで定義されているClass 1〜3まで変更可能	ESP32でBluetoothを利用する場合，各種のAPIが用意されている．Arduino IDEを用いる場合は，主にBLE用のライブラリが開発されており，Arduino IDEのメニューで「ファイル→スケッチ例→ESP32 BLE Arduino」以下にあるサンプル・スケッチはBLEの基本的な使用方法をカバーしている．ただし，執筆時点（2019年9月）では，BLEライブラリはいまだ発展中の状況にあり，さまざまな拡張と修正が進められている．上記のサンプル・スケッチで対応できない場合は，GitHubのESP32のArduino coreにあるBLEフォルダを参照するとよい
SPI	マイコンとセンサやメモリ，LCD等を接続するのに広く用いられている方式の1つ．通信には以下の3本を使う． CLK（Clock） MISO（Master in slave out） MOSI（Master out slave in） 同じデータ送信用の線に複数のデバイスを接続でき，どのデバイスを通信するかを選択するのにCS（Chip select）ピンを用いる．ESP32をMasterとして2つのデバイス（Slave）とSPI通信する際の接続は**図1**のようになる．CSピンには任意のGPIOを接続して，操作する対象のCSをLにすることで相手を選択し，通信を行う．I²CやUARTと比較すると，比較的高速な通信を行うことができることが特徴で，市販されている多くのセンサ類はSPI通信に対応している．比較的高速な通信をしたい（けれども，通信線の数は減らしたい）EEPROMや，画像センサなどでも使われていることがある	ESP32ではSPIインターフェースを4チャネル内蔵しており，最高で80MHzで通信が可能．ただし，実際の通信速度は，信号線の長さなどに依存するため注意が必要．プリント基板上で結線し，極力短く配線することで，上記の理論値に近い速度での通信が可能となる．センサなどをケーブルで配線した場合は，その長さにもよるが，数MHz程度が通信速度の限界となることが多い．また，SPIで各種センサ・デバイスを接続する際には，クロックをどう扱うかがデバイスにより異なる場合がある．これはデバイスによってクロックが正論理か負論理か[CPOL（Clock polarity）]，サンプリングはクロックの立ち上がりか立ち下がりか[CPHA（Clock phase）]，のそれぞれ2パターンずつ有り得るため，使用するデバイスのデータシートを確認した上で，CPOLとCPHAを適切に設定する
I²C (Inter-Integrated Circuit)	マイコンとセンサなどを接続するのに広く用いられているシリアル通信方式の1つ．抵抗でプルアップされたシリアル・クロックとシリアル・データ線の2本だけを用いて双方向の通信を行う．信号線の数が少ないことに加えて同一のバスに複数のセンサを接続できることが特徴．ESP32をマスタとして3つのデバイス（スレーブ）とI²C通信する場合の接続は**図2**のようになる．現在の規格では最大で5Mbpsに対応しているが，多くのデバイスではStandard modeの100kbpsまたは，Fast modeの400kbpsまでの対応となっていることが多い．そのため比較的高速な通信を要求されないセンサ類では非常に広く用いられている	ESP32ではI²Cインターフェースを2チャネル内蔵しており，Standard mode，Fast modeのいずれにも対応する（最大で5MHzの通信にも対応）．通信距離はケーブルの容量負荷に依存することになるが，一般的には数m程度が限界．ケーブル長が長い場合は，プルアップ抵抗を小さくする．一般に用いられる抵抗値としては数百Ω〜10kΩ程度となる．なお，市販されているセンサ・モジュールでは，このプルアップ抵抗を内蔵しているものと内蔵していないものがある
UART (Universal Asynchronous Receiver Transmitter)	調歩同期式のシリアル通信．RS-232など古くからPCなどで用いられてきた．クロック線を用いず，送信線と受信線の2本線で通信を行う（**図3**）．通信の中でデータの取りこぼしが発生しないように，ハードウェア・フロー制御を行う場合は，CTSとRTSの2本の線を追加して使う．ESP32やArduinoなどのマイコン・ボードでは，USB-UART変換ICを使ってPCと通信するのに広く用いられている．それ以外にもマイコンにセンサなどを接続するのにも用いられている	5Mbpsの通信速度に対応する．通信時の設定として下記のものに対応している． ・ハードウェアおよびソフトウェアによるフロー制御 ・5/6/7/8ビットのデータ長 ・1/1.5/2/3のストップ・ビット 通信できる距離としては，通信速度にもよるが数m程度．ただしUARTは調歩同期式のため，送信側/受信側のそれぞれのクロック精度が低いと，高速な通信の場合に通信がうまくできない（データが化ける）ことがある

索 引

初出一覧

著者略歴

石岡 之也 いしおか・ゆきや
製図機器メーカとプリンタ関連メーカで大判プリンタの制御ソフトウェア開発に従事し，組み込みソフトウェアとハードウェアの知識を叩き込まれる．大手電機メーカへ転職後は小型機器向けのRTOSや組み込みミドルウェアの開発から組み込みLinuxの開発，ボード・ポーティング，サポート業務に従事．仕事のかたわら趣味の電子工作でマイコンを使ったソフトウェア，ハードウェアの開発，製作を行っている．

石原 和典 いしはら・かずのり
1973年埼玉生まれ．小学生時代に漫画「こんにちはマイコン」に出会い，プログラミングの世界に足を踏み入れる．1996年 SES企業に就職．2007年よりフリーランス．趣味の電子工作で自宅のIoT化などをしている．最近初めて基板発注に挑戦してみた．

井田 健太 いだ・けんた
CQ出版Interface誌の特集記事をはじめ，「RISC-VとChiselで学ぶはじめての電子工作」(共著)，「基礎から学ぶ組込みRust」(共著)を書いています．業務では主にFPGAの論理設計，Linuxカーネル・モジュールの開発や，組み込みマイコンのソフトウェア開発．趣味はプログラミングと電子工作で，主にM5StackやWioTerminalといった通信機能を持つマイコン・モジュール向けの電子回路やソフトウェア開発．FPGAの論理設計を行っています．

伊藤 聖吾 いとう・せいご
仮想ネットワークの管理システムやメール配送システムの構築，大規模計算機クラスタの運用管理，受発注・在庫管理システムといった，ミドルウェアとフロントエンドのあたりを行ったり来たりしながらのシステム開発を担当．現在は公共交通系サービスの開発に従事しながら，変わりゆく公共交通事情を追いかける毎日です．

岩貞 智 いわさだ・さとし
ソフトウェア・エンジニア (組み込み/IoT/AI/スマートフォン・アプリケーション)，およびプロダクト・マネージャ．家電製品のミドルウェア開発をはじめ，iOSアプリ開発，エッジAI，エッジ向け分散クラウドPJなど幅広く従事．現在，スタートアップ企業の (株)hacomonoにてIoT事業の立ち上げを担当し，ウェルネス産業特化のDXを推進する．不定期でCQ出版Interface誌へエッジAIやIoT関連記事を執筆している．

エンヤ ヒロカズ えんや・ひろかず
電機メーカにて，イメージ・センサ，カメラ・モジュール，コンピュータ・ビジョンなどの開発に従事している．プライベートで執筆活動を行う傍ら，電子楽器開発サークル「PikoPiko Factory」にてさまざまな電子楽器の開発を行っている．

小池 誠 こいけ・まこと
1980年生まれ．大学卒業後，自動車部品メーカで組み込みエンジニアとして自動車制御ECUの開発に従事．2015年に実家の農家に就農し，現在はキュウリ農家を営む傍ら，AIやIoTといった最新テクノロジを活用した農業の効率化に取り組んでいる．

こだままさと こだま・まさと
子供の頃，しゃべる車のドラマとアニメにハマり「パートナとなるコンピュータ・システム」を作る夢を実現するためエンジニアとなる．メインの仕事は組み込み系プログラマだが，ウェブ系，エレキ系，メカ系の仕事もこなす．国立研究所で研究の仕事をお手伝い中．AIの勉強もしているが，夢の実現はまだ遠い．

崎田 達郎 さきた・たつろう
大型コンピュータ時代に国産汎用機メーカの周辺機器の制御ソフトウェア開発に従事，その後，外資系のOSメーカで日本語化，顧客サポートなどを経て，最後は組み込み向けコンピュータ・メーカで顧客へのシステム提案を担当．現役引退後は趣味としてマイコンを使ったラジコンなどを作っています．

下島 健彦　しもじま・たけひこ

1982年 NEC 入社．中央研究所でソフトウェアの生産技術，組み込み OS の研究開発に従事．1996年 BIGLOBE 事業立ち上げに参画．2006年 BIGLOBE 事業が分社され，執行役員・メディア事業部長．2017年アンビエントデーター (株) 設立，代表取締役．著書「IoT 開発スタートブック」技術評論社，「みんなの M5Stack 入門」リックテレコム．

田中 正幸　たなか・まさゆき

ESP32 を中心に M5Stack 関連の情報を投稿しているブログサイト lang-ship.com の管理人．家庭用ゲーム機の他，PC ゲームや通信対戦などのサーバ・サイドや携帯電話向けゲームなどにもかかわる．その後オープンソース系のウェブ開発会社に転職し，Java や PHP でのシステム開発などを行う．著書「M5Stack/M5Stick ではじめる かんたんプログラミング」マイナビ出版．

塚本 勝孝　つかもと・かつたか

1962年奈良県生まれ．早稲田大学理工学部卒．日本航空電子工業 (株) で慣性センサのハードウェア・ソフトウェアを設計．その後航空宇宙技術研究所へ出向し，慣性航法装置の研究に携わる．1990年から (株) 三ツ星産業で充放電回路，LED，太陽電池電源の設計・開発を行う．電話級アマチュア無線技士，第一種情報処理技術者，第二種電気工事士．CQ 出版トランジスタ技術誌，Interface 誌に LED や太陽電池の記事を多数執筆．

長谷川 司　はせがわ・つかさ

本業は低消費電力なセンシング・システムの研究．時代の流れと共に，センサ素子の研究から，周辺のアナログ回路や無線ネットワークを含む IoT システムへと研究領域を拡大中．

藤井 裕也　ふじい・ゆうや

大学では VLIW プロセッサ向けコンパイラの研究を行い，卒業後はスーパーコンピュータ向けコンパイラの開発に従事．その後ディープラーニング・フレームワークの設計や CPU/GPU 向けにランタイム・ライブラリの高速化を行う．高速化が好き．

三ツ木 祐介　みつき・ゆうすけ

1980年生まれ、北海道出身．組み込みソフトウェア・エンジニア．マイコンは趣味の範囲でいろいろ手を出している．本業では主に YoctoProject を使用した組み込み Linux の開発を行う．CQ 出版 Interface 誌で 2016年〜 2020年まで「ラズパイ時代のレベルアップ！My オリジナル Linux の作り方」を連載．同誌で 2022年から「Yocto Project ではじめる組み込み Linux 開発入門」を連載中．

宮田 賢一　みやた・けんいち

電機メーカの研究所に入社し，スーパーコンピュータの OS やコンパイラの研究に従事．その後ネットワーク接続型ストレージ OS の研究開発を経て，現在はクラウドやストレージの運用管理に関する戦略検討を担当している．趣味のプログラミングでは Lisp，Java，Python，MicroPython をネイティブ言語とし，プログラミング技術の向上に努める．新しいマイコンはとりあえず触る，が座右の銘．

森岡 澄夫　もりおか・すみお

1968年名古屋生まれ．博士 (工学)．NTT，日本 IBM，Sony，NEC の各研究所で LSI の研究やプレイステーション等の開発に従事した後，2016年からインターステラテクノロジズ (株) にて民間宇宙ロケットの研究開発を行う．1996年から CQ 出版社の各雑誌に 140本以上寄稿．著書「LSI/FPGA の回路アーキテクチャ設計法」「宇宙ロケット開発入門」など．Sony MVP 2004 や第9回ものづくり日本大賞経済産業大臣賞など受賞．
Facebook：Sumio Morioka

らびやん　らびやん

1978年京都生まれ．学生時代に MSX でプログラムを覚え，就職後は主に Windows 用の業務アプリ開発に従事．2018年 M5Stack との出会いを期に趣味で組み込みソフトウェア開発に着手．1年半後 GitHub で LovyanGFX を公開，さらに 1年後 M5Stack 社のソフトウェア開発を受託するに至る．

本書の記事のプログラムは，以下のページからダウンロードできます．

https://interface.cqpub.co.jp/2023esp/

カメラ/センサ/測定器 ESP＆M5Stack電子工作プログラム集

2023年5月15日　初版発行

ⒸCQ出版株式会社　2023
(無断転載を禁じます)

編　集　　Interface編集部
発行人　　櫻　田　洋　一
発行所　　ＣＱ出版株式会社
(〒112-8619) 東京都文京区千石4-29-14
電話　編集　03-5395-2122
　　　販売　03-5395-2141

ISBN978-4-7898-4478-9

定価は表四に表示してあります
乱丁，落丁本はお取り替えします

DTP　クニメディア株式会社
表紙デザイン　株式会社コイグラフィー
印刷・製本　三共グラフィック株式会社
Printed in Japan